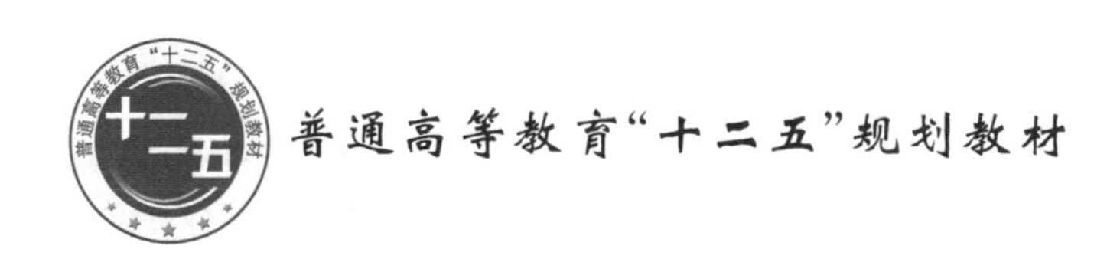

现代交换技术

（第2版）

编著 钱 渊 单 勇 张晓燕

参编 徐 有 马志强 刘振霞 魏 伟

北京邮电大学出版社

·北京·

内 容 简 介

交换技术是通信网络中的关键技术，它决定了网络的性能以及向用户提供何种服务。本书介绍了在现代通信网络中使用的各种交换技术的原理、相关协议和应用。第1章对目前网络中常用的各种交换技术进行了介绍，并介绍了数据通信中使用的关键技术原理；第2章介绍了电话通信中使用的电路交换技术；第3章介绍了电信网信令系统；第4章介绍了数据通信中使用的分组交换技术和帧中继技术；第5章介绍了宽带交换中使用的ATM技术；第6章介绍了计算机网络中使用的二层交换、IP交换和MPLS技术；第7章介绍了光交换技术；第8章介绍了最新的软交换及NGN技术。

本书内容翔实，深入浅出，可以作为高等院校通信和计算机网络专业的高年级本科生的教材或参考用书，也可供从事通信专业的其他技术人员阅读。

图书在版编目(CIP)数据

现代交换技术/钱渊，单勇，张晓燕编著. --2版. --北京：北京邮电大学出版社，2014.9(2023.8重印)
ISBN 978-7-5635-4119-5

Ⅰ.①现… Ⅱ.①钱… ②单… ③张… Ⅲ.①电话交换—高等学校—教材 Ⅳ.①TN916

中国版本图书馆CIP数据核字(2014)第189753号

书　　名：现代交换技术(第2版)
著作责任者：钱　渊　单　勇　张晓燕　编著
责 任 编 辑：张珊珊
出 版 发 行：北京邮电大学出版社
社　　址：北京市海淀区西土城路10号(邮编：100876)
发 行 部：电话：010-62282185　传真：010-62283578
E-mail：publish@bupt.edu.cn
经　　销：各地新华书店
印　　刷：北京虎彩文化传播有限公司
开　　本：787 mm×1 092 mm　1/16
印　　张：20.25
字　　数：503千字
版　　次：2009年11月第1版　2014年9月第2版　2023年8月第7次印刷

ISBN 978-7-5635-4119-5　　定　价：49.00元

第2版前言

本书自2009年出版以来，迄今已经5年多。从5年来使用本书的教学实践效果和作者多年的教学经验来看，本书在论述的科学性、取材的深度与广度、内容的组织安排等方面，都能适应通信与电子类专业对交换技术课程的要求，非常适合作为交换原理与技术课程的教科书。

随着通信技术的迅速发展，作为通信网络核心的交换技术也取得了长足进步，作者对最新的交换原理与技术进行了概括与梳理，结合使用本书的教师、学生和工程师的意见和建议，在保留本书第1版最主要内容的基础上进行了修订、补充与完善，反映了交换技术的发展情况，增加了许多新的内容，更加适应交换原理与技术教学的需求。

本书继续着重讲解现代通信网络中使用的各种交换技术的基本概念、工作原理和实现方法。这次修订在内容上所作的调整和变化主要表现在如下方面：第1章概述，增加了对3种基本交换方式工作过程的说明；第2章电路交换技术，增加了我国长途电话网向无级动态网过渡的内容；第3章电信网信令系统，增加了我国七号信令网相关内容的介绍；第4章分组交换技术与帧中继，增加了自适应路由选择算法和HDLC基本工作原理的介绍；第5章ATM交换，虽然ATM技术已经淡出核心交换网，但是其基本原理和技术精髓对后续交换技术的发展具有重要参考意义，所以本书保留了ATM的相关内容；第6章IP交换与局域网交换，IP交换技术是近年来得到迅速发展的交换技术，因此本章增加内容较多，增加的内容有无类别域间路由、IPv6分组格式地址空间、MPLS技术中的标签分发协议和高层交换技术等；第7章光交换技术，内容变化不大；第8章NGN和软交换，增加了软交换业务提供方式和软交换网络中用户编号等内容。

本次修订由钱渊负责制定编写提纲和全书统稿，编写工作由钱渊、单勇、张晓燕、徐有、马志强、刘振霞和魏伟共同完成。本书引用了一些文献中的内容，以反映交换技术当前的水平，在此对这些文献的作者表示感谢。

本书内容翔实，深入浅出，可以作为高等院校通信和计算机网络高年级本科生的教材或参考用书，也可供从事通信专业的其他技术人员阅读。

由于通信技术与交换技术发展迅速，加之作者水平有限，书中难免有错误和不当之处，敬请读者批评指正。

作　者

目　　录

第1章 概述

交换技术是通信网络中的关键技术，本章从交换的产生和发展入手，介绍了目前广泛使用的各种交换技术以及未来交换技术的发展方向。为了保证读者对后续内容的理解和掌握，本章还介绍了数据通信中的基本原理和关键技术。

1.1 交换技术概述

交换技术是随着电话通信的发展和使用而出现的通信技术。1876 年，贝尔发明了电话。人类的声音第一次转换为电信号，并通过电话线实现了远距离传输。电话刚开始使用时，只能实现固定的两个人之间的通话，如图 1.1 所示，随着用户的增加，人们开始研究如何构建连接多个用户的电话网络，以实现任意两个用户之间的通信。

图 1.1　两个用户之间互连

构成一个任意两个用户之间可以通信的电话网，最直接的方法就是使用全互连网络，如图 1.2 所示，在全互连网络中，任意两个用户之间通过一对电话线连通。如果有 N 个用户，则需要 $N(N-1)/2$ 对电话线。全互连网络结构非常容易理解，但是存在的最大问题是，随着用户数目 N 的增加，所需电话线的数目急剧增加，造成建网成本的增加，而且每个用户都有 $N-1$对电话线，造成使用的不便。因此全互连网络对于实际电话网络的构成没有实际意义。

如果在用户分布中心放置一个中心设备，所有用户通过电话线与中心设备相连，这时 N 个用户只需要 N 条电话线，如图 1.3 所示，中心设备和电话之间构成了星形连接。在这种结构中，用户想与网内的其他用户通信，需要由中心设备完成电话的连接，从而实现网内任意两个用户之间的通信，通信结束后由中心设备断开连接。在图 1.3 所示的网络结构中，中心设备称为交换机，而连接交换机和用户之间的电话线称为用户线。采用这种结构尽管增加了交换设备的成本，但是由于网络结构简单，随着用户数量的增加，与全互连网络相比较，网络总的投资成本是下降的，而且维护费用也比较低。

一个交换机覆盖和管理的用户数目始终是有限的。随着用户数量增加和使用范围的扩大，需要有多个交换机来覆盖更大的范围，管理更多的用户。如图 1.4 所示，每台交换机管理若干个用户，而交换机之间通过通信线路连接，这种通信线路称为中继线。如果交换机之间的距离相对较远,在中继线上传输信号需要使用传输设备。

电话网构成了现代通信网的基础,现代通信网由三大部分构成,分别是终端设备,传输设备和交换设备。

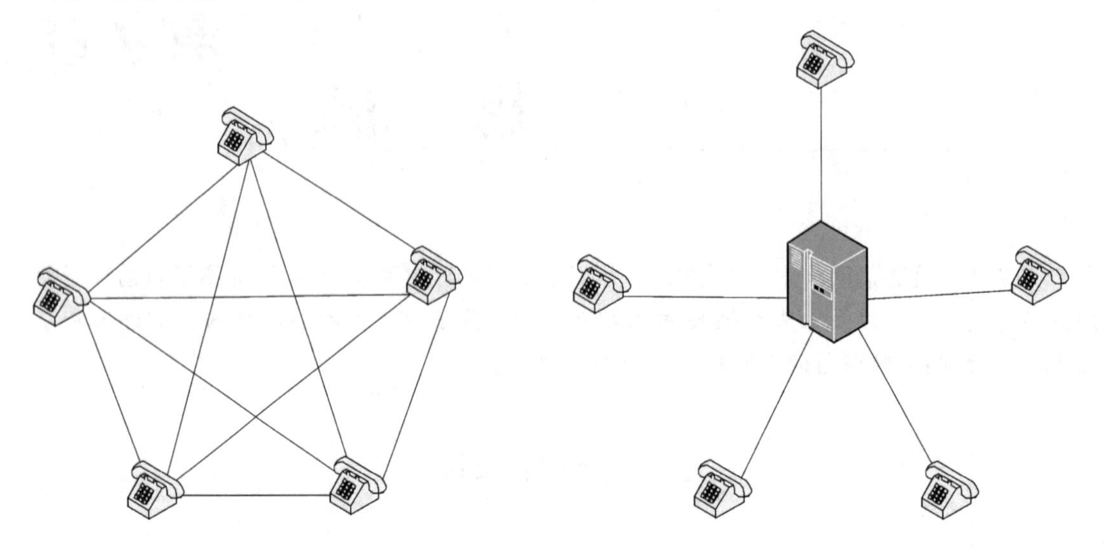

图 1.2 多个用户之间全互连

图 1.3 用户通过交换机互连成为电话网

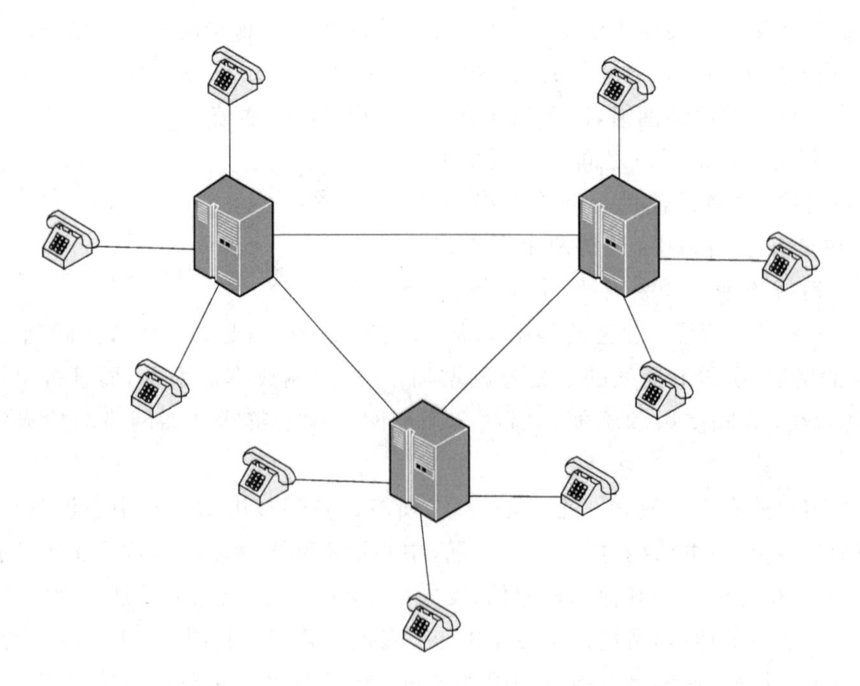

图 1.4 交换机互连成为更大范围的电话网

终端设备直接面向用户,主要功能是完成将需要传送的信息转换为线路上可以传输的电信号以及完成相反的工作,终端设备提供给用户所需的各种服务通常分为话音服务和非话音服务,话音服务就是电话通信,而非话音服务包括的种类非常多,目前常用的有传真业务、数据业务、多媒体业务等。

传输设备是连接交换机与交换机之间的通信线路,常用的传输媒介包括架空明线、电缆、光缆和无线电波等。传输设备的重要功能是延长传输距离,实现长途通信,为了提高传输效率,复用是传输设备的另一项重要功能,复用技术包括频分复用、时分复用、波分复用和码分复用等技术,目前使用的传输系统有 PCM 准同步数字系列(Plesiochronous Digital Hierarchy,PDH)、同步数字系列(Synchronous Digital Hierarchy,SDH)等。

交换设备是整个通信网的核心,它的基本功能是实现将连接到交换设备的所有信号进行汇集、转发和分配,从而完成信息的交换。最初的交换设备主要完成话音交换,而由于现代通信网络中需要传输的信息种类很多,包括话音、数据、图像、视频等,并且各种信息对于网络的要求又各不相同,因此,根据信息种类的不同而使交换设备采用了不同的交换技术。常用的交换技术有电路交换、报文交换、分组交换、ATM 交换、多协议标签交换、软交换等。

1.2 交换技术

由于电话通信具有传输速率恒定、时延低等特性,电路交换技术较好地满足了电话通信的要求。随着计算机技术的发展,数据业务越来越多,数据业务具有突发性强、可靠性要求高、实时性要求较低等特点,电路交换技术因为对于数据业务的支持不好,已经不能满足这些要求,因此数据交换技术应运而生,它较好地满足了数据业务的要求,并获得了长足的发展,可以说,分组交换技术是现代计算机网络的基础通信技术。由于分组交换技术传输速率较低,实时性较差,不能满足视频通信和实时通信的要求,因此人们对于分组交换技术进一步改进,研究出了帧中继技术、快速分组交换技术,直到异步传递模式 ATM 交换技术。ATM 技术采用了面向连接的通信方式,具有高带宽、实时性好、服务质量高等特性,但存在通信效率较低、管理复杂等问题。计算机网络中使用的 IP 技术采用了面向无连接的通信方式,具有灵活高效等优点,但服务质量较差是它的主要问题之一。人们经过研究,将这两种技术融合到一起,吸收了两种技术的优点而克服其缺点,获得了一种新的交换技术,称为多协议标签交换技术 MPLS。MPLS 技术既有 ATM 的高速性能,又有 IP 技术的灵活性和可扩充性,可以在同一网络中同时提供 IP 和 ATM 服务。随着技术的不断进步,网络的融合成为网络发展的大趋势,下一代网络(NGN)在兼容了目前的各类通信网络的基础上为用户提供更加灵活的新型业务,软交换是 NGN 的核心技术,负责呼叫控制、承载控制、资源分配、协议处理等功能,软交换技术是一种分布的软件系统,可以基于采用不同协议的网络之间提供无缝的互操作功能。

1.2.1 基本交换技术

1. 电路交换

(1) 电路交换的工作原理

电路交换(Circuit Switching)是在电话网络中使用的一种交换技术,在需要通信时,通信双方动态建立一条专用的通信线路。电路交换工作分为 3 个阶段:呼叫建立、信息传送和呼叫释放。如图 1.5 所示。

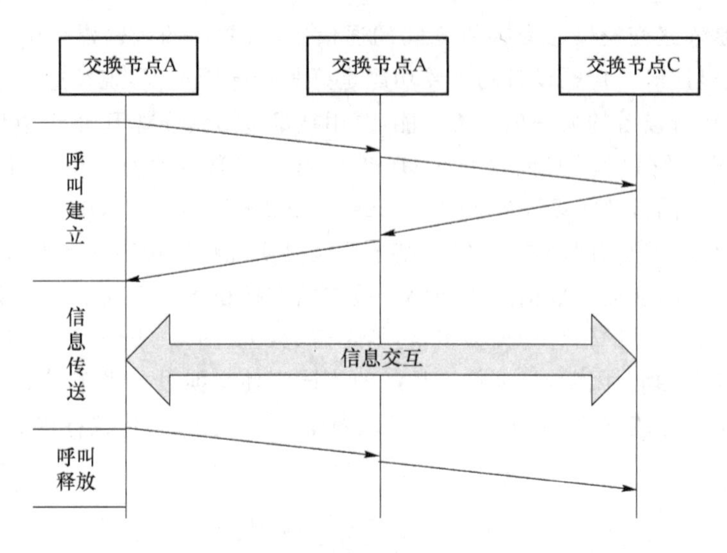

图 1.5 电路交换基本过程

电路交换采用时分复用方式,固定分配带宽,在通信的全部时间内,通信的双方始终占用端到端的固定传输带宽。电路交换适合于实时且带宽固定的通信。

如果使用电路交换来传输计算机数据时,其线路的传输效率往往很低,这是由于数据通信的突发性造成的,在一段时间内有数据传送,而在另一段时间内可能没有数据传送,这时的传输通道虽然没有数据传送,但也不能为其他用户提供服务。

电路交换为每个业务连接分配固定的带宽。如果按业务的峰值速率分配带宽,虽然可以满足其服务质量,但会造成一定的资源浪费。如果按平均速率为连接分配带宽,则将会造成业务峰值速率时的信息丢失,引起服务质量的下降。

(2) 电路交换的特点

通过预先建立连接,在连接建立后传送信息,信息传送完毕后拆除连接。电路交换传送时延小且固定,适合于实时通信,但由于建立连接具有一定的时延,而且在拆除连接时同样需要一定的时延,因此传送短信息时,建立连接和拆除连接的时间可能大于通信的时间,网络利用率低。

在电路交换中,信息透明地传输,交换机对信息不做任何处理,同时也没有差错控制功能,不能保证数据的准确性。电路交换适合于电话交换、高速传真、文件传送,但不适合数据通信。

2. 报文交换

(1) 报文交换的工作原理

报文交换(Message Switching)传送的数据单元称为报文,一份报文包括 3 部分:报头(源端地址、目的端地址等)、用户信息和报尾。

报文交换采用了存储转发的工作方式。如果源端有数据发送给目的端,源端首先将发送数据封装为报文,然后发送给相连接的交换节点,交换节点将所接收的报文暂时缓存,分析其目的地址进行路由选择,并在相应的输出线上排队,等到输出线空闲时将该报文传送给下一个交换节点,每个交换节点完成类似的工作直到报文发送到目的端。如图 1.6 所示。

(2) 报文交换的特点

报文交换适合于非实时信息的、对差错敏感的数据业务,不适合于实时性要求高的数据业务。

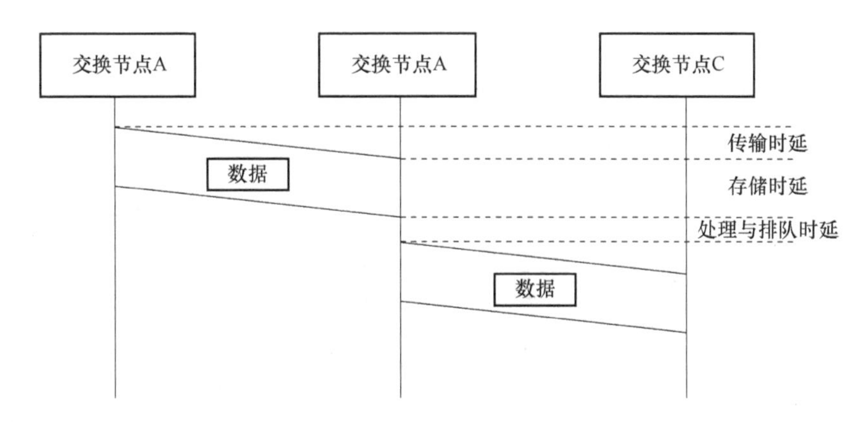

图1.6 报文交换基本过程

报文交换的优点有:报文交换不需要建立源端到目的端的连接,按照统计时分复用的方式共享交换节点之间的通信线路,大大提高了线路利用率;报文交换是无连接的通信,健壮性强,部分节点和线路发生故障不会造成全网瘫痪;报文交换具有差错控制功能,保证数据的准确性;报文交换可以实现多目的端的报文传输。

报文交换的缺点有:信息传送时经过多个交换节点,交换时延大而且时延变化大,不适合于实时通信和交互式实时数据通信;报文的长度不固定,要求交换节点具有高速处理能力和较大的存储空间,造成交换机的成本提高。

3. 分组交换

分组交换(Packet Switching)综合了电路交换和报文交换的优点,同时对它们的缺点进行改进,分组交换比较好地支持了数据通信,是现代通信网络的基础交换技术。

(1) 分组交换的工作原理

分组交换依然采用了存储转发工作模式,传送以分组为单位的数据,如图1.7所示。在发送报文前,先将用户发送的报文分割为多个比较短的等长或不等长的数据段,在每个数据段前加上必要的控制信息,称为分组头,分组头和数据段构成了分组,分组又称为包。分组头中包括源地址、目的地址、差错控制字段、分组同步信息等,用于完成选择路由、差错控制和流量控制等功能。相对于报文交换,分组长度较短,而且具有统一的格式,便于交换节点进行存储和处理,大大减少了交换节点的处理时间,分组交换的传输时延较短。

在分组交换中,分组长度的大小对于分组交换的性能有着十分重要的影响。通过比较报文交换和分组交换的时延可知,分组交换将报文分割为多个分组独立传送,交换节点收到一个分组后就进行转发,显著降低了交换时延,因此分组交换的时延小于报文交换,但是也是由于分为多个分组,开销也增加了,降低了传送效率。分组长度长则时延增大而开销减少,分组长度短则时延减少而开销增大,因此分组长度的确定需要兼顾到时延和开销两个方面。

在传送分组时,为了保证数据的准确性而采用了多种差错控制技术。为了保证分组交换网的可靠性,常采用网状拓扑结构,当少数节点或链路发生故障时,可以灵活地改变路由而保证网络的正常工作。此外,通信网络的主干线路由高速链路构成,可以以较高速率传送数据。

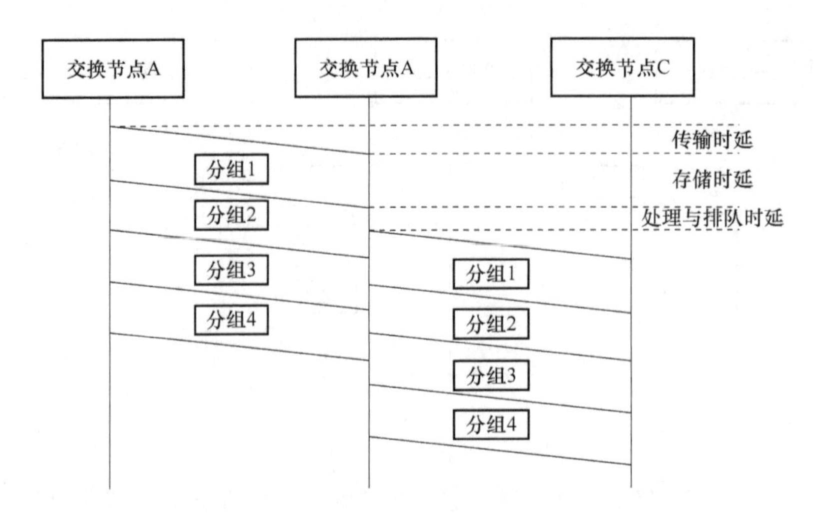

图1.7 分组交换基本过程

由于分组交换采用了存储转发工作模式,同时采用了统计时分复用的方式共享线路,非常适合于数据通信,而且通信线路的利用率大大提高。

(2) 分组交换的特点

分组交换的主要优点有:

- 高效,在分组交换过程中动态分配带宽,提高线路利用率;
- 迅速,以分组为单位传送数据,每个节点处理时间短;
- 灵活,可以对每个分组根据实际情况进行独立的路由选择;
- 可靠,采用了完善的网络协议,是一种分布式多路由分组交换网,网络具有很好的生存性。

分组交换也有一些问题:分组在各个节点进行存储转发会造成时延,而且当网络负载较重时,时延会比较大;由于每个分组必须携带相应的控制信息,因此造成了一定的开销;为了保证网络的正常运行而需要比较复杂的管理和控制机制,此外为了保证数据传送的准确性而采用了比较复杂的差错控制技术,这种技术制约了传输速率的提高。

由于早期铜线电缆链路质量低,误码率高,分组交换方式为了保证在网络的各条链路上提供可靠的端到端通信,在连接的每段链路上都执行复杂的协议,以完成差错和流量控制等功能。每个转接节点都完成OSI协议模型中下三层的功能,这样协议复杂,交换机处理速度慢,交换时延大,很难用于实时业务。尤其是当分组出错时,网络差错协议要求重传分组,增大了端到端的时延,无法满足实时性要求。

由于分组长度可变,这就要求交换机内完成复杂的缓冲器管理。如果工作速度不太高,软件缓冲器管理还是有可能的,但是在宽带网中,分组以极快的速率流入网络,如果仍然采取这种软件管理方法来处理复杂的协议,处理速率跟不上信息传输速度,系统将无法正常工作。可行性研究表明X.25协议的可工作速率限制在2 Mbit/s左右。

(3) 虚电路和数据报

根据交换机对分组的不同的处理方式,分组交换可以分为虚电路和数据报两种工作模式。

① 虚电路

虚电路(Virtual Circuit)方式提供面向连接的服务,在用户传送数据前需要通过发送呼叫请求建立端到端的通路,称为虚电路,虚电路建立后,所有的用户数据通过这条虚电路传送到目的端,数据的接收顺序与发送顺序一致,通信完毕后,通过呼叫清除请求拆除连接。

虚电路与电路交换的区别在于电路交换中建立的源端到目的端的通路是专用的,在通信过程中这个通路上的资源其他用户不能共享,而在虚电路方式中,按照统计时分复用的方式建立通路,通路上的资源是共享的,根据用户的数据量大小来占用线路资源,更好地满足了数据通信的突发性要求。

虚电路有两种:交换虚电路(Switched Virtual Circuit,SVC)和永久虚电路(Permanent Virtual Circuit,PVC)。交换虚电路根据用户请求动态建立虚电路,通信完成后拆除。永久虚电路是由网络运营者应用户的预约而建立的固定的虚电路,用户如果需要直接进入数据传送阶段而不需要通过呼叫建立虚电路。

② 数据报

数据报(Datagram)提供无连接的服务,发送时不需要建立一条逻辑通路,每个分组都有完整的地址信息,每个分组在网络中的传播途径完全由网络节点根据网络当时的状况来决定,这样当分组到达目的端时,顺序可能会发生变化,目标主机必须对收到的分组重新排序后才能恢复原来的信息。

③ 虚电路与数据报的比较

按虚电路方式通信,要求接收方要对正确收到的分组给予确认,通信双方要进行流量控制和差错控制,以保证按顺序接收,所以虚电路可以提供可靠通信服务。数据报提供的是无连接的服务,不能保证分组顺序,不能提供可靠的通信服务。

虚电路中的分组中只含有对应于所建立的虚连接的逻辑信道标识,每个分组根据建立连接时在每个交换节点建立的路由表进行路由选择;而数据报中的分组包含详细的目的地址信息,每个分组都要进行独立的路由选择。

虚电路的通信过程需要经过建立连接、传送数据和拆除连接3个阶段,如果传送数据量不大的话,虚电路方式的工作效率不如数据报高,也不如数据报灵活。

虚电路在线路发生故障时,会引起通信中断,需要重新建立连接。对于数据报,由于每个分组独立选择路由,对网络故障的适应性强,可以提供较高的可靠性。

综上所述,虚电路方式适合连续的数据流传输,为数据传输时间远大于呼叫连接时间的通信提供较好的服务,如文件传送和传真业务等;数据报方式适合传送短报文数据,如面向事务的询问/响应型数据业务。这两种方式在数据通信中均被广泛使用,例如在IP网络中使用的是数据报方式,ATM网络中使用的是虚电路方式。

4. 3种交换方式的比较

电路交换、报文交换和分组交换具有各自的优点和缺点,适合不同要求的通信业务。如果传送数据量比较大、实时性要求高,则可以采用电路交换方式;报文交换和分组交换采用统计时分复用方式,可以提高网络的信道利用率,适合于突发性强的数据传输。分组交换的时延小于报文交换,灵活性高,采用了数据报和虚电路方式分别满足不同的通信业务需求,因此将分组交换作为数据通信的基本交换技术。表1.1为3种交换方式的比较。

表 1.1　3 种交换方式比较

分　类	电路交换	报文交换	分组交换
接续时间	较长,平均 15 s	较短	较短,虚电路小于 1 s
传输时延	短	长,标准 1 s	较短,小于 200 ms
数据可靠性	一般	较高	高
电路利用率	低	高	高
对业务过载反应	拒绝接收呼叫	信息存在交换机,传输时延大	进行流量控制,时延增大
支持异种终端	不支持	支持	支持
支持实时业务	支持	不支持	轻负荷支持
交换机费用	较低	高	高

1.2.2　交换技术的发展

1. 多速率电路交换

为了克服简单电路交换只采用一个固定速率信道造成的不灵活性,人们提出了改进的电路交换技术——多速率电路交换。

多速率电路交换的基本思想是采用电路交换中时分复用(Time Division Multiplexing,TDM)原理,允许同时以多种不同速率来进行电路交换,以支持各种速率的业务。

多速率电路交换的方法有两种:完全多速率电路交换和改进型多速率电路交换。

(1) 完全多速率电路交换

完全多速率电路交换是固定一个基本信道的速率,在建立连接时根据业务速率大小分配 $n(n\geqslant 1)$ 个基本信道,这 n 个基本信道在网络中"捆绑"在一起传送和交换,采用这种方式就可以支持不同速率要求的各种业务,但存在的主要问题是信道间的同步比较复杂。

(2) 改进型多速率交换

针对完全多速率电路交换中基本信道速率的选择以及信道管理和同步等问题,人们提出了改进型多速率交换。

改进型多速率交换定义了多种速率的基本信道,即将一个基本的同步传输帧划分成若干不同长度的时隙,针对不同的业务采用不同速率的信道。

不管是完全多速率电路交换,还是改进型多速率交换,都没有摆脱原有电路交换的思路,仍然用固定速率来传递信息,用固定时隙来完成基本信道,这样的方式不能有效地处理突发特性强的数据通信。

2. 快速电路交换

为了将电路交换应用到具有波动性和突发性业务传输的数据通信,人们提出了快速电路交换(Fast Circuit Switching,FCS)。快速电路交换的核心思想是,当用户有数据传送时分配网络资源,而没有数据传送时则释放资源。

快速电路交换的工作原理是:在呼叫建立时,用户根据业务要求请求一个带宽为基本速率的整数倍的连接。此时网络并不分配资源,而是将通信所需要的带宽、目的地址信息等存入交换机中,并在信令信道中分配一个头标志来表示这个连接,当用户发送信息时,交换机根据头标志来迅速分配资源，完成信息传送。

快速电路交换可以提高网络资源的利用率，但是这种技术要求网络必须在很短的时间内建立和拆除连接，这就需要有很高的速率来处理大量信令，造成了这个系统管理和控制的复杂性。

3. 帧中继

随着光纤传输线路大量铺设，整个通信网络的传输质量大大提高，线路误码率从过去采用铜缆时的 10^{-6} 到采用光缆的 10^{-9} 以下。因此原先使用的复杂的差错控制功能可以从网络节点上移走，放到通信终端上完成。帧中继(Frame Relay,FR)进一步改进了分组交换技术，它适用于处理突发信息和较高速的信息。

帧中继交换节点包括 OSI/RM 的下两层结构，在数据链路层上使用简化的方式传送和交换数据单元，没有第三层结构。帧中继网络交换节点不具有流量控制和差错控制的功能，仅执行基于 CRC 的差错检查功能，以便丢弃出错的帧，因为继续传送这些出错的帧是没有用处的。纠错及所需的用户帧重传以端到端方式(在用户终端之间)进行。此外帧中继也不含分组级的复用功能。帧中继提供面向连接的虚电路服务，能充分利用网络资源，因而帧中继具有吞吐量高、时延低、适合突发性业务等特点。

4. 快速分组交换

快速分组交换对于帧中继技术进一步简化和改进获得了更高的传送速率，具有更高的效率，能够适应不同业务的要求。在欧洲把这种传递方式叫做异步时分复用(Asynchronous Time Division,ATD)，在美国称快速分组交换(Fast Packet Switching,FPS)。CCITT 则将其命名为异步传递模式(Asynchronous Transfer Mode,ATM)。

5. 异步传递模式

异步传递模式中将分组称为信元(Cell)，长度为 53 个字节，其中信元头(Cell Header)为 5 B，信息域(Payload)为 48 B。ATM 具有如下基本特点。

(1) 采用了面向连接的工作方式

ATM 采用了分组交换中的虚电路工作方式，即面向连接的工作方式，在数据传送之前首先建立源端到目的端的连接，由源端向网络发出建立连接的请求，请求中包括目的端地址和传输所需资源等信息，网络根据当前状态决定是否为用户建立连接。如果网络有足够的资源可用，则接纳该连接，否则就拒绝这个连接。数据传输完毕后，网络拆除连接，释放网络资源。采用面向连接的工作方式可以保证为用户提供满意的服务质量。

(2) 网络功能进一步简化

ATM 网络运行在误码率很低的光纤通信网络，而且采用了面向连接的预分配资源方式，所以 ATM 技术进一步简化了差错控制方式，取消了基于逐段链路的差错控制和流量控制，而且用户信息在网络节点上也不做错误检测，只是完全透明地穿过网络。在 ATM 网络中，差错控制和流量控制是由网络边缘的终端设备完成的。在网络节点中只对信元头进行有限的差错控制，而对于用户信息提供透明的传输，信息的差错控制由终端完成，根据用户信息的不同要求可以采用不同的差错控制技术。

(3) ATM 信元头功能降低

为了保证网络能够高速处理信元，ATM 信元头的功能非常有限，其主要功能之一是虚连接的标识符，该标识符在建立连接时产生，用以表示信元传输经过的路径。网络节点根据这个标识可以完成信元的高速转发并将不同的连接复用到同一物理链路上。信元头的另一项主要功能是信元头差错控制，在网络节点中根据信元头的差错控制机制，如果发现出错的信元头，则首先纠错再进行转发，如果不能纠正则丢弃该信元，这种方式称为有限的差错控制。由于信元头的功能有限，ATM 网络节点处理信元头十分简单，所以可以用很高的速率完成，保证了很小的处理时延和排队时延。

(4) 信元长度较短且长度固定

ATM 技术采用了固定长度且长度较短的信元结构，采用固定长度的信元，可以使交换节点处理简单，缓存器的管理简单。CCITT 将 ATM 信元长度定义为 53 B。

6. IP 交换

随着因特网的快速发展和通信链路带宽的不断提高，使得在因特网上数据传输的瓶颈由通信链路转移到了转发节点，提高转发速度成为对路由器技术研究的重要内容。改变传统路由器转发 IP 数据包的处理过程，使得路由器可以按照交换速率转发 IP 数据包，也就是使用硬件实现 IP 报文的转发，做到了线速转发，这就是 IP 交换概念的由来。许多厂家研究了不同的 IP 交换技术，包括 IP 导航器技术、标签交换技术、Fast IP 技术，以及在局域网上使用的局域网仿真(LAN Emulation，LANE)等。

7. MPLS

在标签交换技术上发展起来的多协议标签交换技术是将二层 ATM 交换与三层的 IP 路由技术的优点结合起来的一种数据传输技术，它既有 IP 的灵活性，又具有 ATM 的高效性，可以向用户提供不同服务类型的同时又保证服务质量。MPLS 被认为是公共骨干网上最适用的技术方案。

8. 光交换技术

光交换是指不经过任何光/电、电/光转换，在光域直接将输入的光信号交换到不同的输出端。在通信网普遍采用光纤进行传输时，光交换的进一步发展就是与光传输配合。未来的通信网可以直接在光域实现信号的复用、传输、交换、路由选择、监控，网络信号不再承受光/电、电/光转换的障碍，实现全光通信网。

9. 软交换技术

下一代网络(NGN)是 20 世纪 90 年代末期提出的一个概念，目的是将不同的网络通过 NGN 互联到一起，构成一个单一的网络，下一代网络是一个非常宽泛的概念，涉及的内容十分广泛，涵盖了现代电信新技术和新思想的方方面面，包容了所有的新一代网络技术，是通信新技术的集大成者。NGN 实现了将网络中的业务功能与控制功能分开，软交换是 NGN 中的关键技术，位于 NGN 的控制层，实现了控制功能；业务功能由业务层设备完成，NGN 的另外两层分别是承载层和接入层，分别完成了信息传输和用户终端接入的功能。NGN 可以非常方便地向用户提供各种业务，这些业务包括有目前已有的业务以及各种新业务。

1.3　数据通信原理

随着通信技术的发展，传统的话音通信业务已经处于饱和状态，而各种以数据通信为基础的新业务发展迅速,在通信业务中占的比重越来越大,未来的网络一定是数据网络,本节重点介绍数据通信的基本原理和关键技术。

1.3.1 网络体系结构

1. 分层次的网络体系结构

(1) 网络协议

在复杂的网络中要保证通信的正常,通信双方必须遵守事先约定好的规则,这些为进行网络中数据交换而建立的规则称为网络协议,完善的网络协议可以保证通信终端能高效地向用户提供所需的服务。网络协议由语法、语义和同步三要素组成。

语法:语法是将数据和控制信息组合在一起用来表达完整内容所需遵循的结构或格式,也就是对于网络传送信息的数据结构的规定。

语义:语义是对协议元素的含义的规定,如需要发出何种控制信息、完成何种动作以及应该做出何种响应等。

同步:同步是对事件顺序的说明,如在通信过程中发送端发送某种命令,而接收端收到该命令后需要发出何种应答信息,发送端收到应答信息后应如何动作。

网络协议是网络通信必不可少的,为了保证网络通信顺利完成,通信网络协议一般比较复杂,通常按照分层的概念来设计,各层完成相对独立的功能,而各层功能组合在一起可以完成网络通信。采用分层结构可以带来很多好处,如设计相对简单、灵活性好、易于实现和维护、互换性好、可以促进标准化。分层后每层采用独立的协议完成各自不同的功能。

将计算机网络的分层和每层的协议的集合称为网络体系结构。网络体系结构规定了网络应该分为几层,每一层应该完成哪些功能,但功能的实现方法,并不是网络体系结构的内容,网络体系结构不涉及每层的软件和硬件的组成。

目前有很多不同的网络体系结构,如因特网使用 TCP/IP 网络体系结构,局域网使用 IEEE802. X 网络体系结构,宽带综合业务数字网也使用了特定的网络体系结构。

(2) 网络体系结构工作原理

① 网络体系结构中使用的概念

- 实体(Entity)
- 对等层(peer-to-peer)
- 对等层协议(peer-to-peer protocol)
- 服务(Service)
- 服务使用者(Service User)
- 服务提供者(Service Provider)
- 服务接入点(Service Access Point,SAP)
- 原语(Primitive)
- 服务数据单元(Service Data Unit,SDU)
- 协议数据单元(Protocol Data Unit,PDU)
- 协议控制信息(Protocol Control Information,PCI)

实体表示发送或接收信息的硬件或软件进程。各层的功能都是由构成该层的一个或多个实体完成的。通信过程中,任何两个相同层次认为是将数据直接传送给对方,这就是对等层之间的通信。对等层协议是两个对等层实体进行通信的规则的集合。通过遵守对等层协议,两个对等层实体之间可以进行通信,这样使得本层能够为上一层提供服务,而本层的通信同样需要下一层提供的服务。上层使用下层提供的服务必须通过与下层交换一些命令来完成,这些命令称为服务原语。相邻两层实体之间交换信息的地方,称为下层给上层提供服务的地方称为服务接入点。下层实体给上层实体提供服务,则下层实体称为服务提供者,上层实体称为服务使用者。如果下层给上层提供多种服务,则存在多个服务接入点,层间关系如图 1.8 所示。

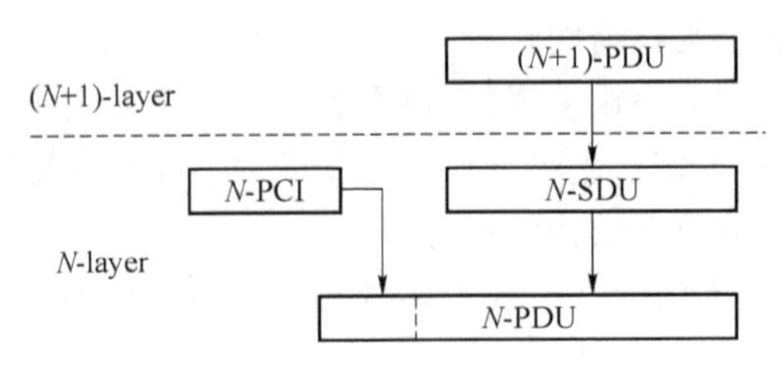

图 1.8 层间关系

② 服务、协议和接口

协议和服务是相互联系又有很大区别的两个概念。首先,协议的实现保证了为上一层提供的服务;其次,协议反映的通信双方对等层之间的关系是水平的,而服务反映的相邻层之间的关系是垂直的,如图 1.9 所示。

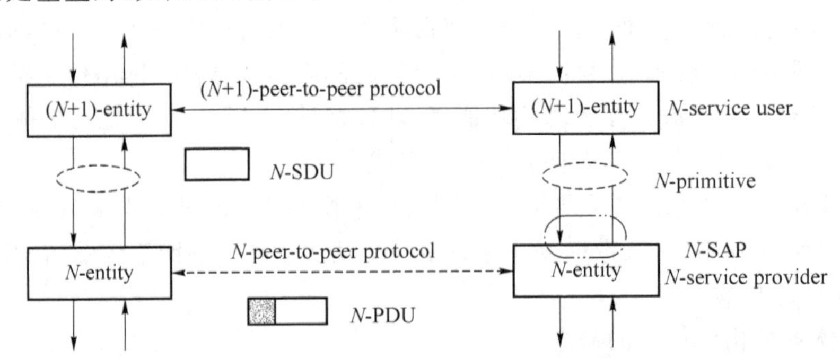

图 1.9 协议与服务关系

从通信的角度看,下层给上层提供的服务通常是下层传送上层交给的数据,如图 1.8 所示。这个数据从不同的角度看有不同的名称,对于本端的第 N 层来说,第 $N+1$ 的数据需要第 N 层传送,也就是第 $N+1$ 层需要第 N 层的服务,因此这个数据称为服务数据单元 SDU;这个数据包含有第 $N+1$ 层所加入的协议控制信息 PCI,而这些信息只有接收端的第 $N+1$ 层才能够理解,所以对于对端的第 $N+1$ 层,这个数据称为协议数据单元 PDU。这同样反映出协议的水平关系和服务的垂直关系。第 N 层收到了第 $N+1$ 层的 SDU 后,加上本层的协议控制信息 PCI,就构成了第 N 层的协议数据单元 N-PDU(N-表示第 N 层),同样 N-PDU 交给第 $N-1$ 层传送,对于第 $N-1$ 层来说,它又称为($N-1$)-SDU。

③ 服务原语

服务用户和服务提供者之间需要交换一些必要命令来完成服务,这些命令称为服务原语。通过服务原语表明要求本地或远端对等实体完成何种工作。OSI 规定了每层均可以使用4种服务原语类型。表1.2就是这4种服务原语类型和含义。

表1.2　服务原语及含义

服务原语类型	名称	含　义
Request	请求	一个实体希望得到某种服务
Indication	指示	把某个事件的信息告诉某个实体
Response	响应	一个实体愿意响应某个事件
Confirm	证实	对一个实体的服务请求进行确认

(3) 面向连接的通信和无连接的通信

从通信的角度看，各层给上一层提供的服务包含两种类型，即面向连接的通信(connection-oriented)和无连接的通信(connectionless)。

① 面向连接的通信

面向连接的通信具有建立连接、保持连接和拆除连接3个阶段。

在通信开始前，网络根据用户提供的目的地址信息建立一条由源端到目的端的通路；连接建立完毕后，用户数据通过这条通路传送，在接收端，接收到的数据顺序与发送的顺序一致；通信完毕后，由网络拆除建立的通路，释放通路使用的各类资源。

面向连接的通信中所建立的通路可以由用户独享，如电话通信中使用的电路交换方式，也可以由多个用户共享，如分组交换中使用的虚电路方式。

② 无连接的通信

在无连接的通信中，网络不为用户建立通路，但用户在数据传送时，将要传送的数据附加上目的地址后传送到网络中，网络根据数据的目的地址寻找合适的路径将数据传送到目的端，在这个过程中，目的端接收数据的顺序与发送的顺序可能会不一致，因此在接收端需要将接收的数据重新排序。

在分组交换中使用的数据报属于无连接的通信方式。

面向连接的通信方式可以提供给用户更高的服务质量(QoS)，而无连接的通信方式更加灵活。这两种方式在数据通信中都得到了广泛的应用，在ATM网络中使用了面向连接的通信，而因特网中使用了无连接的通信。

2. OSI协议的体系结构

国际标准化组织ISO制定了标准网络体系结构，称为开放系统互连参考模型(Open Systems Interconnection Reference Model，OSI/RM)，开放是指只要遵守OSI标准，一个计算机系统就可以和位于世界上的任何地方的、也遵守这一标准的其他系统进行通信。开放系统互连参考模型将网络体系分为7层结构，如图1.10所示。这7层分别是：物理层、数据链路层、网络层、传输层、会话层、表示层和应用层。

图1.10　OSI/RM结构

OSI参考模型对各个层次的划分遵循如下原则：

① 网络中各个节点都有相同的层次，相同的层次具有相同的功能；

② 同一节点内相邻层之间通过接口通信；

③ 每个层为上一层提供服务,同时利用下一层的服务;

④ 不同节点按照对等层协议实现对等层之间的通信。

(1) 各层的主要功能

Ⅰ. 第一层:物理层

ISO对OSI/RM中的物理层(Physical Layer)的定义是:物理层是为建立、维护和释放数据链路实体之间的二进制比特传输的物理连接,具有机械的、电气的、功能的和规程的特性。

物理层是OSI/RM的最底层,向下与物理传输媒体连接,向上为数据链路层提供服务。物理层需要做的是如何在连接各种通信终端的物理媒体上传输数据比特流。需要注意的是,物理层不是物理传输媒体,可以认为物理媒体是第0层,通信网络中使用的物理设备和传输媒体种类很多,物理层的作用是尽可能地屏蔽这些差异,为数据链路层提供透明的比特流传输通道而使其感觉不到这些差异。

常见的物理接口标准有:EIA-232-E、EIA-449与CCITT X.21。

① 物理层的主要特点

- 负责在物理连接上传输二进制比特流;
- 物理连接并不是随时存在的,它需要由物理层来激活、维持和去激活;
- 可以由4个特性来定义物理层:机械特性、电气特性、功能特性和规程特性。

② 物理层特性

(a) 机械特性

物理层的机械特性规定了进行物理连接时所使用的连接器的形状、尺寸、引脚的数目和排列情况、固定和锁定装置等。

(b) 电气特性

物理层的电气特性规定了物理连接上传输二进制比特流时线路上信号电平的高低、阻抗和阻抗匹配、传输速率和距离限制。

(c) 功能特性

物理层的功能特性规定了物理层接口上各条线的定义及功能。物理接口线一般分为数据线、控制线、电源线和地线等。

(d) 规程特性

物理层规程特性规定了接口进行数据流传输时的操作过程,包括各种接口线的工作规则和时序等。

Ⅱ. 第二层:数据链路层

数据链路层(Data Link Layer)是OSI/RM的第二层,它位于物理层和网络层之间,数据链路层利用物理层提供的服务为网络层提供一条无差错的、透明的数据链路。通过上面的讨论可知,物理层提供的物理链路并不能保证数据传输的准确性。数据链路层的功能就是在有差错的物理链路上建立一条无差错的数据链路,这一功能是由执行通信协议的软件或硬件来完成的。数据链路层传输的数据单元称为帧。

数据链路层的主要功能包括以下6方面。

① 数据链路管理。在通信过程中完成数据链路的建立、维持和释放。

② 成帧。在数据链路层,数据的传输单元是帧,成帧过程就是在发送端将网络层需要

传送的数据封装为帧的格式，在接收端从收到的比特流中正确地恢复出每一帧，在成帧的过程中，数据链路层加入必要的控制信息可以完成差错控制、流量控制等功能。成帧是数据链路层各项功能完成的基础。

③ 差错控制。为了保证数据传输的准确，必须采用差错控制，常用差错控制有两种方法：第一种是前向纠错 FEC，即接收端收到出错的数据帧后，可以将错误的纠正过来，这种方法实时性好，但是编码方法复杂；第二种是自动请求重发 ARQ，当接收端检测到数据帧出错时，发送控制信息，要求发送端重新发送出错帧，直到收到正确帧为止，这种编码方法相对简单，但是实时性较差。

④ 流量控制。由接收端控制发送端的数据发送速率，保证发送端发送数据的速率接收端来得及接收，不会造成数据溢出。

⑤ 寻址。保证每一帧都能送到正确的目的端，而目的端也知道是谁发送的数据。

⑥ 接收顺序控制。保证接收端接收到帧的顺序性。

Ⅲ. 第三层：网络层

网络层(Network Layer)将数据准确地从源端发送到目的端，完成的主要功能是路由选择和流量控制，网络层传输的数据单元称为分组或包。网络层、数据链路层和物理层组成通信子网。

数据链路层是保证相邻节点数据传送的准确性，它不能解决数据经过多个中间节点的通信问题。设置网络层的主要目的就是为分组选择最佳路径通过通信子网到达目的端。

网络层的主要功能包括以下 3 方面。

① 路由选择

路由选择是网络层完成的主要功能之一，信息由源端发出，经过通信子网中的若干个节点才能到达目的端。通信子网中的路由指从源端到目的端之间的一条通路，一般情况下，从源端到目的端会有多条路由可以选择，路由选择是指在通信子网中，源端和中间节点为分组传送到目的端而对其后继节点的选择。通过路由选择，源端发出的数据分组可以准确地到达目的端。

② 流量控制

网络层的流量控制功能是对进入通信子网的通信流量加以控制，防止通信流量过大使通信子网发生拥塞，而造成网络性能的下降。

③ 网络连接的建立和管理

网络层可以向传输层提供面向连接的服务和无连接的服务。在面向连接的服务中，网络连接是传输实体之间传送数据的、逻辑的、经过通信子网的、端到端的通信通道。面向连接的服务在通信过程中需要进行网络连接的建立、数据传输和网络连接释放 3 个过程。而在无连接的服务时则不需要建立网络连接。

Ⅳ. 第四层：传输层

传输层(Transport Layer)的功能是根据通信子网的特性最佳地利用网络资源，并以可靠和经济的方式，为两个端系统的会话层之间，建立一条传输连接，以透明地传送报文。在传输层，信息传送的单位是报文。

传输层是整个 OSI/RM 的关键一层。在 OSI/RM 中，可以将 7 层分为高层和低层，如果从面向通信和面向信息处理的角度分类，传输层被划在低层，如果从用户功能与网络功能的角度进行分类，传输层又被划为高层。传输层不位于通信子网中，它位于通信子网之外的主机中。传输层的这种特殊性反映了传输层在OSI/RM中的特殊地位和作用。

由于通信子网采用了不同的传输技术,为高层提供的服务也有所差别,因此为了能使每个用户得到统一的通信服务,于是设置了传输层。传输层弥补了各个通信子网提供服务的差异,也就是传输层向高层屏蔽了通信子网的细节,而在通信子网提供服务的基础上,利用传输层协议,使得对于两端的用户各个通信子网变成透明的。传输层为高层提供可靠的端到端的服务。

Ⅴ. 第五层:会话层

会话层(Session Layer)建立在传输层上,利用传输层提供的服务,使得两个会话层实体之间进行透明的、可靠的数据传输。从OSI/RM看,会话层之上是面向应用的,会话层之下的各层是面向网络通信的,会话层在两者之间起到连接作用。会话层不参与具体的数据传输,但它对数据传输进行管理。会话层在两个互相通信的应用进程之间建立、组织和协调其交互。

会话层服务可以分为两个部分:会话连接管理和会话数据交换。会话连接管理服务使得一个应用进程在一个完整的活动或事务处理中,通过会话连接与另一个对等应用进程建立和维持一个会话通道。会话数据交换可以采用3种方式:全双工方式、半双工方式和单工方式。在传输过程中发生故障时,会话层要确定恢复会话应从何处开始。

Ⅵ. 第六层:表示层

表示层(Presentation Layer)主要解决用户信息的语法表示问题。表示层位于应用层之下、会话层之上,它从应用层获取数据并将数据格式化后以供网络通信使用,该层将应用程序数据整理成一个有含义的格式并提供给会话层。这样就将要传送的数据从适合某一用户的抽象语法转换为适合网络通信的传送语法。传送数据的加解密也是表示层完成的功能之一。

表示层提供两类服务:相互通信的应用进程间交换信息的表示方法与表示连接服务。表示层中有3个重要概念:语法转换、表示上下文和表示服务原语。

Ⅶ. 第七层:应用层

应用层(Application Layer)是OSI/RM的最高层。它为用户的应用进程访问OSI提供服务。应用层确定进程之间的通信的性质以满足用户的需求,负责用户信息的语法表示,并在两个通信者之间进行语义匹配。应用层是OSI/RM中最复杂的一层。OSI标准中的应用层协议有:

- 文件传送、访问和管理协议(File Tranfer,Access and Management,FTAM)
- 公共管理信息协议(Common Management Information Protocol,CMIP)
- 事务处理协议(Transaction Processing,TP)
- 虚拟终端协议(Virtual Terminal Protocol,VTP)
- 目录服务协议(Directory Service,DS)
- 报文处理系统协议(Message Handing System,MHS)
- 远程数据库访问协议(Remote Database Access,RDA)
- 作业传送与操纵协议(Job Transfer and Manipulation,JTM)

(2) OSI/RM数据传输原理

OSI/RM共同配合完成计算机网络的数据传输,工作过程如图1.11所示。发送端每一层加入本层的控制信息(如图1.12所示),在接收端通过控制信息完成对等层功能(如图1.13所示)。

实践证明,在OSI/RM中,许多层具有类似的功能,因此在实际系统中,并不需要所有的7层功能,而是根据需要使用其中部分层功能,以提高通信效率,因特网使用的TCP/IP

协议族就是这样产生的。

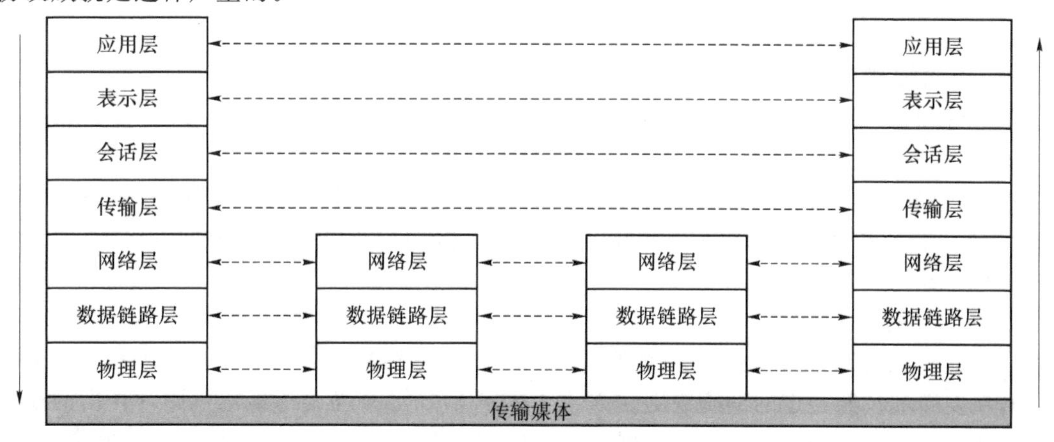

图 1.11 OSI 数据传输示意图

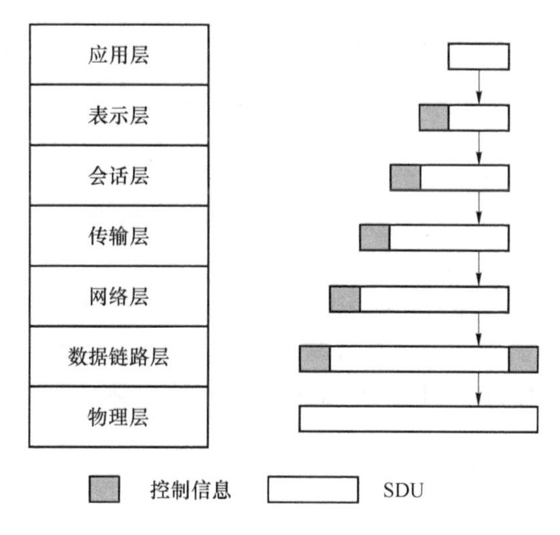

图 1.12 OSI 数据发送过程示意图

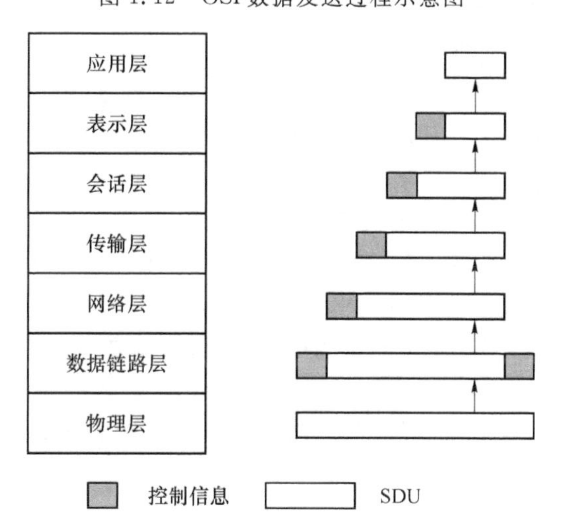

图 1.13 OSI 数据接收过程示意图

1.3.2　差错控制与流量控制

1. 差错控制

差错控制的目的是保证数据传输的准确性。差错控制在数据通信中得到广泛应用，在网络体系中的多层都在使用。差错控制通常分为两步，首先是差错检测，通过差错检测可以发现接收的数据是否正确，如果不正确则进行第二步——差错纠正。常用的差错纠正方法有两种：一是自动请求重发(Automatic Repeat request，ARQ)，二是前向纠错(Forword Error Correction，FEC)。

(1) 差错检测

差错检测的目的是判断接收到的数据是否准确。差错检测是通过差错编码和解码来完成的，在发送端按照一定的编码规则在 K 位信息位后加上 L 位通过编码规则计算出的校验信息，在接收端根据校验信息判断数据是否正确。数据通信中常用的编码方法有两类：一类是奇偶校验，另一类是循环冗余校验(Cyclic Redundancy Check，CRC)。

① 奇偶校验码

奇偶校验编码分为奇校验编码和偶校验编码，它们的编码原理相同，在 N 比特信息位附加一位校验位构成码字，奇校验编码保证码字中 1 的总数为奇数，即满足下列条件：

$$a_{N-1}+a_{N-2}+\cdots+a_0=1$$

式中，a_0 为校验位，其他为信息位。

偶校验编码保证码字中 1 的总数为偶数，即满足下列条件：

$$a_{N-1}+a_{N-2}+\cdots+a_0=0$$

奇偶校验编码可以检测出奇数个错误，如果使用奇校验编码，在接收端，将码字中的各位相加(模 2 加)，结果是 1，则认为没有错误，结果是 0，则认为发生了错误；如果使用偶校验编码，在接收端，将码字中的各位相加(模 2 加)，结果是 0，则认为没有错误，结果是 1，则认为发生了错误。

② 循环冗余校验码

(a) CRC 编码

CRC 编码是一种线性分组码，这种码的编码和解码都不太复杂，而且检错纠错能力强，编码效率高，在数据通信中得到了广泛的应用。

CRC 编码根据输入比特序列 N 位信息码组($S_{N-1}, S_{N-2}, \cdots, S_1, S_0$)通过 CRC 算法获得 K 位校验序列码组($D_{K-1}, D_{K-2}, \cdots, D_1, D_0$)。

CRC 编码算法如下。

将信息码组的各个码元表示为一个多项式的系数：

$$S(X)=S_{N-1}X^{N-1}+S_{N-2}X^{N-2}+\cdots+S_1X+S_0$$

其中 X 仅表示码元的位置，这种多项式称为码多项式。

在 CRC 编码中使用一种码多项式称为生成多项式，表示为：

$$G(X)=X^K+G_{K-1}X^{K-1}+\cdots+G_1X+G_0$$

通过下面的计算可以得到校验序列 $D(X)$，式中的运算采用了模 2 运算。

$$\frac{x^{N-K}S(x)}{G(x)}=Q(x)+\frac{D(x)}{G(x)}$$

其中，$D(X)$可以表示为：

$$D(X) = D_{K-1}X^{K-1} + D_{K-2}X^{K-2} + \cdots + G_1X + G_0$$

最终发送的序列 T 为 $(S_{N-1}, S_{N-2}, \cdots, S_1, S_0, D_{K-1}, D_{K-2}, \cdots, D_1, D_0)$。

(b) CRC 的解码

在接收端的解码要求有两个:检错和纠错。由前面的讨论可知,发送序列 $T(X)$ 可以被生成多项式 $G(X)$ 整除,所以在接收端可以将接收码组 $R(X)$ 用生成多项式 $G(X)$ 去除,当传输中没有发生错误时,接收码组与发送码组相同,即 $R(X)=T(X)$,所以接收码组一定能够被 $G(X)$ 整除,如果码组在发送过程中发生错误,即 $R(X)\neq T(X)$,则一般情况下 $R(X)$ 不能被 $G(X)$ 整除,也就是产生了余式,可以根据余式是否为零判断码组中是否出错。如果出错,则可以要求发送端重新发送。

需要指出,有错误的接收码也有可能被 $G(X)$ 整除,这时错误就不能被检出,这种错误称为不可检错误。不可检错误的错误码数超过这种编码的检错能力。

CRC 编码还具有一定的纠错能力,纠错过程是通过余式和可纠正错误图样的一一对应关系来进行的。

(2) 差错纠正

① 自动请求重发 ARQ

使用自动请求重发 ARQ 时,当接收端使用差错检测机制检测出收到的数据发生错误,则向发送端反馈信息,要求发送端重新发送数据,直到接收到正确的数据为止。ARQ 方式广泛应用于各种通信网络,优点是实现方法简单;缺点是采用了重传机制,浪费了带宽,不适合于实时通信。

有 3 种不同形式的 ARQ 协议:停止等待 ARQ、后退 N 帧 ARQ 和选择重传 ARQ。

(a) 停止等待 ARQ

该协议的原理是发送端和接收端每次只能发送或接收一帧数据。发送端首先向接收端发送一个信息帧,然后停止发送并等待接收端的应答。接收端收到信息帧后进行差错检测,如果是正确的帧,则向发送端反馈确认信息 ACK,如果帧发生错误,则向发送端反馈否认信息 NAK。发送端如果接收到确认信息,则发送下一帧,如果收到否认信息,则重新发送此帧,如果在规定时间内没有收到反馈信息,则发送端同样发送此帧。停止等待 ARQ 的工作原理如图 1.14 所示。

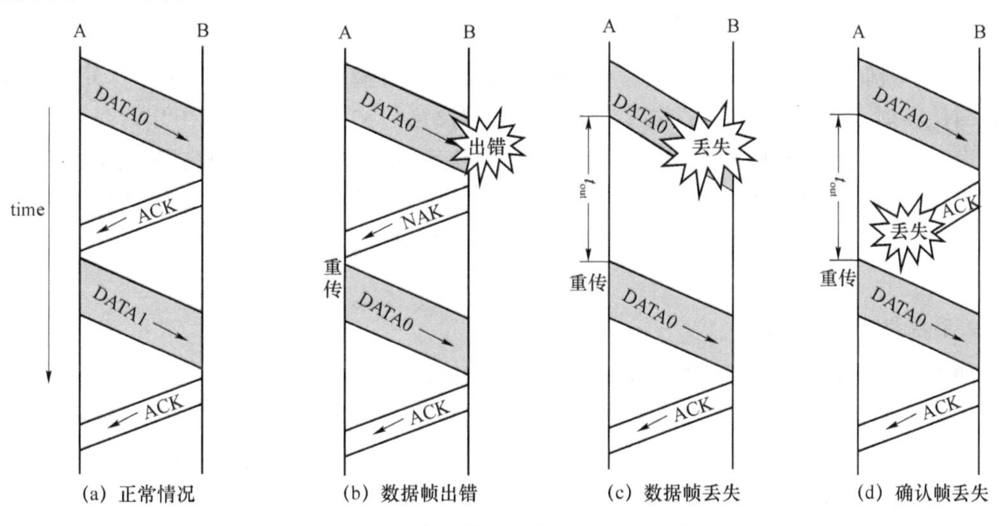

图 1.14 停止等待 ARQ 的工作原理

可以看出,停止等待 ARQ 的工作效率比较低,人们对其进行改进获得了两种改进协议:后退 N 帧 ARQ 和选择重传 ARQ。

(b) 后退 N 帧 ARQ

该协议的原理是:在发送端没有收到接收端应答的情况下,发送端可以连续发送 N 帧,如果接收端收到正确的帧,则反馈确认信息 ACK(ACK 中包含了发送帧的序号 RN,表示 RN 以前的所有帧都已收到),如果收到的是错误帧,则反馈否认信息 NAK,这时对于错误帧后的所有帧接收端均不再接收。发送端收到确认信息后可以继续传送信息帧,如果收到否认帧,则根据否认帧中的序号 SN,将包括序号为 SN 以及之后的所有信息帧重传,如图 1.15所示。图中帧 2 发生错误,则接收端忽略帧 2 以及其后的所有帧,发送端后退 N 帧,从帧 2 开始重新发送。可以看出,采用后退 N 帧 ARQ 可以提高通信效率。

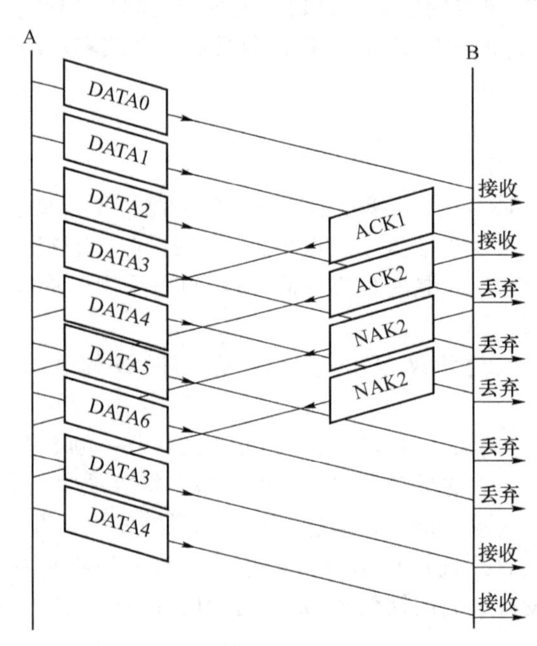

图 1.15　后退 N 帧 ARQ 工作流程

后退 N 帧 ARQ 协议中使用了一个重要概念——滑动窗口。窗口的大小决定了在没有收到确认帧时发送端可以连续发送帧的数量。假设窗口的大小为 6,则在开始时,发送端可以发送 0～5 号帧共 6 帧。当收到对 0 号帧的确认后,窗口向前滑动,发送端可以发送 1～6 号帧,这时由于 1～5 号帧已经发送,所以只发送 6 号帧,当收到对 3 号帧的确认,则发送端可以发送 4～9 号帧。随着不断收到应答,发送窗口不断地向前滑动,所以形象地称为滑动窗口协议。

(c) 选择重传 ARQ

如果信道上的差错率较高,后退 N 帧 ARQ 的通信效率就会很低,因为它需要重传差错帧之后所有的帧。为了提高线路利用率,减少重传次数,可以在后退 N 帧 ARQ 协议的基础上进一步改进,于是获得了选择重传 ARQ。

在发送端选择重传 ARQ 仍然使用滑动窗口协议,但是当出现差错时,仅仅重传出错的帧。而在接收端必须具有对帧重新排序的能力,如果发现第 N 帧出错,反馈否认信息,而对后面发送的帧经过差错检测后暂存在一个缓存区中，直到收到正确的第 N 帧信息，按序号重新排序后再进行响应的处理。

② 前向纠错 FEC

使用前向纠错 FEC 时，当接收端检测出收到的数据发生错误，就直接纠正这些错误。如果系统中不存在反向信道，不能使用 ARQ 时，或者发送数据的实时性要求很高时，可以采用 FEC。FEC 的编码效率相对于 ARQ 来说较低。前面讨论的 CRC 编码就具有一定的纠错能力。

2. 流量控制

(1) 流量控制

在计算机网络中有很多网络资源，如链路的容量、交换节点的缓存区和处理机都是网络资源。由于数据通信的突发性，在某段时间内，对网络中的某一资源的需求超过了该资源可以提供的能力，网络的性能就可能下降，这时可能会出现传输时延增大、数据丢失等现象，可以说这一资源发生了拥塞。如果网络中许多资源同时产生拥塞，网络的性能就要明显变差，这时，网络的吞吐量随着输入负荷的增大而下降，称这种现象为网络的拥塞。

造成网络出现拥塞的原因很多。例如：当从多个输入端到达的分组要求从一个输出端输出，这时就会在该输出端的缓存区形成排队，如果缓存区的容量不够，大量的分组无法得到及时处理，就会出现分组丢失。另外，处理器的速度太低、物理链路的带宽容量不够也会产生拥塞。

研究表明，仅仅依靠增加资源(例如，增大节点缓存区容量、提高处理器的运算速度和增大网络链路的容量等)，在许多情况下不能解决拥塞问题，而且可能会使网络的性能更恶化。

解决拥塞的方法是采用流量控制。流量控制的目标是为了在网络中动态地分配网络资源。采用流量控制可以完成：

- 防止拥塞的产生；
- 避免出现死锁；
- 在各个用户之间公平地分配网络资源。

流量控制技术分为 3 类：流量控制、拥塞控制和死锁防止。它们分别针对不同的情况，采用不同的方法，在不同的范围和层次上实施。下面首先讨论网络中如果不使用流量控制会出现的情况。

流量控制示意图如图 1.16 所示，横坐标是输入负载，代表单位时间输入到网络的分组数据量，纵坐标是吞吐量，代表单位时间从网络输出的分组数据量。图中的 3 条曲线分别代表理论上的最佳流量控制、无流量控制和实际流量控制 3 种情况。

在理想的流量控制下，只要输入负荷低于网络容量，随着输入负荷的增大，网络的吞吐量也线性增大，网络传送了所有分组。当输入负荷超过网络容量时，吞吐量不再增大，而是保持水平状态，此时吞吐量达到饱和，网络以最大容量传输分组。

在无流量控制的情况下，随着输入负荷的增大，网络的吞吐量也随之增大，但是当输入负荷超过一定阈值后，随着输入负荷的增大，吞吐量不但没有增大，反而在逐渐减小，这时网络就出现了拥塞现象，如果不对拥塞加以控制，当输入负荷进一步增大到某个值，网络的吞吐量会下降到零，这种现象称为死锁，在死锁状态下，网络完全不能工作。

针对可能出现的这 3 种情况，采用 3 种流量控制技术来进行处理，当网络没有出现拥塞时,采用流量控制技术避免拥塞的产生,当网络出现拥塞时,采用拥塞控制技术来减小和消除拥塞;当网络死锁后,采用死锁防止技术来使网络恢复正常通信。

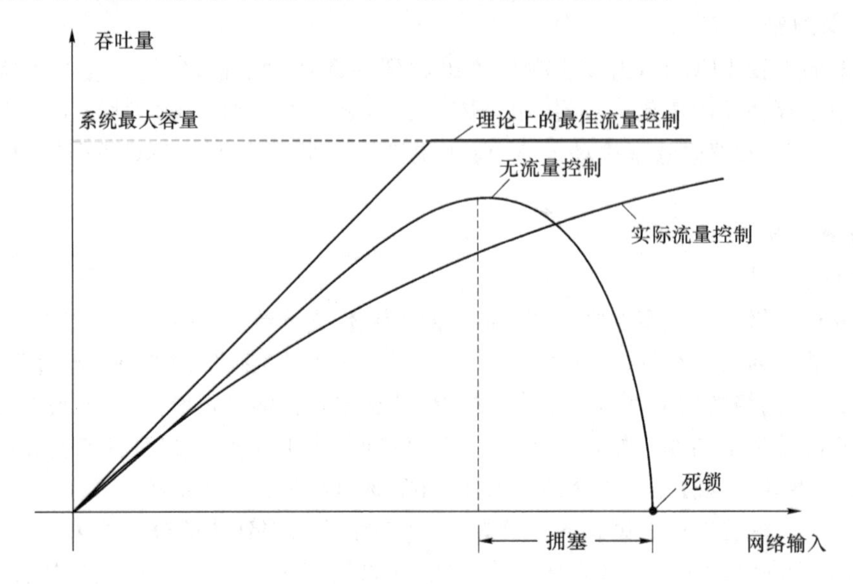

图 1.16 流量控制示意图

如图 1.16 所示,在使用了流量控制后,网络的吞吐量随着输入负荷的增大而增加,不断接近理想流量控制的吞吐量。但需要注意的是,流量控制是需要付出代价的,在输入负荷较小的情况下,使用了流量控制的吞吐量小于不使用流量控制的吞吐量,而在输入负荷较大的情况下,使用了流量控制的吞吐量大于不使用流量控制的吞吐量,但还小于理想的流量控制吞吐量,这是由于流量控制需要有一定的开销。

① 流量控制

流量控制是对网络中两个节点的数据流量加以控制。采用的方法是由接收端来控制发送端的发送速度,使其适应自身的处理能力,避免出现过载和拥塞。

② 拥塞控制

拥塞控制是使网络中的分组数量保持在一个量值之下,避免由于分组数量过多而造成的排队时延增大,分组丢失等拥塞现象。

③ 死锁防止

当网络拥塞到一定的程度,会发生死锁现象。死锁发生的条件是在一个封闭的环路上的所有节点的缓存区都被分组占满而失去了转发能力。死锁防止技术就是合理地设计网络而避免出现死锁,并在死锁情况下及时恢复网络通信。

流量控制和拥塞控制主要在数据链路层、网络层和传输层。分段流量控制是数据链路层的功能,称为节点到节点的流量控制,而端到端的流量控制主要由传输层来完成,称为全局流量控制,而网络层一般完成拥塞控制功能。

(2) 流量控制技术

流量控制技术可以分为集中式和分布式流量拥塞控制两种技术。集中式流量控制技术网络上有一个特定的网络控制节点执行某种算法,为各个节点计算报文流量的分配值,并随时根据网络情况将新的流量分配值传送到网络节点。分布式流量控制则通过每个节点来完成通信流量的分配，这些节点通过自身或外部的业务流量。下面介绍两种常用的流量和拥塞控制技术。

① 滑动窗口协议

滑动窗口协议进行流量控制的方法与前面讲过的后退 N 帧 ARQ 协议中使用的滑动窗口是完全一致的。通过控制窗口宽度决定发送端发送数据的速率，因此窗口宽度的选择是十分关键的。如果源端和目的端的距离比较远，相应的传播时延就比较长，那么从源端发出一个帧到收到确认帧的时间就比较长，因此为了有效地利用网络传输能力，这时的窗口宽度应该比较大；相反，如果源端和目的端的距离比较近，则窗口宽度就比较小。理想的窗口宽度选择机制应该是：在源端收到对窗口中第一个帧的确认帧时，源端正好发送完窗口中最后一个允许发送的帧。在这种情况下，源端就可以以最佳的传送速率发送数据。

② 漏斗式速率控制算法

在数据通信中发生拥塞的原因是由于数据业务往往具有突发性，如果发送端能够按一个恒定的速率发送数据，则拥塞现象将大大降低。根据这种特点，可以采用一种称为业务整形的流量控制方法，这种方法使分组以固定的速率传送。

业务整形是调整数据传输的平均速率，在使用业务整形时，用户和网络共同协商一个业务流量模型，用户按照业务流量模型的要求传送数据，网络根据业务流量模型监视用户，以确保合法用户的数据传输，限制违约用户的传输。业务整形常使用漏斗算法。在漏斗算法中，每个主机都通过一个类似漏斗的队列缓存区与网络连接，主机按照业务特点突发地向队列中写入数据，队列按照恒定速率读出数据并发送到网络，如果数据到达时缓存区已满，则数据被丢弃。这种算法将用户产生的非平稳的分组流转换为平稳的分组流，平滑了用户数据分组的突发性，从而大大降低了出现拥塞的可能。

③ 预约法

在数据报方式工作的分组交换网中，终节点需要将接收到的分组重新排序，装配成有序的分组之后才送到目标计算机，当有多个报文同时到达终节点的时候存储器可能被多个报文同时占满，而其中任何一份报文未完成排序都不能发送给目标计算机，而节点又没有空存储器可以接收来自相邻节点的其他报文的分组，最后使该节点发生死锁。为了防止这种死锁现象的发生，采取在源节点和目的节点预先约定存储器之后再发送报文的协议方法，如图 1.17所示。

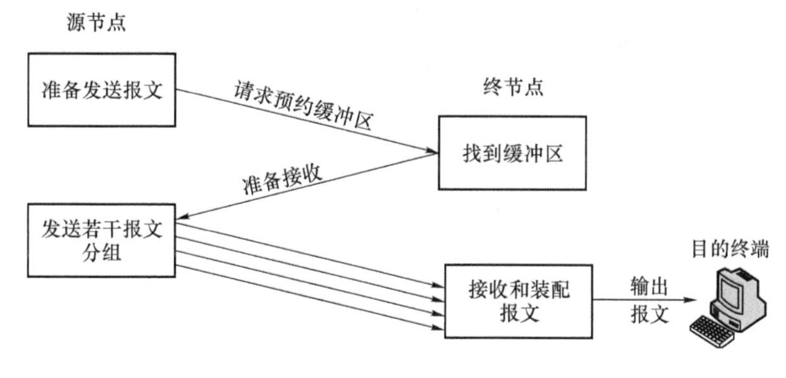

图 1.17　预约法流量控制

预约存储器的方法也可以用于源计算机和目的计算机之间的流量控制，在源计算机向目的计算机发送数据之前，由目的计算机向源计算机报告自己缓冲区容量的大小，然后源计算机再决定向目的计算机发送多少数据。

④ 许可证法

为了避免网络出现拥塞，可以采用限制网络内流动的分组数量的方法。实现的具体方法是：在网络内设置一定数量的“许可证”，每个许可证携带一个分组。当许可证不带分组时为“空载”，带分组时为“满载”，“满载”的许可证到达终点时卸下分组变成“空载”，许可证在网络内部巡游，分组在节点拾到“空许可证”后才可以在网内流动。许可证的格式如图 1.18 所示。

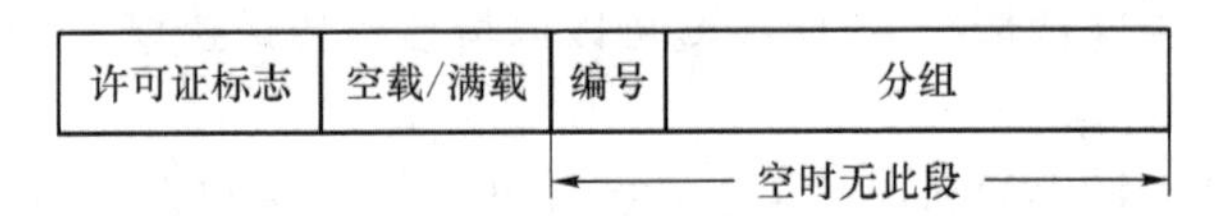

图 1.18　许可证格式

采用许可证法，分组需要在节点得到许可证后才能发送，这可能产生额外的等待时延。但是，当网络负载不重时，分组很容易得到许可证。这种时延可以很小，为了减少因许可证引起的等待时延，有人认为不应当让所有许可证都在网络内随机巡游，而应在各节点设立一个“许可证池”，在池内保持几个空载许可证，这样可以减少分组等待许可证的时间，但是许可证池中的空许可证不能太多，否则将导致流量控制的失控，产生拥塞，时延反而增大。

1.3.3　网络拓扑

如果把网络中的主机或终端看成节点，把连接主机或终端的通信线路看成链路，则网络拓扑结构是指一个网络的节点和通信链路的物理布局图形。网络拓扑是通过网络中的各个节点与通信线路之间的几何关系来表示网络结构，并反映网络中各实体之间的结构关系。常见网络拓扑有 5 种类型，分别是总线型、环形、星形、树形和网形。

1. 总线型拓扑

总线型拓扑使用一根称为总线的电缆连接网络中的所有节点。所有节点共享全部带宽。总线型拓扑结构如图 1.19 所示。以太网使用的就是这种拓扑结构。

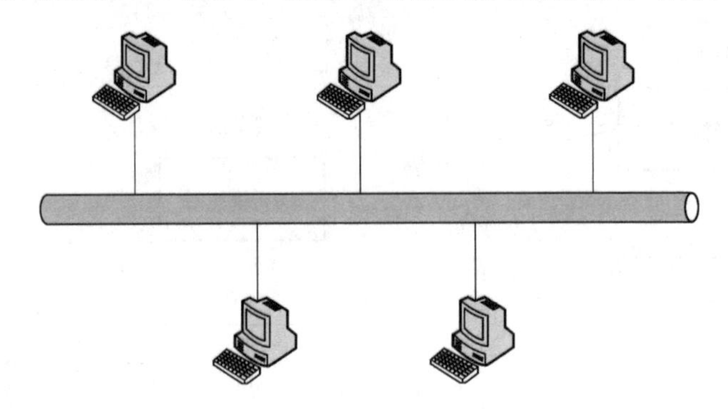

图 1.19　总线型拓扑结构图

在总线网络中，当一个节点向另一个节点发送数据时，所有节点都可以收到数据，只有目标节点可以处理数据，其他节点则不处理数据，这种网络也称为广播式网络。

总线网络的特点是结构简单灵活、可靠性高、安装使用方便，但网络节点增加时，网络性能将下降。

2. 环形拓扑

在环形网络中，各个节点通过环路接口连在一条闭合的环形通信线路中，如图1.20所示。数据沿着环向一个方向传送，环中的每个节点收到数据后再将数据转发，直到数据回到发送节点才由发送节点去除。只有数据的目的地址与环上的某一节点地址一致时，该节点才处理该数据。令牌环网就是使用这种拓扑结构。

环形网络的特点是网络结构简单、时延固定、适合实时通信要求、公平性强，但是由于网络环路结构使得其不易扩展，而且单个节点或链路发生故障时会造成整个网络故障。

3. 星形拓扑

在星形网络中，网络中的每个节点都通过链路与中心节点连接在一起，如图1.21所示。数据传输时，每个节点都将数据发送到中心节点，再由中心节点转发到目的节点。电话网中交换机与用户之间的连接使用的是这种拓扑结构。

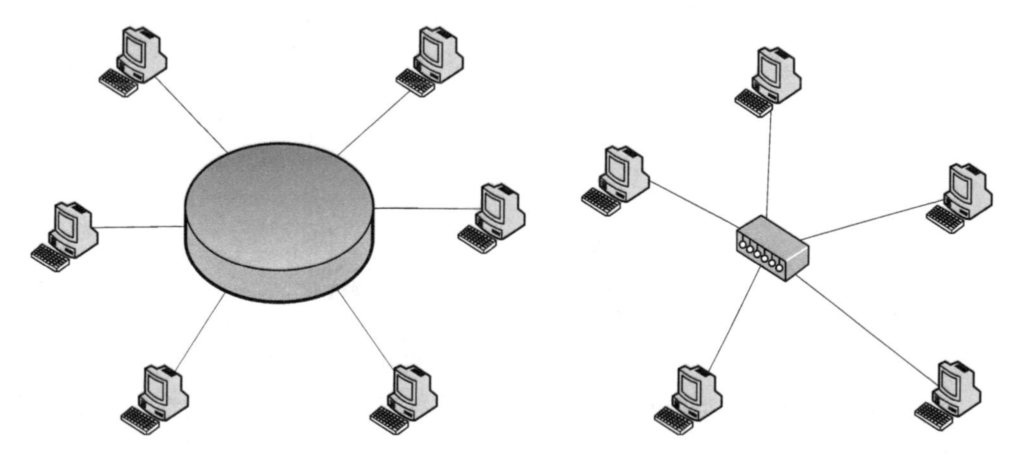

图1.20　环形拓扑结构图　　图1.21　星形拓扑结构图

星形网络的特点是网络结构简单，组网简单，便于管理和集中控制，网络时延短。存在问题是当中心节点发生故障时会造成全网瘫痪。

4. 树形拓扑

树形网络是星形网络的扩展，如图1.22所示。任何一个节点发出的数据都可以传送到整个网络，这种网络也是一种广播式网络，树形网络采用分层结构，便于管理和排除故障。电话网中不同等级交换机之间的连接使用的就是这种拓扑结构。

树形网络的特点是：网络结构较为复杂，传播时延大，网络扩展容易，适用于分级管理和控制系统。

5. 网形拓扑

在网形网络中，任何两个节点都直接相连，网形网络又称为全互连网络，如图1.23所示。网形网络常用于广域网，处于不同地点的节点都是互连的，数据可以直接传送到目的端。当一个连接发生故障时，网络可以容易地通过其他线路传送数据，因此网形网络具有很

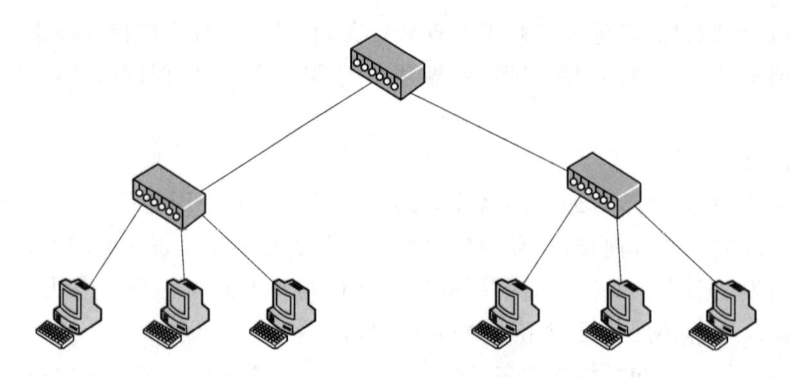

图 1.22 树形拓扑结构图

强的容错能力。电话网中最高等级交换机之间的连接使用的就是这种拓扑结构。

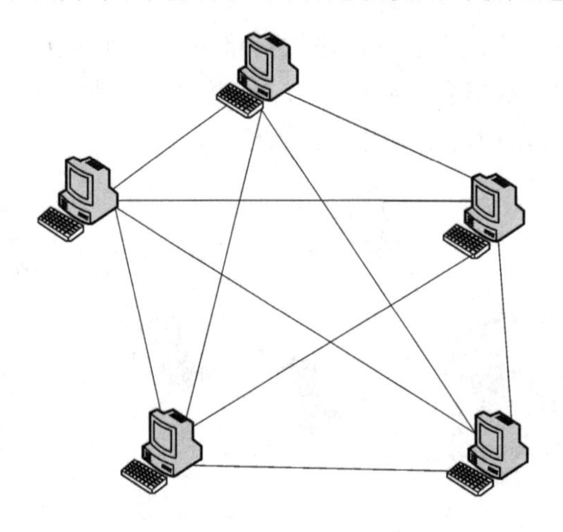

图 1.23 网形拓扑结构图

在通信网络中还有其他类型的拓扑结构,但大多是通过以上 5 种结构混合而成,如总线型和星形混合、总线型和环形混合。

本 章 小 结

现代通信网络包括有终端、传输和交换三要素,其中交换技术决定了网络的性能和可以提供的业务类型,它是整个通信网的核心。交换的基本功能是实现将连接到交换设备的所有信号进行汇集、转发和分配。由于现代通信网络中需要传输的信息包括话音、数据、图像、视频等各种信息,而各种信息对于网络的要求又各不相同,因此,根据信息种类的不同而交换设备采用了不同的交换技术。常用的交换技术有电路交换、报文交换、分组交换、ATM 交换、多协议标签交换、软交换等。

网络体系结构是通信网络的基础,不同的网络具有不同的网络体系结构,常用的网络体系结构有 OSI/RM、TCP/IP、802.X 等。开放系统互连 OSI 是 CCITT 制定的网络体系结构,包括 7 层,分别是:物理层、数据链路层、网络层、传输层、会话层、表示层和应用层。

差错控制和流量控制是数据通信的关键技术之一。差错控制的目的是保证数据传输的准确性,数据在传输前需要进行差错编码,常用的差错控制方法有自动请求重发和前向纠错。流量控制的目的是防止网络出现拥塞而造成网络性能的下降,常用的方法包括滑动窗口协议、漏斗式速率控制协议、预约法和许可证法。

网络拓扑反映的一个网络中节点和通信链路的连接关系,网络拓扑决定了网络的工作原理和性能。常见的网络拓扑有:总线型、星形、环形、树形和网形等类型。

复习思考题

1-1　通信网络的构成三要素是什么?为什么说交换技术是网络技术的核心?

1-2　什么是网络体系结构?网络协议由哪些要素构成?

1-3　简述 OSI/RM 七层协议的结构和每层完成的功能。

1-4　对比电路交换、分组交换的工作原理。分析它们的优缺点。

1-5　简述虚电路和数据报的工作原理,对比它们的差异。

1-6　帧中继对于分组交换做了哪些改进?

1-7　为什么电路交换不能满足数据通信的要求?

1-8　简述 ATM 的特点。

1-9　差错控制的目的是什么?简述差错控制的方法。

1-10　流量控制的目的是什么?简述常用的流量控制方法。

1-11　谈谈你对现代网络中使用的交换技术及其发展的认识。

第2章 电路交换技术

电路交换技术是在电话通信的技术上发展起来的。电路交换模式是指交换设备只为通信双方的信息传送建立电路级的透明通路连接，交换设备不对用户信息进行任何检测、识别和处理。参照OSI七层协议模型，它只相当于物理层通路的连接。在这种模式下，通信用户首先须通过呼叫信令通知本地交换机为其建立与其他用户的通信连接。交换设备负责接收和处理用户的呼叫信令，并按照呼叫信令所指示的目的地址检测相关设备资源的状态，为要建立的通路连接分配资源，通知通信网中的其他设备协调建立端到端的双向通信电路。在通信期间，终端用户将始终独占该条双向通信电路，直到通信双方中止该通信连接。通信结束时，交换机负责释放本次通信所占用的全部资源，以供其他终端用户使用。我们称这种方式工作的交换系统为电路交换机。

目前，数字程控交换机是电路交换机的典型代表。因此，本章主要介绍电话交换技术的起源发展、数字交换网络的结构设计、组成及工作原理、数字程控交换机的硬件体系结构和软件体系结构、电话通信的呼叫处理过程以及电话通信网等内容。

2.1 电路交换技术概述

2.1.1 电话通信的起源

话音信息的交换仍然是当今社会信息交换的重要内容之一。实现话音信息交换的工具是电话。电话通信系统用的终端设备是电话终端(也称为电话机)。

电话通信的最基本原理就是每个用户使用一部电话机，用导线将话机连接起来，通过声能与电能的转换，使两地的用户可以互相通话。如果有3部电话机，并要使这3部电话机间都能分别成对通话，就需要用3对线将它们分别连接起来。$N=8$时，各电话机之间的连接情况如图2.1所示。

以此类推，当存在N个电话机时，则需要$N(N-1)/2$对连线，才能使N部电话机能任意成对通话。随着N的增大，传输线的数量随终端数的增加而急剧增加。上述直连方法导致线路利用率低、使用不方便、安装维护困难等问题，因此没有实际价值。

1876年，贝尔发明了电话机。1878年，交换机的设想被提出，其基本思想是：将多个用户终端与一个公共设备相连，当任何两个用户之间要通话时，由公共设备将两部话机连通，通信完毕，再将线路拆除，以备其他用户使用。我们称这个公用设备为电话交换机，如图2.2所示。电话交换机的出现不仅降低了线路投资，而且提高了传输线路的利用率。电话交换机至少满足两个基本要求:(1)能完成任意两个用户之间的通话接续,即具有任意性;(2)在同一时间内,能使若干对用户同时通话且互不干扰。

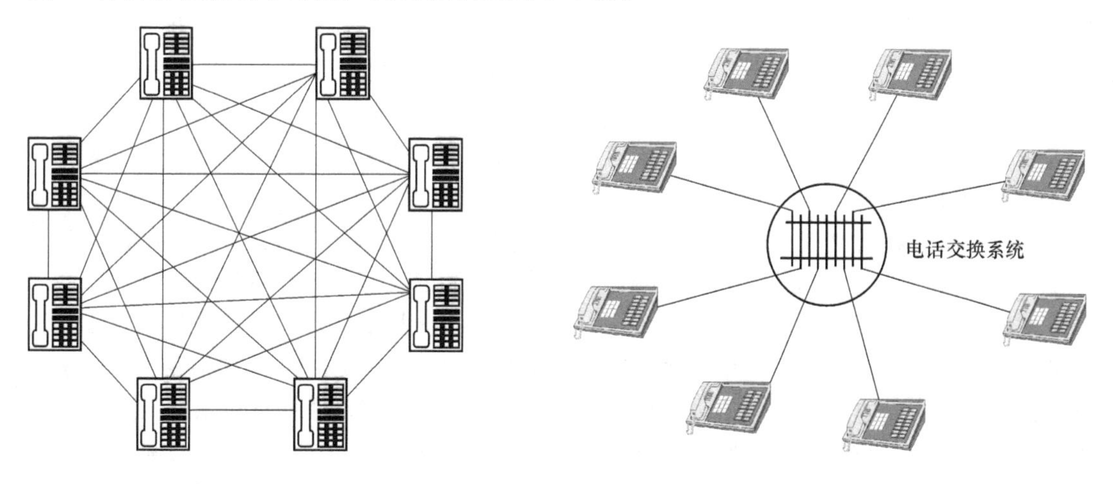

图 2.1　8部电话机相连的情况　　　　图 2.2　电话交换机

2.1.2　电话交换机与电话通信网

前面提到通过电话交换机可以将很多用户集中连接在一起,以完成任意两个用户之间的通话。但单个电话交换机可连接到的用户数量和覆盖的区域范围是有限的,因此当用户数量较大、分布的地域较广时,就需要多个电话交换机,每个电话交换机连接与之较近的终端,且交换机之间互相连接,从而构成电话通信网。典型的电话通信网如图 2.3 所示。

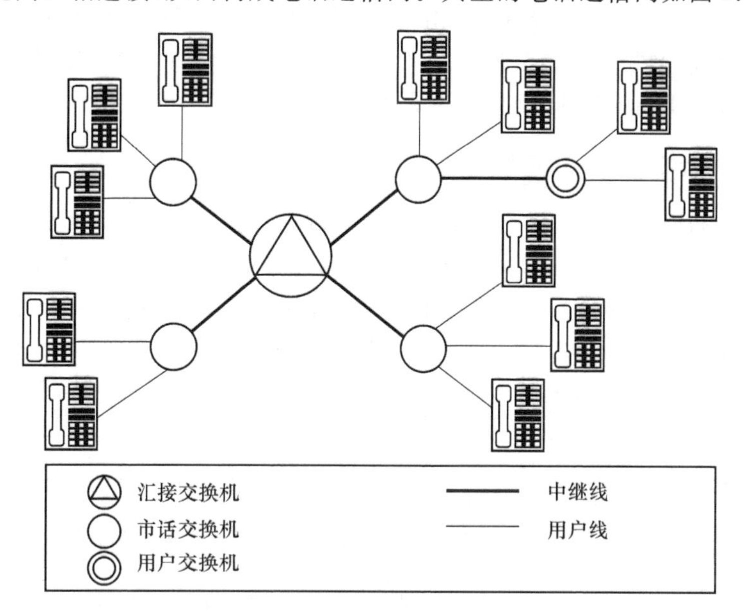

图 2.3　典型的电话通信网

图 2.3 中使用了两种传输线:一种是电话机与交换机之间的连线,称为"用户线";另一种是交换机与交换机之间的连线,称为"中继线"。用户线属于每个用户私有的,采用独占的方式,中继线是共享的,属于公共资源,二者的传输方式不同。

图 2.3 中使用了 3 种电话交换机,分别是汇接交换机、市话交换机和用户交换机。网络中直接连接用户的交换机为市话交换机或用户交换机,只与各交换机连接的交换机称为汇接交换机。在不同长途区号时,汇接交换机也称为长途交换机。显然,长途交换机和汇接交换机只负责交换机之间的业务接续,而市话交换机既负责交换机之间的通信连接,也完成与终端之间的连接服务。用户交换机是由机关、企业等集团单位投资建设,供内部通信用的交换机。

电话交换机之间的连接方式有网状网、环形网、星形网和树形网,以及用这些基本网络形式构成的复合网。

通过电话交换机之间的互相连接的扩展,最终形成一个完整的覆盖全球的电话通信网。从图 2.3 中可以看出,构成电话通信网的基本要素是:终端设备、传输设备和交换设备。

终端设备是电话通信网的源点和终点。它的主要功能是把待传送的信息和在信道上传送的信号之间相互转换。它利用发送传感器来感受信息,利用接收传感器将信号恢复成能被人感知的信息。它完成承载信号与传输信道之间的匹配。对应不同的电信业务有不同的终端设备,如电话业务的终端设备就是电话机终端,数据通信的终端设备就是计算机等。

传输设备是传输媒介的统称,它是电话通信网中的连接设备,是信息和信号的传输通路。它的主要功能是将用户终端设备与交换设备,以及多个交换设备相互连接在一起。传输链路的实现方式很多,如市内电话网的用户端电缆、局间中继设备和长途传输网的数字微波系统、卫星系统以及光纤通信系统等。

交换设备是整个电话通信网的核心,它的基本功能是根据地址信息进行网内链路的连接,以使电话通信网中的所有终端能建立信号通路,实现任意通信双方的信号交换。

仅包含上述 3 种设备的电话通信网还不能形成一个完善的通信网,还必须包括信令、协议和标准。信令是实现网内设备相互联络的依据,协议和标准是构成网络的规则。它们使得用户和网络资源之间,以及各交换设备之间具备共同的“语言”,通过这些“语言”使电话通信网合理地运转和正确地控制,达到全网互通的目的。

2.1.3 电话交换机的发展与分类

电话交换机的发展通常是由于交换技术或控制器技术的发展而引起的。电话交换机的发展历程依次为:人工交换机、步进制交换机、纵横制交换机、空分式模拟程控交换机、时分式数字程控交换机等。目前电话通信网中使用的多为时分式数字程控交换机。不同阶段的电话交换机简介如表 2.1 所示。

表 2.1 不同阶段的电话交换机简介

名称	年份	特 点
人工交换机	1878 年	借助话务员进行电话接续,效率低,容量受限
步进制交换机(模拟交换)	1892 年	交换机进入自动接续时代。系统设备全部由电磁器件构成,靠机械动作完成“直接控制”接续。接线器的机械磨损严重,可靠性差,寿命低
纵横制交换机(模拟交换)	1938 年	系统设备仍然全部由电磁器件构成。靠机械动作完成“间接控制”接续。接线器的制造工艺有了很大改进,部分地解决了步进制的问题
空分式模拟程控交换机	1965 年	交换机进入电子计算化时代。靠软件程序控制完成电话接续。所交换的信号是模拟信号。交换网络采用空分技术
时分式数字程控交换机	1970 年	交换技术从传统的模拟信号交换进入了数字信号交换时代,在交换网络中采用了时分技术

从不同的角度，电话交换机有不同的分类方法：

(1) 按交换机的使用对象分，有局用交换机和用户交换机；

(2) 按呼叫接续方式分，有人工接续交换机和自动接续交换机；

(3) 按所交换的信号表示形式分，有模拟交换机和数字交换机；

(4) 按交换机构的工作方式分，有空分交换机和时分交换机；

(5) 按控制器电路的结构分有集中控制、分级控制和全分散控制。

2.1.4　数字程控交换机简介

1. 数字程控交换机的组成

数字程控交换机主要由话路系统和控制系统两部分组成，如图 2.4 所示。控制系统也称为处理机控制系统，由处理机、存储器、I/O 设备组成；话路系统由数字交换网络、接口电路和信号设备组成。

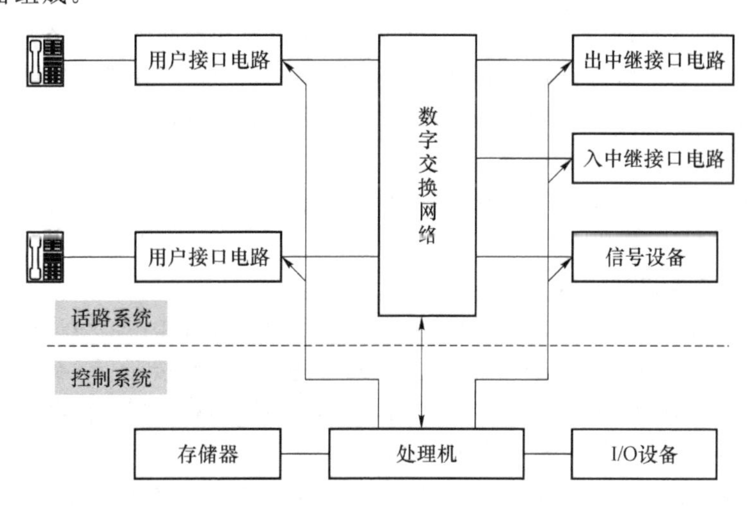

图 2.4　数字程控交换机的组成框图

(1) 数字交换网络

数字交换网络可看成是一个有 n 条入线和 m 条出线的网络。其基本功能是根据需要使某一入线与某一出线连通，提供用户通信接口之间的连接。此连接可以是物理的也可以是逻辑的。物理连接是指，用户通信过程中，不论用户有无信息传送，交换网络始终按预先分配方法，保持其专用的接续通路；而逻辑连接即虚连接(Virtual Connection)，只有在用户有信息传送时，才按需分配提供接续通路。

(2) 接口电路

接口电路分用户接口电路和中继接口电路，其作用是把来自用户线或中继线的消息转换成数字程控交换机可以处理的信号。

(3) 信号设备

负责产生和接收数字程控交换机工作所需要的各种信令，信令处理过程需用规范化的一系列协议来实现。

(4) 控制系统

控制系统是数字程控交换机工作的指挥中心，它由处理机、存储器、I/O 接口等部件组成。控制系统的功能通常分为三级。第一级为外围设备控制级,主要对靠近交换网络侧的端口电路及交换机的其他外围设备进行控制,跟踪监视终端用户、中继线的呼叫占用情况,向外围设备送出控制信息。第二级为呼叫处理控制级,主要对由第一级控制级送来的输入信息进行分析和处理,并控制交换机完成链路的建立或复原。第二级的控制系统有较强的智能性,所以这级称为存储程序控制。第三级为维护测试控制级,用于系统的操作维护和测试,定期自动地对交换系统的各个部分进行状态检测或试验,诊断各种可能出现的故障,并及时报告(输出)异常情况信息。

2. 数字程控交换机的外围设备

数字程控交换机除上述的话路系统和控制系统外,还可能包括以下外围设备。

(1) 备份设备:采用工控机,用于存储备份各类数据、话务统计以及计费信息等。

(2) 维护终端设备:包括终端计算机及终端打印设备等,是对程控交换机进行日常维护管理的设备。

(3) 测试设备:包括局内测试设备、用户线路测试设备和局间中继线路测试设备等。

(4) 时钟:保证数字程控交换机和数字传输系统协调、同步工作必须配置的设备。

(5) 录音通知设备:用于需要语音通知用户的业务,如气象预报、号码查询、空号或更改号码提示等业务。

(6) 监视告警设备:用于系统工作状态的告警提示,一般为可视(灯光)信号和可闻(警铃、蜂音)信号。

3. 数字程控交换机的任务

数字程控交换机必须具备能够正确接收和分析从用户线和中继线发来的呼叫信号和地址信号,按目的地址正确地进行选路,控制交换网络建立连接和按照所收到的释放信号拆除连接等功能。通过本局接续、出局接续、入局接续、转接接续达到各种呼叫类型的建立。

目前程控交换机的基本任务包括以下内容:

(1) 通过模拟用户线接口,完成模拟电话用户间的拨号接续与话音信息交换;

(2) 通过数字用户线接口,完成数字话机或数据终端间的拨号接续及数据信息交换;

(3) 经模拟用户线接口和 Modem 完成数据终端间的数据通信;

(4) 经所配置的硬件和应用软件,提供诸多专门的应用功能;

(5) 借助话务台等设备完成对用户(分机)的呼叫转接、号码查询、故障受理等服务业务;

(6) 借助维护终端等设备完成对程控交换系统或网络的配置以及对各类参数数据、话务统计、计费系统等的管理与维护。

4. 数字程控交换机的功能

数字程控交换机的功能分为交换机业务功能和用户(分机)功能两类。

(1) 交换机业务功能

程控交换机应提供的业务功能有以下8类。

① 控制功能:控制设备应能检测是否存在空闲通路以及被叫的忙闲情况,控制各种电路的建立。

② 交换功能:交换网络应能实现网中任何用户之间的话音信号交换。

③ 接口功能:交换机应有连接不同种类和性质的终端接口。

④ 信令功能:信令设备应能监视并随时发现呼叫的到来和呼叫的结束;应能向主、被叫发送各种用于控制接续的可闻信号音;应能接收并保存主叫发送的被叫号码。

⑤ 公共服务功能:应能向用户提供诸如银行业务、股市业务、交通业务等各种公共信息服务。

⑥ 运行管理功能:应有对交换网络、处理机以及各种接口等设备的管理功能。

⑦ 维护、诊断功能:应有对交换机定期测试、故障报警、故障分析等功能。

⑧ 计费功能:应有计费数据收集、话费结算和话单输出的计费功能。

(2) 用户(分机)功能

程控交换机为用户(分机)提供了诸如缩位拨号、热线服务、呼叫转移、禁止呼叫、追查恶意呼叫等20多种服务功能。这些服务功能的实现,为办公室工作和日常生活提供了许多方便。

5. 数字程控交换机的呼叫处理过程

数字程控交换采用电路交换方式,电路交换呼叫接续过程主要包括以下3个通信阶段。

(1) 呼叫建立阶段:通过呼叫信令完成逐个节点的接续,建立起一条端到端的通信电路。

(2) 通信阶段:在已建立的端到端的直通链路上,透明地传送和交换数字化的语音信号。

(3) 电路的拆除阶段:结束一次通信时,拆除电路连接,释放节点和信道资源。

6. 数字程控交换机的优越性与技术发展

与传统的交换机相比,数字程控交换机由于采用了存储程序控制(SPC)技术,不仅大大增加了呼叫处理的能力,增添了许多方便用户的业务,而且显著地提高了网络运行、管理和维护(OAM)的自动化程度。数字程控交换机的优越性主要体现在以下几个方面:

(1) 能提供许多新的用户服务性能;

(2) 维护管理方便,可靠性高;

(3) 灵活性大;

(4) 便于向综合业务数字网(ISDN)方向发展;

(5) 可以采用公共信道信号系统(No.7信令);

(6) 便于利用电子器件的最新成果,使系统在技术上的先进性得到发挥。

7. 数字程控交换机技术的发展

(1) 软、硬件进一步模块化,软件设计和数据修改采用数据处理机完成。

(2) 控制系统采用计算机局域网技术,将控制系统设计成开放式系统,为今后适应新的业务和功能奠定基础。

(3) 在交换网络方面进一步提高网络的集成度和容量,制成大容量的专用芯片。

(4) 在接口电路方面进一步提高用户电路的集成度,从而降低整个交换机的成本。

(5) 加强有关智能网、综合业务数字网性能的开发。

(6) 大力开发各种接口,包括各种无线接口和光接口。

(7) 通过专用接口,完成程控交换机与局域网(LAN)、分组数据网(PDN)、ISDN、接入网(AN)及无线移动通信网的互联。

(8) 加强接入网业务的开发,实现电信网、有线电视网、计算机网三网合一,从而给人们提供以宽带技术为核心的综合信息服务。

2.2　数字交换网络

2.2.1　话音信号数字化和多路时分复用

1. 话音信号数字化

话音信号数字化是将话音信号进行数字传输、数字交换的前提和基础,是话音信号进入数字交换网络之前必须完成的工作。

话音信号为模拟信号,将模拟信号转变为数字信号的过程称为数字信号的调制。话音信号数字化过程中常用的调制方法有脉冲编码调制(PCM)和增量调制(ΔM)。本小节着重讲述脉冲编码调制的基本步骤和基本原理。图 2.5 是脉冲编码调制的模型。

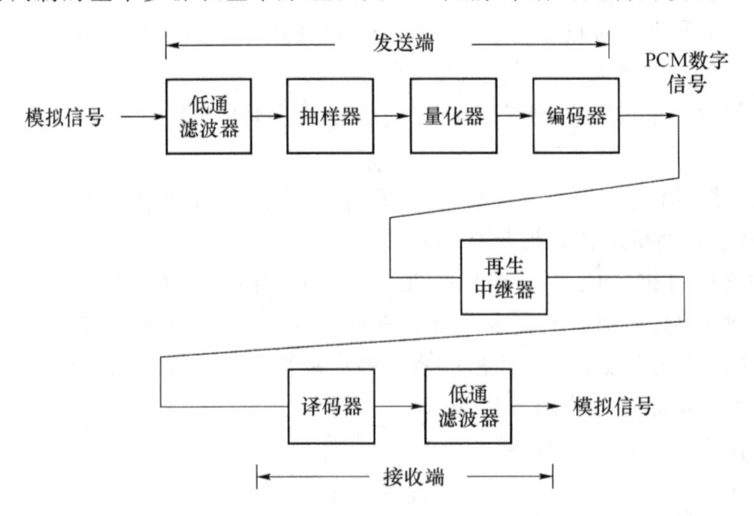

图 2.5　脉冲编码调制的模型

脉冲编码调制在发送端主要通过抽样、量化和编码工作,完成 A/D 转换;在接收端主要通过译码和滤波工作,完成 D/A 转换。

(1) 抽样

抽样的目的是使模拟信号在时间上离散化。为了使抽样信号不失真地还原为原始信号,根据奈奎斯特抽样定理,抽样频率(f_s)应大于 2 倍的话音信号的最高频率。实际中 f_s 取 8 000 Hz,则抽样周期 T 为 1/8 000 s,即 125 μs。

(2) 量化

量化的目的是将抽样得到的无数种幅度值用有限个状态来表示,使模拟信号在幅度上离散化,以减少编码的位数。其原理是用有限个电平表示模拟信号的样值,量化后获得的信号称为脉冲幅度调整。

量化分为均匀量化和非均匀量化。在均匀量化时,由于量化分级间隔是均匀的,对大信号和小信号量化阶距相同,因而小信号时的相对误差大,而大信号时的相对误差小。非均匀量化是一种在信号动态范围内,量化分级不均匀、量化阶距不相等的量化。如:使小信号的量化分级数目多，量化阶距小；使大信号的量化分级数目少，量化阶距大。从而保证信噪比高于 26 dB。非均匀量化叫做“压缩扩张法”，简称压扩法。

CCITT 建议采用的压缩律有两种，分别叫做 A 律和 μ 律。A 律的压缩系数(A)为 87.6，用 13 折线来近似。μ 律的压缩系数(μ)为 255，用 15 折线来近似。欧洲、中国的 PCM 设备采用 A 律；北美、日本的 PCM 设备采用 μ 律。

(3) 编码

编码就是把量化后的幅值分别用代码来表示。实际应用中，通常用 8 位二进制代码表示一个量化样值。PCM 信号的组成形式如图 2.6 所示。

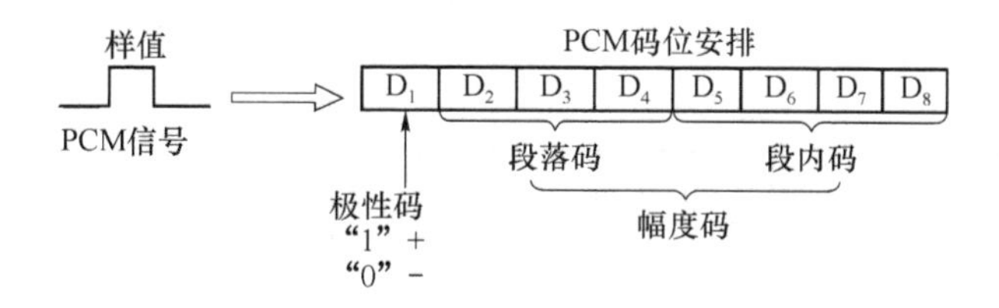

图 2.6　PCM 信号的组成形式

极性码：由高 1 位表示，用以确定样值的极性。

幅度码：由 2～8 位共 7 位码表示(代表 128 个量化级)，用以确定样值的大小。

段落码是指将 13 折线分为 16 个不等的段(非均匀量化)，其中正、负极性各 8 段，量化级为 8，由高 2～4 位表示，用以确定样值的幅度范围。

段内码是指将上述 16 个段的每段再平均分为 16 段(均匀量化)，量化级为 16 ，由低 5～8位表示，确定样值的精确幅度。

经过编码后的信号，就已经是 PCM 信号了。PCM 信号在信道中的传输是以每路的一个抽样值为单位传输的，因此单路 PCM 信号的传输速率为：8×8 000 bit/s＝64 kbit/s。这里将速率为 64 kbit/s 的 PCM 信号称为基带信号。

PCM 常用码型有单极性不归零码型(NRZ)、双极性归零码(AMI)、三阶高密度双极性码(HDB3)等。在我国，NRZ 码一般不用于长途线路，主要用于局内通信。HDB3 码型适合远距离传输，常用于长途线路通信。

(4) 再生

PCM 信号在传输中，为了减少由长途线路带来的噪声和失真积累，通常在达到一定传输距离处设置一个再生中继器。再生中继器完成输入信码的整形、放大等工作，以使信号恢复到良好状态。

(5) 译码和重建

在 PCM 通信的接收端，需要把数字信号恢复为模拟信号，这要经过译码和重建两个处理过程。解码就是把接收到的 PCM 代码转变成与发送端一样的 PAM 信号。在 PAM 信号中包含原话音信号的频谱，因此将 PAM 信号通过低通滤波器分离出所需要的话音信号，这一过程即为重建。

2. 话音信号的多路时分复用

为了提高信道利用率，常对基带 PCM 信号进行时分复用的多路调制。目前，有线通信中的多路复用技术主要有频分复用和时分复用。

在如图 2.7 所示的 30/32 路一次群帧结构中，一帧由 32 个时隙组成，编号为 TS0～TS31。第 1 话路到第 15 话路的消息码组依次在 TS1～TS15 中传送，而第 16 话路到第 30 话路的消息依次在 TS17～TS31 传送。16 个帧构成一复帧，由 F0～F15 组成。

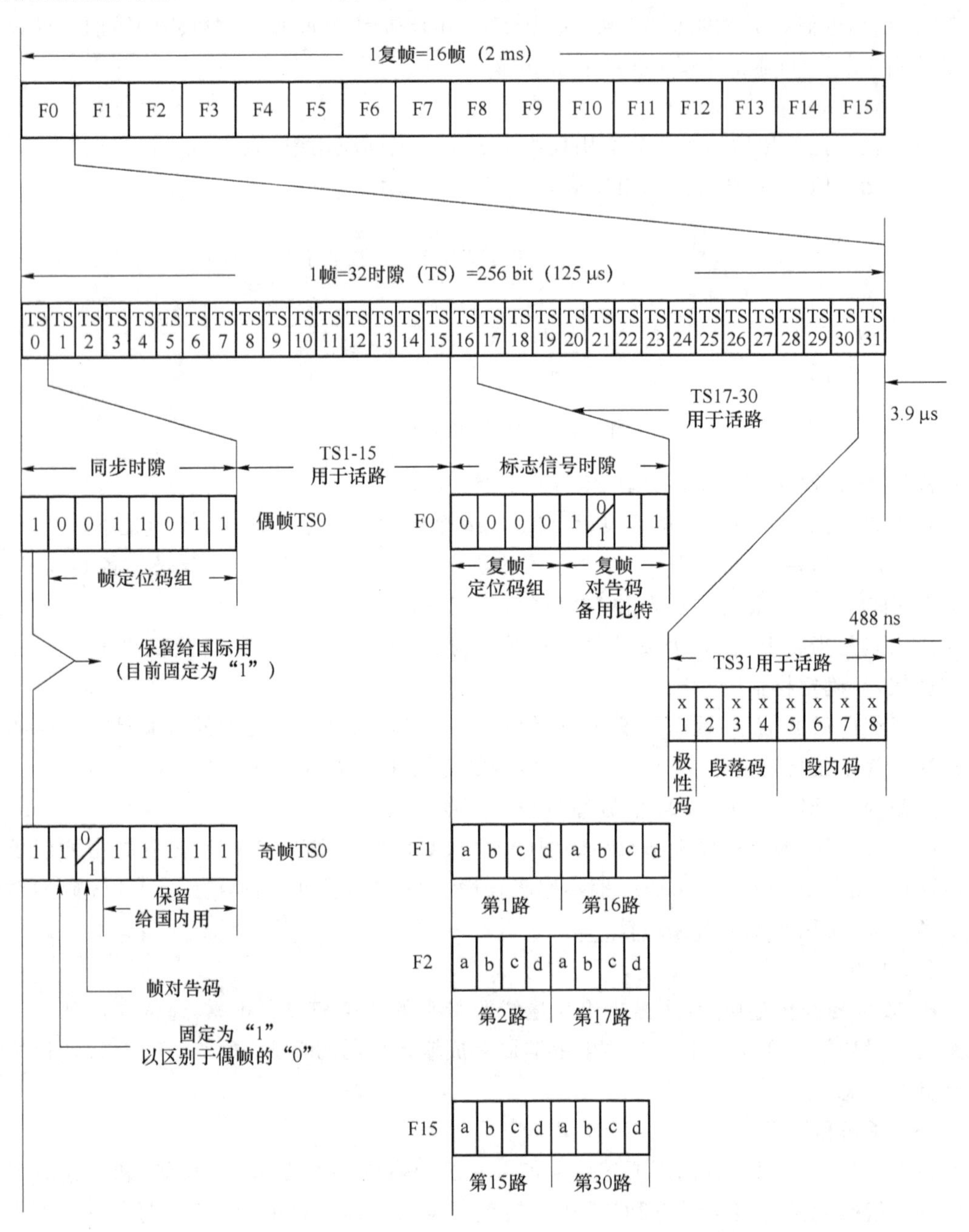

图 2.7　30/32 路 PCM 一次群帧结构

TS0 用来做“帧同步”工作，而 TS16 则用来做“复帧同步”工作或传送各话路的标志信号码(信令码)。“帧同步”以及“复帧同步”的目的在于控制收、发两端数字设备同步地工作。

每个偶数帧的 TS0 被固定地设置为 10011011：第 1 位码暂定为“1”；后 7 位码

“0011011”为帧同步字。帧同步字在偶数帧到来时，由发送端数字设备向接收端数字设备传送。奇数帧 TS0 的第3位码为帧失步告警码。在消息传送过程中，当接收端的帧同步检测电路在预定的时刻检测到输入序列中与同步字(0011011)相匹配的信号段时，便认为捕捉到了帧同步字，说明接收信号正常，此时便由奇数帧 TS0 向发送端数字设备传送的第3位码为“0”；如果接收端帧同步检测电路不能在预定的时刻收到同步字(0011011)，就认为系统失步，由奇数帧 TS0 向发送端数字设备传送的第3位码为“1”，通知对端局，本端接收信号已失步，需处理故障。在实际工作中，接收端的帧同步检测电路需连续多次在所期望的时刻(即每隔 250 m)收到同步字，才确认系统进入了同步状态。

奇数帧 TS0 的第1位码同样没有利用，暂定为“1”。第2位码为监视码，固定为“1”，用于区分奇数帧和偶数帧，以便接收端把偶数帧与奇数帧区别开来(偶数帧 TS0 的第2位码固定为“0”)。奇数帧 TS0 的第4位至第8位码可供传送其他信息用，在未利用的情况下，暂定为“1”。

在 F0 的 TS16 的8位码中，前4位码为复帧同步码，编码为“0000”。第6位码为复帧失步告警码。与帧失步告警码一样，复帧同步工作时这一位码为“0”，失步时为“1”。

F1～F15 的 TS16 用以传送第1话路到第30话路的标志信号。由于标志信号的频率成分远没有话音的频率成分丰富，用4位码传送一个话路的标志信号就足够了，因此，每个 TS16 又分为前 4 bit 和后 4 bit 两部分，前 4 bit 传送一个话路的标志信号，后 4 bit 传送另一话路的标志信号。具体规定是在1复帧中：

- F1 TS16 的前 4 bit 用来传送第1话路的标志信号；
- F2 TS16 的前 4 bit 用来传送第2话路的标志信号；

⋮

- F15 TS16 的前 4 bit 用来传送第15话路的标志信号；
- F1 TS16 的后 4 bit 用来传送第16话路的标志信号；
- F2 TS16 的后 4 bit 用来传送第17话路的标志信号；

⋮

- F15 TS16 的后 4 bit 用来传送第30话路的标志信号。

例如，某用户摘机后占用第7条话路，那么，为其传送话音信号的时隙是 TS7，而为其传送控制信号的时隙则应是 F7 TS16 的前 4 bit。

通过对 30/32 路 PCM 一次群帧结构的认识，我们不难理解，一路基带 PCM 信号一旦占用了一次群中的某个时隙，它随后所有的8位编码采样都将位于该时隙。因此，对于 64 kbit/s的基带 PCM 源而言，一次群系统等价于提供了32条独立的 64 kbit/s 信道。故 30/32 路 PCM 一次群的位速率为 $B=32\times64\ 000=2\ 048$ kbit/s。

为了扩大信号传输的速率和交换容量、提高信道利用率，引入了数字复用高次群概念。高次群由若干个低次群通过数字复接设备复用而成。PCM 系统的二次群由4个一次群复用而成，速率为 8 448 kbit/s，话路数为 $4\times30=120$ 话路；三次群由4个二次群复用而成，速率为 34.386 Mbit/s，话路数为 $4\times120=480$ 话路；四次群由4个三次群复用而成，速率为 139.264 Mbit/s，话路数为 $4\times480=1\ 920$ 话路；五次群则由4个四次群复用而成，速率为 565 Mbit/s，话路数为 $4\times1\ 920=7\ 680$ 话路。

数字复用时，由于要加入同步比特，所以高次群的传输码率并不是低次群的4倍，而是要比它的4倍高一些,如二次群速率应为4×2 112=8 448 kbit/s。

交换机接续常以一次群信号为单位。如果交换机接收到的是其他群次的信号,则必须通过接口电路将它们多路复接(或分接)成一次群,然后进行交换。

2.2.2　交换网络结构设计

交换网络从外部看,相当于是一个由 n 条入线和 m 条出线构成的开关矩阵,如图2.8所示。

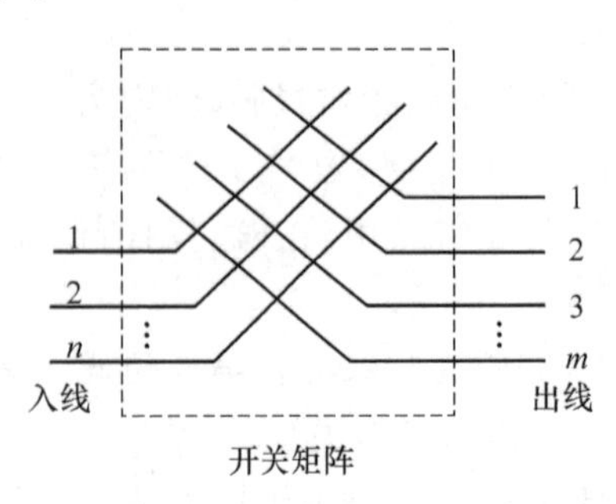

图2.8　交换网络示意图

在图2.8中,由每条入线和出线构成的交叉接点类似于开关电路,平时是断开的,当选中某条入线和出线时,对应的交叉接点才闭合。实际中的开关矩阵叫接线器,接线器的入线接主叫用户接口电路,出线接被叫用户接口电路或接各种中继接口电路。

1. 交换网络的线束利用度

交换网络的线束利用度有两种不同情况:全利用度线束和部分利用度线束。

全利用度线束:任一条入线可以到达任一条出线的情况叫全利用度线束。

部分利用度线束:任一条入线只能到达部分出线的情况叫部分利用度线束。

全利用度线束与部分利用度线束相比,全利用度线束的接通率高,但出线的效率低。

2. 交换网络结构的设计

交换网络的结构分单级接线器结构和多级接线器结构。

(1) 单级接线器结构

单级接线器结构如图2.8所示,一个 $n\times m$ 的接线器存在 $n\times m$ 个交叉接点。如果交换网络的 n 和 m 数很大时,交叉接点数必然变得很大。在数字交换中,这意味着对存储器的存取速率就要求很高。

(2) 多级接线器结构

多级接线器结构可以克服单级接线器结构所存在的问题。

图2.9所示为两级接线器结构,第一级接线器的入线数与出线数相等,是一个 $n\times n$ 的接线器,如果第一级接线器的 n 条出线接至 n 个 $1\times m$ 的第二级接线器的入线,则第一级的每条入线将有 $n\times m$ 条出线。于是这 $1+n$ 个接线器便构成了一个 $n\times nm$ 的交换网络。

若把第一级接线器扩大到 m 个,并把第二级每个接线器的入线数也扩大到 m 条,便可得到如图2.10(a)所示的 $nm\times nm$ 的二级交换网络。其简化形式如图2.10(b)所示。

在二级接线器结构中,由于第一级的每一个接线器与第二级的每一个接线器之间仅存在一条内部链路,使任何时刻在一对接线器之间只能有一对出、入线接通。例如,当第一级第1个接线器的1号入线与第二级第2个接线器的 m 号出线接通时,第一级第1个接线器的其他入线都无法再与第二级第2个接线器的其余出线接通。这种虽然入、出线空闲,但因没有空闲级间链路而无法接续的现象称为交换网络的内部阻塞。

两级接线器结构的每条内部链路被占用的概率可近似为:$a=A/nm$。式中,A 为整个交换网络的输入话务量。交换网络的内部阻塞率应等于所需链路被占用的概率，则两级接线器结构的内部阻塞是 $B_{i2}=a$。

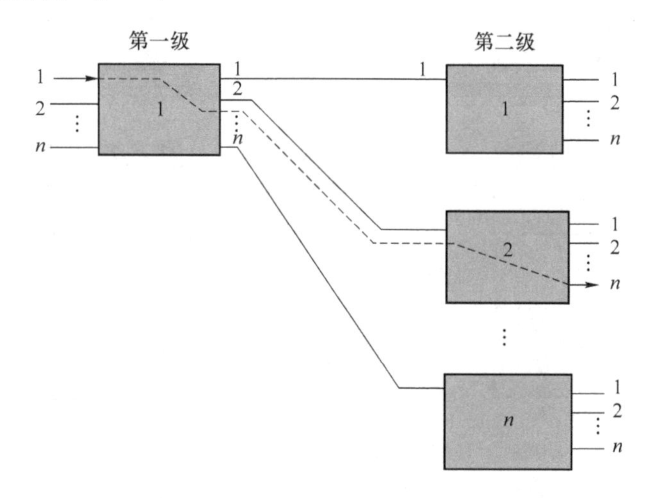

图 2.9　一个 $n \times nm$ 的两级接线器结构

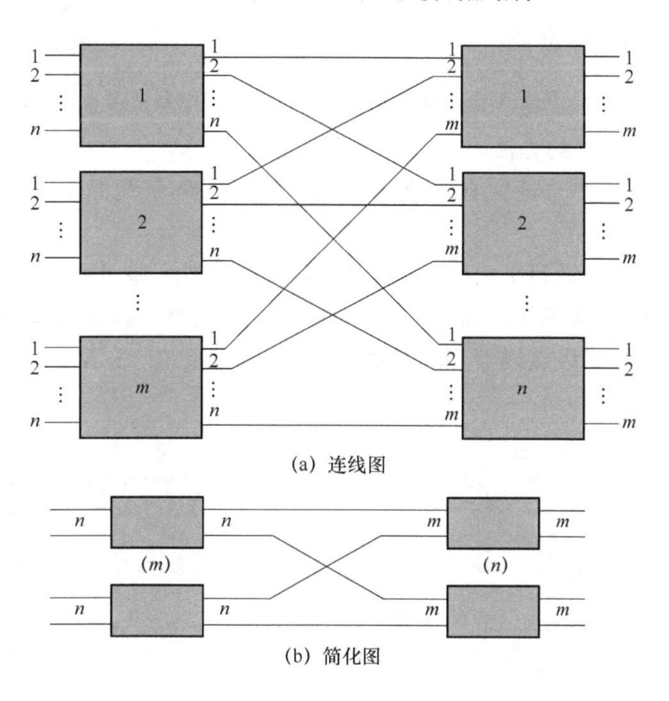

图 2.10　一个 $nm \times nm$ 的两级接线器结构

当进一步增加网络的输入线数时，可依照相同的方法将二级接线器结构扩展为三级或更多级。图 2.11 是一个三级接线器结构。

在三级接线器结构中，任何一个第一级接线器与一个第三级接线器之间仍然只存在一条通路，但这条通路却是由两条级间链路级联而成的。因此，当仍假设每条内部链路被占用的概率是 a 时，每条链路空闲的概率是 $1-a$。两条链路均空闲，则级联链路空闲的概率便为 $(1-a)^2$。因此，三级接线器结构的内部阻塞率是 $B_{i3}=1-(1-a)^2$。不难发现，$B_{i3}>B_{i2}$。由此可见，增加级数虽然扩大了交换网络可接续的容量，但也增加了网络的内部阻塞率。

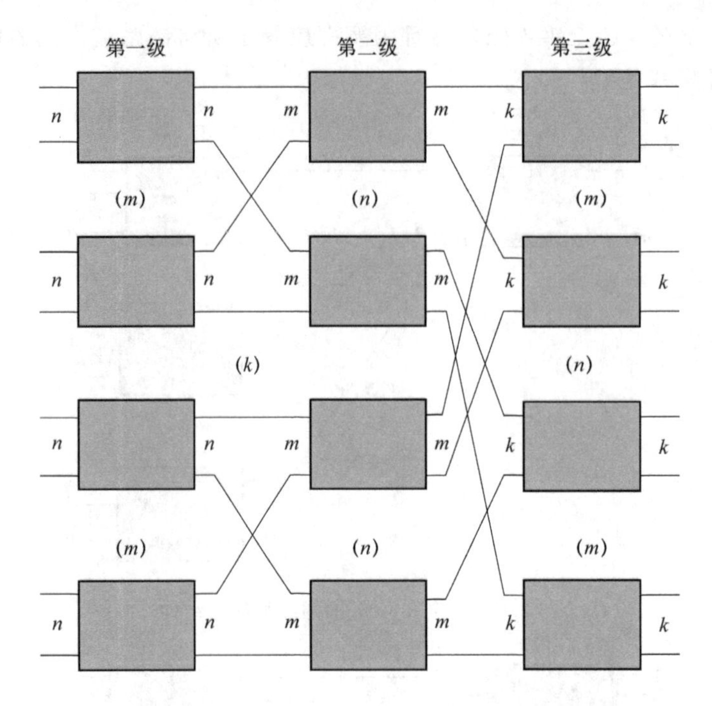

图 2.11 一个 $nmk \times nmk$ 的三级接线器结构

(3) 减小内部阻塞率的方法

减小内部阻塞率的方法通常有两种:扩大级间链路数和采用混合级交换网络。

① 扩大级间链路数

由于图 2.12 的级间链路扩大到 x 条,内部阻塞率将减少为 $B_i = a^x$。同理,一个 x 重连接的三级网络的内部阻塞率便是 $B_i = 1-(1-a^x)^2$。扩大级间链路数减小了网络的内部阻塞率,但这是以增大第二级接线器入出线数为代价的,如图 2.12 所示的第二级接线器入出线将相应地增大到 $xm \times xm$。

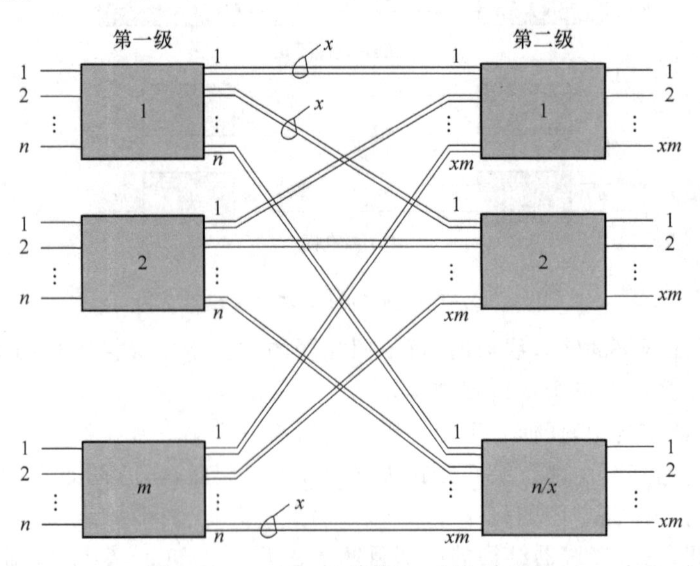

图 2.12 一个 x 重连接的二级交换网络

② 采用混合级交换网络

图 2.13 给出了采用混合级的一种交换网络。图 2.13 的前两级是如图 2.10 的二级网络，但第二级网络的 nm 条出线并未像图 2.11 那样连到 nm 个接线器，而是仅连接了 m 个接线器。不难看出，第一级中任何一个接线器与第三级中的任一接线器之间现在有了 n 条链路，网络的内部阻塞率因此下降为 $B_i=[1-(1-a)^2]^n$。

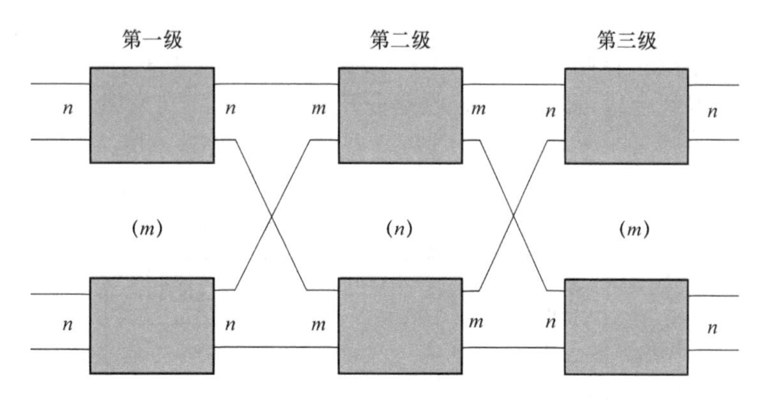

图 2.13　混合级交换网络

不难想象，当网络的内部链路数达到一定的数量时，可以完全消除内部阻塞。我们来分析图 2.14 所示的三级交换网络。

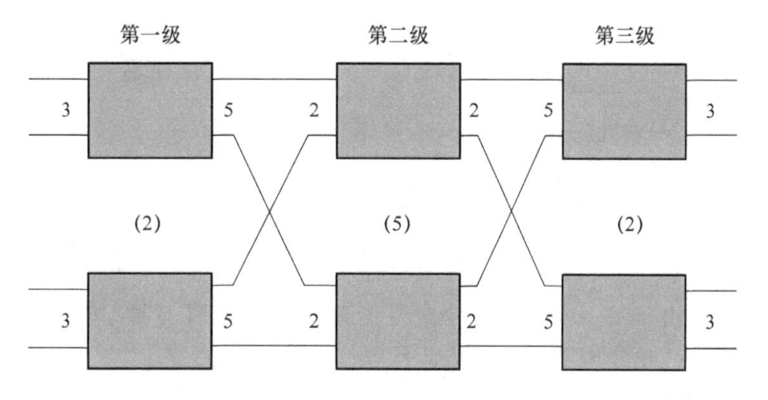

图 2.14　三级无阻塞交换网络

在图 2.14 中，第一级有 2 个 3×5 接线器，第二级有 5 个 2×2 接线器，第三级有 2 个 5×3接线器。现假设第一级接线器 A 的一条空闲入线要与第三级接线器 B 的一条空闲出线接通。在最坏的情况下，当接线器 A 的入线希望接通时，它的其余 2 条入线已占用了它 5 条出线中的 2 条，于是这条入线尚有 3 条出线与接线器 B 相通。再假设接线器 B 的其余 2 条出线均已占用，而它们使用的入线又恰好是 A、B 之间剩余 3 条链路中的 2 条，于是 A、B 之间还存在 1 条通路。这种只要交换网络的出、入线中有空闲线，则必存在内部空闲链路的网络称为“无阻塞网络”或“Clos”网络。

当然，“无阻塞网络”的实现是以增加设备、提高成本为代价的。设计交换网络结构时要通过核算，考虑如何折中上述各种有利的情况。

2.2.3 数字交换网络的基本结构和工作原理

1. 数字交换的实质

数字交换实质上就是把与PCM系统有关的时隙内容在时间位置上进行搬移,因此数字交换也叫时隙交换。实际中用户消息通过数字交换网络发送与接收的过程如图2.15所示,主叫端的A信号占TS1发送,经数字交换网络交换后由TS2接收,而被叫端的B信号占TS2发送,经数字交换网络交换后由TS1接收。由此完成了主、被叫双方消息的交换。由于PCM信号是四线传输,即发送和接收是分开的,因此数字交换网络也要收、发分开,进行单向路由的接续。

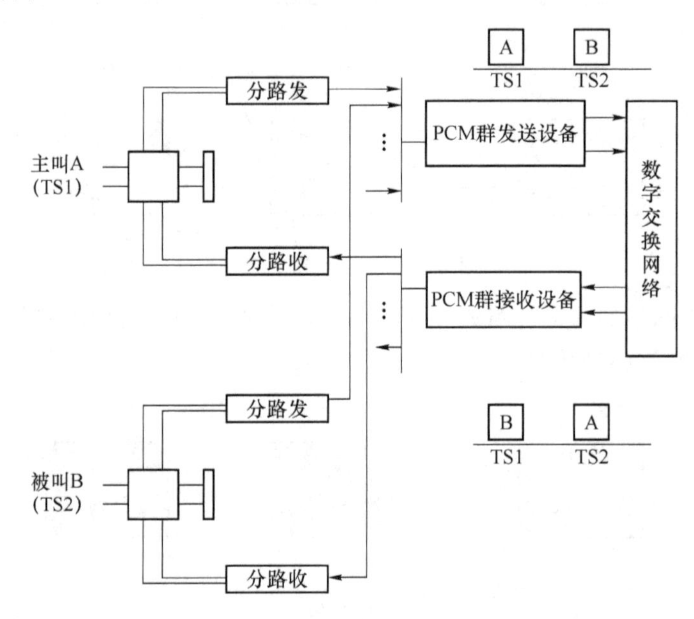

图2.15 用户消息通过数字交换网络发送与接收的示意图

在数字通信中,由于每一条总线都至少可传送30路(PCM基群)用户的消息,所以我们把连接交换网络的入、出线叫PCM母线或HW(High Way)线。

当连接数字交换网络只有若干条HW线时,数字交换网络必须具有在不同PCM总线之间进行交换的功能。主要体现在以下3个方面:

(1) 具有在同一条HW线、不同时隙之间进行交换的功能;

(2) 具有在同一时隙、不同HW线之间进行交换的功能;

(3) 具有在不同HW线、不同时隙之间进行交换的功能。

数字交换网络由数字接线器组成,用来实现上述3个功能。从功能上,数字接线器可分为时间(T)接线器和空间(S)接线器。

2. 时间(T)接线器

(1) T接线器的结构组成

T接线器可以完成在同一条HW线、不同时隙之间的交换。T接线器由话音存储器(Speech Memory,SM)和控制存储器(Control Memory,CM)组成。话音存储器和控制存储器都是随机存储器RAM。

话音存储器:用于寄存 PCM 编码后的话音信息,每个单元存放一个时隙的内容,即存放一个 8 bit 编码信号,故 SM 的单元数等于 PCM 的复用度(HW 线上的时隙总数)。

控制存储器:用于寄存话音信息在 SM 中的地址单元号。在定时脉冲作用下,通过 CM 中存放的地址单元号,进而控制话音信号在 SM 中的写入或读出。一个 SM 的单元号占用 CM 的一个单元,故 CM 的单元数等于 SM 的单元数。CM 每单元的字长则由 SM 总单元数的二进制编码字长决定。

例如,某 T 接线器的输入端 PCM 复用度为 128,则 SM 的单元数应是 128 个,每单元的字长是 8 bit;CM 单元数应是 128 个,每单元的字长是 7 bit。

(2) T 接线器的工作方式

如果 SM 的写入信号受定时脉冲控制,而 SM 的读出信号受 CM 控制时,称之为“输出控制”方式,即 SM 是“顺序写入,控制读出”。反之,如果 SM 的写入信号受 CM 控制,而 SM 的读出信号受定时脉冲控制时,称之为“输入控制”方式,即 SM 是“控制写入,顺序读出”。对于控制存储器(CM)来说,其工作方式都是“控制写入,顺序读出”,即 CPU 控制写入,定时脉冲控制读出。

例如,某主叫用户的话音信号(A)占用 TS50 发送,通过 T 接线器交换至被叫用户的 TS450 接收。图 2.16 给出了两种工作方式的示意图。

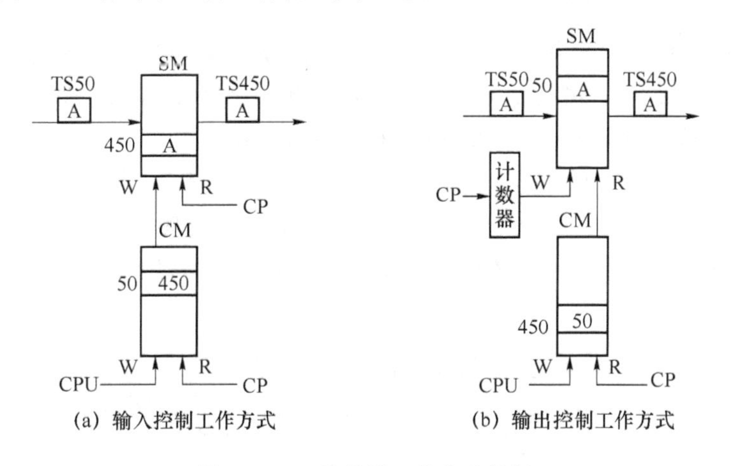

图 2.16　T 接线器工作方式举例

要把 TS50 的内容交换到 TS450 中去,只要在 TS50 到来时,把它的内容先寄存到 SM 中,等到 TS450 到来时,再把该内容取走就可以了。通过这一存一取,即可实现不同时隙内容的交换。

对于“输出控制方式”来说,其交换过程是这样的:第一步,在定时脉冲 CP 控制下,将 HW 线上的每个输入时隙所携带的话音信息依次写入 SM 的相应单元中 (SM 单元号对应主叫用户所占用的时隙号);第二步,CPU 根据交换要求,在 CM 的相应单元中填写 SM 的读出地址(CM 单元号对应被叫所占用的时隙号);第三步,在 CP 控制下,按顺序在输出时隙(被叫所占的时隙)到来时,根据 SM 的读出地址,读出 SM 中的话音信息。

对于“输入控制方式”来说,其交换过程是这样的:第一步,CPU 根据交换要求,在 CM 单元内写入话音信号在 SM 的地址(CM 单元号对应主叫用户所占用的时隙号);第二步,在 CM 控制下,将话音信息写入 SM 的相应单元中(SM 单元号对应被叫用户所占用的时隙号);第三步,在CP控制下,按顺序读出SM中的话音信息。

(3) 关于T接线器的讨论

① 不管是哪一种控制方式,话音信息交换的结果是一样的。

② T接线器按时间开关时分方式工作,每个时隙的话音信息都对应着一个SM的存储单元,因为不同的存储单元所占用的空间位置不同,所以就这个意义上讲,T接线器虽是一种时分接线器,但实际上却具有"空分"的含义。

③ CPU只需修改CM单元内的内容,就可改变信号交换的对象。但对于某一次通话来说,占用T接线器的单元是固定的,这个"占用"直至通话结束才释放。

④ 话音信号在SM中存放的时间最短为3.9 μs,最长为125 μs。当CM第k个单元中的值为j时,输入的第j时隙将被转移到输出的第k时隙。由此引起的延时为$D = k - j$(TS)。例如,当$k=3,j=1$时,信号交换的延时为:$D=3-1=2$(TS)=7.8 μs。

⑤ CM各单元的数据在每次通话中只需写一次。

(4) T接线器的数字电路实现原理

在分析SM、CM的数字电路时要用到时钟(CP)、定时脉冲(A0～A7)和位脉冲(TD0～TD7)的有关知识,图2.17是由时钟(CP)形成的8条HW线所需要的定时脉冲(A0～A7)和位脉冲(TD0～TD7)的波形。

图2.17所示的CP具有脉冲和间隔各为244 ns的特点,它和30/32路PCM每时隙的一位码脉冲宽度一致。CP进行2分频形成了定时脉冲A0,而A1由A0进行2分频获得,A2由A1进行2分频获得……A7由A6进行2分频获得。

定时脉冲A0～A2的不同组合又可形成TD0～TD7 8个位脉冲。TD0～TD7的周期为3.9 μs,脉宽为488 ns,间隔为488 ns×7,用以控制每一时隙中的每一位码的移动,还可控制8条HW线的选择。A0～A7组合形成256个地址脉冲,用以控制SM、CM的256个单元的选择。

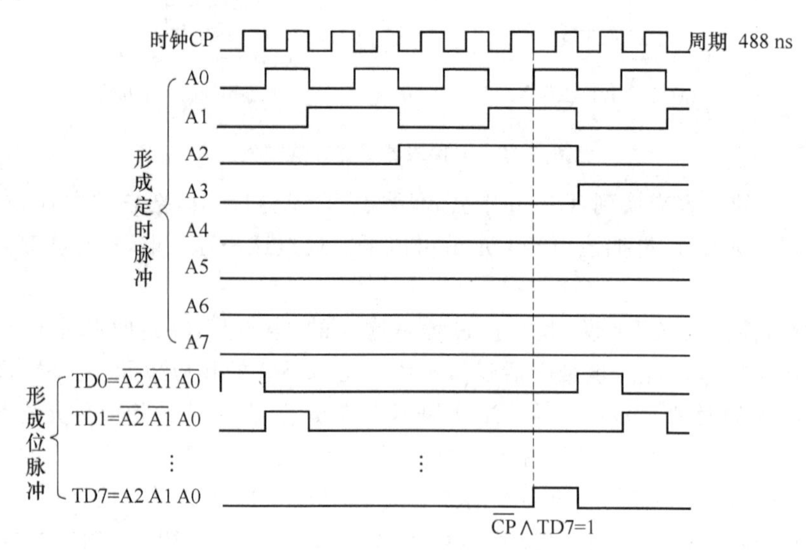

图2.17 形成定时脉冲(A0～A7)和位脉冲(TD0～TD7)的波形

① SM的数字电路实现原理

SM的数字电路实现原理如图2.18所示，它由存储器RAM、写入与门、读出与门、或门、反相器等读写控制电路组成。该电路是按"输出控制方式"设计的。

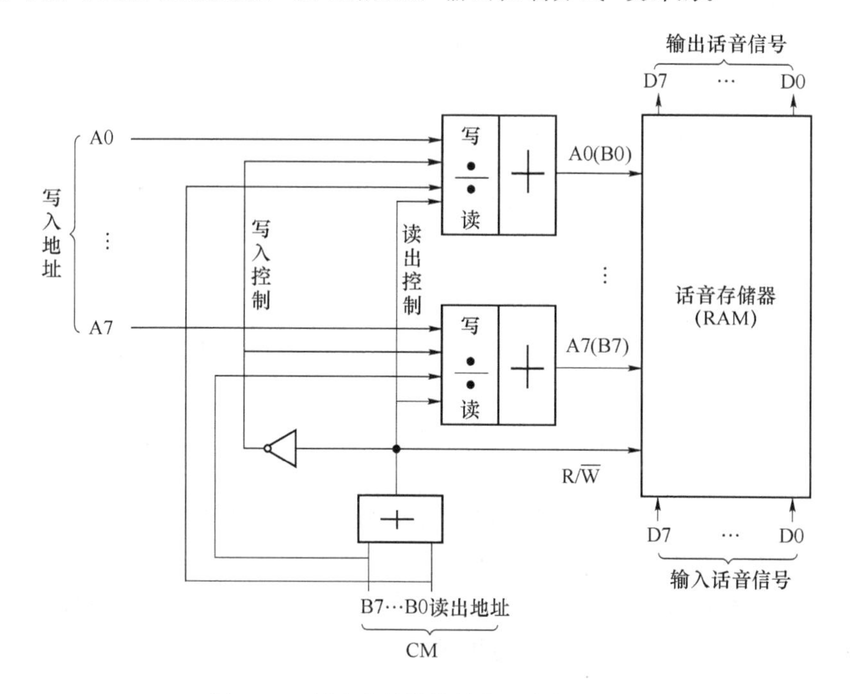

图2.18　话音存储器的数字电路实现原理

当CM无输出时，B0～B7全为"0"，或门输出为0，此时：RAM的$R/\overline{W}=0$，RAM处于写状态。"读出控制"为0，关闭读出地址B0～B7的与门；"写入控制"为1，打开写入地址A0～A7的与门。根据定时脉冲A0～A7组合的256个地址，在位脉冲TD0～TD7控制下按顺序将D0～D78位并行码(话音信号)写入到相应的RAM单元中去。

当CM有输出时，B0～B7不全为"0"，此时：RAM的$R/\overline{W}=1$，RAM处于读状态。"写入控制"为0，关闭写入地址A0～A7的与门；"读出控制"为1，打开读出地址B0～B7的与门。按照CM提供的B0～B7组合的256个地址，从相应的SM单元读出数据D0～D7。

② CM的数字电路实现原理

控制存储器的数字电路实现原理如图2.19所示。它由存储器RAM、反相器、比较器、锁存器等组成。

CPU根据用户要求，通过数据总线(DB)和地址总线(AB)向CM发送：(a)写入数据BW0～BW7(SM的地址)；(b)写入地址AW0～AW7(CM的地址)。

SM的地址写入CM的时机(写入条件)是：(a)CPU发出写命令脉冲；(b)定时脉冲A0～A7所指定的地址与CPU送来的AW0～AW7地址一致(同步)；(c)CP的前半周(CP=1)。

这3条均成立的情况下，信号经与非门后，$R/\overline{W}=0$，CM处于写状态。

CM数据读出时机是CP的后半周(CP=0)，即$R/\overline{W}=1$时，CM处于读出状态。

(5) PCM终端设备和T接线器的连接

① 单端PCM设备和T接线器的连接

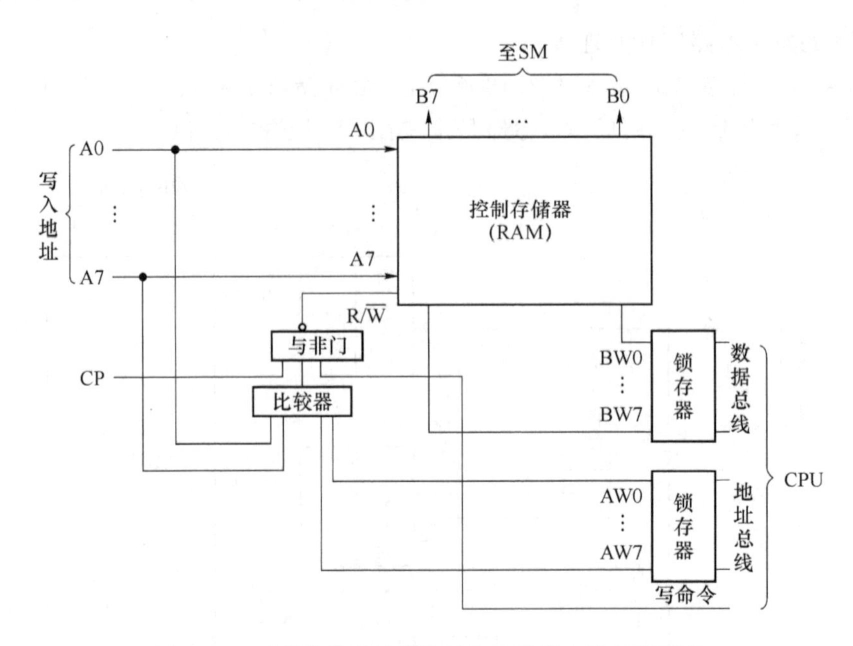

图 2.19　时间接线器控制存储器的数字电路实现原理

所谓单端是指一条 HW 线的情况。单端 PCM 设备和 T 接线器的连接如图 2.20 所示。图中电路包括了码型变换与逆变换电路、标志信号收/发电路、同步电路、定时电路、串/并变换(S/P)电路、汇总电路等。它们的功能如下。

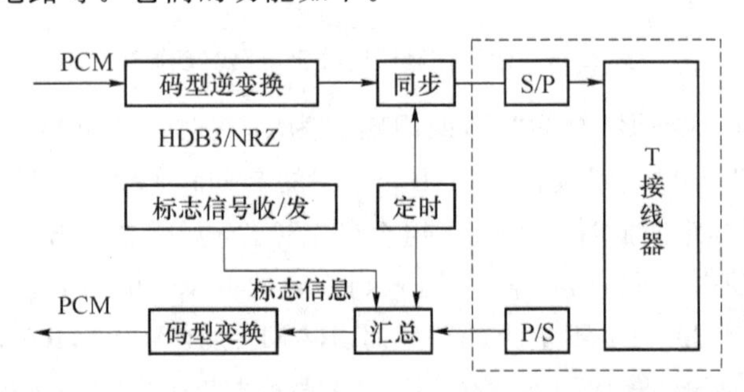

图 2.20　单端 PCM 设备和 T 接线器连接的电路框图

(a) 码型变换与逆变换:完成机内码型与线路码型之间的变换(NRZ/HDB3)。

(b) 同步:取出同步时隙,在定时脉冲控制下做同步检查。

(c) 定时:用来产生各种定时脉冲,如采样时用的采样脉冲、编码时用的位脉冲和同步时用的帧同步脉冲等。

(d) 标志信号收/发:插入或取出 TS16 传输的标志信号(控制信令)。

(e) 汇总:将话音信号、同步信号和标志信号汇总在一起,然后通过码型变换电路送至输出端。

(f) 串/并变换:在 T 接线器的数据总线上连接了一个输入串/并(S/P)变换电路和一个输出并/串(P/S)变换电路,目的是将传输线上的串行码变换成并行码后存入 T 接线器 RAM 中。

② 多端 PCM 终端设备和 T 接线器的连接

单端PCM终端设备接入T接线器时只能处理30个用户的话音交换。如果将多端PCM终端设备接入T接线器，就会大大扩大T接线器所交换的信息容量。因此，多端PCM终端设备和T接线器连接时其接口除了需要串/并、并/串电路外，还需要增加复用和分路电路，实现多端PCM复用线的合并。

复用器的作用是将多条HW线合并成一条HW线；分路器的作用是将一条HW线分路成多条HW线。

图2.21是8条HW线（每条HW线为PCM一次群）与T接线器的连接图。其中T接线器的左端是由8个串/并变换电路和1个8并1复用器组成的电路，它们将8条HW输入线的串行信号变换成1条HW线的并行信号进入T接线器；T接线器的右端是由1个1分8的分路器和8个并/串变换电路组成的电路，它们将T接线器输出端的1条HW线的并行信号变换成8条HW线的串行信号送至传输线。

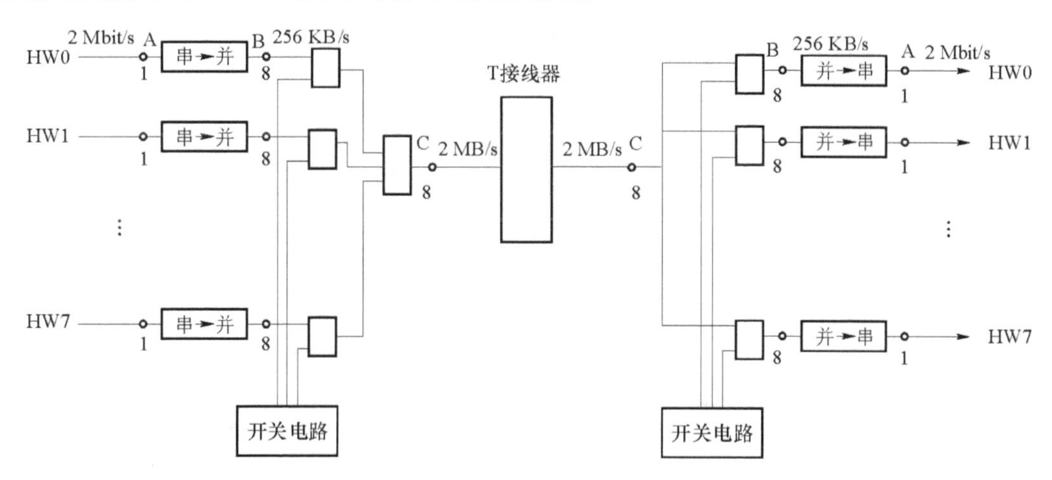

图2.21　8条HW线与的T接线器连接图

对应图2.21的信号波形如图2.22所示。每路信号依次进入话音存储器的顺序如下：

HW0TS0，HW1TS0，…，HW7TS0；

HW0TS1，HW1TS1，…，HW7TS1；

HW0TS2，HW1TS2，…，HW7TS2；

⋮

HW0TS31，HW1TS31，…，HW7TS31。

对于N条HW线来说，它们经串/并变换及多路复用后，依次写入到话音存储器的顺序为：

HW0TS0，HW1TS0，…，HWN-1TS0；

HW0TS1，HW1TS1，…， HWN-1TS1；

HW0TS2，HW1TS2，…， HWN-1TS2；

⋮

HW0TS31 ，HW1TS31 ，… ，HWN-1TS31。

由此得到HWi，TSj位于话音存储器的单元号为：

$$K=N\times j+i(\text{单元})$$

其中:K 为单元号(或经串/并变换及多路复用后的 TS 编号);N 为 HW 线总数;j 为复用前的时隙编号;i 为复用前的 HW 线编号。

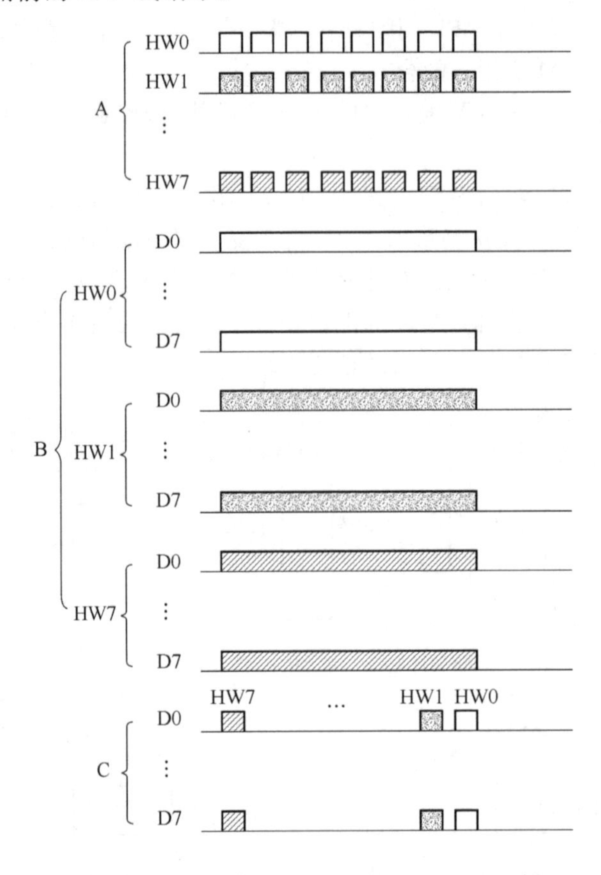

图 2.22 串/并变换与复用波形图

通过上述对时间(T)接线器的研究,我们已经知道 SM 的读写速率与输入信道数成正比,这使得 T 接线器容量的增大受到存储器读写速度的限制。当输入 T 接线器的路数超过单个 T 接线器所能接受的限度时,必须使用多个 T 接线器组成的交换网络。在多个 T 接线器组成的交换网络中,不同 T 接线器之间的时隙交换则需要通过空间(S)接线器来完成。

3. 空间(S)接线器

早期机电制交换机的空分接线器是一个由大量交叉接点构成的空分矩阵,如果一个交叉接点为一个信息的传输通道,那么交叉接点越多,信息传输的通道就越多,可以交换的对象就越多。此交叉矩阵的概念被用到了程控交换机的数字交换网络中,称为空间(S)接线器交叉接点矩阵。每个正在通信的用户在此矩阵中占据一个交叉接点。

(1) S 接线器的结构组成

数字交换网络的 S 接线器由交叉接点和控制存储器两部分组成。如图 2.23 所示的是一个输入和输出端各有 8 条 HW 线的 S 接线器,其中 8×8 开关矩阵由高速电子开关组成,开关的闭合受 8 个控制存储器(CM)控制。

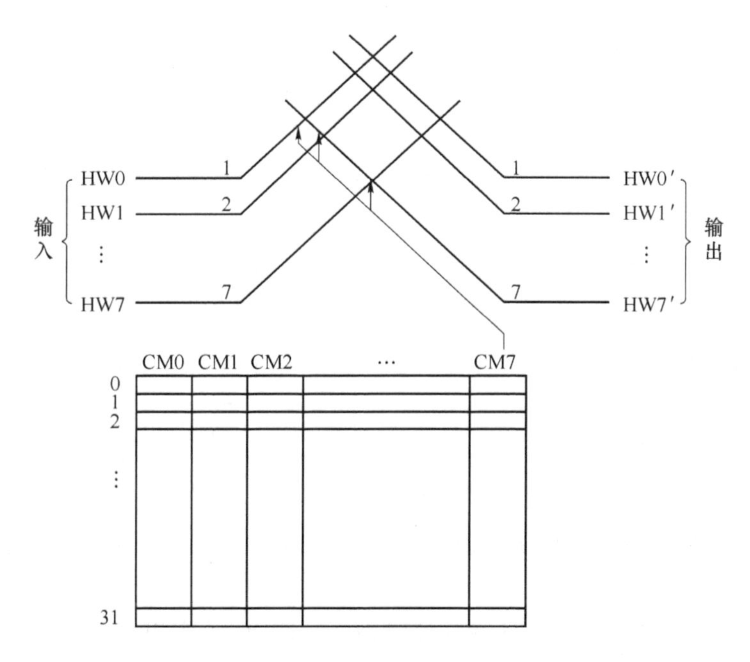

图 2.23 S接线器的结构组成

(2) S接线器的工作方式

S接线器的工作方式同样分输出控制方式和输入控制方式。每一个CM控制同号输出端的所有交叉接点,叫做"输出控制";每一个CM控制同号输入端的所有交叉接点,叫做"输入控制"。表2.2说明了S接线器的两种工作方式的不同。

表 2.2 S接线器的两种工作方式的比较

输出控制方式	输入控制方式
CM的编号对应输出线的线号	CM的编号对应输入线的线号
CM的单元号对应输入线上的时隙号	CM的单元号对应输入线上的时隙号
CM单元内的内容填写要交换的输入线的线号	CM单元内的内容填写要交换的输出线的线号

图2.24(a)、图2.24(b)分别是S接线器按输出控制方式和输入控制方式完成HW0 TS5→HW3TS5的信号交换示意图。

S接线器的交换过程分两步进行:第一步,CPU根据路由选择结果,在CM的相应单元内写入输入(出)线序号;第二步,在CP控制下,按时隙顺序读出CM相应单元的内容,控制输入线与输出线间的交叉点的闭合。

例:某S接线器的HW线复用度为512,交叉矩阵为32×32,有1 024个交叉点信道;需要32个控制存储器;每个控制存储器有512个单元;每单元内的字长是5位。

(3) 关于S接线器的几点讨论

① S接线器按空间开关时分方式工作,矩阵中的交叉接点状态每时隙更换一次,每次接通的时间是一个TS,即3.9 μs。从这个意义上理解,S接线器虽是一种空分接线器,却具有"时分"的含义。

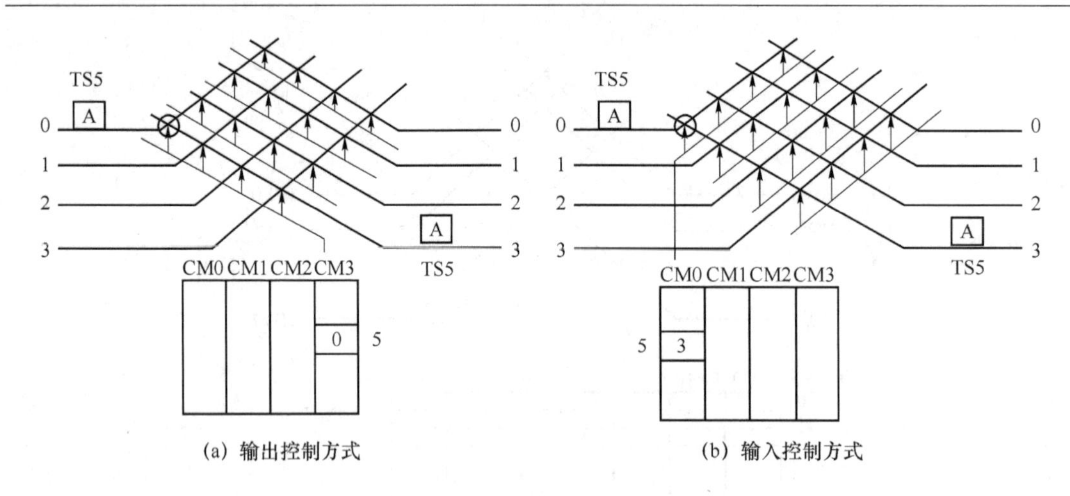

图 2.24　S接线器的工作方式

② S接线器在每一时隙时，不允许矩阵中一行或一列同时有两个以上的交叉接点闭合，否则会造成串话。

③ 矩阵中的每8条并行输入线在任何时刻必须选相同的输出线，因此可由同一个存储单元控制。

④ 对于一个HW线为一次群的 $n\times n$ 的空间接线器，其控制存储器的容量应为：$32\times n\times \log_2 n$ bit(其中 n 为2的整数次幂)。例如，某S接线器采用8×8矩阵，每条输入HW线为二次群复用，则S接线器控制存储器的容量应为 $128\times 8\times \log_2 8=3\ 072$ bit。

2.2.4　多级交换网络

在一些千门左右的小型交换机(如用户交换机)中，常采用单T网络，当交换机的容量超过单T网络的工作限度时，需将T接线器和S接线器进行组合，形成多级交换网络，以此来扩大交换容量。T、S接线器的组合形式有很多，如：TS、ST、TST、STS、TSST等，常用的为TST交换网络和STS交换网络。

1. TST交换网络

TST交换网络是一种常见的交换网络，由三级接线器组成。两侧为T接线器，中间为S接线器，图2.25是一个4条PCM一次群连接的TST交换网络。

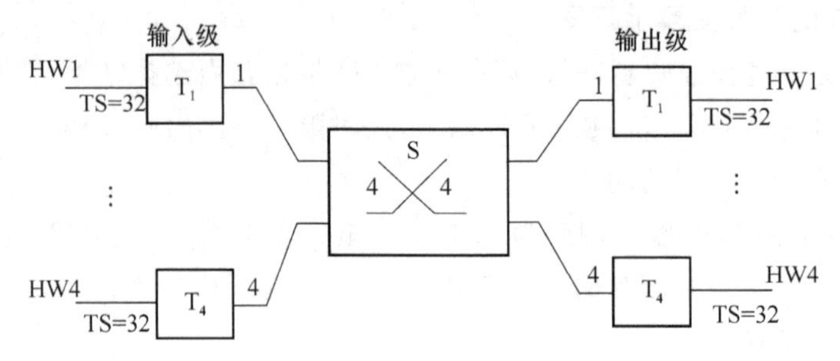

图 2.25　TST交换网络结构

(1) TST交换网络控制原则

输入级T接线器与输出级T接线器的控制方式应不同，而S级接线器可用任一种工作方式，因此TST网络共有4种控制方式：出-入-入、出-出-入、入-出-出、入-入-出。

如图2.15所示，PCM信号是四线传输，即信号的发送和接收是分开的，因此TST交换网络也要收、发分开，进行单向路由的接续。那么，中间S级接线器两个方向的内部时隙应该是不一样的。从原理上讲，这两个内部时隙都可由CPU任意选定，但在实际中，为方便CPU管理和控制，在设计TST交换网络时，将两个方向的内部时隙(ITS反向和ITS正向)设计成一对相差半帧的时隙。即

ITS反向＝ITS正向±半帧信号(1帧为交换网络的内部时隙总数)

例如，在一个TST交换网络中，内部时隙总数为128，已知CPU选定的正向内部时隙为30，则反向内部时隙为：ITS反向＝30＋128/2＝94。若CPU选定的正向内部时隙为94，则反向内部时隙为：ITS反向＝94－128/2＝30。

我们把这样确定内部时隙的方法叫做“反相法”。采用“反相法”的意义避免了CPU的二次路由选择，从而减轻了CPU的负担。

(2) TST交换网络信号交换过程

下面通过一个例子来说明信号经TST网络完成交换的过程。

有一TST交换网络，输入、输出均有两条HW线，网络的内部时隙总数为32。根据交换要求完成下列信号的双向交换：HW1TS18(A)—HW2TS24(B)。要求：①输入级T接线器采用输出控制方式，S接线器采用输入控制方式，输出级T接线器采用输入控制方式；②CPU选定的内部正向时隙为20；③画出TST交换网络图并在相关存储器中填写数据。

解　TST交换网络结构以及相关数据如图2.26所示。

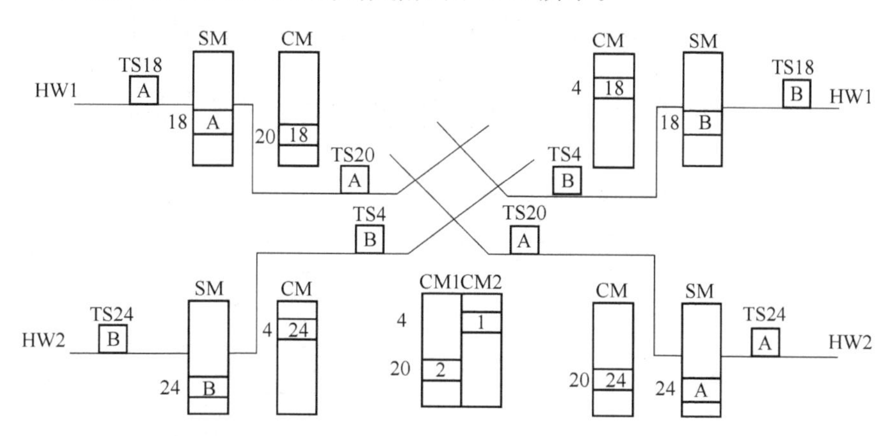

图2.26　TST交换网络结构以及信号输送举例

2. STS交换网络

STS交换网络也是由三级接线器组成，两侧为S接线器，中间为T接线器。在STS交换网络中各级的分工如下：输入级S接线器负责输入母线之间的空间交换；中间T接线器负责内部时隙交换；输出级S接线器负责输出母线之间的空间交换。

STS交换网络的结构以及信号输送举例如图2.27所示。图2.27是一个输入、输出都为2条HW线的STS交换网络。其中输入级S接线器采用输出控制方式，中间T接线器采用输出控制方式，输出级S接线器采用输入控制方式；A信号占HW1TS3，B信号占

HW2TS6,完成了信号 HW1TS3(A)↔HW2TS6(B)的双向交换。

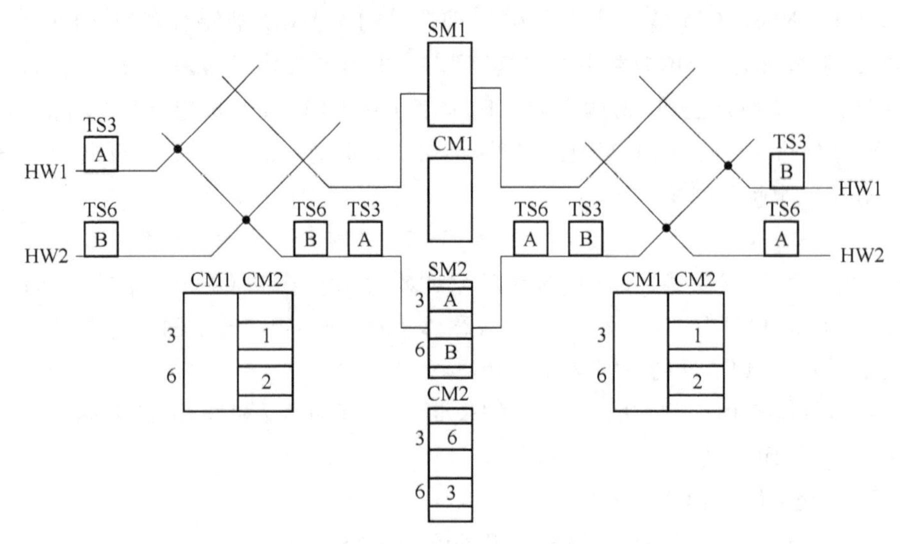

图 2.27　STS 交换网络及信号输送举例

2.3　数字程控交换机的硬件结构

在 2.1.4 节中,我们已经了解到数字程控交换机主要由话路系统和控制系统组成,话路系统和控制系统的功能前文已经介绍,此处不再赘述。数字程控交换机的硬件结构如图2.28所示。

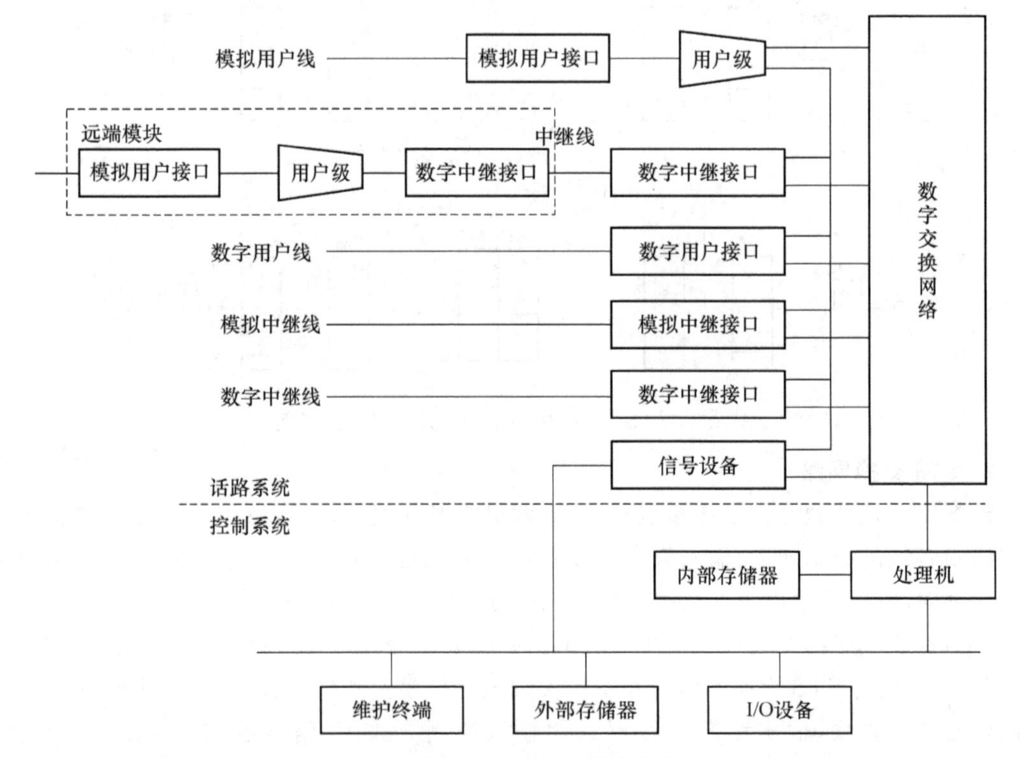

图 2.28　数字程控交换机的硬件结构

2.3.1 话路系统

数字程控交换机的话路系统由模拟用户接口、数字用户接口、模拟中继接口、数字中继接口、用户级和远端模块、信号设备和数字交换网络等部件组成。数字交换网络在 2.2 节中已经介绍，此处不再赘述。

1. 模拟用户接口

模拟用户接口是数字程控交换机通过模拟用户线连接用户模拟话机的接口电路。模拟用户线上采用直流环路信令和音频信令方式，而数字交换网络采用数字时隙交换方式，因此模拟用户接口电路必须完成数字程控交换机与模拟用户之间的相互匹配。CCITT 为模拟用户接口规定了 BORSCHT7 项功能，模拟用户接口功能框图如图 2.29 所示。

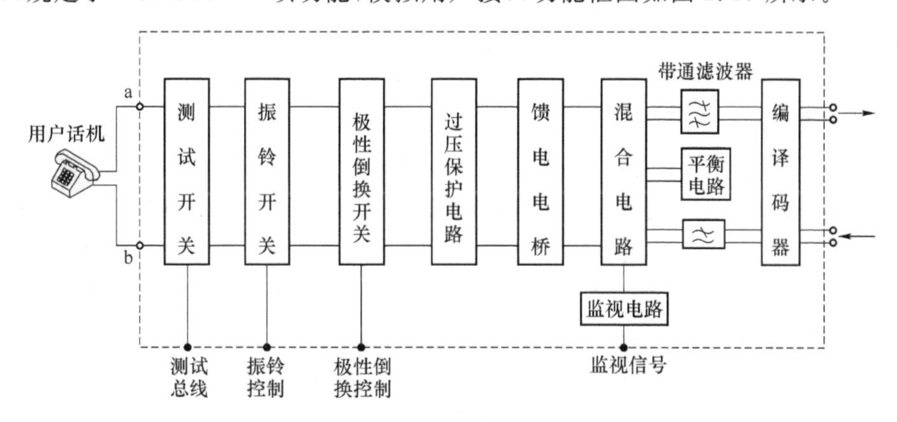

图 2.29　模拟用户接口功能框图

下面分别介绍这 7 项功能。

(1) 馈电 B(Battery Feeding)

所有话机由程控交换机统一供电，称为中央馈电。交换机通过用户接口的馈电电路向电话机提供通话用的－48 V 馈电电压，馈电电流为 18～50 mA。馈电电路和传输语音信号共用一对传输线路。馈电电路一般采用恒流源电路方式，要求器件尽量对称平衡。

(2) 过压保护 O(Over Voltage Protection)

过压保护电路是为保护交换机的内部电路不受外界雷击、工业高压的损害而设置的。由于外线进入交换机前，配线架上装配保安器/仿雷管，已做了一次保护，所以用户接口中的过压保护电路又叫做二次保护电路。用户接口电路入口串联压敏电阻，其阻值随电压的升高迅速增大，从而起到限流作用。过压保护电路采用了钳位电桥，钳位电桥将用户内线侧两端的正向高电压钳位到 0 V，负向高电压钳位到－48 V。

(3) 振铃 R(Ring)

程控交换机的信号发生器通过用户接口的振铃开关电路向用户话机馈送振铃信号。我国交换机规范振铃信号的标准是 25 Hz，90±15 V 的交流电压。振铃电压信号用电子器件发送比较困难，因此采用振铃继电器，由继电器的接点转换来控制铃流发送，以 1 s 通、4 s 断的周期方式向用户话机馈送。另外，铃流信号送到用户线时，考虑到较高的振铃电压，必须采用隔离措施，以免损坏内线电路，所以应将振铃电路设计在二次过压保护电路之前。

(4) 监视 S(Supervision)

监视电路用来监测环路直流电流的变化，以此判断用户摘/挂机状态和拨号脉冲信号，并向控制系统输出相应的信息。它通过检测用户环路上的电流变化来实现，由用户电路不断地循环扫描用户环路，一般扫描周期是200 ms左右。

(5) 编译码器C(CODEC)

编译码器完成模拟话音信号以及模拟信令信号的PCM编码和解码。CODEC是编码器和译码器的缩写。每个用户接口电路内都包含有滤波器和编译码器，模拟话音信号首先经滤波器限频，消除带外干扰，再进行抽样量化，最后用编码器编码并暂存，待指定的时隙到来时以64 kbit/s的基带速率输出。由交换网络返回的基带PCM信号进入译码器，完成模拟话音的恢复。

(6) 混合电路H(Hybrid Circuit)

模拟用户线是二线传输方式，而与之连接的数字交换网络是四线传输方式，所以信号在编码前和译码后一定由用户接口的混合电路完成二/四线转换。图2.29中的平衡网络是对用户线进行阻抗匹配的。

(7) 测试T(Test)

测试电路可实现对用户线的测试，及时检测出混线、断线、接地等问题。它分为外线测试和内线测试。外线测试是通过继电器触点断开外线与接口电路的连接，将外线接至测试设备，由软件程序控制测试线路及用户终端的状态和相关参数；内线测试是通过继电器触点将接口电路接至一个模仿用户终端的测试设备上，通过测试软件控制一个完整的通话应答，检测接口电路的相关动作和参数。

模拟用户接口电路除了上述7个基本功能之外，有的数字程控交换机还设计了如极性倒换、衰减控制、收费脉冲发送、主叫号码传送等功能。

2. 数字用户接口

数字用户接口是数字程控交换机在用户环路上采用数字传输方式连接数字用户终端的接口电路。标准数字用户接口有基本速率接口(Basic Rate Interface，BRI)和基群速率接口(Primay Rate Interface，PRI)，通称V系列接口，具体分为V1、V2、V3、V4、V5接口。其中：BRI接口也称为V1接口，用于连接用户终端，其传输帧结构为2B＋D，线路传输速率144 kbit/s；PRI接口也称为V5接口，V5接口支持$n\times$E1 ($n\times$2 048 kbit/s)的接入网。V5接口包括V5.1接口和V5.2接口。对于V5.1接口来说，$n=1$；对于V5.2接口来说，$1\leqslant n\leqslant 16$。

数字用户接口功能如图2.30所示。数字用户接口的馈电、过压保护和测试电路与模拟用户接口类似。

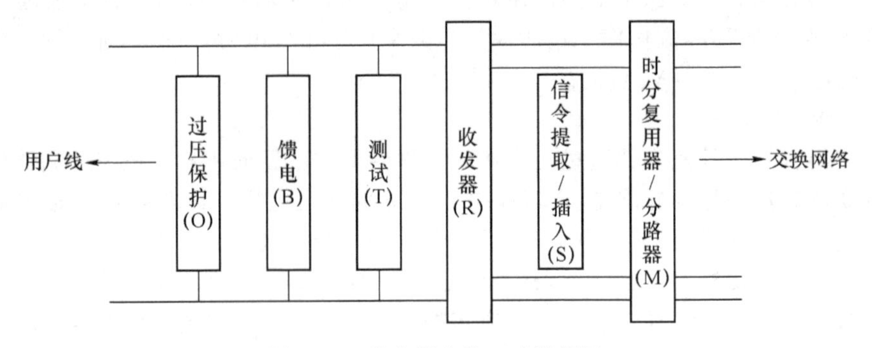

图2.30　数字用户接口功能框图

数字用户接口的收发器有两个作用:一个是实现用户环线传输信号与交换机内工作信号之间的变换和匹配;另一个作用是实现数字信号的双向传输。

数字用户接口的功能采用专门的数字用户信令协议(DSSI 信令)在 D 信道传送信令信息。发送方将信令消息插入专用逻辑信道(TS16),经过复用与信息数据一起传输,接收方则从专用逻辑信道提取信令消息。信令的插入与提取便是信令与消息的时分复接与分接的过程。

时分复用器/分路器是数字用户接口与交换网络之间的速率匹配电路。数字交换网络是以 64 kbit/s 的数字信道为一个接续单元,而用户环线的传输速率根据数字终端的不同可能高于或低于 64 kbit/s,这就要求在将环线速率高于 64 kbit/s 的信号分离成若干条 64 kbit/s的信道,或将若干路低于 64 kbit/s 的信号复用成一条 64 kbit/s 的信道。

数字用户接口除图 2.30 所示的功能外,还包括回波抑制、均衡、扰码和去扰码等功能。回波抑制是实现在一对用户线上进行数字双向传输的一种有效方法。均衡则是对信道的频率特性进行补偿,它的实现可利用自适应判决反馈均衡器来完成。发送端使用扰码器,以实现信号加密,在接收端使用去扰码器去除伪随机序列,恢复提取发送方的实际数据。

3. 模拟中继接口

模拟中继接口又叫 C 接口,它是数字交换网络与模拟中继线之间的接口电路,其功能框图如图 2.31 所示。模拟中继接口电路类似于模拟用户接口电路,但二者有一定的区别。与模拟用户接口电路比较,模拟中继接口电路少了振铃控制和对用户馈电的功能,而多了一个中继线忙/闲指示功能,同时把对用户线状态监视变为对中继线路信号的监视。还需要注意的是,对于用户接口只需要单向检测话机的直流通断状态,而中继接口除了需要检测来自对端的监视信号外,还必须将本端的监视信令插入到传输信道中去供对端检测。

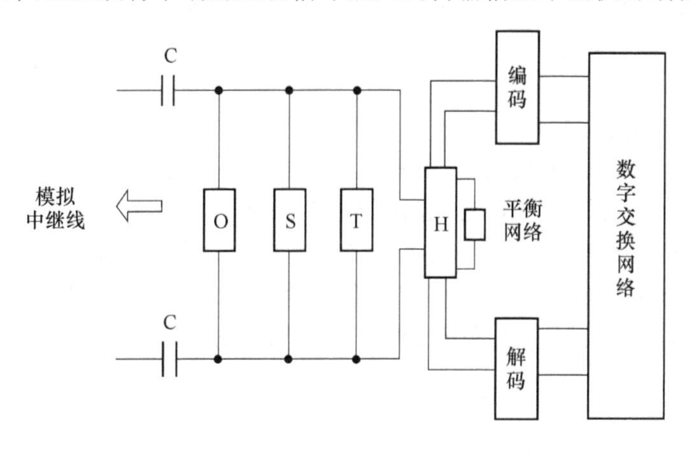

图 2.31　模拟中继接口功能框图

4. 数字中继接口

数字中继接口电路是数字中继线与交换网络之间的接口电路。数字中继接口包括 A 接口和 B 接口。其中 A 接口是速率为 2 048 kbit/s 的接口,它的帧结构和传输特性符合 32 路 PCM 要求;B 接口是 PCM 二次群接口,其接口速率为 8 448 kbit/s。

数字中继接口由收发电路、同步电路、信令的插入(提取)电路、报警控制电路 4 部分组成,功能框图如图 2.32 所示。

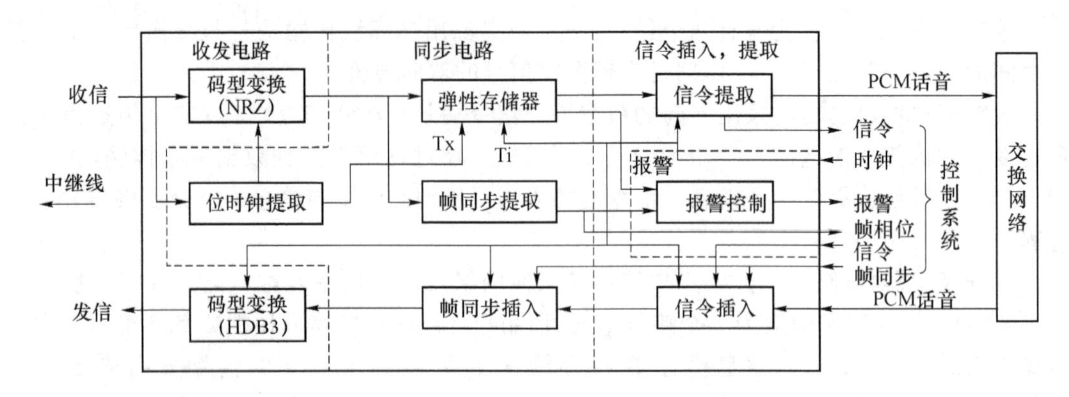

图 2.32　数字中继接口功能框图

收发电路主要完成 PCM 线路码型(HDB3 码)和机内码型(NRZ 码)的变换。同步电路主要包括帧同步信号的提取和帧同步信号的插入。信令是不进入数字交换网络交换的,因此数字中继接口应在 TS16 时完成信令的提取与插入。报警控制电路接收来自帧同步字检测电路的信号,对滑码的次数进行计数。当滑码的次数超过一定限度时,报警电路应向控制系统发出"失步"的告警信号。

5. 用户模块与远端用户模块

(1) 用户模块

一般情况下用户的平均话务量非常低,如果每个用户都在交换网中占一条信道,造成公共资源的浪费。若把用户的话务量按 2∶1(两个用户的话务量共享一条交换网络信道)或 4∶1、8∶1 集中处理,便可以达到提高交换网络利用率的效果。用户模块除了实现用户接口功能之外,主要还包含了一个集线器,用以实现话务量的集中。话务集中可由 T 接线器实现。

(2) 远端用户模块

当一个程控交换机的服务范围很广时,为了缩短用户环线的距离,常常在远端用户的密集之处,设置一个远端用户模块,实现用户级的远程化。远端用户模块与前面叙述的用户模块的本质是一样的,只是它们与母局之间的连接距离不一样。

用户模块放置在母局,不需要中继线连接。它的主要功能是提高数字交换网络的利用率。远端用户模块放置在远端,与母局之间的连接须经过适当的接口和中继线传输系统。它的主要功能是提高了数字交换网络的利用率和线路利用率。

6. 信号设备

信号设备是数字程控交换机的重要组成部分,它是通过 PCM 总线连接到交换机网络中,通过交换网络内部的 PCM 链路完成信令接收和发送。它的主要功能包括:

(1) 提供各种数字化的信号音,如拨号音、忙音、回铃音等;

(2) DTMF 话机的双音多频信号的接收与识别;

(3) 局间采用随路信令时,多频互控(MFC)信号的接收与发送;

(4) 局间采用共路信令时,实现信令终端的所有功能。

2.3.2　控制系统

程控数字交换机的控制系统主要由处理机(CPU)、内存储器(RAM)和各种输入/输出设备(I/O)组成。处理机主要用于收集输入信息、分析数据和输出控制命令。内存储器(RAM)分为数据存储器和程序存储器两种。数据存储器又分为两类:一类是用来存储永久性和半永久性的工作数据,如系统硬件配置、电话号码、路由设置等;另一类用于存储实时变化的动态数据,例如线路忙闲状态、呼叫进行情况等。输入/输出设备(I/O)类似于计算机的输入/输出设备,用以提供外围环境和交换机内部之间的接口。

控制系统的工作过程具有下述标准模式。

(1) 输入信息处理过程:接收外部设备送来的信息,如终端设备、线路设备的状态变化、请求服务的信令等。

(2) 信息分析处理过程:分析并处理相关信息。

(3) 输出信息处理过程:输出处理结果,指导外部设备做相应动作。

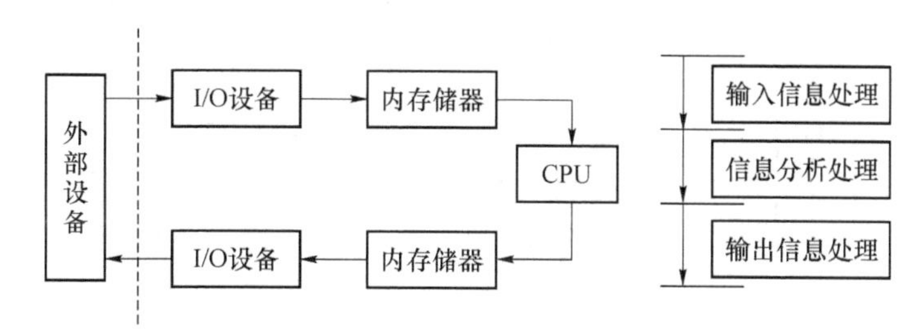

图 2.33 控制系统工作过程的模式结构

控制系统工作过程的模式结构如图 2.33 所示。CPU 在软件程序的引导下,从输入存储器中读出外部设备的输入信息(数据),再结合当前的过程状态、变量值等工作数据对之进行分析处理,然后将处理结果写入输出存储器中,用以驱动外部设备工作时调用。

1. 对控制系统的要求

整个交换系统要求 24 小时不间断工作,对军用或关键时期,系统能否安全、可靠工作就显得尤为重要,这就给我们的控制系统提出了许多的要求。

(1) 呼叫处理能力

在保证服务质量的前提下,处理机能够处理的呼叫要求,一般使用最大忙时试呼次数(Maximum Number of Busy Hour Call Attempts,BHCA)表示,这个参数与控制部件的结构有关,也和处理机本身的能力有关。因此在衡量一台交换机的处理负荷能力时,不仅要考虑话务量,还要考虑其处理能力。

(2) 可靠性

控制设备的故障可能使系统中断,因此就要求故障率低,一旦出现故障,处理故障时间尽可能短,比如有的要求 1 年故障中断时间累计不超过 3 分钟。

(3) 灵活性和适用性

由于通信系统发展较快,各种新业务、新技术层出不穷,比如语音信箱、遇忙回叫、800 业务等,这些新技术新业务推出的较为频繁,而交换设备的寿命为 7~10 年,所以在设计交换系统设备时,就该考虑到其应能及时升级,以适应通信业的发展。

程控交换机控制系统的控制方式经历了集中控制方式、分级控制方式和全分散控制方式的发展过程。

2. 集中控制方式

早期的程控交换机或者较小容量的交换机都采用这种控制方式。控制系统中只配备一个处理机,交换机的全部控制工作都由一个处理机来承担。在这种控制方式中,处理机可独立支配系统的全部资源,有完整的进程处理能力。但也存在着处理机软件规模过大,操作系统复杂,特别是一旦出现故障,可能引起全局瘫痪的缺点。

因此,考虑到系统的可靠性,在集中控制方式中,处理机都采用双机主备用冗余配置方式。主备用配置方式有冷备用方式和热备用方式。两种方式的原理结构图如图 2.34 所示。

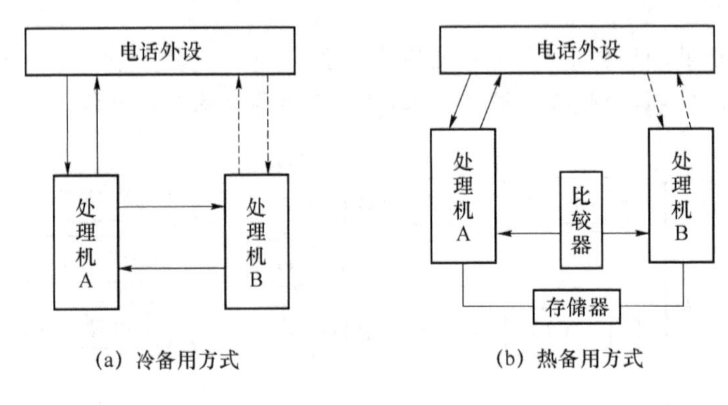

图 2.34 集中控制的主备用工作方式

(1) 冷备用方式

在冷备用方式中,平时备用机不接收电话外设送来的输入数据,不做任何处理,当收到主机发来的倒换请求信号后,才开始接收数据,进行处理。冷备用方式的缺点是,在主/备倒换的过程中,新的主用机需要重新启动,重新初始化,这会使数据全部丢失,一切正在进行的通话全部中断。

(2) 热备用方式

在热备用方式中,主、备用机共用一个存储器,它们平时都接收并保留电话外设送来的数据,但备用机不做处理工作。当备用机收到主用机的倒换请求时,备用机进入处理状态。热备用方式的优点是,呼叫处理的暂时数据基本不丢失,原来处于通话状态的用户不中断。即两台处理机同时接收输入信息,执行相同的程序,并比较其一致性。一致就继续执行下一条指令;不一致说明系统出现了异常,应立即调用故障诊断程序。

3. 分级控制方式

随着微处理机的发展,在程控交换机里配备若干个微处理机分别完成不同的工作,使程控交换机在处理机配置上构成多级结构。如图 2.35(a)所示的是三级处理机控制系统,外围处理机用于控制电话外设,完成诸如监视用户摘、挂机状态等简单而重复的工作,以减轻呼叫处理机的负担;呼叫处理机完成呼叫的建立;运行维护处理机完成系统维护测试工作。

分级控制方式的优点是处理机按功能分工,控制简单,有利于软件设计;缺点是系统在运行过程中,每一级的处理机都不能出现问题,否则同样会造成全局瘫痪。所以,从某种意义上来说,分级控制方式有类似于集中控制方式的缺点。为了解决这个问题,每一功能级的处理机可配备若干个,构成多机系统。如图 2.35(b)所示。

在分级多机系统中,每一级功能相同的处理机采用负荷分担方式。负荷分担是指同级处理机都具有完全的呼叫处理能力，正常情况下它们均匀分担话务量，共享存储器，并由同一操作系统控制。当一台处理机发生故障后，仅会造成其余处理机负荷增加，总体处理速度下降，而不会引起整个系统停运。负荷分担方式的优点是过负荷能力强，并可以防止由于软件的差错而引起的系统阻断。但负荷分担有可能出现处理机同抢一个呼叫的现象，为避免这种现象的发生，在处理机间的通信电路中一般要设置一个互斥电路。

分级多机系统是当前国内外大型程控数字交换机普遍使用的一种控制方式。

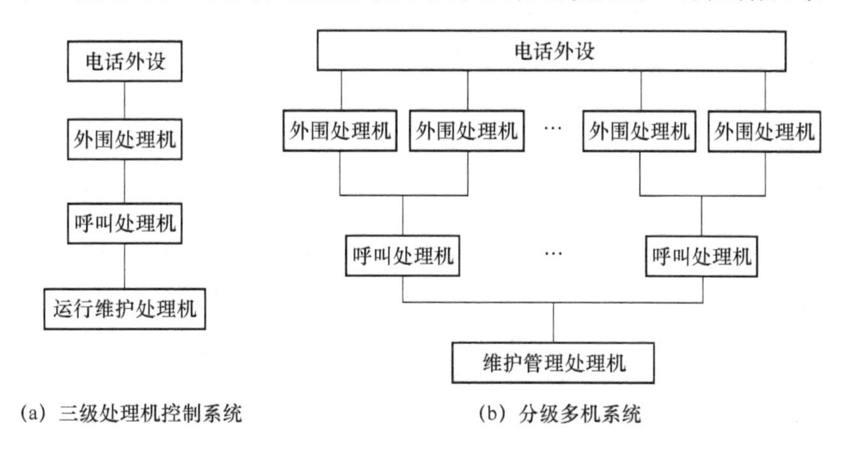

图 2.35 多级控制方式

4. 全分散控制方式

全分散控制系统也叫单级多机系统，如图 2.36 所示。

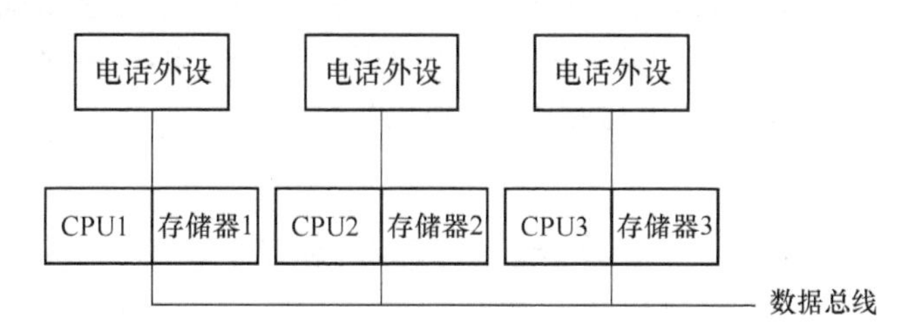

图 2.36 全分散控制方式

在图 2.36 的全分散控制系统中，每个 CPU 各自构成了独立的控制子系统。每个子系统完成一定负荷容量的话务接续，子系统之间的通信则通过总线完成。

全分散控制方式的优点之一是系统的可靠性高，不管是哪一个处理机出问题，都只影响局部用户的通信；优点之二是有助于整个系统硬件、软件的模块化，使系统扩充容量方便，能适应未来通信业务发展的需要。因此，全分散控制系统代表了交换系统的发展方向。

2.3.3 处理机间通信

数字程控交换系统属于多处理机结构，处理机之间要相互通信、相互配合，就形成了一个“通信网”。但数字程控交换系统又有其自身的特点：一是处理机间的通信方式与交换机控制系统的结构有着紧密的联系；二是要考虑远距离通信，比如用户模块或用户远端模块。当前在数字程控交换系统中多处理机之间通信主要采用以下几种通信方式。

1. 利用PCM信道进行消息通信

TS16用来传输数字交换局间的随路信令(复帧同步,各话路状态——示闲、摘机占用、测试等),PCM数字中继传输线上的信息到达交换局后,中继接口提取TS16的信令消息完成呼叫处理。在交换机内部,PCM时分复用线上的TS16是空闲的,因而可以作为处理机间的消息信道。

利用PCM信道进行消息通信的方式,不需要增加额外的硬件成本,软件编程开销较小,但通信信息量小,速度慢,多用于分级控制方式中预处理机与呼叫处理机之间的消息通信。

2. 处理机间采用计算机网常用的通信结构

多处理机系统采用总线连接,构成处理机间的通信通道。这个总线可以作为多处理机之间共享资源和系统中各处理机之间通信的一种手段。处理机间共享资源和通信有两种基本方式:紧耦合、松耦合。

紧耦合:各处理机通过一个共享存储空间传送信息方式实现互相通信。

松耦合:各处理机间通过输入/输出接口传送信息方式实现互相通信。

(1) 共享存储器通信结构

共享存储器通信结构,所有处理机和一个公共的存储器相连,将各自加工完毕的通信消息存入共享存储器,并访问存储器以获取需要加工的信息。在这种方式中,各个处理机是通过并行总线分时访问存储器,比较适合处理机数据处理模式,但是并行数据传输不适合大型交换机及分布较远的处理机间通信应用,多数应用于备份系统之间的通信。

(2) 以太网通信总线结构

目前大多数微处理器均提供以太网接口,而嵌入式操作系统中也包括适配于以太网数据传输的协议栈,编程容易实现,因此在现代交换系统设计中内部处理机间通信大量采用这种通信方式。需要注意的是,这种方式适合大块数据的可靠传输,而处理机间多为长度较短的消息,传输延迟较大,建议采用改进型UDP协议进行通信。

2.4 数字程控交换机的软件

2.4.1 数字程控交换机软件结构

程控交换机的软件结构如图2.37所示。

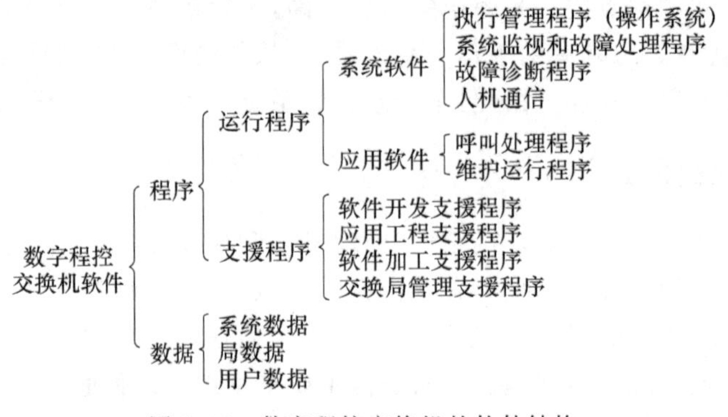

图2.37 数字程控交换机的软件结构

1. 运行程序

运行程序是维持交换机系统正常运行所必需的程序，运行程序又叫联机程序。

(1) 执行管理程序

执行管理程序是一个多任务、多处理机的实时操作系统，用以管理系统资源和控制程序的执行。具体有任务调度、I/O设备管理和控制、处理机间通信控制和管理、系统进程管理、存储器管理、文件管理等功能。

(2) 系统监视和故障处理程序

其任务是不间断地对交换机设备进行监视，当交换机中某部件发生故障时，及时识别并切除故障部件(如主/备倒换)，重新组织系统，恢复系统正常运行并启动诊断程序和通知维护人员。

(3) 故障诊断程序

对发生故障的部件进行故障诊断，以确定故障部位(定位到插件板一级)，然后由维护人员处理，如更换插件板。

(4) 人机通信程序

控制人机通信，对系统维护员键入的控制命令进行编辑和执行。

(5) 呼叫处理程序

管理用户的各类呼叫接续，指导外设运行。主要有用户状态管理、交换路由管理、呼叫业务管理和话务负荷控制等。

(6) 维护和运行程序

提供人机界面，由维护人员通过维护终端输入的命令，完成修改局数据和用户数据、统计话务量、打印计费话单等维护任务；对用户线和中继线定期进行例行维护测试，进行业务质量监察，业务变更处理等功能。

2. 支援程序

支援程序是指交换机从设计、生产、安装到交换局开通后的一系列维护、分析等各项支援任务的程序。支援程序又叫脱机程序。

(1) 软件开发支援程序：软件开发支援程序主要指语言工具。

(2) 应用工程支援程序：应用工程支援程序包括网络规划、安装测试、硬件资源管理等。

(3) 软件加工支援程序：软件加工支援程序包括数据生成等程序。

(4) 交换局管理支援程序：交换局管理支援程序包括交换机运行资料的收集、编辑和输出程序等。

3. 数字程控交换机数据

(1) 系统数据

系统数据是交换机系统共有的数据，它通用于所有交换局，不随交换局的安装环境而改变。如控制部件的结构方式、交换网络的控制方式、电源的供电方式等数据。

(2) 局数据

局数据是描述电话局的类型、容量、状态和具体配置的数据，它专用于某一个电话局，随交换局而定，如局号码、中继群号、中继电路数量、路由方向等数据。

(3) 用户数据

用户数据是反映用户属性的数据。它专用于某一个用户。如电话号码、用户类别、话机类型、接口安装位置或物理地址、服务功能等数据。

系统数据也叫通用数据,局数据和用户数据叫专用数据。为了系统的安全,对于一般级别的维护人员,只能有定义和修改局数据、用户数据的权利。系统数据是由研制交换机的厂家设计人员定义的。

2.4.2　软件工具语言

程控交换机的软件语言采用高级语言和汇编语言。CCITT 建议了 3 种语言用于程控交换机,它们是 SDL 语言、CHILL 语言和 MML 语言。这 3 种语言是从高级语言经过改造后派生出的专用语言。

SDL(Specification and Description Language)语言是规格与描述语言。它以一种框图和流程图的形式,描述了用户要求、交换机性能指标和设计结果。适用于系统设计和程序设计初期,概括说明整个系统的功能要求和技术规范。

CHILL(CCITT High-Level Language)语言是 CCITT 高级语言,用于运行软件和支援软件的设计、编程和调试。该语言具有目标代码生成效率高、检错能力强、软件可靠性好、程序易读等特点。一个 CHILL 程序包括 3 个基本部分:以数据语句描述的数据项;以操作语句描述的对数据项的操作;以程序结构语句描述的程序结构。

MML(Man-Machine Language)语言是一种人-机语言。用于程控交换机的维护终端操作。

SDL、CHILL 和 MML 3 种语言在不同阶段中的应用如图 2.38 所示。

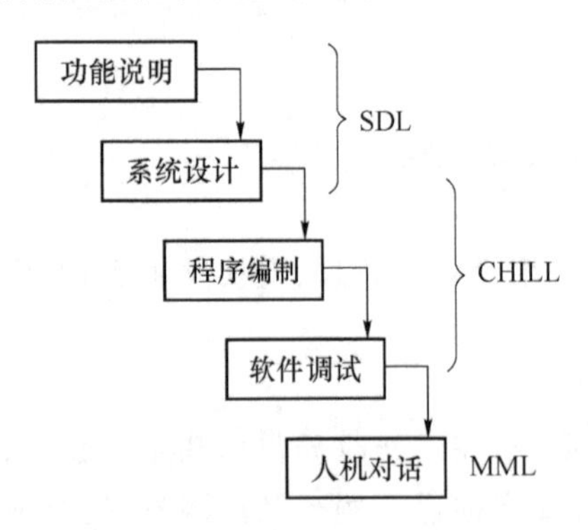

图 2.38　3 种语言在不同阶段中的应用

2.4.3　程序的执行管理

程序的执行管理,实际上就是处理机资源管理,即当许多并发的处理要求等待同一处理机处理时,应该将处理机分配给哪一项处理要求。

1. 程控交换机对操作系统的要求

程控交换机要求操作系统应具有实时处理、多重处理和高可靠性的特点。

(1) 实时处理:指处理机对随时发生的事件做出及时响应,即要求处理机在处理工作的各个阶段都不能让用户等太长的时间,各种操作的处理必须在限定的时间内完成。

(2) 多重处理:也叫多道程序并发运行。处理机对同时出现的数十、数百甚至数千个呼叫都应尽量满足实时处理,此外还需要处理维护接口输入的各种指令和数据,并执行相应的操作,因此要求处理机能同时执行多个任务。

(3) 处理业务的高可靠性:指处理机连续工作的稳定性。电话通信的性质决定了程控交换机一旦开通就不能中断。任何工作(如维护、管理、测试、故障处理或增加新业务)都不能影响呼叫处理的正常进行。

2. 程序分级

程序的分级是按照任务的实时性要求的原则来划分的,实时性要求越严格,级别越高。

系统软件将各种程序按其重要性和紧急执行程度分为不同的优先级，使得在多个任务出现竞争时，优先级高的先执行，优先级低的后执行。根据任务的性质，控制系统中的程序一般划分为故障级程序、周期级程序和基本级程序这3个级别。

(1) 故障级程序

故障级程序的实时性要求最高，优先级别也最高，要求立即执行。故障级程序正常情况下不参与运行，当出现了异常情况时，它由产生故障后的故障中断启动。故障级程序可以中断其他任何程序。

视故障的严重程度，故障级程序又分为以下3种。

- FH(故障高级)程序：处理影响全机的最大故障，如电源中断等。
- FM(故障中级)程序：处理CPU、交换网络等故障。
- FL(故障低级)程序：处理接口等局部故障。

(2) 周期级程序

周期级程序的实时性要求次之，级别次之，它们有其固定的执行周期，每隔一定时间就由时钟中断启动。周期级程序可以中断基本级程序。

视执行周期的严格程度，周期级程序又分为两级：①H级程序，即对执行周期要求很严格，在规定的周期时间里必须及时启动的程序，如号码识别程序等；②L级程序，即对执行周期的实时要求不太严格的程序，如用户线的扫描监视程序等。

(3) 基本级程序

基本级程序的实时性要求最低，级别也最低，可以延迟等待和插空执行。如内部分析程序、系统常规自检试验程序等。控制系统60%的程序都属于基本级程序，基本级程序占用了每个周期级程序运行完毕后剩余的全部时间。

基本级程序按其重要性及影响面的大小，一般分为BIQ1、BIQ2和BIQ3三级。

基本级程序的启动由队列启动，即由访问任务队列来调用相应的程序。

故障级、周期级和基本级3种程序执行顺序如图2.39所示。

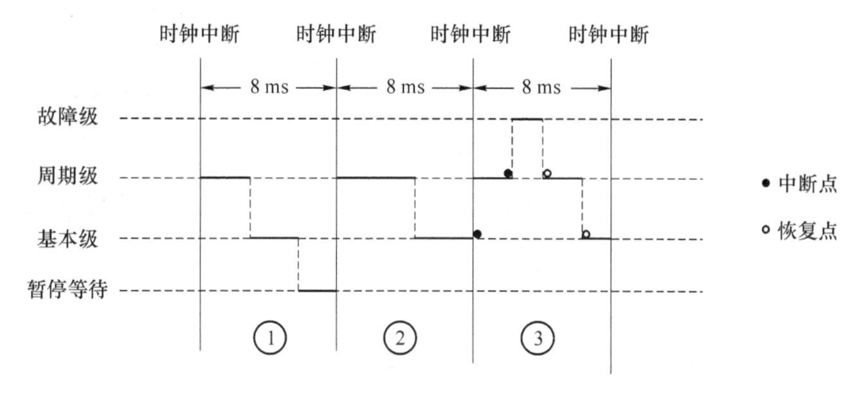

图2.39 故障级、周期级和基本级3种程序执行顺序

① 在第一个8 ms周期中，处理机按周期级、基本级顺序执行完两级程序，下一个时钟中断还未到来之前暂停等待。

② 在第二个8 ms周期中，基本级程序未执行完，8 ms中断已到，则基本级程序被迫中断执行。处理机转向执行周期级程序。

③ 在第三个 8 ms 周期中,发生了故障,中断正在执行的周期级程序,先执行故障级程序,执行完故障级程序后,相继恢复执行被中断的周期级程序和被中断的基本级程序。

3. 程序调度

前文已介绍,故障级程序由“故障中断”调度执行;周期级程序由“时钟中断”调度执行;基本级程序由“队列”调度执行。下面逐一进行详细介绍。

(1) 周期级程序调度原理

周期级程序的调度可用图 2.40 所示的“时间表”完成。“时间表”由时间计数器、屏蔽表、调度表、功能程序入口地址表 4 部分组成。

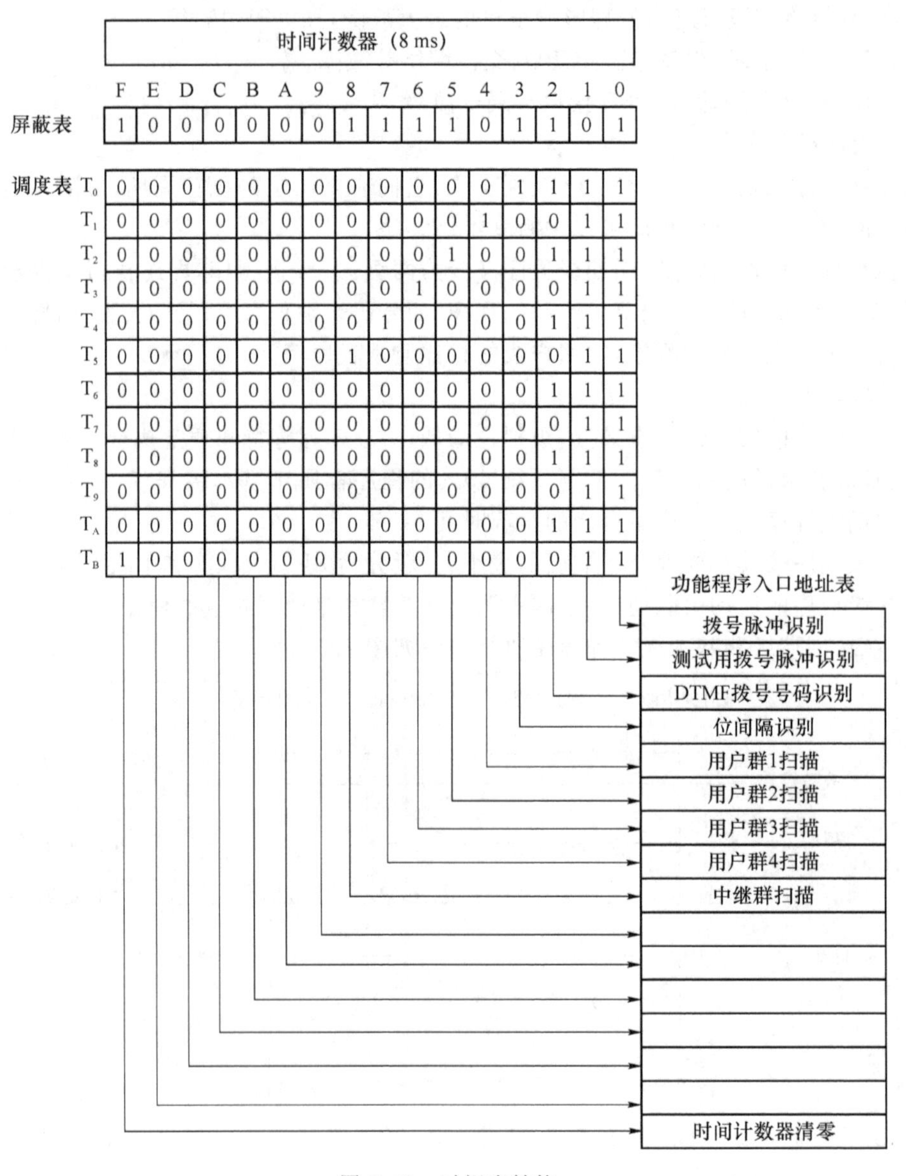

图 2.40　时间表结构

① 时间计数器

时间计数器的计数受时钟中断控制，两个时钟中断之间的时间间隔称作时钟周期。图 2.40中时间表的时钟中断周期是 8 ms，则时间计数器每 8 ms 计 1 次数。如果调度表有 12 个单元，那么计数器就应该是 4 位二进制码，即由 0 开始累加到 11 后再回到 0。因此，时间计数器实际上是调度表单元地址的索引，以计数器的值控制执行调度表的各个单元的任务。

② 调度表

调度表每一单元（T）由若干比特组成（图 2.40 中调度表为 16 位），每 1 位对应功能程序入口地址表中的 1 条程序。比特为“1”时，对应的程序执行，为“0”不执行。图 2.40 中调度表的每一单元（T）最多可以调度的程序有 16 个。

③ 屏蔽表

屏蔽表又称为有效位。其中每 1 位对应 1 条程序，而该条程序执行的条件是：屏蔽表∧调度表=1。屏蔽表不受时钟中断控制，它由 CPU 激活。比如当系统有异常情况发生需中止周期级程序调度故障级程序时，CPU 将正在执行的周期级程序所对应的屏蔽位置“0”。

④ 功能程序入口地址表

功能程序入口地址表是存放周期级程序的地址索引。功能程序入口地址表的行数对应于调度表的位数，即以调度表位数为指针，查找功能程序入口地址表，可得到要执行程序的首地址，从而去调度执行。

时间表的控制流程如图 2.41 所示。

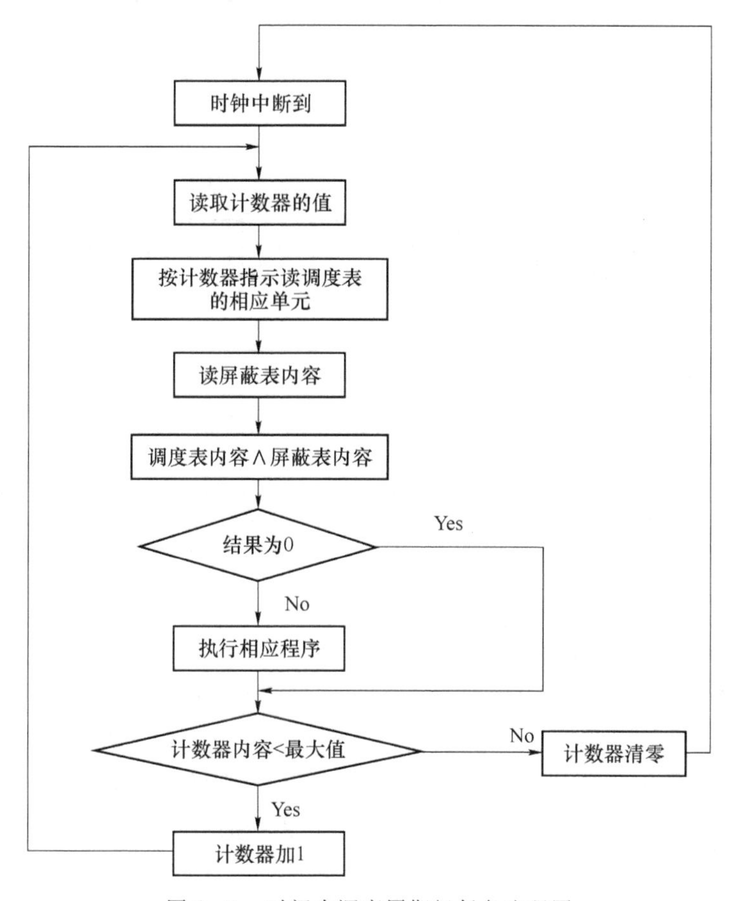

图 2.41　时间表调度周期级任务流程图

(2) 基本级程序调度原理

基本级程序的调度采用计算机原理中的“队列”方法。“队列”是删除操作在一端进行，而插入操作在另一端进行的线性表。

① 队列结构与特点

队列的结构由一张张任务表链接而成，队列中包含以下 3 个要素。

(a) 队首指针：用以指示队首的地址，便于调度程序取出任务，也称取出口。

(b) 任务表：主要用于存放与基本级任务有关的数据信息。

(c) 队尾指针：用以指示队尾的地址，便于把任务编入队列，也称编入口。

基本级程序队列的操作采用先进先出(FIFO)原则，即程序入队应加入到队尾，程序出队时从队首删除。

② 链形队列类型

链形队列类型有：单链结构、单循环链结构、双循环链结构。

(a) 单链结构

在单链结构中，每个任务表都包含一个后继指针。单链结构如图 2.42 所示。

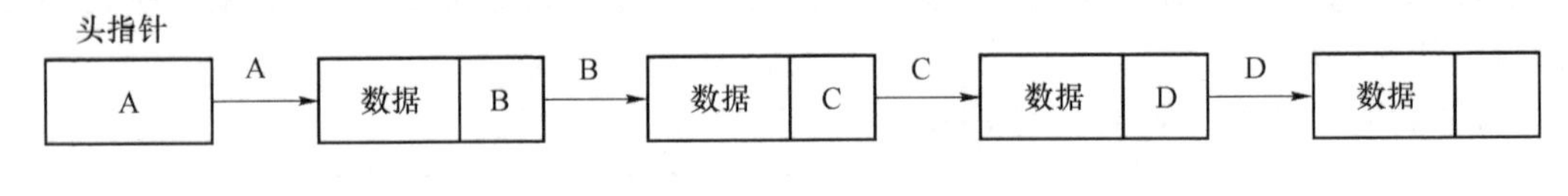

图 2.42　单链结构

(b) 单循环链结构

单循环链结构如图 2.43 所示。

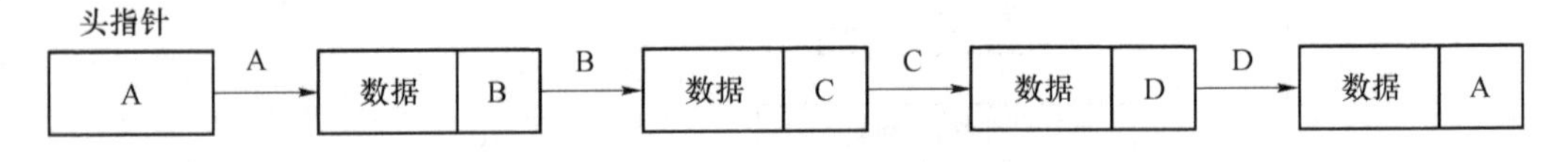

图 2.43　单循环链结构

(c) 双循环链结构

双循环链结构的每个任务表中既含后继指针又含前驱指针，如图 2.44 所示。

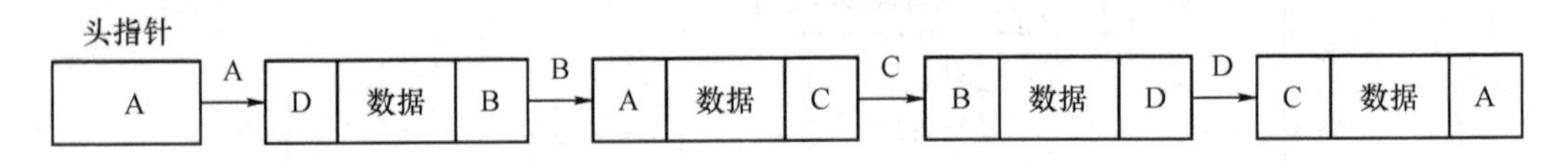

图 2.44　双循环链结构

③ 基本级程序的典型队列结构

在控制系统中，对应每一个用户接口都有一个数据块，每个数据块又分 3 个数据区，一个用来存储接口的静态数据，一个用来存储呼叫进程中的动态数据，还有一个用来存储维护管理过程的挥发性数据，一个区就相当于一个任务单元。所有数据块按线性队列排队，数据块的操作通过指针对相应的数据区进行。每当进程更迭时，只需装入相应进程的数据区指针和程序指针即可，如图 2.45 所示。图 2.46 是执行号码分析的基本级程序。设被叫号码为 8420。通过基本级程序对号码 8420 分析的结果是该用户为本局用户。

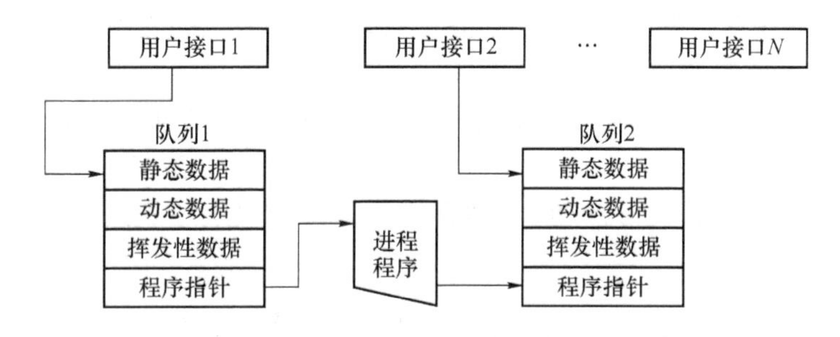

图 2.45　基本级程序的队列结构

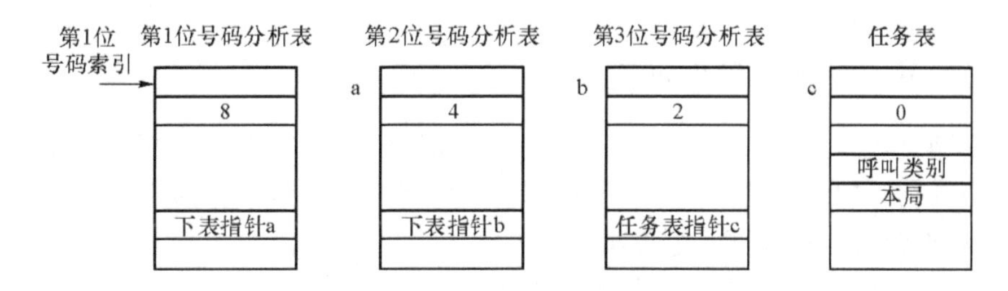

图 2.46　执行号码分析的基本级程序

“队列”调度基本级任务流程如图 2.47 所示。

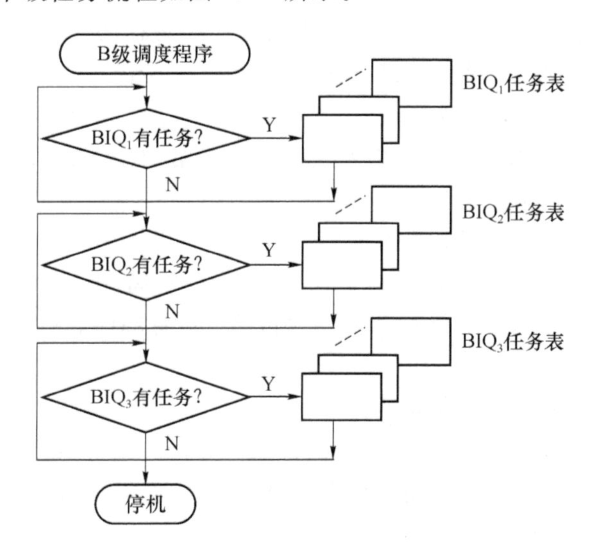

图 2.47　“队列”调度基本级(B)任务流程

每次执行时从队列的队首取出一张任务表，按照任务表的要求完成一项程序的执行，然后返回调度程序，判断是否还有任务，如果还有便重复上述过程，如果没有便开始执行下一队列。

(3) 故障级程序调度原理

若交换设备出现了故障，采用中断的方式中断正在执行的周期级或基本级程序，优先执行故障处理程序。

① 故障级程序类型

故障级程序有识别故障设备程序、主/备用设备切换程序和重新组织中断程序。

② 中断方式的操作原理

处理机周期地向所控制的设备发出信息,当被控设备收到此信息后在规定时间内向处理机回送一个证实信号则表示一切正常。如果处理机在这个规定的时限内收不到证实信号,就认为是该设备有故障,即应调度"识别故障设备程序"进行中断处理。

2.5　呼叫处理的基本原理

2.5.1　基本的呼叫处理过程

交换机通过不断地对用户线和中继线进行周期性的扫描,提取并分析用户和中继状态,随时准备对任何呼叫请求进行处理。处理一次局内呼叫的一般流程如图2.48所示。一般而言,局内呼叫过程包括以下5个阶段。

1. 第一阶段:从主叫用户摘机到听到拨号音

(1) 处理机按一定的周期执行用户线扫描程序,对用户线进行扫描检测,如检测到摘机用户,便确定呼出用户的设备号(主叫物理端口号)。

(2) 处理机根据主叫用户设备号调用主叫的数据存储器,执行去话分析程序。

(3) 将拨号音源与该接口间的接续链路接通,送出拨号音。

2. 第二阶段:收号和号码分析

(1) 处理机执行号码识别程序,如果主叫用户使用的是DTMF话机,则将一空闲的DTMF收发号器连接至主叫。

(2) 收号器收到第一位号码后停送拨号音。

(3) 处理机对首位号进行分析,确定此次呼叫类别(本局、出局、长途、特服)。

(4) 处理机对完整号码进行分析,然后根据号码-路由翻译表查得被叫设备号(被叫物理端口号)。

3. 第三阶段:来话分析至向被叫振铃

(1) 根据被叫设备号调用被叫数据块,执行来话分析程序,并测试被叫忙闲状态。

(2) 处理机查找一个空闲的交换网络内部时隙,建立交换网络的桥接链路,以便把主叫和被叫连接起来。

(3) 若被叫空闲,向被叫发送振铃消息,向主叫发送回铃音消息。

4. 第四阶段:被叫应答双方通话

(1) 由用户线扫描监视程序检测被叫是否摘机,被叫摘机后停止振铃。

(2) 建立主被叫用户的双向通路。

(3) 启动计费设备开始计费。

5. 第五阶段:话终释放

(1) 由用户线扫描监视程序监视主、被叫用户是否话终挂机。任何一方挂机都表示向处理机发出终止通信命令,处理机拆除接续链路,停止计费。

(2) 向未挂机一方送催挂音,直至收到其挂机信号后返回空闲状态,结束一次呼叫。

处理一次呼叫的一般流程如图 2.48 所示。

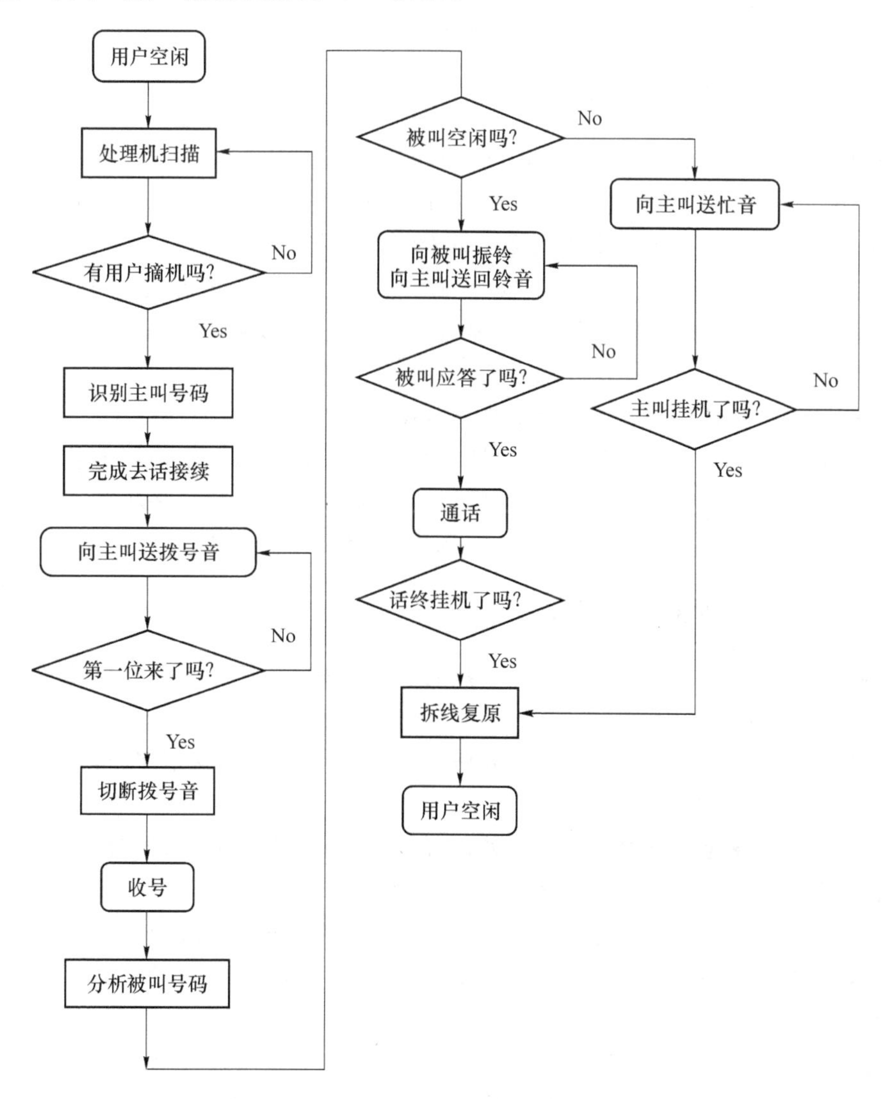

图 2.48 处理一次局内呼叫的一般流程

2.5.2 稳定状态与状态转移

从图 2.48 可以看出,用户状态的随机变化和用户在呼叫建立过程中所处的不同阶段,出现了 6 个稳定状态,这 6 个稳定状态是:用户空闲状态、向主叫送拨号音(等待收号)状态、收号状态、送忙音状态、振铃状态和通话状态。

任一输入信号(处理请求)的到来都可以引起稳定状态转移,即状态转移是一个由"输入信号激励→处理机响应"的动态过程。呼叫过程就是在输入信号的不断触发下用户呼叫状态不断转移的过程。而稳定状态时处理机并不做处理工作,当由一个稳定状态向另一个稳定状态转移时,处理机才做处理工作。

状态转移的结果与初始状态、输入信号以及交换机设备的状态有关,不同情况下,出现的输入请求及处理的方法各不相同,下面举几个例子来说明。

(1) 输入信号相同,因操作者不同,处理机会进行不同的处理,并转移至不同的稳定状态。例如,摘机信号:

① 主叫摘机→处理机连接拨号音源电路→转移至送拨号音状态。

② 被叫摘机→处理机切断铃流源电路→转移至通话状态。

(2) 输入信号相同,因交换机设备原因,处理结果将会不同。例如,主叫拨号:

① 收号器空闲 →处理机连接收号器→转移至收号状态。

② 收号器不空闲→处理机连接忙音源电路→转移至送忙音状态。

(3) 同一稳定状态,输入信号不同,处理结果不同。例如,振铃状态:

① 主叫挂机→处理机按中途挂机处理。

② 被叫摘机→处理机切断铃流源电路→转移至通话状态。

(4) 不同稳定状态,输入信号相同,但处理结果不同,将转移至不同的稳定状态。例如:

① 空闲状态→摘机→处理机连接拨号音源电路→转移至送拨号音状态。

② 振铃状态→摘机→处理机切断铃流源电路→转移至通话状态。

2.5.3 任务处理的工作模式

在呼叫处理过程中,处理机要执行许多的任务,而每一个任务的完成都遵循3个步骤,这3个步骤是输入处理、分析处理、任务的执行和输出处理。

(1) 输入处理:这是数据采集部分。处理机在程序的引导下,从指定的输入存储器读出外设输入的处理请求数据。

(2) 分析处理:这是数据处理部分。处理机结合当前的过程状态、变量值等工作数据对之进行分析处理,然后决定下一步任务。

(3) 任务执行和输出处理:这是输出命令部分。处理机根据上述分析,将结果写入输出存储器或改变当前的工作数据,发布控制命令,驱动外设工作。

1. 输入处理

(1) 接收输入信号

处理机对输入信号的响应有两种方式:扫描方式和中断方式。图2.49给出了这两种方式对输入信号响应的区别。

① 扫描方式

扫描方式是指处理机对接口的检测程序由操作系统周期地调用。扫描方式的优点是可以在操作系统的控制下运行,因而管理较简单。它的缺点是响应有一定延时,如图2.49(b)所示。此外无论输入信号是否发生变化,扫描驱动系统必须定期地运行检测程序,因而需占用较多的CPU时间,效率较低。

② 中断方式

中断方式是指处理机对接口的检测程序在接口的请求下强迫启动。中断方式的优点是实时性较强,且仅在输入信号到达时启动程序,因而效率较高。它的缺点是中断的随机性很大,被中断程序的环境必须得到妥善的保护,因此中断处理方式相对较复杂。

实际中采用哪种方式需视输入信号的实时性要求及处理器的负荷决定。

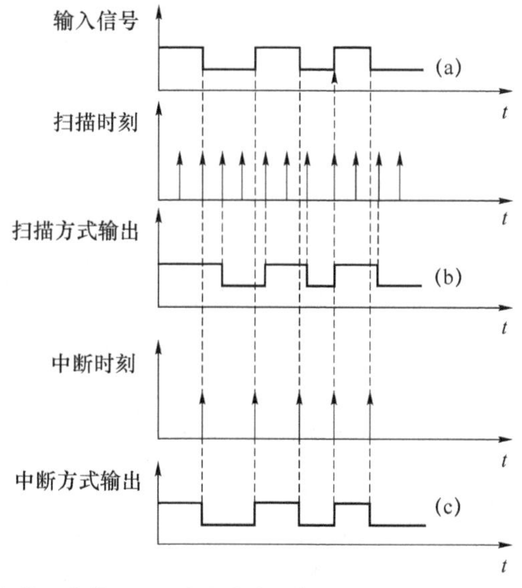

(a) 输入信号　(b) 扫描方式的输出　(c) 中断方式的输出

图 2.49　扫描方式和中断方式对输入信号响应的区别

(2) 运行扫描程序

扫描程序的任务是对用户线、中继线等外界信号的变化进行监视、检测并进行识别，将所得到的数据存入相应的存储器，以供内部分析程序用。

输入处理的扫描程序包括以下内容：

- 摘/挂机监视扫描；
- 中继线占用监视扫描；
- 号码信号监视扫描；
- 公共信道信号监视扫描；
- 操作台信号监视扫描。

① 摘/挂机监视扫描原理

对用户线的监视扫描，是收集用户线回路状态的变化，以确定是用户摘机、挂机还是拍叉簧。设用户在挂机状态时扫描输出为“1”，在摘机状态时扫描输出为“0”。摘/挂机识别程序的任务就是识别出用户线环路状态从“1”→“0”或从“0”→“1”的变化。

由于用户线的状态变化是随机的，因此处理机要对用户线状态做周期性地监视。理论证明，摘/挂机识别的扫描周期在 100～200 ms 之间较为合适，因为周期过短，会使处理机工作过频繁，而周期过长，不能及时捕捉到摘/挂机信息。实际应用中常取 200 ms 为摘/挂机识别的扫描周期，即处理机每隔 200 ms 对所有用户线扫描 1 次。

识别主叫摘机的逻辑运算式为：

$$\overline{\mathrm{SCN}} \wedge \mathrm{LM}=1$$

其中，SCN 为扫描存储器存储本次(当前)扫描结果；LM 为用户存储器，存储前次扫描结果。

识别用户挂机的逻辑运算式为：

$$\mathrm{SCN} \wedge \overline{\mathrm{LM}}=1$$

图2.50为某用户线状态和摘/挂机识别结果。

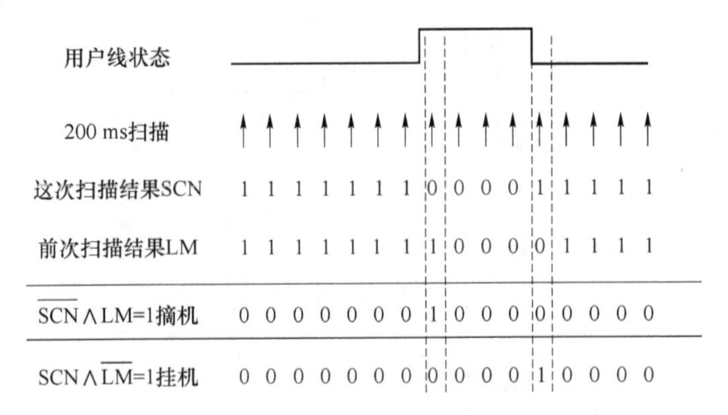

图2.50　用户线状态和摘/挂机识别结果

从上面讨论中可以发现，每个用户的摘/挂机状态只占一个二进制位(1 bit)。若每次只对二进制的一位码进行检测、运算，则效率太低。在实际处理中，处理机采用一种叫“群处理”的方式，即每次对一组用户的扫描结果进行运算(如8位处理机每次可同时对8个用户进行运算处理)。例如，如果$\overline{SCN}\wedge LM=00100001$，则代表0号和5号用户摘机；如果$SCN\wedge\overline{LM}=10000010$，则代表1号和7号用户挂机。进行群处理的目的是为了节省机时，提高扫描效率。

摘/挂机识别程序流程图如图2.51所示。

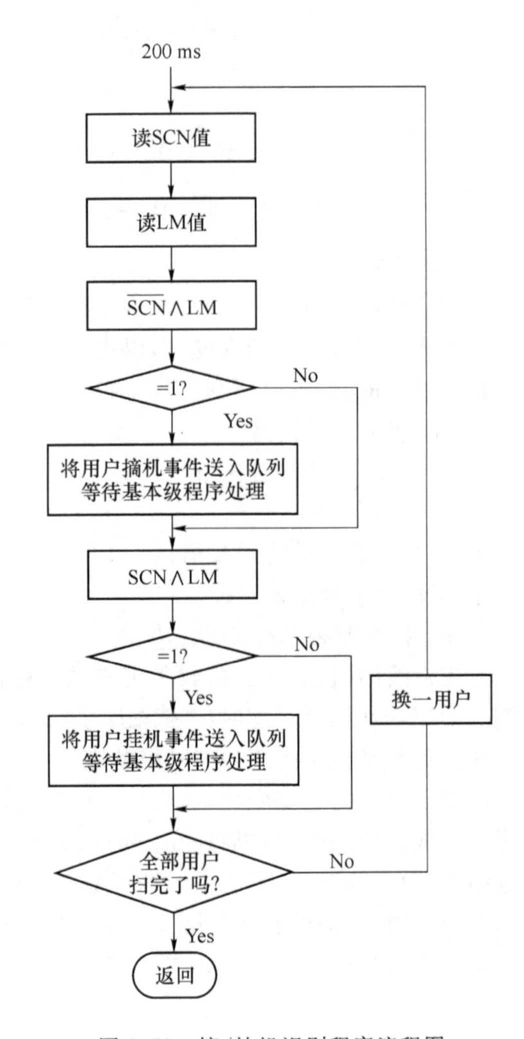

图2.51　摘/挂机识别程序流程图

② 双音频号码扫描与识别

现代话机多为双音频(DTMF)号码发号方式，其具有速度快、可靠性高的优点。

双音频号码由两组四中取一的频率信号来代表，这两组音频分别属于高频组和低频组。每组各有4个频率。话机的按键和相应频率的关系如图2.52所示。

(a) DTMF收号器硬件结构

DTMF收号器硬件结构如图2.53所示。SP为信息状态标志，SP＝0表示有DTMF信息送来；SP＝1表示没有DTMF信息送来。

(b) DTMF号码识别方法

	1 209 Hz	1 336 Hz	1 477 Hz	1 633 Hz
697 Hz	1	2	3	A
770 Hz	4	5	5	B
852 Hz	7	8	9	C
941 Hz	*	0	#	D

图 2.52　双音频话机的按键和相应频率的关系

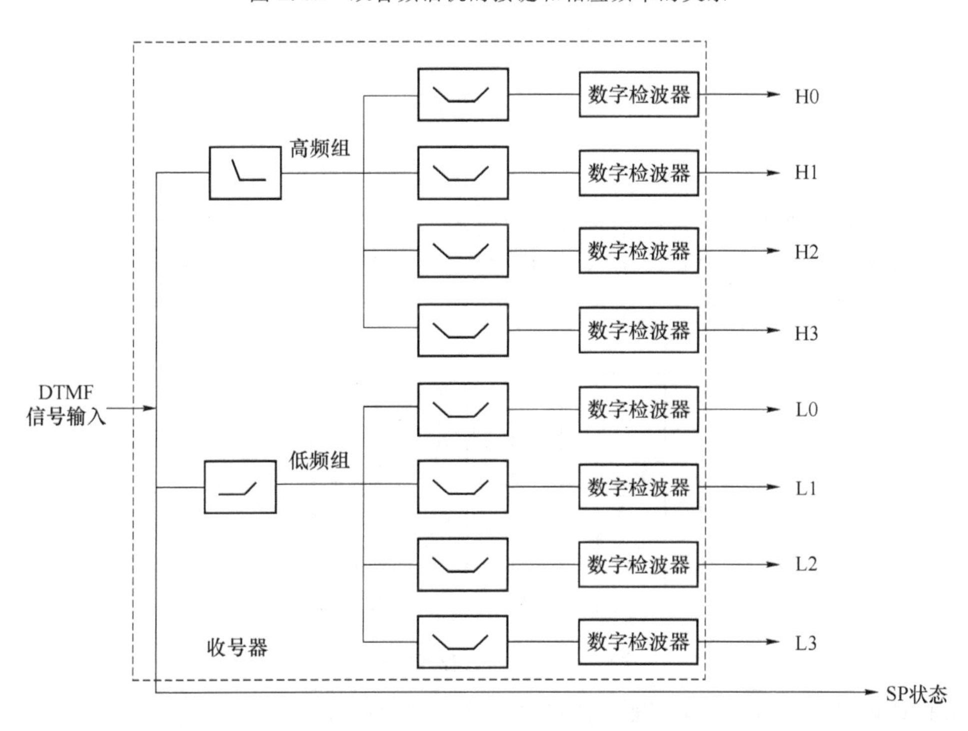

图 2.53　DTMF 收号器硬件结构

DTMF 号码识别要经历 DTMF 信号接收、运算和译码过程。其中接收和运算过程如图 2.54 所示。首先，CPU 读状态信息标志(SP)，扫描监视程序按 16 ms 扫描周期读本次扫描结果和前次扫描结果，然后比较本次扫描结果和前次扫描结果是否有变化。根据变化值进行逻辑运算。逻辑运算式为：

$$(\mathrm{SCN} \oplus \mathrm{LM}) \wedge \overline{\mathrm{SCN}} = 1$$

此式说明识别到了双音频信号。接下来需译出该双音频信号所代表是一位什么号码。译码可由 DTMF 收号器硬件电路实现。

2. 分析处理

呼叫接续中要涉及两个呼叫数据块：一个是主叫数据块，一个是被叫数据块。这两个数据块分别记录了主叫和被叫的详细特征，如他们的号码、物理端口号、呼叫状态、在 PCM 复用线上的时隙号和其他描述其特征的属性。

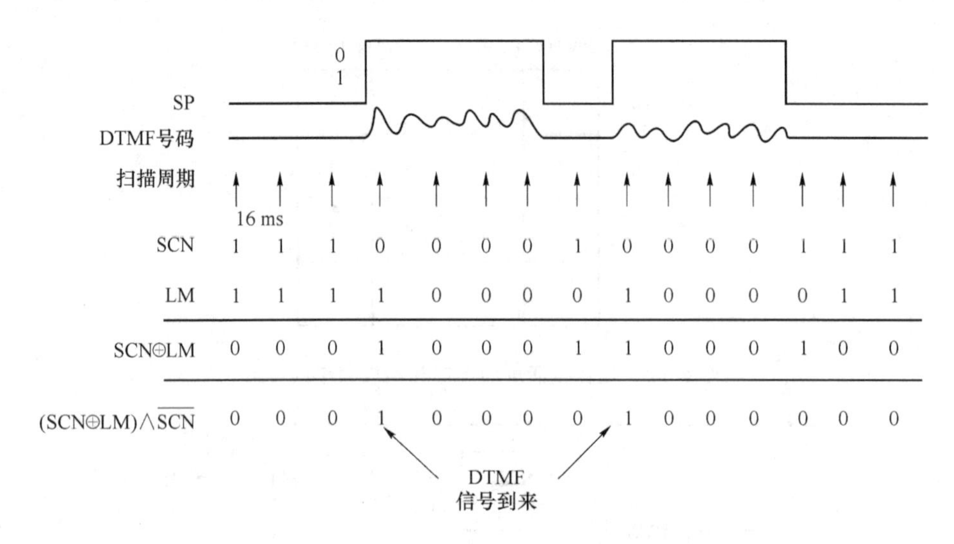

图 2.54 DTMF 信号接收和运算过程

呼叫数据块是呼叫开始时由呼叫进程创建的。如果同时有多个呼叫存在,呼叫进程就创建多对这样的数据块分别对应于不同的呼叫。当一个呼叫结束时,呼叫进程则释放该呼叫的数据块,如图 2.55 所示。

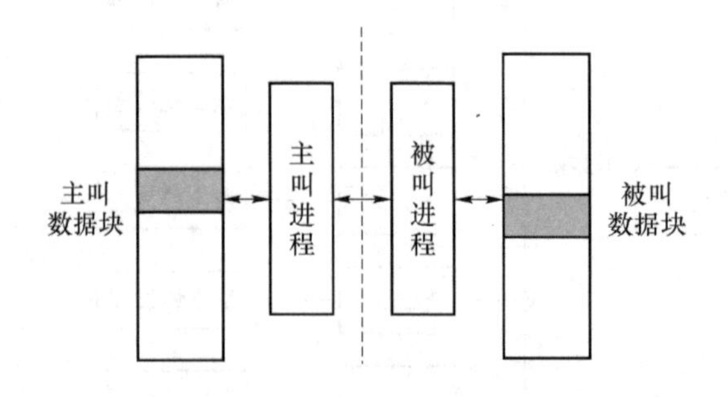

图 2.55 呼叫进程和数据块

分析处理也叫内部处理,它是处理机对所采集到的各种输入信息进行分析,通过分析以决定下一步对外设进行怎样的驱动控制。分析处理的主要信息依据就是呼叫进程中的主、被叫数据块。分析处理由分析程序负责执行,分析程序没有固定的执行周期,因此属于基本级程序。

按照分析处理阶段的不同和分析的信息不同,分析程序可分为去话分析、号码分析、来话分析和状态分析 4 个方面的内容。

(1) 去话分析

去话分析就是分析从主叫用户摘机到送出拨号音这个阶段的信息。分析的数据来源是由主叫设备号得到的主叫数据块(主叫设备号是之前进行输入处理得到的)。去话分析的数据及程序运行的流程如图 2.56 所示。

图 2.56 的各类数据分别装在不同的数据单元中,各单元组成一个链形队列。去话分析程序采用逐次展开法,即根据前一个单元分析的结果进入下一个单元,从而逐一对有关数据进行分析。最后根据分析的结果确定要执行的任务,如允许主叫呼叫,则向其送拨号音,并接上相应的收号器;如不允许主叫呼叫,则向其送忙音。

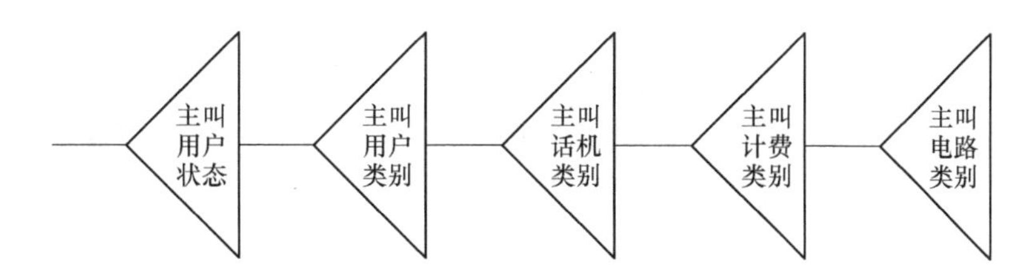

图 2.56　去话分析的数据及程序运行流程

需要说明的是，在内部处理中，往往将分析与任务执行分开，因此，对于空闲收号器的查找及空闲路由的查找，应由任务执行程序去处理，最后由输出处理程序驱动设备动作。

(2) 号码分析

号码分析是分析从交换机收到第一位号码到收全所有号码这个阶段的信息。分析的数据来源是主叫用户所拨的号码。分析的目的是确定接续路由和话费指数。号码分析处理分为两个部分：预译分析处理和全部号码分析处理。

① 预译处理

执行号码分析处理程序时，首先要判别号首，号首一般是 1～3 位。根据号首分析用户的呼叫要求。预译处理流程如图 2.57 所示。

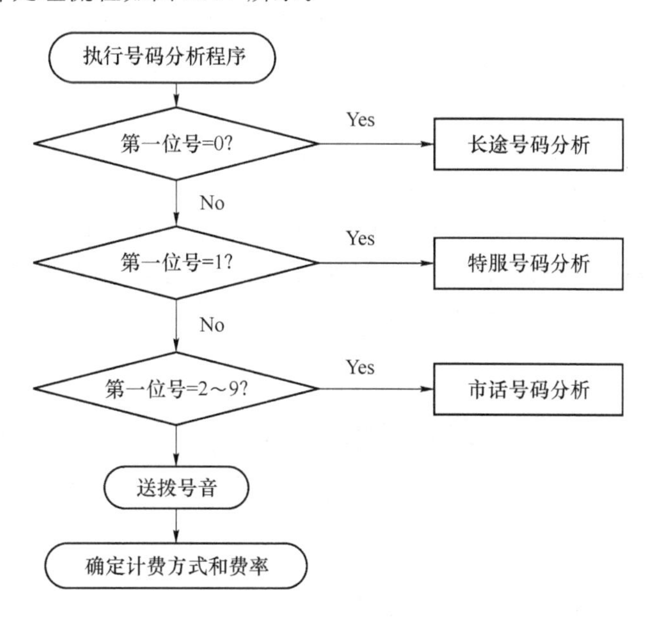

图 2.57　号码分析的预译处理流程

② 全号分析处理

处理机对经过预译处理且允许的呼叫，继续接收其他全部的号码。全部号码接收完毕后，通过译码表完成全部号码分析。号码分析的数据同样形成多级表格，采用逐次展开法来实现。

译码表的内容有：

- 号码类型：包括市内号码、特服号码、国际号码等；
- 剩余号长：除首号外还要收几位号；
- 局号：代表电话局的号码，一般是 1～4 位；

- 计费方式:包月制、单式计次制和复式计次制;
- 重发号码:包括在选到出局线以后重发号码,或者在译码以后重发号码;
- 特服号码索引:包括申告火警、匪警和呼叫系统维护员的各项特服业务。

号码分析的数据及程序运行的流程如图2.58所示。

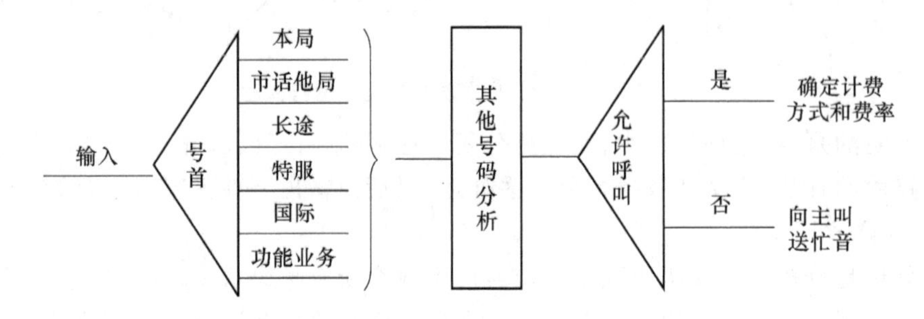

图2.58　号码分析的数据及程序运行流程

(3) 来话分析

来话分析是分析从交换机收完最后一位号码至向被叫振铃这个阶段的信息。分析的数据来源是被叫的数据块(被叫的数据块是根据之前的号码分析结果得到的)。分析的目的是进一步确定被叫的线路类别、忙闲状态数据和允许的用户业务(新功能服务)等。

被叫数据块包含以下内容的数据。

- 用户状态数据:等待呼叫、去话拒绝、来话拒绝、去话来话都拒绝等。
- 用户设备号数据:包括模块号、机架号、板号和用户接口电路号。
- 恶意呼叫跟踪数据:追查捣乱电话。
- 用户忙闲状态数据:被叫用户空;被叫用户忙,正在做主叫通话;被叫用户忙,正在做被叫通话;被叫用户忙,正在呼叫接续;被叫用户处于锁定状态。

来话分析的数据及程序运行的流程如图2.59所示。

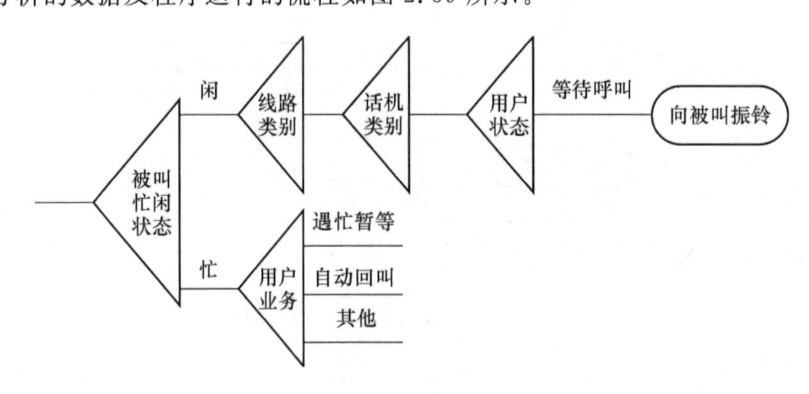

图2.59　来话分析的数据及程序运行流程

(4) 状态分析

对“去话分析”、“数字分析”和“来话分析”这3种情况分析之外的状态变化分析都叫状态分析。例如,拨号过程中的主叫挂机;振铃过程中的被叫摘机;通话过程中的任一方挂机;拍叉簧等。

状态分析的数据来源是当前的稳定状态信息和外设的输入信息。状态分析的处理过程包括事件登记、查询队列和处理3个步骤。

① 进行事件登记:用户的处理要求,通过输入处理程序传递给处理机,处理机将有关的处理要求以任务的形式编入不同的事件处理队列中。

② 查询队列:执行管理程序询访队列,查询到有关的处理请求。

③ 进行处理:处理机首先查询用户当前的状态,即用户处于哪种稳定状态。然后决定要处理的任务。状态分析流程图如图2.60所示。

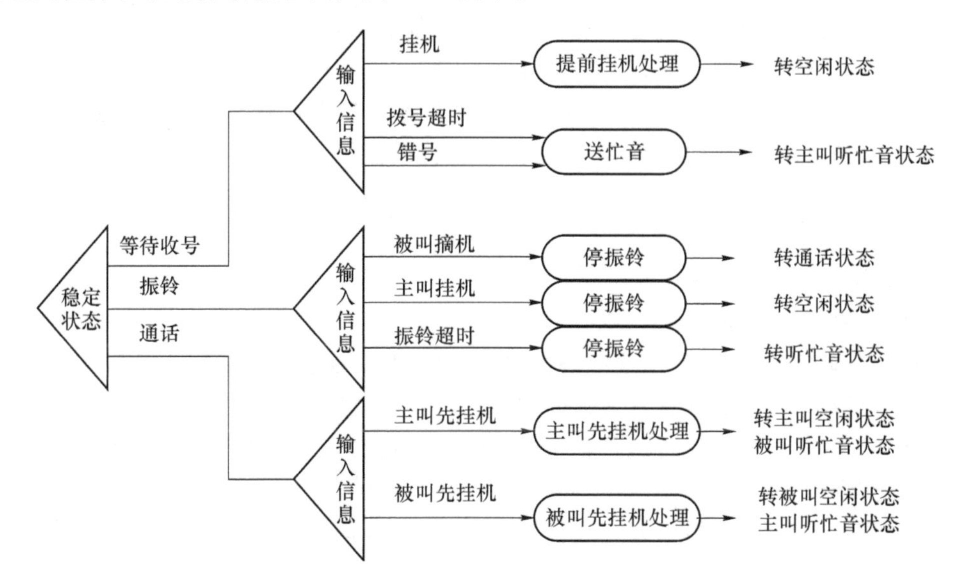

图2.60 状态分析的数据及程序运行流程

3. 任务执行和输出处理

(1) 任务执行

任务执行分3个步骤:动作准备、输出命令、后处理。

(2) 输出处理

输出处理包括:处理机发送路由控制信息,驱动交换网络通话路由的建立或复原;发送分配信号,如振铃控制、公共信道信号、计费脉冲、处理机间通信信息等信号;转发号码;转发多频信号。

4. 接通话路及话终处理

(1) 接通话路

扫描监视程序检测到被叫摘机后停送铃流和回铃音。由于在来话分析之后已经为主被叫选好了一对通话时隙,因此处理机只需根据状态分析结果把有关的控制信息写入交换网络中相应的控制存储器(CM)即可接通话路。

(2) 话终处理

程控交换机的话终处理方式有以下4种:

① 主叫控制复原方式:在主叫控制复原方式中,主叫不挂机通信电路就不释放。

② 被叫控制复原方式:在被叫控制复原方式中,被叫不挂机通信电路就不释放。

③ 互相控制复原方式:在互相控制复原方式中,只要主、被叫任一方不挂机,通信电路就不会释放。

④ 互不控制复原方式:在互不控制复原方式中,只要主、被叫任一方挂机,通信电路便会释放。

2.6 电话通信网规程

电话通信网仅有终端设备、传输设备和交换设备还不能很好地达到互通、互控和互换的目的,还需要有一整套网络约定,如合理的路由规程、号码规程、传输规程、同步规程以及可使硬件设备组成的静态网变成能良好运转的动态体系的软件规程等。本节讲述电话通信网组建中应考虑的路由规程、号码规程、传输规程、同步规程等问题。

2.6.1 电话通信网概念

1. 通信网分类

通信网从宏观上分为基础网、业务网和支撑网。

基础网:业务网的承载者,由终端设备、传输设备和交换设备等组成。

业务网:承载各种业务如话音、数据、图像、广播电视等中的一种或几种的通信网络。

支撑网:为保证业务网正常运行,增强网络功能,提高全网服务质量而设计的传递控制监测信号及信令信号的网络。

通信网是一个复杂的体系,表征通信网的特点很多,我们还可以从下面几个方面的特征来区分通信网的种类。

(1) 按业务性质分

通信网按业务性质分有电话网、电报网、数据通信网、传真通信网、可视图文通信网等。

(2) 按服务区域分

按服务区域分有国际通信网、国内长途通信网、本地通信网、农村通信网、局域网(LAN)、城域网(MAN)和广域网。

(3) 按服务对象分

按服务对象分有包括国际网、国内长途网、本地网在内的公用电话通信网和用于各行业内部通信用的专用通信网。

(4) 按传输介质分

按传输介质分有包括用电缆或光缆连接的固定电话网、有线电视网等;有包括用微波、卫星无线连接的寻呼网、蜂窝移动通信网、卫星通信网等。

(5) 按消息的交换方式分

按消息的交换方式分有以电话业务为主体的电路交换网;有以电报业务为主体的报文交换网;有以数据业务为主体的分组交换网;有以综合业务数字网为主体的宽带交换网等。

(6) 按网络拓扑结构分

按网络拓扑结构分有网状网、星形网、环形网、树形网、总线网等。

(7) 按信号形式分

按信号形式分有交换、传输、终端不全是数字信号的数模混合网和交换、传输、终端都是数字信号的数字通信网。

(8) 按信息传递方式分

按信息传递方式分有同步转移模式(STM)网和异步转移模式(ATM)网。

2. 组建电话通信网的基本原则与要求

电话通信网的基本任务是在全网内任意两个用户间都能建立通信。因此,组建电话通信网应满足下述基本原则与基本要求。

(1) 基本原则

① 电话通信网是全程全网的,目前我国在组建电信网时执行的是"统一规范,分级建设,分级管理"的原则。

② 要近期和远期发展相结合,技术的先进性和可行性相结合。

③ 网络的建设投资和维护费用应尽可能低,经济上合理。

(2) 基本要求

① 网络应能为任一对通话的主叫用户和被叫用户建立一条传输话音的信道。

② 网络应能传递呼叫接续的建立、监视和释放等各种信令。

③ 网络应能提供与电话网的运行和管理有关的各种控制命令,例如话务量测量、故障处理等。

④ 网络应可向用户开放各种新业务的服务,能不断适应通信技术和通信业务的发展。

⑤ 网络应保证一定的服务质量,如传输质量、接通率等。

⑥ 专用网入公用网时应就近和一个公用的本地网连接。且必须符合公用网统一的传输质量指标、信号方式、编号计划等相关的技术标准和规定。

⑦ 电话通信网各级交换系统必须按批准的同步网规划安排的同步路由实施同步连接,严禁从低级局来的数字链路上获取定时作为本局时钟的同步定时信号。

3. 电话通信网的基本设备

电话通信网的基本设备包括用户环路、总配线架设备、交换机设备、局间中继设备等。

(1) 用户环路

用户环路将用户终端与交换局相连,其相应的线路设备有:用户引入线(通常使用双绞线)、分线箱、用户电缆(通常使用地下电缆或架空电缆)。

(2) 总配线架设备

总配线架除完成配线功能外,还实施对交换设备的一级保护。

(3) 交换机设备

交换机设备用于实现语音信号的交换。

(4) 局间中继设备

局间中继设备是指交换局之间的中继连接设备,包括中继电缆、PDH设备或SDH设备等。对市内距离较短的中继线,通常采用音频传输,每对中继线都是独立的线路;对局间较长的中继线通常采用PCM复用技术,使用同轴电缆或光缆进行传输。

随着通信技术的发展,中继设备已经不仅仅是包括简单的传输线路和相应的传输设备了。它们形成了包括分插复用设备和数字交叉连接设备的"传送网"。对于连接终端的用户回路也将发展为以光纤为核心的"宽带接入网"了。

2.6.2　电话通信网路由规程

在对电话通信网路由规划时要考虑用户(中继)话务量和呼叫损失等因素。关于话务量和呼叫损失的讲述请参阅“话务理论基础”的相关资料。

在电话通信网中,各个交换机除同级间有直达路由外,还存在着与上下级交换机的连接。路由选择就是当两台交换机之间的通信存在多条路由时,应如何选择路由。

1. 路由种类

常见的路由种类有直达路由、迂回路由和基干路由 3 种,如图 2.61 所示。

设话机 A 呼叫话机 B,则有:

- 直达路由:C4A→C4B。
- 迂回路由:C4A→C3B →C4B;C4A→C2B →C3B →C4B 等。
- 基干路由:C4A→C3A →C2A →C2B →C3B →C4B。

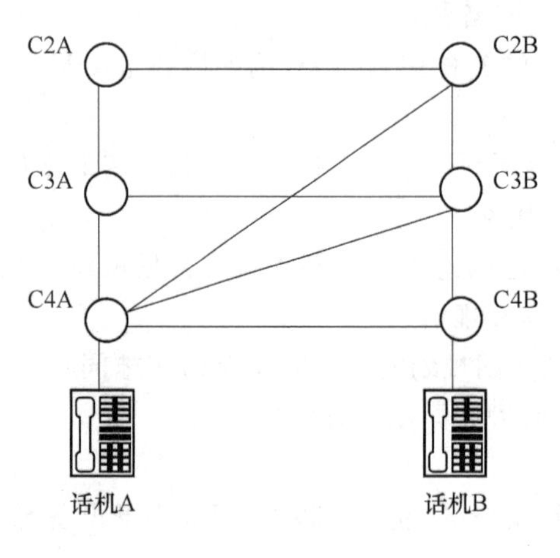

图 2.61　路由种类

直达路由是主、被交换局之间的直接通路。直达路由上的话务量允许溢出至其他路由。

迂回路由是指通过其他局转接的路由,由部分基干路由组成。迂回路由应能负担所有直达路由溢出的话务量。迂回路由上的话务量允许溢出至基干路由。

基干路由应能负担所有直达和迂回路由所溢出的话务量,保证系统达到所要求的服务等级。基干路由上的话务量不允许溢出至其他路由。

在迂回路由和基干路由中,所选择的路由需要通过其他交换机汇接,汇接采用两种方法。

(1) 直接法:由主叫交换机直接选择汇接交换机的出局路由。主叫交换机只需向汇接交换机发送路由号,而无须发送被叫号码。

(2) 间接法:将用户所拨的号码完整地送至汇接交换机,由汇接交换机再次分析并确定出局路由。

2. 最佳路由选择顺序

为了尽量减少转接次数和尽量少占用长途线路,一种经济合理的路由选择顺序是“先选直达路由,次选迂回路由,最后选基干路由”的方案。迂回路由选择顺序按“由远而近”、“自下而上”的原则,即先选靠近受话区的下级局,后选上级局;在发话区“自上而下”选择,即先选远离发端局的上级局,后选下级局。

3. 我国电话通信网路由结构

我国现行的电话通信网路由结构,是按行政区建立的等级制树形网络,如图 2.62 所示。图 2.62 为五级等级结构,即四级长途交换中心(C1～ C4)和第五级本地网端局(C5)交换中心。

大区中心局为一级交换中心(C1),我国共有 6 个大区中心局:华北、东北、华东、中南、西南、西北；省中心局为二级交换中心(C2)，我国大约有 30 个二级交换中心；地市中心局为三级交换中心(C3)，全国大约有 350 多个三级交换中心；县区中心局为四级交换中心(C4)，全国大约有 2 200 多个四级交换中心。C1 级采用网状结构，以下各级逐级汇接，并且辅以一定数量的直达路由。

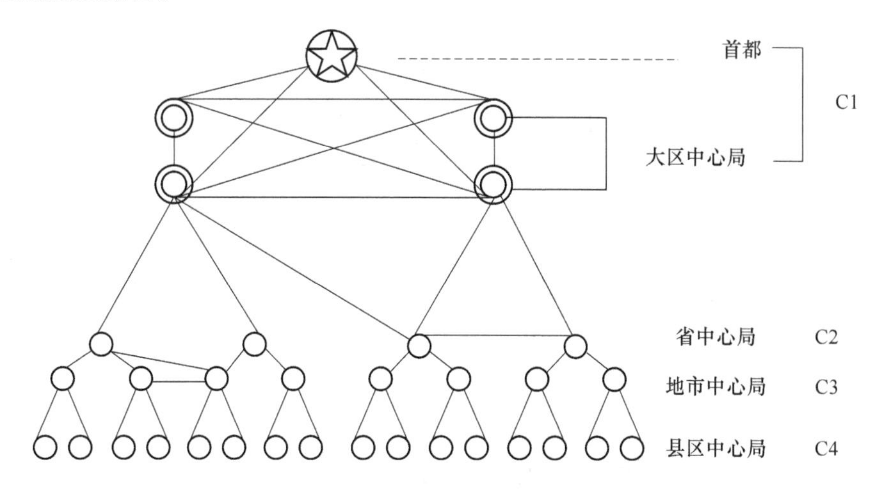

图 2.62 我国电话通信网的路由结构

长途网路由建设原则如下：

(1) 北京至省中心局均应有直达中继电路；

(2) 同一大区内的各省中心局彼此要有直达中继电路；

(3) 任何两个交换中心之间，只要长途电话业务量大，地理环境合适，又有经济效益，都可以建立直达中继电路。

4. 我国长途电话网向无级动态网过渡

随着电话网络规模越来越大，数字化程度越来越高，新技术、新业务不断出现，多级交换结构存在的转接段数多、接续慢、时延长、传输衰耗大等弊端已经不能满足通信大容量和新技术新业务的发展等需求。因此我国电话网结构已开始由长途四级交换向二级交换网转变，即将原来的 C1、C2 合并，C3、C4 合并，将汇接全省转接长途话路的交换中心设为一级(用 DC1 表示)，将主要汇接本地网终端话务的交换中心设为二级(用 DC2 表示)。DC1 交换中心之间以基干路由网状相连，省内 DC2 交换中心之间以网状或不完全网状相连，DC2 与本省所属的 DC1 之间均以基干路由相连，同时辅以一定数量的跨区高效路由与非本省的交换中心相连。长途电话二级网络结构图如图 2.63 所示。

长途二级网分平面采用“固定无级”的选路原则，即分别在省级交换中心 DC1 之间及省内的 DC2 之间使用固定无级选路。“固定”指在路由选择时是按预先制定的路由及顺序进行选路，这样设置的路由在一段时间内保持不变；“无级”指在同一平面的呼叫进行迂回路由选择时各交换中心不分等级。

我国的长途电话网最终将演变为无级动态网。“无级”是指长途网中的各个交换局不分上下级，都处于同一等级，各长途交换机利用计算机控制智能可以在整个网路中灵活选择最经济、最空闲的通路。所谓“动态”是指路由的选择方式不是固定的，而是随网上业务量的变化状况或其他因素而变化。无级动态技术的优越性在于灵活性和自适应性，从而大大提高接通率和适应综合业务网;同时,网络结构的简单又使设计和管理简化,节省费用,降低投资。随着我国 7 号信令系统的建立以及网络管理系统的智能化,加快了长途电话网向无级动态网过渡的速度。

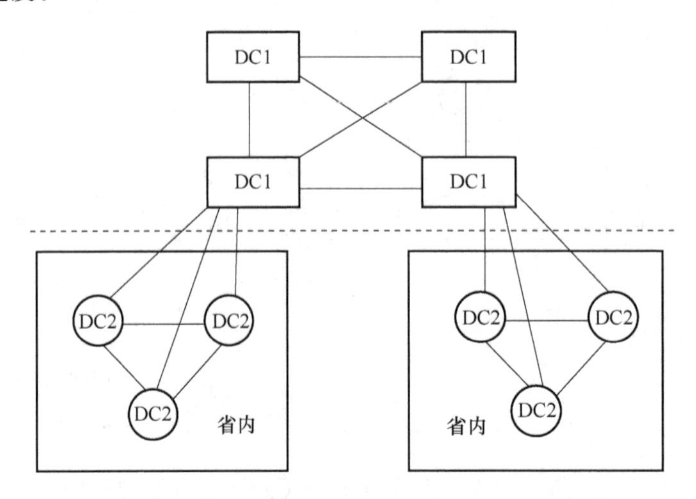

图 2.63 我国两级长途电话网结构图

未来我国的电话通信网将由三个平面组成,即长途无级电话网平面、本地电话网平面和宽带用户接入网平面。

5. 无级动态网的路由选择方式

在无级动态网中,可以采用不同的动态选路方式,它们都在一定程度上提高了长途电话网的使用效率。

(1) 动态自适应选路方式

动态自适应选路技术的特点是根据业务量的变化实时地调配路由,不断改变路由表,平衡全网呼损,提高网络资源的使用效率。动态自适应选路技术由“路由处理机”进行集中控制。路由处理机与各个交换局通过数据链路相连,控制整个网的选路。自适应选路原理为:平时路由处理机不断向各个交换局送查询信号,采集各个交换点的状态信息,了解网络各部分的忙闲情况,从而掌握全网的路由数据。每个交换局向路由处理机回送如下应答信息:

① 出中继群中目前空闲的电路数;

② 自上一次查询后每个中继群的始发呼叫次数;

③ 自上一次查询后每个中继群的第一次溢呼次数。

路由处理机根据全网信息及选路原则寻找最佳迂回路由,并将更新后的路由表送到各交换节点。对于每个交换节点来说,首先是承担本局的话务量,只有在具备剩余的容量时才能向全网提供路由。

每段路由都可用数学方式计算出供其他局选用的中继线数。在同一条路由两段线路中的剩余中继线数中取最小值,然后算出它占总剩余中继线数的百分比,便得到该路由选择的概率。比较各条迂回路由的计算结果,选择概率最大的迂回路由。

上述自适应动态选路技术要求各交换局能及时检测网络话务状态,使路由处理机能实时计算剩余中继线数,更新路由表,提供路由选择概率,这对交换机有一定额外开销要求。

(2) 动态时变选路方式

不同地区的“时差”使话务“忙时”的形成是不集中的,动态时变选路方式事先编出按时间段区分的路由选择表，自动选择路由来达到话务均衡，从而提高全网运行效率的目的。

“动态时变选路方式”的路由选择是按事先安排的顺序执行的，并不是随机的，因此还不能做到完全适应网络话务的动态变化。

(3) 实时选路方式

每个交换局有一张表明各个交换局忙闲状态的表，还有一张表明该交换局允许使用的路由的“允许转接表”。实时选路是指通过对每个交换局的中继路由忙闲表进行一定的算法后决定选哪一条路由的方式。

2.6.3　本地电话网

本地电话网是指在同一个长途编号区范围以内，由若干个端局或者由若干个端局和汇接局组成的电话网络。

1. 本地电话网类型

本地网可设置市话端局、县区端局及农话端局，并可根据需要设置市话汇接局、郊区汇接局、农话汇接局，建成多局汇接制网络。本地电话网类型一般有以下几种：

(1) 县城及其农村范围组成的电话网；

(2) 大、中、小城市市区及郊区范围组成的电话网；

(3) 根据经济发展需要，在市区及郊区范围组成的本地电话网的基础上进一步扩大到相邻的县及其农村范围组成的电话网。

本地电话网范围仅限于市区时，称为市内电话网。市内电话网是本地电话网的一种特殊形式。

我国已形成了以中心城市为核心的本地电话网，扩大了本地电话网的覆盖范围，简化了电话网结构。

2. 用户交换机接入本地电话网

用户交换机是由大型酒店、医院、院校等社会集团投资建设，主要供自己内部使用的专用交换机，将用户交换机接入本地电话网相应的端局下面方可实现用户交换机的分机用户与公用网上的用户电话通信。用户交换机接入本地电话网的方式有 3 种：全自动直拨入网方式(DOD1＋DID)、半自动直拨入网方式(DOD2＋BID)、混合入网方式。

(1) 全自动直拨入网方式

全自动直拨入网方式如图 2.64 所示。特点如下。

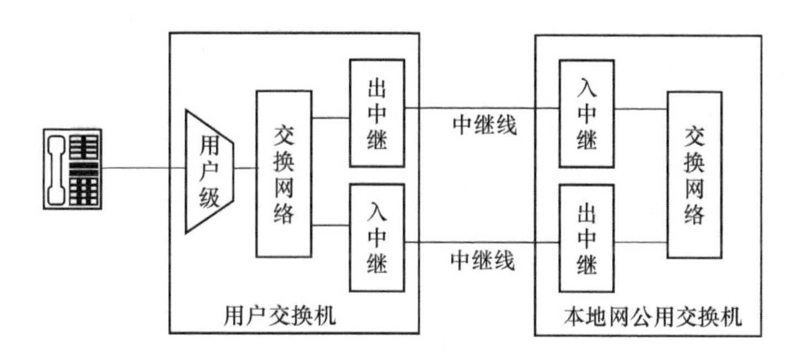

图 2.64　全自动直拨入网方式

① 用户交换机的出/入中继线接至本地网公用交换机的入/出中继线。即用户交换机

的分机必须占用一条本地网公用交换机的入中继线。

② 用户交换机分机用户出局呼叫时直接拨本地网用户号码,且只听用户交换机送的一次拨号音。公网交换机用户入局呼叫时直接拨分机号码,由交换机自动接续。

③ 在该方式中,用户交换机的分机号码占用本地电话网号码资源。

④ 本地网公用交换机对用户交换机分机用户直接计费,计费方式采用复式计费方式,即按通话时长和通话距离计费。

(2) 半自动入网方式

半自动入网方式如图 2.65 所示,特点如下。

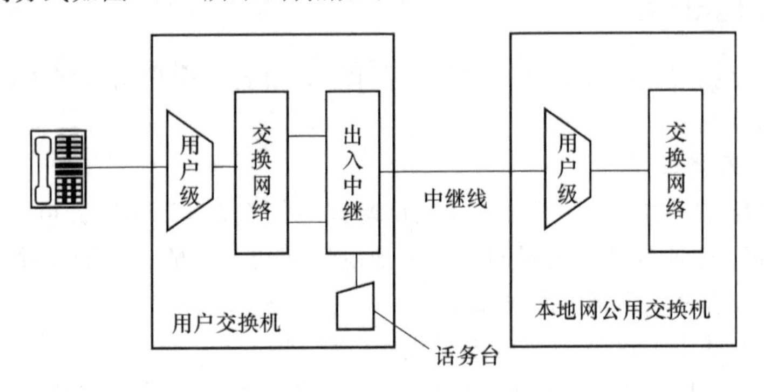

图 2.65 半自动入网方式

① 用户交换机的出/入中继线接至本地电话网公用交换机的用户接口电路。

② 用户交换机每一条中继线对应本地网一个号码(相当于本地网一条用户线)。

③ 用户交换机设置话务台。分机出局呼叫先拨出局引示号,再拨本地网号码,听两次拨号音。公网用户入局呼叫分机时,先由话务台应答,话务员问明所要分机后,再转接至分机。

④ 在该方式中,用户交换机的分机不占用本地网号码资源。

⑤ 由于用户交换机不向本地网公用交换机送主叫分机号码,故本地网公用交换机没有条件对用户交换机的分机用户计费,因此计费方式采用月租费或对中继线按复式计次方式。

3. 混合入网方式

混合入网方式如图 2.66 所示。

用户交换机的一部分中继线按全自动方式接入本地电话网的中继电路,形成全自动入网方式;另一部中继线接至本地电话网的用户接口电路,形成半自动入网方式,这样不仅解决了用户交换机的重要用户直拨公网用户的要求,而且可以减少中继线以及本地网号码资源的负担,弥补了上述前两种方式的缺点。

2.6.4 电话通信网号码规程

1. 电话号码编号原则

电话号码是电信网正确寻址的一个重要条件。编排电话号码应符合下列原则。

(1) 电信网中任何一台终端的号码都必须是唯一的。

(2) 号码的编号要有规律,这样便于交换机选择路由,也便于用户记忆。

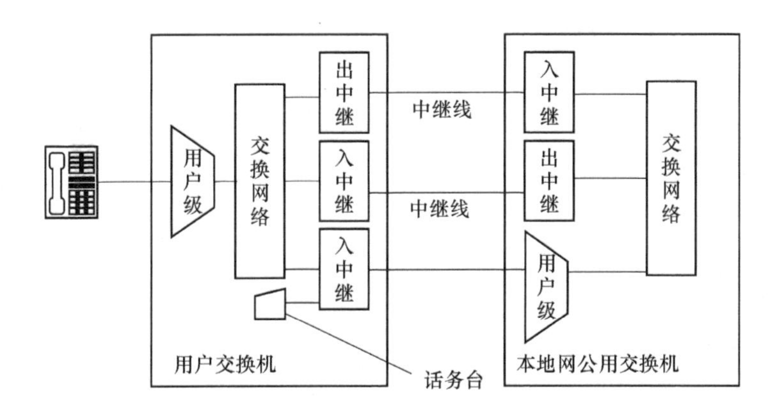

图 2.66　混合入网方式

(3) 号码的位数应尽可能少,因为号码的位数越多,拨号出错的概率就会越大,建立通话电路的时间也越长。但考虑到系统的扩容和发展,号码的位数应有一定的预留。

2. 号码组成

CCITT 建议每台电话机的完整号码按以下序列组成:国家号码＋ 国内长途区号＋用户号码。号码总长不超过 12 位。

(1) 国家号码

国家号码采用不等长度编号,一般规定为 1～3 位。各国的国家号位数随该国家的话机密度而定,比如中国的国家号是 86。

(2) 国内长途区号

① 国内长途区号采用不等长度编号。我国的长途区号是 2～3 位。

② 北京的长途区号为 10。

③ 各大区中心局所在地以及一些特别大城市的长途区号为 2 位,具有 $2X$ 的形式,X 为 0～9。2 位区号总计可有 10 个。

④ 各省会、地区和直辖市的长途区号是 3 位,第一位为 3～9,第二位为奇数,第三位为 0～9。因此有 $7\times5\times10=350$ 个。

⑤ 部分县区的长途区号为 3 位,第一位是 3～9,第二位为偶数,第三位为 0～9,因而共有 $7\times5\times10=350$ 个。

(3) 用户号码

用户号码是用于区别同一本地网中各个话机的号码。被叫用户在本地网中统一采用等位编号。我国本地电话网的号码长度最多为 8 位。

编用户号码时应注意 0 和 1 不能作为用户号码中的第一位用,所以一个 4 位号码最多可区别 8 000 门话机,5 位号码则可区分 80 000 门话机,8 位号码则可区分 80 000 000 门话机。对于大城市,话机总数可能达到数百万门。因此必须使用若干个市话交换机通过汇接交换机连接起来,组成汇接式市话交换网。在汇接式市话交换网中市话交换机构成了各个分局。

在这种情况下,本地网号码又由分局号和用户号码的方式组成。分局号为 1 位时,最多只能支持 8 个分局(2～9 分局)。因此,增加分局个数时,分局号也应由 1 位增加到 2 位。2

位分局号最多能支持 80 个分局。

(4) 特种业务号码

特种号码主要用于紧急业务、需要全国统一的业务接入码、网间互通接入码和社会服务号码等。我国特种业务号码为 3 位,第一位为 1,第二位为 1 或 2。部分特种业务号码如下:

112　　电话故障申告台

114　　查号台

117　　报时台

119　　火警台

110　　匪警台

120　　医疗急救台

(5) 新服务项目编号

我国规定:200、300、400、500、600、700、800 为新业务电话卡号码。

(6) 长途字冠

拨打长途电话号码时还需加长途字冠,CCITT 建议的国际长途字冠为:“00”;国内长途字冠为 0。

2.6.5 电话通信网传输规程

电信网传输规程主要是针对用户线和中继线传输系统的规划。

1. 传输媒介

常用的传输媒介有双股电缆、同轴电缆、光纤、微波和卫星等。

早期双股电缆主要用于 400 km 以内的短距离中继传输,大于 400 km 时一般采用同轴电缆。双股电缆和同轴电缆的一个重要优点是与交换机的接口简单。当采用模拟基带传输时,交换机输出的模拟信号可以不经任何变换地直接与双股电缆或同轴电缆相连接。目前,随着光纤技术的发展,中继传输主要采用光缆。

各种传输媒介的典型工作带宽如表 2.3 所示。

表 2.3　各种传输媒介的典型工作带宽

媒介种类	工作带宽/MHz
双股电缆	2
同轴电缆	10
微波(4 GHz)	500
光纤(1.3 μm)	2 000

交换机输出的基带话音信号模拟为4 kHz,数字为 64 kbit/s,而表 2.3 所示的媒介带宽都远大于基带话音信号,因而在交换机输出与传输媒介之间需加复用设备,应用复用技术对模拟中继传输进行频分复用(FDM),对数字中继传输进行时分复用(TDM)。

2. 传输系统

(1) 用户线传输系统

电信网的用户线通常采用 2 线传输,即收、发两个方向的传输使用同一对导线,所以常把用户线称为用户环线。

目前规定的用户环线传输中常用的线径及其音频衰耗(1 kHz)、环路电阻和最大传输距离如表 2.4 所示。为了保证交换机接口中的摘机检测电路正常工作,规定环路电阻不得大于 1 300 Ω。由于电话机中送话器和扬声器在进行声/电和电/声转换过程中的增益作用，允许用户线传输系统存在一定的衰耗，通常规定环线的衰耗大于或等于 6 dB。

表 2.4　用户环线的技术指标

线径/mm	衰耗/dB · km	环路电阻/Ω · km	最大距离/km
0.4	1.62	270	4.8
0.5	1.30	173	7.5
0.6	1.08	120	10.8
0.7	0.92	88	14.8

(2) 中继传输系统

① 电缆中继系统

电缆中继系统如图 2.67 所示。

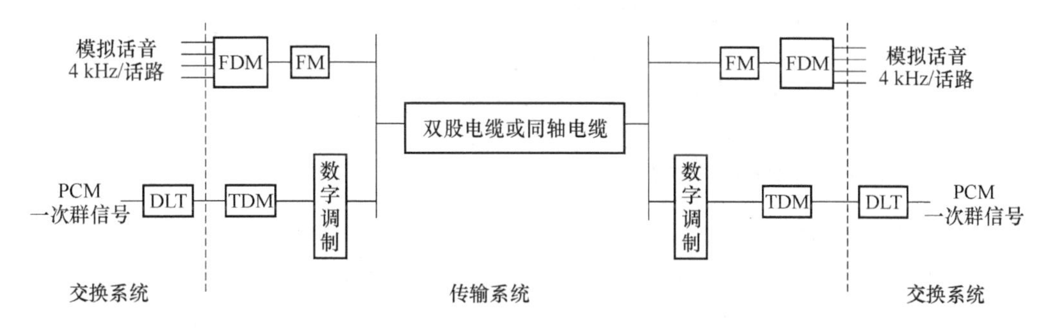

图 2.67　电缆中继系统

采用数字信号传输时，模拟话音信号首先应经 PCM 调制后再进行时分多路复用，从而形成 TDM 信号，在经过数字线路终端(DLT)时还要进行码型变换(NRZ/HDB3)。

② 微波中继系统

微波传输系统如图 2.68 所示。

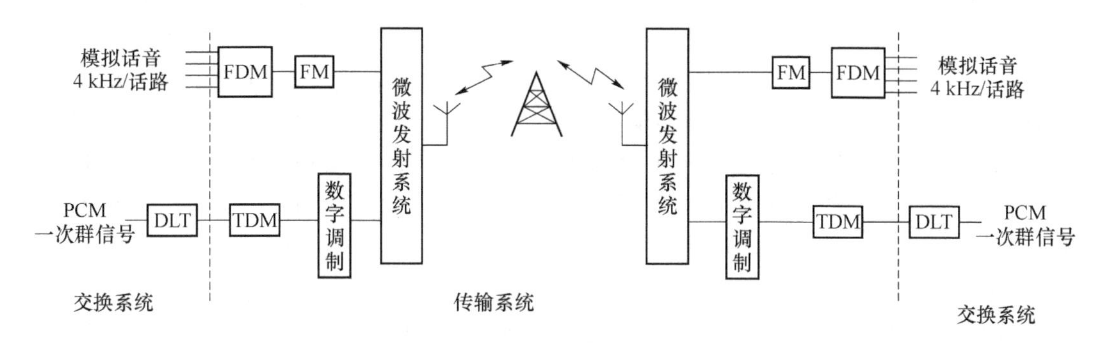

图 2.68　微波中继系统

交换机输出的模拟话音信号经频分多路调制形成 FDM 信号后，再经过 FM 调制，形成 30 MHz 带宽的 FDM-FM 信号，然后经过微波发射系统发射。由于地球表面的曲率，微波信号只能直线传播，所以长距离微波传输时需要使用中继塔。中继塔距离一般为 50 km。

当传输距离更远时，微波中继塔的数目将变得很多，这样既提高了成本，又增大了维护量。因此,在超长距离的通信中,常采用卫星中继。

卫星通信系统与微波通信的根本差别是以一个高空卫星取代了若干个较低的中继铁塔。与微波系统的另一个差别是卫星通信的两个传输方向使用了不同的载频。

③ 光纤中继系统

光纤中继系统如图2.69所示。

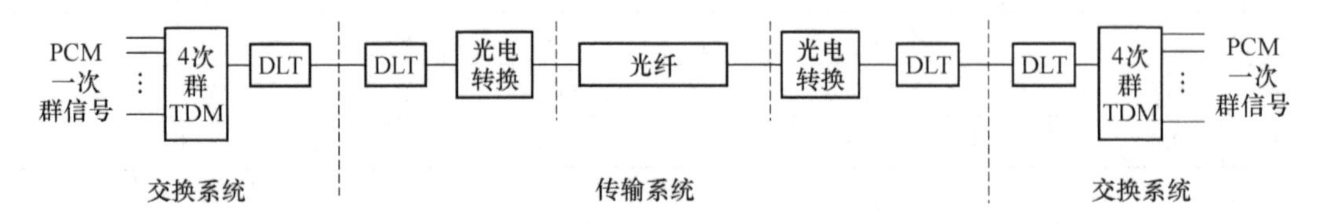

图2.69　光纤中继系统

TDM数字信号由交换机接口输出,进入光纤传输系统,经扰码和5B6B编码后,送入电/光转换器,对激光源进行调制,调制后的光信号再经过光纤传输。

常用光纤的传导波长为1.3 μm,工作带宽为2 GHz。当交换机不具有高次群接口时,交换机与光纤系统之间应有一个实现高次群调制和解调的数字端机。

2.6.6　电话通信网同步规程

1. 数字信号同步的概念

电信网的数字信号同步,是为了保证网中数字信号传输和交换的完整性、一致性。实现数字信号同步的手段就是使各个数字设备的时钟工作在同一个频率和相位,从而达到整个系统中数字信号同步运行的目的。

对于时钟频率的同步,是要求网内所有交换机都具有相同的发送时钟频率和接收时钟频率。对于相位同步,是要求网内所有交换机发送信号和接收信号之间的相应比特要对齐,不能使第一比特发送的信号在第二比特接收。否则,发送和接收的时钟频率即使一致了,也不能得到正确的信号接收。

当发送时钟频率大于接收时钟频率时,会产生码元丢失;当发送时钟频率小于接收时钟频率,会产生码元重复。上述两种现象都叫做"滑码"。对于话音信号,相当于少了或多了一个抽样,影响不太显著,但对于数据传输和图像传输,滑码可能会破坏整个数据或整个画面。

而实际工作中,通信双方的时钟频率都不可避免地存在一定偏差,因此滑码的产生是不可避免的。滑码发生的频繁程度与收、发两端时钟的频差有关。因此,克服滑码的办法是强制输入时钟和本地时钟的频率偏移为零。这种强制可以通过在交换机中设置缓冲存储器来实现。缓冲存储器结构如图2.70所示。

缓冲存储器按照对端时钟写入数据,按照本地时钟读出数据。只要使写入至读出的时延是125 μs(1帧)的整数倍,就可以解决收、发两端时钟的频差,从而使回路传输的总延时等于125 μs的整数倍。

那么,如何使缓冲存储器写入至读出的时延为125 μs的整数倍呢?可通过增加缓冲存储器的单元数(相当于增加回路传输的码元数,即控制比特)来实现。所以缓冲存储器容量可以是1～256 bit之间的任何值。

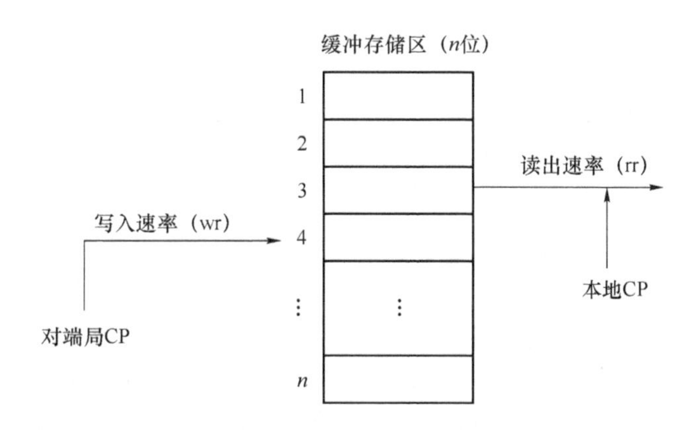

图 2.70　缓冲存储器结构

由于缓冲存储器具有收缩功能，所以也叫弹性存储器。

当交换机设置了缓冲存储器后，滑码发生的频繁程度除与收、发两端时钟的频差有关，还与缓冲存储器的容量有关。当缓冲存储器为 n 位，标称频率（传输速率）为 r，相对频差为 Δr 时，滑码发生的周期为：$T_s = n/(\Delta r \times r)$。

CCITT 建议，数据传输系统应满足每 20 h 滑码不超过 1 次，相当于要求时钟频差：

$$\Delta r = n/(T_s \times r) = 256/(20 \times 3\,600 \times 2.048 \times 10^6) = 1.74 \times 10^{-9}$$

为了使滑码发生频度足够小，一般要求各交换机的时钟有很高的稳定度。

对于数据传输，时钟频率稳定度应优于 1×10^{-9} 数量级。对于这个值，一般的晶体振荡器已无法满足，因而常需要使用原子钟。原子钟中的铷钟和铯钟的主要参数如表 2.5 所示。

表 2.5　铷钟和铯钟的主要参数

	铷钟	铯钟
原子振荡频率	6 834.682 613 MHz	9 192.631 770 MHz
稳定度	3×10^{-11}/月	1×10^{-11}/寿命期
寿命	>10 年	约 3 年

2. 数字网的网同步方式

数字网的网同步方式分为准同步方式和同步方式。

(1) 准同步方式

在准同步方式中，各交换局的时钟相互独立。由于各个交换局时钟相互独立，因而不可避免地存在一定频差，造成滑码。为了使滑码发生频度足够小，要求各交换局采用标称速率相同的高稳定度时钟。

(2) 同步方式

同步方式又有主从同步法、相互同步法和分级的主从同步法。

① 主从同步法

网内中心局设有一个高稳定度的主时钟源，用以产生网内的标准频率，并送到各交换局作为各局的时钟基准。各个交换局设置有从时钟，它们同步于主时钟。时钟的传送并不使用专门的传输网络，而是由各交换机从接收到的数字信号中提取。主从同步法方法简单、经济。缺点是过分依赖于主时钟，可靠性不够高，一旦主时钟发生故障，受其控制的所有下级交换机都将失去时钟。

② 相互同步法

网内各交换局都有自己的时钟,无主、从之分,它们相互控制。最后各个交换局的时钟锁定在所有输入时钟频率的平均值上。

相互同步法的优点是网内任何一个交换局发生故障只停止本局工作,不影响其他局的工作,从而提高了通信网工作的可靠性。其缺点是同步系统较为复杂。

③ 分级的主从同步法

分级的主从同步法把网内各交换局分为不同等级,级别越高,所使用的振荡器的稳定度越高。每个交换局只与附近的交换局互送时钟信号。一个交换局收到附近各局送来的时钟信号以后,就选择一个等级最高、转接次数最少的信号去锁定本局振荡器。这样使全网最后以网中最高等级的时钟为标准。假如该时钟出故障,就以次一级时钟为标准,不影响全网通信。

3. 我国数字电信网的同步方式

我国国内数字同步网采用分级的主从同步法,共分为四级。同级之间采用互控同步方式。

第一级为基准时钟,由铯原子钟组成全网中最高质量的时钟。设置在一级交换中心(C1)所在地。

第二级为有保持功能的高稳时钟(受控铷钟和高稳晶体时钟),分为A类和B类时钟。A类时钟设置在一级(C1)和二级(C2)长途交换中心,并与基准时钟同步;B类时钟设置在三级(C3)和四级(C4)长途交换中心,并受A类时钟控制,间接地与基准时钟同步。

第三级是有保持功能的高稳晶体时钟。其性能指标低于第二级时钟。它与第二级时钟或同级时钟同步。它设置在本地网中的汇接局和端局中。

第四级时钟为一般的晶体时钟,与第三级时钟同步。它设置在本地网中的远端模块、数字终端设备和数字用户交换设备中。

数字电信网各级交换系统必须按上述同步路由规划建立同步。各个交换设备时钟应通过输入同步定时链路直接或间接跟踪全国数字同步网统一规划设置的一级基准时钟或区域基准时钟。严禁从低级局来的数字链路上获取定时作为本局时钟的同步定时信号。

本章小结

电路交换是面向连接的一种交换技术。现代通信网是在电路交换的基础上发展起来的,电路交换的特点是可靠性高、实时性强、组网规模大。用户在通信前,首先要通过呼叫请求交换机为其建立一条到达被叫方的物理链路,交换机根据用户的呼叫请求,为用户分配恒定带宽的电路。当话路接通后,通信双方独占已建立的通信电路资源,虽实时性好,但网络资源利用率低。通信结束后,由交换机释放通信中占有的所有公共资源。

电路交换系统的体系结构必然包括终端接口、传输、信令、控制4个功能部分。本章着重讲述了典型的电路交换技术——数字程控交换技术。主要从数字程控交换技术的以下4个方面进行了详细阐述。

一是数字程控交换机的硬件结构。从话路系统和控制系统两个方面进行阐述。在话路系统中讲述了包括数字交换机的系统结构及各功能模块的作用;用户模块的结构和功能,用户电路的功能、模拟和数字中继器的功能;数字交换原理、T接线器的结构和工作原理、S接线器的结构和工作原理、数字交换网络的工作原理等内容。在控制系统中讲述了包括程控交换机的控制系统的结构方式、多处理机的分工方式和备用方式,不同备用方式的故障处理特点以及处理机间的通信方式等内容。

二是数字程控交换机的软件结构。主要包括以下内容:程控交换机的软件系统的组成、运行程序的组成、交换机数据的组成;支援系统的作用;3种标准程控专用软件设计语言及其使用阶段;任务的分级和执行顺序、程序调度方法。

三是呼叫处理过程的基本原理。主要包括以下内容:一个呼叫处理的全过程、呼叫处理过程的各阶段任务、稳定状态和状态转移的概念;用户摘挂机识别原理、脉冲识别原理;分析处理的分类及所分析的数据、分析处理的基本分析方法;任务执行的步骤、各种输出处理工作原理。

四是电话通信网的相关规程。主要讲述了电话通信网组建中应考虑的路由规程、号码规程、传输规程、同步规程等问题。

复习思考题

2-1 说明空分交换和时分交换、模拟交换和数字交换、布控交换和程控交换的基本概念。

2-2 程控交换机由哪几部分构成?画出结构图并说明各部分作用。

2-3 简述话音信号的数字化过程,试说明30/32路PCM帧结构特点。

2-4 某主叫用户摘机后占用第17条话路,为其传送话音信号的时隙是TS17,问:该话路在每一帧中被接通几次?隔多长时间被接通一次?每次接通的时长是多少?为其传送控制信号(信令)的时隙是什么?此控制信号隔多长时间传送一次?每次传送的时长是多少?

2-5 设计一个三级无阻塞网络,要求第一级为3个5×7的接线器,第三级为5个7×3的接线器,画出该网络的完全连线图和简化图。

2-6 "数字交换网络"的基本功能是什么?时间(T)接线器和空间(S)接线器有什么不同?

2-7 某HW线上的主叫用户占用TS10,被叫用户占用TS20,请通过T接线器完成彼此的信号交换(分别按输出和输入控制方式)。

2-8 一个S接线器有4条入线和4条出线,编号0~3,每条线上32个时隙,(1)请画出S接线器框图;(2)如果要求在TS10时接通入线0和出线3,在TS22时接通入线2和出线1,请在S接线器框图中的正确位置上写出正确内容。

2-9 有一个TST网络,输入、输出均有3条HW线,内部时隙数为120。根据交换要求画图并完成下列信号的双向交换:HW1TS50(A)↔HW3TS100(B)。要求:TST交换网络为"入-出-出"控制方式;CPU选定的内部时隙为ITS12。

2-10 程控交换机的控制系统与一般计算机控制系统相比具有什么特点?对程控交换

机的控制系统有什么要求?

2-11 数字程控交换机提供哪些基本接口?它们的基本功能是什么?

2-12 简述模拟用户接口电路的七大功能,并比较其与模拟中继接口电路功能的异同点。

2-13 数字中继接口电路完成哪些功能?简述在数字中继接口电路中如何实现信令的提取和插入?

2-14 数字程控交换机的控制系统由哪几部分组成?具有怎样的工作模式?

2-15 在多处理机程控交换机中,处理机间怎样完成通信?

2-16 CCITT 建议哪 3 种语言为程控交换机的软件设计语言?这 3 种语言各有什么特点?

2-17 控制系统为何要对程序划分等级?如何划分?不同级别的程序在启动方式上有何不同?

2-18 某时间表的调度表共 24 个单元,字长 10,基本周期为 8 ms,问:(1)可实现多少任务的调度?(2)可实现多少种调度周期,各为多少?(3)按钮号码的识别程序周期为 16 ms,在此表内如何安排?(4)若在该时间表中加上一个执行周期为 192 ms 的程序,不扩展时间表容量,如何做到?

2-19 设计一个比特表进行进程调度,该表有四项进程的周期=40 ms,三项进程的周期=60 ms,一项进程的周期=100 ms。问:(1)该比特表最大执行周期(时隙间隔)是多少?(2)各项进程在比特表中如何安排?(3)该比特表最少应为多少行?(4)比特表最少应为多少列?(5)设计出这个比特表。

2-20 设有任务表 T1～T3,其入口地址(十进制)分别为 a1=1 000,a2=1 018,a3=1 006。(1)试绘出该任务的单循环链队列图。(2)设有新任务 T4 需编入,地址 a4=1 012,试绘出编入后的队列图。(3)如果 T1 任务已被提取处理,试绘出提取后的队列图。(4)若 T1 任务取出后又要插入队列中间,试绘出插入后的队列图。(5)试绘出该任务队列的双循环链结构图。

2-21 试比较电话通信网各种网络拓扑结构的优缺点。

2-22 电话通信网的路由选择顺序是怎样的?

2-23 国内长途直拨号码的结构是什么?其中本地用户号码又是怎样划分的?

2-24 用户交换机入公网方式有哪几种?并说明其特点。

2-25 某单位程控用户交换机采用半自动方式接入本地网公用交换机,话务台号为码为 84236971,84236972,…, 84236975。请结合 DOD2+BID 的原理尽可能详细地介绍一下该单位某分机用户 5264 与市话网用户 84268957 的通话过程(分两个方向呼叫叙述)。

2-26 数字网的网同步有什么意义?网同步方式有哪几种?我国上级局与下级局之间采用哪一种方式?

第3章 电信网信令系统

在电信网上，除传送话音、数据等业务信息外，还必须传送电路建立过程中所需要的各种控制命令，以指导终端、交换网络及传输系统协同运行。这些在通信设备之间相互交换的控制命令称为“信令”。信令方式是传送信令过程中要遵守一定的协议和规约，它包括信令的功能、结构形式、应用场合、传送方式及控制方式。信令系统是指为了完成特定的信令方式，所使用的通信设备的全体。信令系统在电信网中有着极其重要的作用，我们常常把它看做通信网的神经系统。

本章介绍信令的基本概念的分类，中国 No.1 信令和 No.7 信令的分类、编码和工作原理。

3.1 信令系统概述

3.1.1 电信网对信令系统的要求

电信网中的信令系统应满足以下要求：

(1) 信令要有广泛的适应性，以满足不同交换设备应用；

(2) 信令要既可以通过专门的信令信道传输，也可借用消息信道传输，但信令不能影响消息信息，同时也不受消息信息的影响；

(3) 信令传输要稳定、可靠、高速；

(4) 信令的设计要先进，便于今后通信网的发展。

3.1.2 信令的定义和分类

信令系统应定义一组用于指导通信设备接续话路和维持整个网络正常运行所需的信令集合。集合中的每一条信令与其应用的场合有关。电信网中的信令按以下几个方面定义和分类。

(1) 按信令作用的区域分

信令按其作用的区域分有用户线信令和局间信令。

(2) 按信令的功能分

信令按其功能分有监视信令、地址信令和维护管理信令。

(3) 按信令的频带分

信令按其工作频带分有带内信令(占话音消息信道)和带外信令(不占话音消息信道)。

(4) 按信令的结构形式分

信令按其结构形式分有单频信令(仅用一个频率发送的信号)和双频信令(用两个频率的组合发送的信号)。

(5) 按信令传送的方向分

信令按其传送的方向分有前向信令(由主叫用户发送至交换机或主叫用户侧交换机发送至被叫用户侧交换机的信令)和后向信令(由被叫用户发送至交换机或被叫用户侧交换机返回至主叫用户侧交换机的信令)。

(6) 按信令的信号形式分

信令按其信号形式分有模拟信号信令和数字信号信令。

(7) 按信令通路与话音通路的关系分

信令按其传送的通路与话音通路的关系分有随路信令(CAS)和公共信道信令(CCS)。

3.1.3 用户线信令

用户线信令是指用户终端与交换机或与网络之间传输的信令,在现代通信中也称之为用户网络接口信令。

用户线信令包括用户状态监测信号、被叫地址信号和信号音 3 类。

1. 用户状态监测信号

用户状态信号是指通过用户环路通/断而表示的主叫用户摘机(呼出占用)、主叫用户挂机(前向拆线)及被叫用户摘机(应答)、被叫用户挂机(后向拆线)等信号。

用户状态监测信令简单,但实时性要求高,通常每个终端都需要配备一套用户状态监测信令设备。

2. 被叫地址信号

被叫地址信号即被叫号码,是主叫用户通过终端发出的号盘脉冲号码或按键盘双音频号码,供交换机连接被叫时寻址用。被叫地址信号仅在呼叫建立阶段出现,因此可多个终端共享一套信令设备。

(1) 号盘话机信号

用户拨号时,由拨号盘的开关接点控制用户线直流回路通断而产生一串直流脉冲信号(DP),一串拨号脉冲对应一位号码,一串脉冲内脉冲的个数对应号码的数字。这种方式现在较少使用。

号盘话机信号如图 3.1 所示。

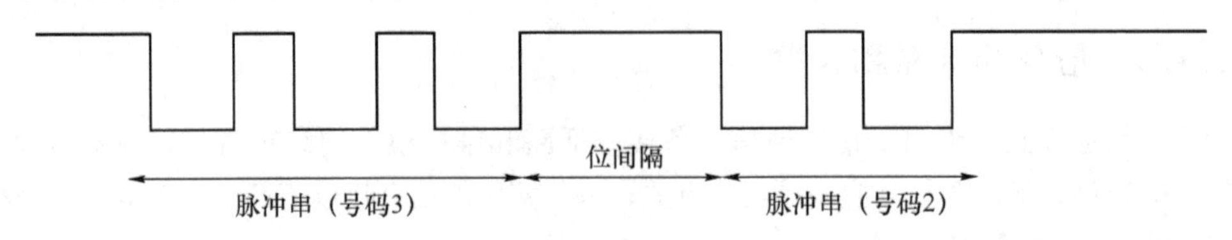

图 3.1 号盘话机脉冲信号

(2) 双音多频按键话机信号

对于双音多频按键话机,一个按键数字由两种频率的组合表示,频率均在音频 300~3 400 Hz 内。双音频按键话机信号也称双音多频(Dual Tone Multi-Frequency,DTMF)信号。各号码数字的频率组合如表 3.1 所示。

表 3.1　号码数字的频率组合

低频组/Hz \ 高频组/Hz		H1	H2	H3	H4
		1 209	1 336	1 477	1 633
L1	697	1	2	3	A
L2	770	4	5	6	B
L3	852	7	8	9	C
L4	941	*	0	#	D

3. 信号音

由交换机向用户终端发出的进程提示音。我国规定：铃流为 25 Hz 正弦波，信号音为 450 Hz 或 950 Hz 的正弦波。不同含义的信号音所对应的频率及信号结构如表 3.2 所示。

表 3.2　信号音表

信号音频率	信号音名称	信号音含义	信号音结构
450 Hz	拨号音	通知主叫用户可以开始拨号	连续发送
	忙音	表示被叫用户忙	0.35 s　0.35 s　0.35 s
	拥塞音	表示交换机机键拥塞	0.7 s　0.7 s　0.7 s
	回铃音	表示被叫用户处在被振铃状态	1 s　4 s　1 s
	空号音	表示所拨被叫号码为空号	0.1 s　0.1 s　0.1 s　0.1 s　0.1 s　0.1 s
	长途通知音	用于有长途电话呼叫正在进行市内通话的用户	0.2 s　0.2 s　0.2 s　0.6 s
25 Hz	振铃音	向被叫振铃	1 s　4 s　1 s
950 Hz	催挂音	用于催请用户挂机	连续发送，采用五级响度逐级上升

用户线信令波形示例如图 3.2 所示。

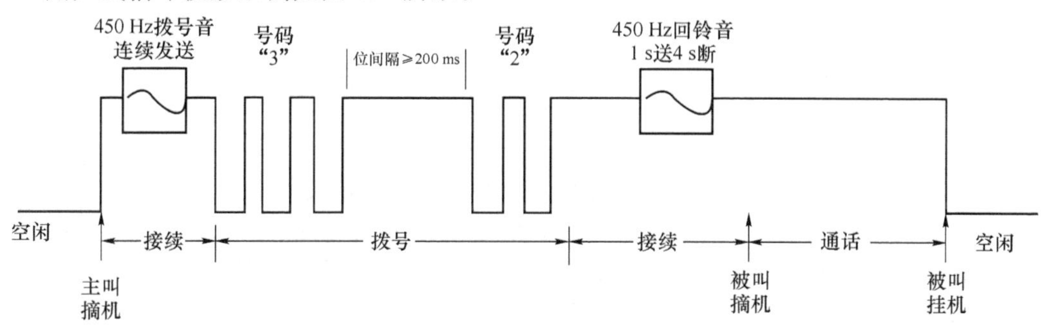

图 3.2　用户线信令波形示例

3.1.4 局间信令

局间信令是交换局与交换局之间在中继设备上传递的信令,用以控制中继电路的建立和拆除。在现代通信中也称之为网络节点接口信令。

基本的局间信令有中继线占用信令、路由选择信令(说明应选择的路由是直达路由,迂回路由还是基干路由)、被叫局应答信令、主(被)叫局拆线复原信令,拆线证实信令等。

局间信令除了应满足局间话路接续的需要外,还应包括网络的管理和维护所需要的信令,如业务类型信令、路由信令、管理信令、维护信令和计费信令。

(1) 业务类型信令

业务类型信令说明呼叫业务的特点,是电话通信,还是数据通信等。

(2) 管理信令

网络管理人员可通过管理信令对网络中设备的各种状态进行管理和操作。

(3) 维护信令

维护信令包括正常和非正常状态下的试验信号、故障报警信号以及故障诊断和维护命令等。

(4) 计费信令

计费信令用于计费系统所需要的各种信令。电话接续基本的信令流程如图 3.3 所示。

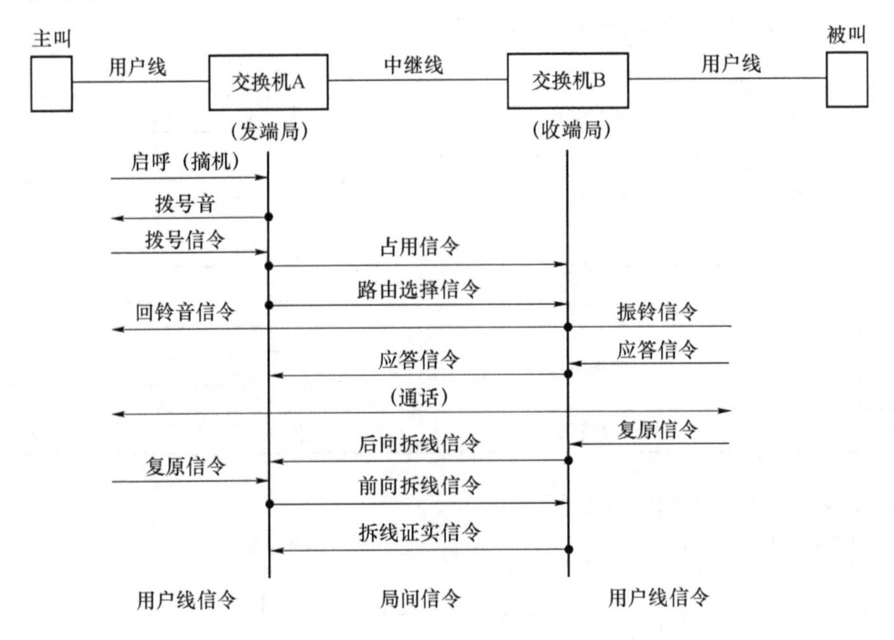

图 3.3 基本信令流程

局间信令可用随路信令方式发送,也可用公共信道信令方式发送。

随路信令方式:将各种控制信令(如占用、发送号码、应答、拆线等)由该话路所占用的中继电路本身或与之有固定联系的信道来传送的方式。目前我国采用的局间随路信令叫"中国 1 号"信令。随路信令方式如图 3.4 所示。

公共信道信令:将所有局间信令用交换局间的一条集中的信令链路来传送的方式。公共信道信令方式如图 3.5 所示。

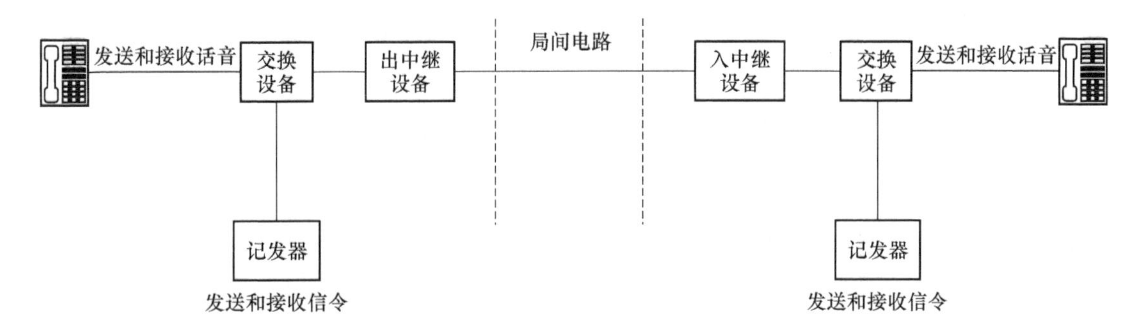

图 3.4 随路信令方式

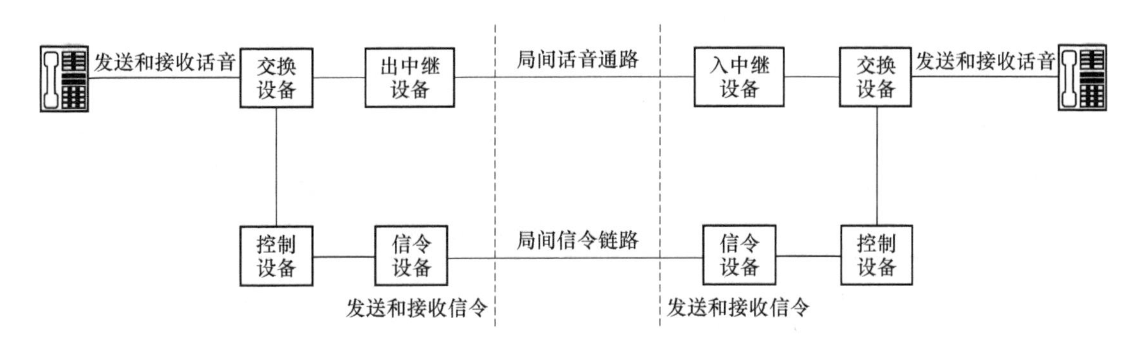

图 3.5 公共信道信令方式

3.2 随路信令——中国 1 号信令

中国 1 号信令包括线路监测信令和记发器信令两部分。

3.2.1 线路监测信令

1. 中国 1 号线路监测信令类型和定义

局间线路信号用以表明中继线的使用状态，如中继线示闲、占用、应答、拆线等。线路信号由中继器设备发送与接收。

中国 1 号线路监测信令根据不同的传输媒介分为局间直流线路监测信令、带内单频脉冲(2 600 Hz) 线路监测信令和局间数字型线路监测信令 3 种。

(1) 局间直流线路监测信令

局间直流线路监测信令采用实线传输，如图 3.6 所示。

A 局的出中继器和 B 局的入中继器通过 a、b 两条实线相连。a、b 线既是话音通路，也是信令通路。根据要求，局间直流线路信令有 4 种形式：

- “高阻＋”：经过 9 000 Ω 电阻接至地；
- “－”：经过 800 Ω 电阻接电源(程控交换机的供电电源是－48 V)；
- “＋”：经过 800 Ω 电阻接地；
- “0”：开路。

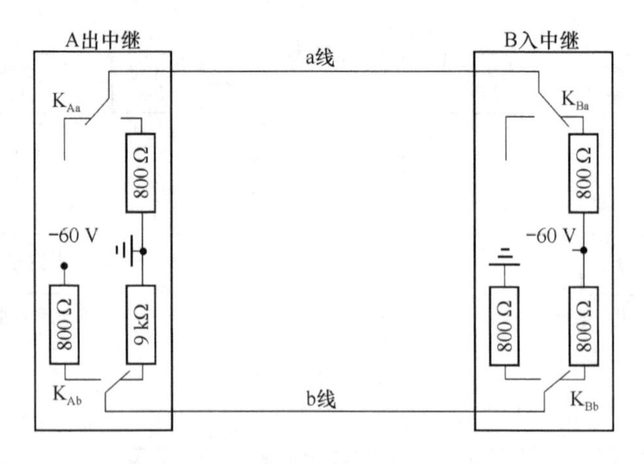

图 3.6　局间直流线路监测信令传送方式

上述 4 种信令通过开关 K_{Aa}、K_{Ab}、K_{Ba} 和 K_{Bb} 倒换。局间直流线路监测信令的含义如表 3.3 所示。

表 3.3　局间直流线路监测信令

接续状态			出局		入局	
			a	b	a	b
示闲			0	高阻＋	－	－
占用			＋	－	－	－
被叫应答			＋	－	－	＋
复原	主叫控制	被叫先挂机	＋	－	－	－
		主叫后挂机	0	高阻＋	－	－
		主叫先挂机	0	－	－	＋
			0	高阻＋	－	－

示闲时，A 局出中继 a 线为“0”，b 线为“高阻＋”。B 局入中继 a 线与 b 线均为“－”。这相当于图 3.6 中的 K_{Aa}、K_{Ab}、K_{Ba} 和 K_{Bb} 4 个开关均处于原始状态。这时 a 线上没有电流，b 线上有微小电流流过。其他各种信号也可通过开关的不同位置来获得。通过检测 a、b 线上的电流可以识别不同的局间线路信令。

(2) 带内单频脉冲(2 600 Hz)线路监测信令

当局间为载波电路时，在呼叫接续和通话过程中，局间中继电路上传送 2 600 Hz 信号，用于对中继线路的监测。之所以采用 2 600 Hz 信号为监测信号，是因为 2 600 Hz 在话音频带的高频段，彼此的相互干扰小。2 600 Hz 信号由短信号单元、长信号单元、长/短信号单元的组合以及连续信号单元组成。

短信号单元为短信号脉冲，标称值为 150 ms。

长信号单元为长信号脉冲，标称值为 600 ms。

长/短信号单元的最小标称间隔为 300 ms。

2 600 Hz 线路监测信令的种类、结构和传送方向如表 3.4 所示。

表 3.4　2 600 Hz 线路监测信令的种类、结构和传送方向

编号	信号种类		传送方向		信号音结构/ms	说明
			前向	后向		
1	占用		→		单脉冲 150	
2	拆线		→		单脉冲 600	
3	重复拆线		→		150 300 600 600 600 600	
4	应答			←	单脉冲 150	
5	挂机			←	单脉冲 600	
6	释放监护			←		
7	闭塞			←	连续	
8	话务员信号	再振铃或强拆	→		150 150 150 150 150	每次至少 3 个脉冲向被叫发送
		回振铃		←		每次至少 3 个脉冲向主叫发送
9	强迫释放		→	←	单脉冲 600	相当于拆线信号
10	请发码			←	单脉冲 600	
11	首位号码证实				单脉冲 600	
12	被叫用户到达				单脉冲 600	

表 3.4 中各种信号的定义和作用如下。

① 占用信号

表示发端局占用终端局入中继器，请求终端局接收后续信令。

② 拆线信号

用于通话结束，释放该呼叫占用的所有交换机设备和中继传输设备。

③ 重复拆线信号

发端局出中继器发送拆线信号后 2～3 s 内收不到释放监护信号时再发送此信号。

④ 应答信号

由入中继器发送的后向信号，表示被叫用户摘机应答，可以启动通话计时。

⑤ 挂机信号

由入中继器发此后向信号，表示被叫用户话终挂机，可以释放通信网络链路。

⑥ 释放监护信号

释放监护信号是拆线信号的后向证实信号，表示入局端的交换设备已经拆线。

⑦ 闭塞信号

入中继器发出的后向信令，通知主叫端该条中继线已被闭塞，禁止主叫端出局呼叫占用

该线路。

⑧ 再振铃信号

长途局话务员与被叫用户建立接续和被叫应答后,若被叫用户挂机而话务员仍需呼叫该用户时,发送此信号。

⑨ 强拆信号

在规定允许强拆的用户中,话务员用此信号强行拆除正在通话的用户。

⑩ 回振铃信号

话务员回叫主叫用户时使用。

⑪ 强迫释放信号

在双向中继器时强迫释放双向电路。

⑫ 请发码信号

后向证实信号,表示话务员可以进行发码操作。

⑬ 首位号证实信号

收到第一位号码后的证实信号,表示可以接着发送号码。

⑭ 到达被叫用户信号

对端长话局已经呼叫到被叫用户时发送此信号,表示可以向被叫振铃和向主叫送回铃音。

(3) 局间数字型线路监测信令

局间数字型线路监测信令采用 PCM30/32 帧结构中的 TS16 传输。前、后向信令各占用 TS16 中的两位二进制比特码位(a、b),如图 3.7 所示。

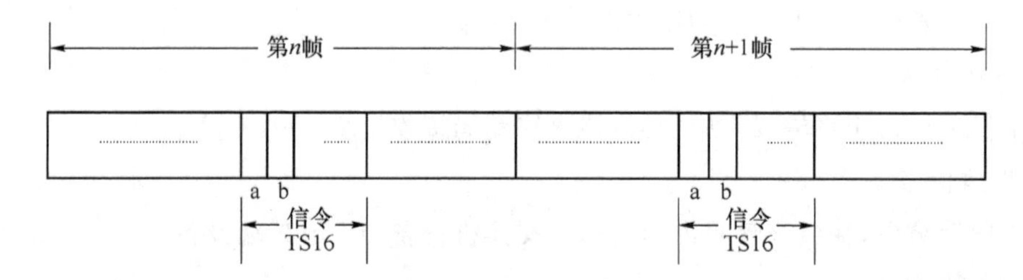

图 3.7 数字型线路信令信道

图 3.7 的前向信令用代号 a_f、b_f 表示;后向信令用代号 a_b、b_b 表示,代号所对应的编码和作用分别如下。

a_f:1 表示主叫挂机状态;0 表示主叫摘机状态。

b_f:1 表示主叫局故障;0 表示主叫局无故障。

a_b:1 表示被叫挂机状态;0 表示被叫摘机状态。

b_b:1 表示被叫局占用;0 表示被叫局有空闲。

局间数字型线路监测信令编码如表 3.5 所示。

表 3.5　局间数字型线路监测信令编码

<table>
<tr><th colspan="3" rowspan="3">接续状态</th><th colspan="4">编　码</th></tr>
<tr><th colspan="2">前　向</th><th colspan="2">后　向</th></tr>
<tr><th>a_f</th><th>b_f</th><th>a_b</th><th>b_b</th></tr>
<tr><td colspan="3">示　闲</td><td>1</td><td>0</td><td>1</td><td>0</td></tr>
<tr><td colspan="3">占　用</td><td>0</td><td>0</td><td>1</td><td>0</td></tr>
<tr><td colspan="3">占用确认</td><td>0</td><td>0</td><td>1</td><td>1</td></tr>
<tr><td colspan="3">被叫应答</td><td>0</td><td>0</td><td>0</td><td>1</td></tr>
<tr><td rowspan="16">复原</td><td rowspan="6">主叫控制</td><td>被叫先挂机</td><td>0</td><td>0</td><td>1</td><td>1</td></tr>
<tr><td rowspan="2">主叫后挂机</td><td rowspan="2">1</td><td rowspan="2">0</td><td>1</td><td>1</td></tr>
<tr><td>1</td><td>0</td></tr>
<tr><td rowspan="3">主叫先挂机</td><td rowspan="3">1</td><td rowspan="3">0</td><td>0</td><td>1</td></tr>
<tr><td>1</td><td>1</td></tr>
<tr><td>1</td><td>0</td></tr>
<tr><td rowspan="5">互不控制</td><td rowspan="2">被叫先挂机</td><td>0</td><td>0</td><td>1</td><td>1</td></tr>
<tr><td>1</td><td>0</td><td>1</td><td>0</td></tr>
<tr><td rowspan="3">主叫先挂机</td><td rowspan="3">1</td><td rowspan="3">0</td><td>0</td><td>1</td></tr>
<tr><td>1</td><td>1</td></tr>
<tr><td>1</td><td>0</td></tr>
<tr><td rowspan="5">被叫控制</td><td rowspan="2">被叫先挂机</td><td>0</td><td>0</td><td>1</td><td>1</td></tr>
<tr><td>1</td><td>0</td><td>1</td><td>0</td></tr>
<tr><td>主叫先挂机</td><td>1</td><td>0</td><td>0</td><td>1</td></tr>
<tr><td rowspan="2">被叫后挂机</td><td rowspan="2">1</td><td rowspan="2">0</td><td>1</td><td>1</td></tr>
<tr><td>1</td><td>0</td></tr>
<tr><td colspan="3">闭　塞</td><td>1</td><td>0</td><td>1</td><td>1</td></tr>
</table>

信令编码是根据传输系统的特性，确定每一条信令的信号形式。

2. 中国 1 号线路监测信令的传输方式

信令传输方式是规定信令在信令网络中的组织和传输过程。信令经过一个或几个中间局转接时，其传输方式有两种：端到端传输方式和逐段传输方式。

(1) 端到端传输方式

信令的端到端传输方式如图 3.8 所示。

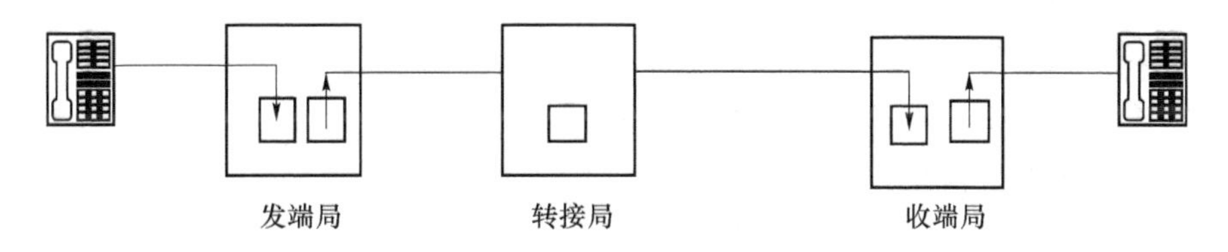

图 3.8　端到端传输方式

在端到端传输方式中，发端局直接向收端局发送信令，转接局仅提供信令通路而并不处理信令。

(2) 逐段传输方式

信令的逐段传输方式如图3.9所示。

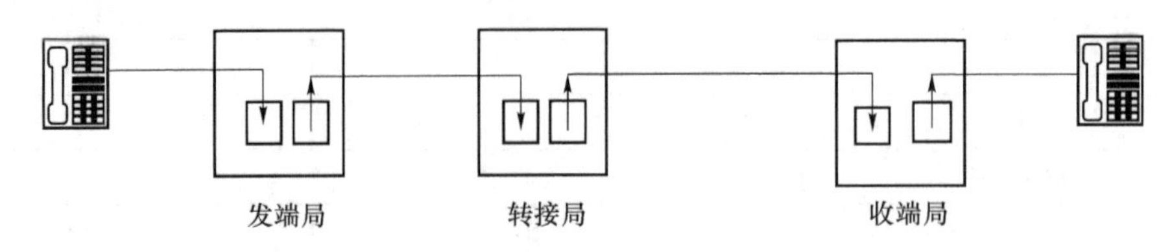

图3.9　逐段传输方式

在逐段传输方式中，信号每经过一个转接局，转接局都要对信令进行校验分析，然后转发至下一局。

我国线路监测信令采用逐段传输方式。

3.2.2　记发器信令

1. 中国1号记发器信令类型和定义

中国1号记发器信令主要包括用户号码信号、用户类别信号和接续控制信号。

(1) 地址信令

前向信令，表示被叫号码，其中国家号标志仅在转接局使用。

(2) 地址结束信令

前向信令，表示地址信息已传送完毕。

(3) 语言标志信令

前向信令，在半自动接续中说明话务员应讲何种语言。

(4) 鉴别标志信令

鉴别是半自动还是全自动通信方式。

(5) 试验呼叫标志信令

前向信令，表示呼叫是由试验装置发出的。

(6) 主叫类型信令

前向信令，说明呼叫来自普通用户还是话务员，是国际呼叫还是国内呼叫，是数据终端呼叫还是维护终端呼叫等。

(7) 请求地址信令

后向信令，请求主叫端发送地址或语言标志信息等。

(8) 请求呼叫类型信令

后向信令，请求主叫端发送呼叫类型信息。

(9) 阻塞信令

后向信令，表示通信线路或交换设备阻塞。

(10) 地址齐全信令

后向信令，表示被叫端接收到的地址信息已可以确定路由，无须进一步的地址信息。

(11) 被叫状态信令

后向信令，说明被叫用户是否空闲、是否已闭塞、是否应计费等。

2. 中国 1 号记发器信令结构

中国 1 号记发器信令同样分前向信令和后向信令。它们均采用多频组合方式。

前向信令频率有 1 380 Hz、1 500 Hz、1 620 Hz、1 740 Hz、1 860 Hz 和 1 980 Hz，采取“六中取二”组合方式，最多可组成 15 种不同含义的信号。

后向信令频率有 1 140 Hz、1 020 Hz、900 Hz 和 780 Hz，采用四中取二组合方式，最多可组成 6 种不同含义的信号。

由于记发器信令在通话建立之前传送，故不存在通话语音和信令的相互干扰问题。

多频信号结构如表 3.6 所示。

表 3.6　多频信号结构

信号代码	信号	频率/Hz					
		f0	f1	f2	f4	f7	f11
		1 380	1 500	1 620	1 740	1 860	1 980
		1 140	1 020	900	780		
1	f0+f1	√	√				
2	f0+f2	√		√			
3	f1+f2		√	√			
4	f0+f4	√			√		
5	f1+f4		√		√		
6	f2+f4			√	√		
7	f0+f7	√				√	
8	f1+f7		√			√	
9	f2+f7			√		√	
10	f4+f7				√	√	
11	f0+f11	√					√
12	f1+f11		√				√
13	f2+f11			√			√
14	f4+f11				√		√
15	f7+f11					√	√

中国 1 号记发器前向信令分为Ⅰ组信令和Ⅱ组信令，后向信令分为 A 组信令和 B 组信令。后向 A 组信令是前向Ⅰ组信令的互控和证实信令，二者具有“乒乓”关系；后向 B 组信令是前向Ⅱ组信令的互控和证实信令，二者也具有“乒乓”关系，如表 3.7 所示。

表 3.7 中国 1 号记发器前向信令和后向信令

前向信令			后向信令		
组别	名称	信令含义	组别	名称	信令含义
Ⅰ	KA KC KE 号码信号	主叫用户类别 长途接续类别 市内接续类别 数字 0～9	A	A 信号	收码状态和接续状态的回控信号
Ⅱ	KD	业务类别	B	B 信号	被叫用户状态

(1) 前向Ⅰ组信令

记发器前向Ⅰ组信令是接续操作所需要的地址等信号。由 KA、KC、KE 接续控制信号和 0～9 数字信号组成。

① KA 信令

KA 信令是发端市话局向发端长话局或发端国际局发送的主叫用户类别信号。KA 信号提供本次接续的计费类别(定期、立即、免费等)、用户等级(普通、优先)。

② KC 信令

KC 信令是长话局间发送的接续控制信号,具有保证优先用户通话、控制卫星电路段数、完成指定呼叫及测试呼叫等功能。

③ KE 信令

KE 信令是终端长话局向终端市话局发送的接续控制信号。

前向Ⅰ组中的 0～9 数字信号用来表示主叫用户号码和被叫用户号码。

(2) 前向Ⅱ组信令

记发器前向Ⅱ组信令是 KD 信令,KD 信令用于说明发话方身份或呼叫类型。

(3) 后向 A 组信令

后向 A 组信令包含 A1,A2,A3,A4,A5 和 A6 信令。

① A1,A2,A6 信令

这 3 种 A 信令统称为发码位次控制信令,用以控制前向数字信号的发码位次。

A1 的含义是要求对端发下一位,即接着往下发号;A2 的含义是要求对端由第一位发起,即重发前面已发过的信号;A6 的含义是要求对端发送主叫用户类别 KA 信令和主叫用户号码。

② A3 信令

A3 信令是转换控制信令。由发前向Ⅰ组信令改发前向Ⅱ组信令,由发后向 A 组信令改发后向 B 组信令。

③ A4 信令

A4 信令是机键拥塞信令。在接续尚未到达被叫用户之前遇到设备忙(例如记发器忙或中继线忙)时不能完成接续,致使呼叫失败时发出的信令。

④ A5 信令

当接续尚未到达被叫用户之前,发现所发局号或区号为空号时记发器发送 A5 信令。

(4) 后向 B 组信令 KB

KB 信令是用于表示被叫用户状态的信令,起控制和证实前向Ⅱ组信令的作用。

3. 中国 1 号记发器信令编码

(1) 前向Ⅰ组信令编码

前向Ⅰ组信令是接续操作所需要的地址等记发信令。其编码如表 3.8 所示。

表 3.8　记发器前向Ⅰ组信令编码

信号代码	信令代码	信号含义	
		a	b
1	Ⅰ-1	语言标志:法语	数字:1
2	Ⅰ-2	语言标志:英语	数字:2
3	Ⅰ-3	语言标志:德语	数字:3
4	Ⅰ-4	语言标志:俄语	数字:4
5	Ⅰ-5	语言标志:西班牙语	数字:5
6	Ⅰ-6	语言标志:(保留)	数字:6
7	Ⅰ-7	语言标志:(保留)	数字:7
8	Ⅰ-8	语言标志:(保留)	数字:8
9	Ⅰ-9	语言标志:(保留)	数字:9
10	Ⅰ-10	鉴别标志	数字:0
11	Ⅰ-11	国家号标志	访问话务员
12	Ⅰ-12	国家号标志	访问话务员组
13	Ⅰ-13	试验呼叫标志	访问试验设备
14	Ⅰ-14	国家号标志	要求转接局插入
15	Ⅰ-15	未用	地址结束

Ⅰ组信令中每个信号对应a、b两条含义。当作为第一个前向传输信令时,它们对应于a中的含义,除此之外它们对应b中的含义。例如当主叫局依次发出Ⅰ-1,Ⅰ-1,Ⅰ-2,…时,第一个Ⅰ-1表示法语话务员,其后的Ⅰ-1,Ⅰ-2,…表示地址号码1,2,…。

(2) 前向Ⅱ组信令编码

前向Ⅱ组信令主要说明发话方身份或呼叫类型。其编码如表3.9所示。

表 3.9　记发器前向Ⅱ组信令编码

信号代码	信令代码	信号含义	说明
1	Ⅱ-1	普通用户	国内通信
2	Ⅱ-2	优先用户	
3	Ⅱ-3	维护设备	
4	Ⅱ-4	未用	
5	Ⅱ-5	话务员	
6	Ⅱ-6	数据传输	
7	Ⅱ-7	普通用户	国际通信
8	Ⅱ-8	数据传输	
9	Ⅱ-9	优先用户	
10	Ⅱ-10	具有转接能力的话务员	
11	Ⅱ-11		未用
12	Ⅱ-12		
13	Ⅱ-13		
14	Ⅱ-14		
15	Ⅱ-15		

Ⅱ-1,Ⅱ-2 和Ⅱ-5 说明呼叫者的身份和级别;Ⅱ-3 表示呼叫来自维护设备;Ⅱ-6 表示呼叫来自数据终端;Ⅱ-7、Ⅱ-8 和Ⅱ-9 用于国际通信。

前向信令Ⅰ组和Ⅱ组中同一信号形式所对应的信令含义由传输规程及系统状态决定。

(3) 后向 A 组信令编码

后向 A 组信令编码如表 3.10 所示。

表 3.10　后向 A 组信令编码

信号代码	信令代码	信号含义
1	A-1	发送下一位号码
2	A-2	发送前一位号码
3	A-3	号码收全,转换至接收 B 组信令状态
4	A-4	国内网络阻塞
5	A-5	请发送呼叫类型信息(前向Ⅱ组信令)
6	A-6	接通路由,被叫应答后就可计费

(4) 后向 B 组信令编码

后向 B 组信令是被叫用户线状态的信令。后向 B 组信令编码如表 3.11 所示。

表 3.11　后向 B 组信令编码

信号代码	信令代码	信号含义
1	B-1	供国内通信网用
2	B-2	呼叫失败,发送特别信号音
3	B-3	用户线忙
4	B-4	由 A 组切换至 B 组后遇到网络或线路阻塞
5	B-5	被叫号码是空号
6	B-6	接续成功,开始计费

4. 记发器信令的传送方式

记发器信令由一个交换局的记发器送出,另一个交换局的记发器接收。为了保证信令的可靠传输,记发器信令采用端到端的多频互控(Multi Frequency Compelled,MFC)方式传送。就是每传送一个记发器信号时,相应的前向信令和后向信令都要以连续互控的方式在发端局与终端局之间直接进行。具体过程如下。

主叫端发出的前向信号到达被叫端后,一经被叫端识别,被叫端立即送回后向信号。在该后向信号到达主叫端之前,主叫端将持续地发送原前向信号,直至接收到后向确认信号时才停止。被叫端同样持续地发送确认信号,直至检测到主叫端停止发送前向信号时为止。主叫端检测到后向信号消失后,才发送第二个信号,开始新的互控信号周期。

记发器信令采用端到端方式传送的原因是每一个记发器信号都具有后向证实信令,不需要转接局监测。

3.3　公共信道信令——No.7信令

3.3.1　公共信道信令概念

公共信道信令系统是将一组话路所需要的各种控制信号(局间信令)集中到一条与话音通路完全分开的公共数据链路上进行传送。公共信道信令系统的应用,从根本上解决了随路信令系统的缺陷。

1. 随路信令系统的缺陷

(1) TS16信道利用率低;

(2) 信令传送速度慢;

(3) 在通话期间不能传送信令;

(4) 按照话路配备信号设备,不够经济;

(5) 信令编码容量有限,线路信号最大容量为 $2^4=16$,记发器信号最大容量为 $2^8=256$(实际中六中取二多频信号的容量仅为15),影响某些新业务的应用;

(6) 信令系统只适用于基本的电话呼叫接续,很难扩展用于其他新业务,因此不能适应通信网的未来发展。

2. 公共信道信令系统的发展和应用

公共信道信令系统经历了由No.6系统到No.7系统的发展。

No.6系统——按照模拟电话网的特点设计,用于模拟通信网。

No.7系统——按照数字电话网的特点设计,用于数字通信网。

No.7系统克服了随路信令系统的所有缺陷,是目前最先进、应用前景最广泛的一种国际标准化公共信道信令系统。目前应用的通信领域有:

① 电话网的局间信令;

② 数据网的局间信令;

③ ISDN的局间信令;

④ 运行、管理和维护中心的信令;

⑤ 交换局和智能网的业务控制点之间传递的信令;

⑥ PABX的信令。

3. 公共信道信令系统的优点和特点

(1) No.7系统的特点

① 系统不再分线路信令和记发器信令;

② 信令信息的形式用不同长度的单元来传送;

③ 信令单元分为若干段,每一段具有自己的功能,如标志码、信息字段、校验位等;

④ 在不送信令信息时发送填充单元,以保持在该信令信道上的信号单元同步;

⑤ 每一信令单元需要有一个标记信息段,其长度决定于要识别的话路数;

⑥ 公共信道信令采用标记寻址,每一条话路没有专用的信令设备,它们采用排队方式占用信令设备;

⑦ 公共信道信令方式不能证实话路的好坏,所以需进行话路导通试验;

⑧ 需要有专门的差错检测和差错校正技术;

⑨ 对于长度较长的信令,可以分装成若干信令单元并连接起来,组成多单元消息;

⑩ 在多段路由接续中,信令信息按逐段转发方式传送,信令必须经过处理后才能转发至下一段。

(2) 优点

与随路信令系统相比,公共信道信令系统有如下优点:

① 系统是在软件的控制下采用高速数据信息来传送信令,因而建立呼叫接续的时间比随路信令方式大大缩短,并且增、减信令或改变信令信息都十分方便;

② 由于信令通道与各话路通道没有固定对应关系,因而更具灵活性;

③ 系统不但可以传送与呼叫有关的电路接续信令,还可以传送与呼叫无关的管理、维护信令,而且任何时候(包括用户正在通信期间)都可传送信令;

④ 信令网与业务通信网分离,便于维护和管理。

3.3.2 No.7 信令系统组成

No.7 信令系统由公共的消息传递部分(Message Transfer Part,MTP)和独立的用户部分(User Part,UP) 组成,如图 3.10 所示。

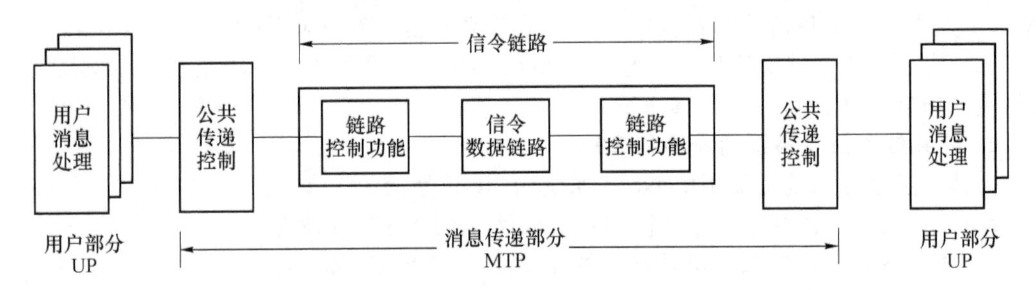

图 3.10 No.7 信令系统结构

1. 用户部分 UP

No.7 用户部分定义了通信网的各类用户(或业务)所需要的信令及其编码形式,根据终端的不同,UP 可以是电话用户部分(TUP)、数据用户部分(DUP)、ISDN 用户部分(ISUP)等。

(1) 电话用户部分(TUP)

No.7 系统为 TUP 定义了用于电话呼叫时所需要的 7 类信令信息。

① 前向地址:用于传输被叫地址的信令。

② 前向建立:用于传输建立与通话有关的信令。

③ 后向建立请求:请求主叫端发送被叫端要求建立链路所需的信令。

④ 后向建立成功信息:向主叫端发送接续成功的信令。

⑤ 后向建立失败信息:向主叫端发送接续失败的信令。

⑥ 呼叫监测:用于呼叫监测的信令。

⑦ 话路监测:用于话路监测的信令。

发送上述每一条信令的编码格式如图 3.11 所示。

图 3.11 说明每一条信令都有一个由 H0 和 H1 两个域构成的标题(Heading),H0 用于区分电话用户部分的 7 类信令,H1 则用于区分同类中的不同信令。相应的编码如表 3.12 所示。

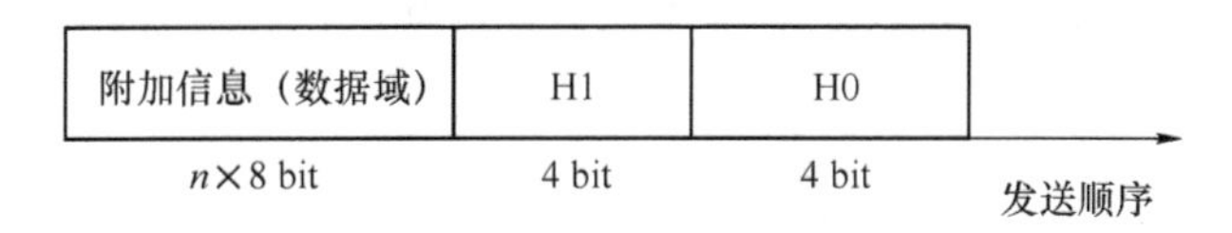

图 3.11 TUP信令信息的编码格式

表 3.12 No.7 TUP信令的定义及编码

信号类型		H0	H1	信令含义	信令代码	附加信息
1	前向地址	0001	0001	首次地址信令	IAM	有
			0010	首次地址及补充信息	IAI	有
			0011	后续地址信令	SAM	有
			0100	仅含有1个数字的后续地址信令	SA0	有
2	前向建立	0010	0001	主叫方标志	GSM	有
			0011	畅通性试验结束	COT	无
			0100	畅通性试验失败	CCF	无
3	后向建立请求	0011	0001	请求发主叫标志	GRQ	无
4	后向建立成功信息	0100	0001	地址齐全	ACM	有
			0010	计费	CHG	有
5	后向建立失败信息	0101	0001	交换设备阻塞	SEC	无
			0010	中继群阻塞	CGC	无
			0011	国内网阻塞	NNC	无
			0100	地址齐全	ADI	无
			0101	呼叫失败	CFL	无
			0110	被叫用户忙	SSB	无
			0111	空号	UNN	无
			1000	话路故障或已拆除	LDS	无
			1001	发送特殊信号音	SST	无
			1010	禁止接入(已闭塞)	ACB	无
			1011	未提供数字链路	DPN	无
6	呼叫监测	0110	0001	应答计费	ANC	无
			0010	应答免费	ANN	无
			0011	后向释放	CBK	无
			0100	前向释放	CLF	无
			0101	再应答	RAN	无
			0110	前向转接	FOT	无
			0111	发话用户挂机	CCL	无
7	话路监测	0111	0001	释放保护	RLG	无
			0010	闭塞	BLD	无
			0011	闭塞确认	BLA	无
			0100	解除闭塞	UBL	无
			0101	解除闭塞确认	UBA	无
			0110	请求畅通性试验	CCR	无
			0111	复位线路	RSC	无

“前向地址”类的“首次地址信令”的格式和数据域的编码定义如图3.12所示。

地址数字	地址数字个数	信令标志	未用	主叫用户类别	H1	H0
n×8 bit	4 bit	12 bit	2 bit	6 bit	4 bit	4 bit
		LKJIHGFEDCBA		FEDCBA	0001	0001

发送顺序

地址数字：
0000 0
0001 1
0010 2
0011 3
0100 4
0101 5
0110 6
0111 7
1000 8
1001 9
1011 11码
1100 12码
1111 ST结束

信令标志：
BA 地址性质
00 市话话码
10 国内电话号码
11 国际电话号码
DC 线路性质
00 话路中不得有卫星线路
01 话路中有卫星线路
FE 畅通性实验要求
00 不要求畅通性实验
01 本段话路要求畅通性实验
10 前段话路已进行畅通性实验
G 回波抑制器说明
0 去话半回波抑制器未插入
1 去话半回波抑制器已插入

主叫用户类别：
FEDCBA
000001 话务员讲法语
000010 话务员讲英语
000011 话务员讲德语
000100 话务员讲俄语
001010 话务员讲西班牙语
（用于半自动时）
001010 普通用户
001011 优先级用户
001100 数据呼叫
001101 试验呼叫

图3.12 “前向地址”类“首次地址”信令的格式和编码

“前向建立”类中仅有“主叫方标志”信令带有附加信息，其格式及编码如图3.13所示。

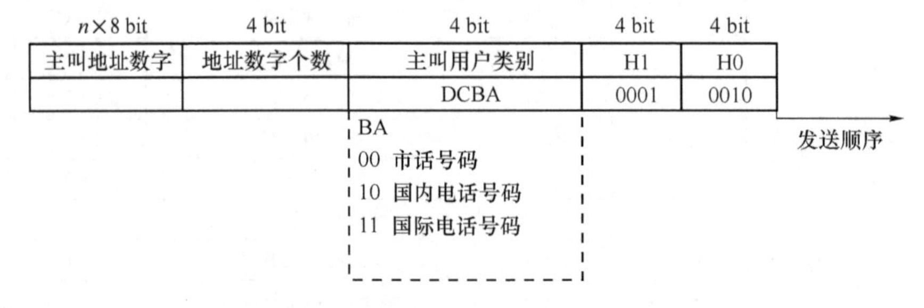

图3.13 “前向建立”类“主叫方标志”信令的格式和编码

“后向建立成功信息”类信令的“地址齐全”信令带有附加信息，其格式及附加信息的含义和编码如图3.14所示。

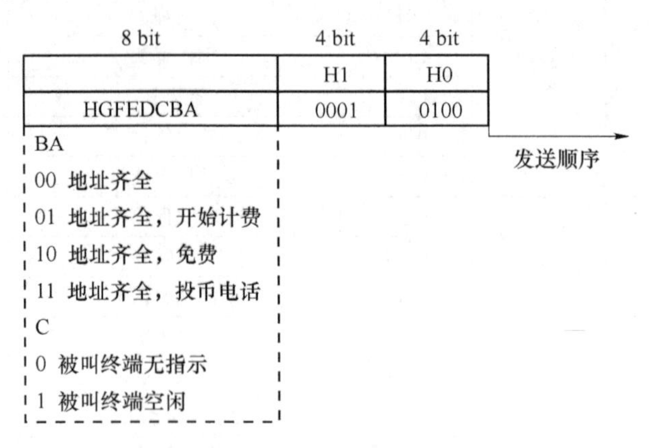

图3.14 “后向建立成功信息”类“地址齐全”信令的含义和编码

用户部分(UP)产生的信令需通过消息传递部分(MTP)来传输。为使信令传输不出错,上述TUP的每一条信令在进入MTP之前还必须加上收发信令点和用户类别的信息。TUP传递给MTP的信令采用如图3.15的格式。

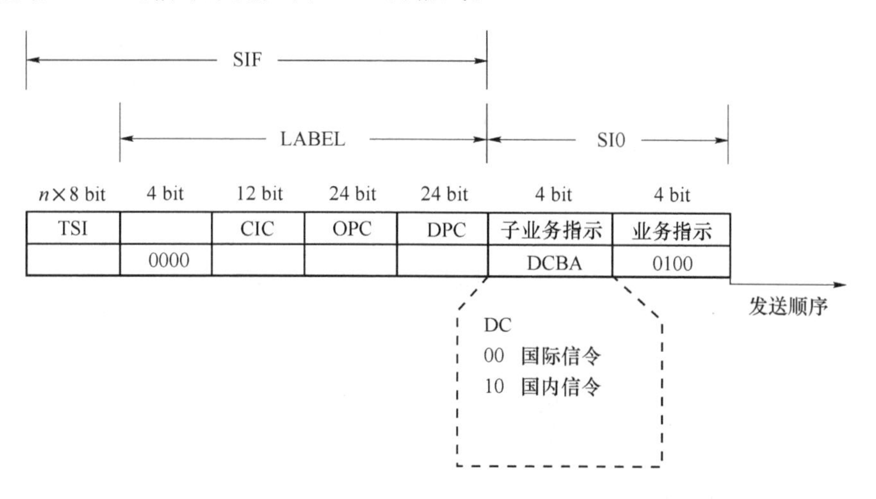

图3.15 TUP输出信令格式

图3.15各字段的含义如下。

“业务指示”用于说明信令属于哪个用户部分,对于TUP为0100。

“子业务指示”仅用在信令发送点是国内网与国际网的交接局时,说明信令来自国内网还是国际网。

OPC:信令源点代码,说明信令的发送地点。

DPC:信令宿点代码,说明信令的接收地点。

每个信令点都有一个唯一的代码。OPC、DPC的24 bit代码说明允许整个信令网中最多设置2^{24}=16 777 216个信令点。

CIC:话路标志代码。当中继传输为2.048 Mbit/s的PCM数字信号时,CIC的低5位说明话路所在的时隙,其余各位则说明话路所在的一次群的编号。

(2) 数据用户部分(DUP)

No.7信令的数据用户部分仅适合于电路交换型数据通信。由于通信终端的不同,DUP所定义的信令及其功能与TUP的差别主要体现在传输速率的不同,DUP的传输速率较低,一般为2.4 kbit/s,而TUP的传输速率为64 kbit/s。因此,No.7系统允许将一条64 kbit/s的信道划分成若干个时分复用的数据通信信道。通过标签(Label)来说明这些数据信道的信令。数据信令标签格式如图3.16所示。

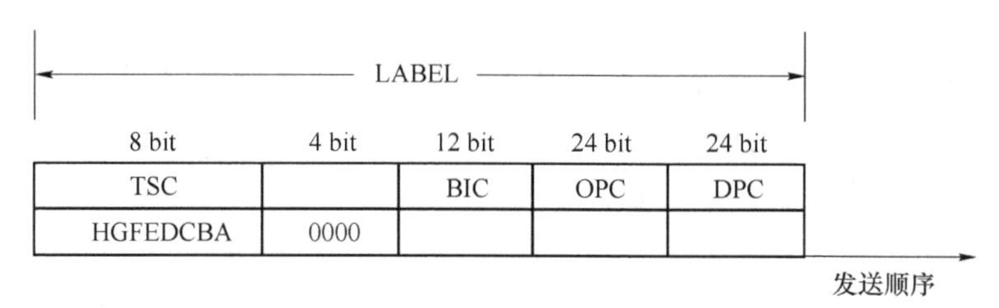

图3.16 数据信令标签格式

BIC:基本信道标志代码,说明数据子信道所在的 64 kbit/s 信道位于哪个一次群的第几时隙。

TSC:时隙代码,说明数据子信道在 64 kbit/s 基本信道中的位置。

TSC 的编码用 ABCDEFGH 表示,其中 EFG 的二进制数值表示数据子信道在基本信道中的第几个 12 kbit/s 信道,其取值范围为 0～4。ABCD 的二进制数值表示数据子信道位于 12 kbit/s 信道中的第几子信道数。EFG 与 ABCD 的编码及含义如图 3.17 所示。

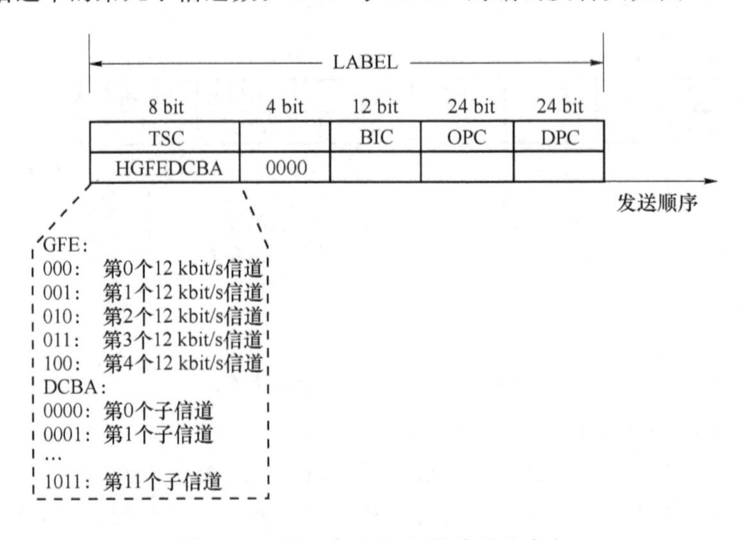

图 3.17 EFG 与 ABCD 的编码及含义

当子信道速率为 0.6 kbit/s 时,ABCD 取 0000～1111;2.4 kbit/s 时,ABCD 取 0000～0011;4.8 kbit/s 时,ABCD 取 0000～0001;9.6 kbit/s 时,ABCD 取 0000。

例如:TSC=01001011 表示数据信道位于基本信道中第 4 个 12 kbit/s 信道的第 11 子信道。根据子信道速率规则,第 11 子信道速率必定是 0.6 kbit/s 。

当 64 kbit/s 作为一个信道使用时,TSC 必须设置为 01110000(H:永远为 0)。

2. 消息传递部分 MTP

MTP 是整个信令网的交换与控制中心,被各类用户部分共享。各个用户部分所产生的信令均被送入 MTP,由 MTP 在每条信令之上添加适当的控制信息后,经过数字中继的第 16 时隙成包地送往指定的交换机。在相反方向,MTP 对接收到的数据包进行地址分析,并据此将包中的信令传送给指定的用户部分。当本局并非数据包的终端局时,MTP 便选择适当的路由及链路,将它转发到信令的终端局或其他转接局。

MTP 的内部结构如图 3.18 所示。

MTP 的内部由信令数据链路、信令链路功能和信令网功能组成,它们与用户消息处理构成 No.7 信令系统的 4 层功能结构,如图 3.19 所示。

(1) 第一级:信令数据链路功能级

信令数据链路是信令消息双向传递的通路。它由采用同一数据速率的相反方向工作的两个数据通路组成。第一级定义了信令数据链路的机械、电气、功能和规程特性,还包括链路的接入方法。

信令数据链路有模拟和数字两种链路。模拟链路由模拟音频传输通路和调制解调器组成，传送速率为 4.8 kbit/s。数字链路采用 64 kbit/s 的 PCM 通路，原则上可以利用 PCM 系统中的任一时隙作为信令数据链路，在实际系统中，通常采用 PCM 一次群中的 TS16 作为信令数据链路。

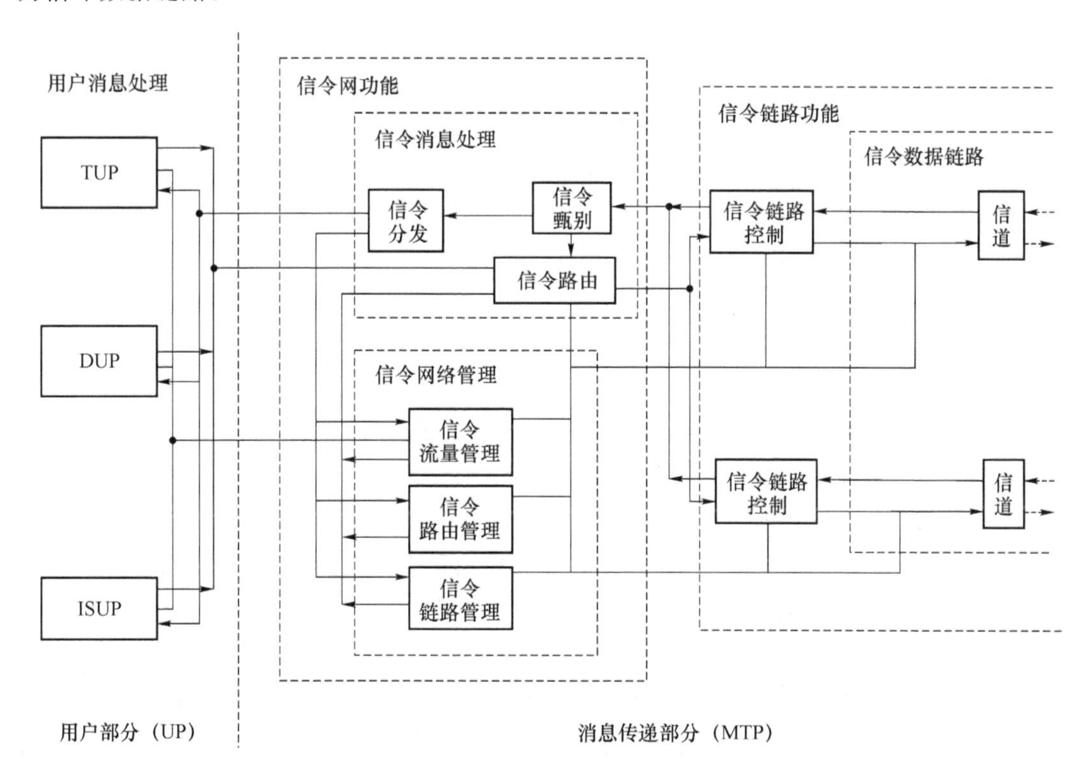

图 3.18　MTP 的内部结构

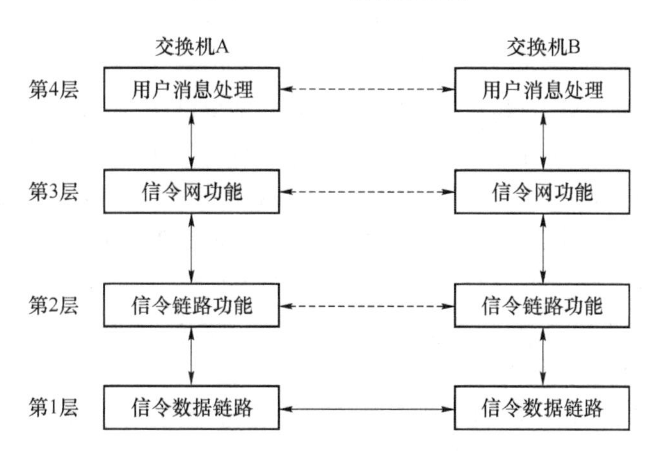

图 3.19　No.7 信令系统功能结构

信令数据链路透明地传送比特流，因此数据链路中不能接入回波抑制器、数字衰减器等设备。

第一级的功能规范并不涉及具体的传输媒体，它只是规定了传输速率、接入方式等信令链路的一般特性要求。

(2) 第二级:信令链路功能级

信令链路功能保证信令消息的可靠传输,它和第一级一起保证为信令点之间的信令消息的传送提供了一条可靠的数据链路。在No.7信令系统中,信令消息是以不等长的信号单元的形式传送的,有3种形式的信号单元。

- 消息信号单元:用于传送用户所需消息。
- 链路状态信号单元:用于传送信号链路的状态。
- 插入信号单元:用于在无消息时传送。

第二级的功能包括:

- 信号单元的定界和定位;
- 信号单元的差错检测;
- 信号单元的差错纠正;
- 初始定位;
- 通过信号单元的差错率监视检测信令链路的故障;
- 信令链路的流量控制。

(3) 第三级:信令网功能级

信令网功能定义了关于信令网操作和管理的功能和程序,它保证在信令网的某些节点或链路出现故障时信令网依然能够可靠传输各种信令消息。

信令网功能分为信令消息处理和信令网管理两部分。

① 信令消息处理(Signaling Message Handing,SMH):信令消息处理功能保证在消息分析的基础上将信令消息准确地传送到相应链路或者用户部分。该功能又分为3个子功能。

(a) 消息鉴别:确定该节点是否为消息的目的端。

(b) 消息分配:将消息分配给指定的用户部分。

(c) 消息路由:根据路由表将消息转发至相应的信令链路。

② 信令网管理(Signaling Network Management,SNM):信令网管理是在预先确定有关信令网状态数据和信息的基础上,控制消息和路由和信令网结构,以便在信令网出现故障时,可以控制重新组成网络结构,完成保存或恢复正常的消息传递能力。该功能又分为3个子功能。

(a) 信令业务量管理:是将信令业务由一条链路或路由转到另一条或多条不同链路路由,或在信令点拥塞情况下暂时减慢信令业务流量。

(b) 信令链路管理:用于控制本地连接的信令链路、恢复有故障的信令链路的能力,以及接通空闲、但尚未定位的链路和断开已经定位的链路。

(c) 信令路由管理:用于传送有关信令网状态的信息,保证信令点之间能可靠地交换信令路由的可利用信息,以使信令路由闭塞或解除闭塞。

(4) 第四级:用户部分TUP、DUP和ISUP

TUP是电话用户部分,支持电话业务,控制电话的接续和运行。

DUP是数据用户部分，采用CCITT X.61建议。

ISUP是ISDN用户部分，在ISDN环境中提供话音和非话交换所需的功能。此外，ISUP还支持ISDN业务和智能网业务要求的附加功能。

(5) 信令连接控制部分(Signaling Connection and Control Part，SCCP)

SCCP用于加强MTP功能，MTP只能提供无连接的消息传递功能，而SCCP则能提供面向连接和无连接的网络服务功能。SCCP可以在任意信令点间传送与呼叫控制无关的各种信令消息和数据，可以满足ISDN的多种用户补充业务的信令要求，为传送信令网的维护运行和管理数据信息提供可能。

(6) 事务处理能力应用部分(Transaction Capabilities Application Part，TCAP)

事务处理能力TC是指网络中分散的一系列应用在互通通信时采用的一组协议和功能。TCAP是TC在应用层的功能，它可以支持智能网应用、移动网应用以及网络的运行和管理应用。

No.7信令系统实质上是一个逻辑上独立的分组交换式数据通信网，第1层是分组交换网的传输信道，第2、3层构成了信令网的分组交换机，其中第2层为分组交换机的接口，第3层包括了信令信号的交换和信令网的管理功能。信令按逐层增长的过程传输，即用户部分首先产生信令信息(第4层)，然后加上网络信息(第3层)，再由链路终端加入差错控制信息(第2层)，最后送入数据链路(第1层)。

3.3.3 No.7信令链路单元格式

来自UP(第4层)的信令经信令路由选择(第3层)进入指定的信令链路(第2层)后，必须经过适当的传输差错控制处理，才能送入信令数据链路(第1层)。进入信令数据链路的信令称为一个信令单元。

No.7信令是通过信令单元的形式在信令链路上传送的。信令单元由可变长度信号信息字段和固定长度的其他各种控制字段组成。No.7信令系统有3种形式的信号单元，它们是：消息信号单元(Message Signal Unit，MSU)、链路状态信号单元(Line Status Signal Unit，LSSU)和插入信号单元(Fill-In Signal Unit，FISU)。这3种信号单元格式如图3.20所示。

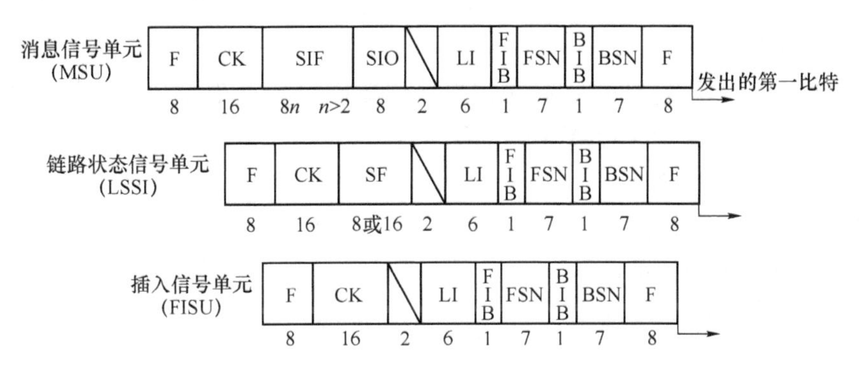

图3.20 No.7信令系统3种信号单元格式

1. 消息信号单元MSU

MSU传递来自用户级的信令消息和提供用户所需要的信令消息。每个字段含义如下。

(1) 帧标码

帧标码(F)来自第2层,标志一帧的开始或结束,起信号单元定界和定位的作用。F的码型为01111110。为避免信号单元中其他字段出现这个码型,在加帧标之前必须做插零处理,即遇到连续5个“1”时,就要在第5个“1”后插入一个“0”(无论第6个是0或1),于是,信令信道中传输的信号除帧标外,不可能出现连续的6个1。在接收端则必须做删零处理。

(2) 业务信息字段

业务信息字段(SIO)来自第3层,它只出现在MSU中,用以指定不同的用户部分,说明信令的来源。SIO共占8 bit,分为4 bit业务表示语和4 bit子业务字段,其格式和编码如图3.21所示。

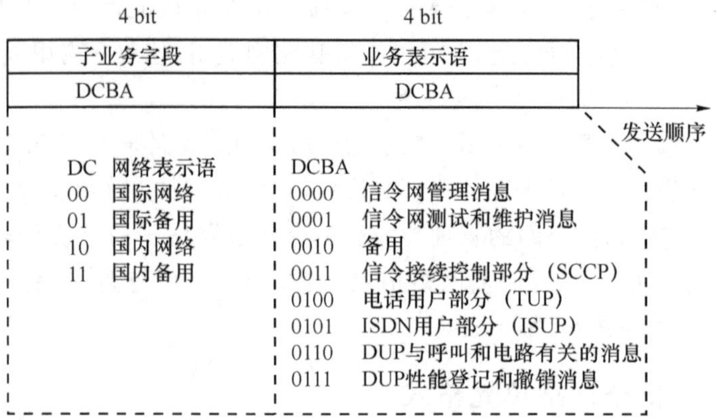

4 bit　　4 bit

子业务字段	业务表示语
DCBA	DCBA

发送顺序

DC　网络表示语
00　国际网络
01　国际备用
10　国内网络
11　国内备用

DCBA
0000　信令网管理消息
0001　信令网测试和维护消息
0010　备用
0011　信令接续控制部分 (SCCP)
0100　电话用户部分 (TUP)
0101　ISDN用户部分 (ISUP)
0110　DUP与呼叫和电路有关的消息
0111　DUP性能登记和撤销消息

图3.21　业务信息字段格式和编码

① 业务表示语

业务表示语说明信令消息与某用户部分(UP)的关系。SCCP用于加强MTP功能。MTP只能提供无连接的消息传递功能,而SCCP能提供面向连接和无连接网络业务。

② 子业务字段

子业务字段说明用户部分的类型。字段包括网络表示语比特(C和D)和备用比特(A和B)。

(3) 信令信息字段

信令信息字段(SIF)来自第4层,由用户部分规定,最长可有272个字节。根据用途不同,信令信息字段可以分为4种类型的消息:

- A类:MTP管理消息;
- B类:TUP管理消息;
- C类:ISUP管理消息;
- D类:SCCP消息。

(4) 长度表示语

长度表示语(LI)用来指示信令信息字段(SIF)或状态字段(SF)的字节数。LI为6 bit,因此最长可指示0～63的数。

在MSU中,LI>2;在LSSU中,LI=1或2;在FISU中,LI=0。

信令单元中的其余内容是差错控制信息。

(5) 序号

FSN:前向序号,信令帧按发送次序依次编号为0,1,…,127。

BSN:后向序号,是指被证实信号单元的序号0,1,…,127。

(6) 表示语比特

FIB:前向指示位,由1 bit构成。当发送端重传一个信令帧时,将该位反转一次。

BIB:后向请求重传指示位,由1 bit构成。当接收端检测出信令帧差错,需要发送端重传时,便将该位反转一次。

(7) 校验位

校验位(CK)用于检验接收到的信号帧是否存在差错。校验对象为BSN、BIB、FSN、FIB、LI、SIO、SIF(或SF)的内容。

2. 链路状态信号单元LSSU

LSSU传递链路状态信息。No.7信令链路首次启用或故障恢复后,都需要有一个初始化的调整过程。在调整期间,链路两端不断地相互发送链路状态信号单元(LSSU),用以表示各自的调整情况。

SF是LSSU单元中的链路状态字段,由1~2个字节组成。图3.22为1个字节组成的状态字段和其编码格式。

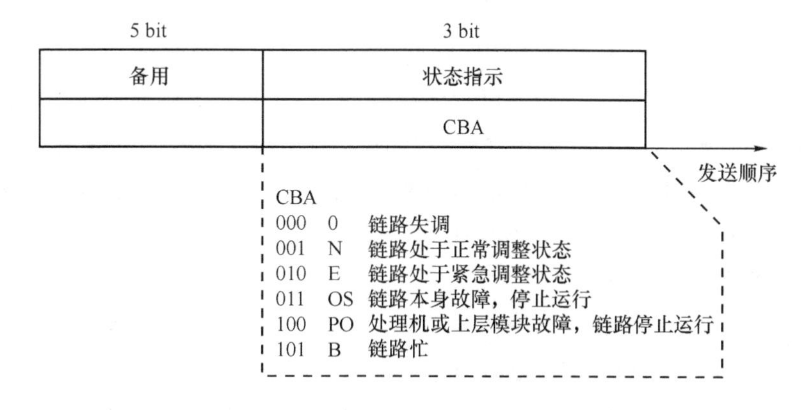

图3.22 LSSU单元中状态字段(SF)格式和编码

调整开始为启动阶段,链路终端连续地发送“O”单元,直至收到对方发来的“O”、“N”或“E”单元后,链路终端改发“N”或“E”单元,进入调整阶段。

3. 填充信号单元FISU

FISU传递插入信息,在FISU信号单元中仅含有差错控制信息。当第2层无信令信号单元传送时,链路终端便发送填充信号单元(FISU),其意义是填补链路空闲时的位置,保持信令链路的同步,因而FISU又称为同步信号单元。

3.3.4 No.7信令网的结构

1. No.7信令网的组成

No.7信令网由信令点、信令转接点和连接它们的信令链路组成。

信令点(Signaling Point,SP):装备有共路信令系统的通信网节点,它可以是信令消息的源节点,也可以是目的节点。信令点包含了全部四级功能。

信令转接点(Signaling Transfer Point,STP):将信令消息从一条信令链路传递到另一条信令链路的信令转接节点。信令转接点只提供下三级的功能。

信令链路(Signaling Link,SL):连接各个信令点、信令转接点用来传送信令消息的物理链路。通常信令链路可以是数字通路,也可以是高质量的模拟通路;可以采用有线传输方式,也可以使用无线传输方式。

2. 信令网的结构

和电信网络一样,信令网也有无级网和分级网两类。所谓无级网就是没有引入STP的信令网;而分级网则是引入STP的信令网。

无级网的拓扑结构有线形网、环形网、格形网、蜂窝状网和网状网等。除了网状网外的无级网的特点是:需要很多SP,信令传输时延大,技术性能和经济性能很差。而网状网虽然没有上述缺点,但是它存在另一个缺点:当信令点数量增大时,信令链路数会急剧增加,很不经济。

分级网的特点是:网络容量大,传输时延短,网络的设计和扩充简单,特别是在信令业务量较大的信令点之间可以设置直达链路,进一步提高性能和经济性,减少STP负荷。

分级网络分为二级网和三级网两种,二级网具有一级STP和一级SP两级结构,SP与STP采用星形连接方式,STP之间采用网状网连接;三级网具有两级STP和一级SP,两级STP分为高级STP(HSTP)和低级STP(LSTP),SP与LSTP采用星形连接方式,LSTP与HSTP也采用星形连接方式,HSTP之间采用网状网连接。由于二级网比三级网少经过STP,所以传输时延小,因此在满足容量的条件下,尽可能地采用二级网结构。根据我国网络的发展规划,我国的长途No.7信令网采用三级结构。

3. 信令网的可靠性措施

由于信令网需要传送大量话路的信令消息,因此必须具有极高的可靠性。信令网的基本要求是信令网的不可利用度至少要比所服务的电信网低2~3个数量级,而且当任一信令链路或信令转接点发生故障时,不应该造成网络阻断或容量下降。为实现这样的目标,在信令网络结构上必须有冗余配置,使得任意两个信令节点之间有多个信令路由。

图3.23所示的双平面结构是常用的网络冗余结构。在这个结构中,所有的STP均为两份配置,构成两个完全相同的网络平面。所有的信令业务按照负荷分担方式在两个网络平面上平均传递,当一个平面发生故障时,另一个平面承担全部的信令负荷。在双平面冗余结构中,每个SP至少连接两个以上的STP,每个LSTP至少连接两个以上的HSTP。

为了确保信令网的可靠性,除了上述冗余结构外,还必须有完善的信令网管理功能,其作用是当网络出现故障时,及时隔离发生故障的网络部分,并将故障部分的信令消息交由替代部分负责传递。

4. 我国七号信令网

(1) 我国七号信令网结构

根据我国电话网的容量并考虑到以后的发展,我国七号信令网采用三级双平面冗余结构:高级信令转接点 HSTP、低级信令转接点 LSTP 和信令点 SP。如图 3.23 所示。

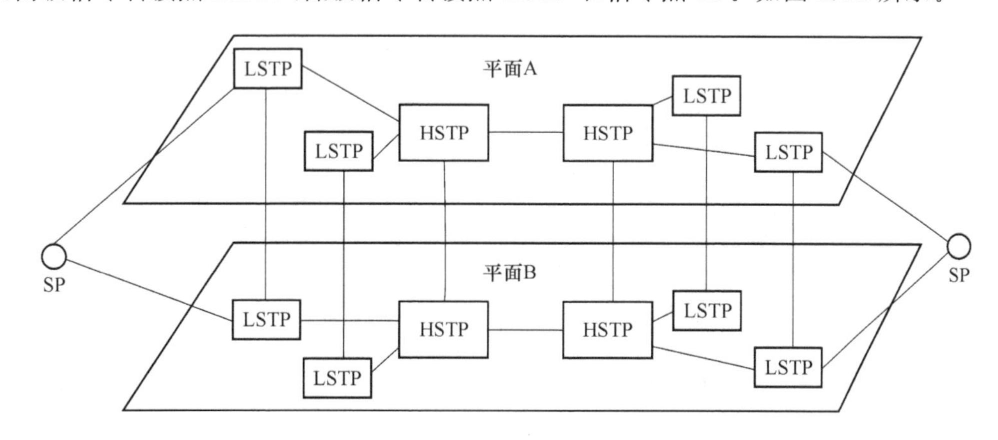

图 3.23　双平面冗余结构

HSTP 负责转接它所汇接的第二级 LSTP 和第三级 SP 的信令消息,HSTP 信令负荷大,采用独立 STP 工作方式,设置点一般为省会城市。HSTP 采用两个平面 A 和 B,每个平面内 HSTP 为网状相连,A、B 平面成对的 HSTP 相连。

LSTP 负责转接第三级 SP 的信令消息,可以采用独立 STP 工作方式,也可以采用综合 STP 方式,设置点一般在地级市。每个 LSTP 通过信令链路至少要分别连接至 A、B 平面成对的 HSTP,LSTP 至 A、B 平面两 HSTP 的信令链路间采用负荷分担方式,连接采用分区固定连接方式。

SP 是信令网中各种信令消息的源点或者目的点。每个 SP 至少连接至两个 LSTP,其间链路采用负荷分担,一般采用固定连接方式,SP 间的正常路由所经过的中转 STP 数量不超过 4 个。

(2) 我国信令网与电话网的对应关系

我国信令网与电话网的对应关系如图 3.24 所示,我国电话网为两级长途(DC1、DC2)加本地网构成,HSTP 设置在 DC1 省级交换中心所在地,汇接 DC1 间的信令。LSTP 设置在 DC2 市级交换中心所在地,汇接 DC2 和端局信令。DC1、DC2 和端局均分配一个信令点编码。

(3) 信令点编码

我国信令网信令区的划分与我国信令网的三层结构对应,分别为主信令区、分信令区和信令点三级,因此,HSTP 设在主信令区,LSTP 设在分信令区。我国的信令网分为 33 个主信令区,每个信令区又划分为若干个分信令区。主信令区在直辖市、省和自治区设置,一个主信令区中一般设置一对 HSTP;分信令区划分原则以一个地区或地级市来进行,一个分信令区设置一对 LSTP,分信令区内含有若干分信令点。我国的信令点编码如图 3.25 所示。

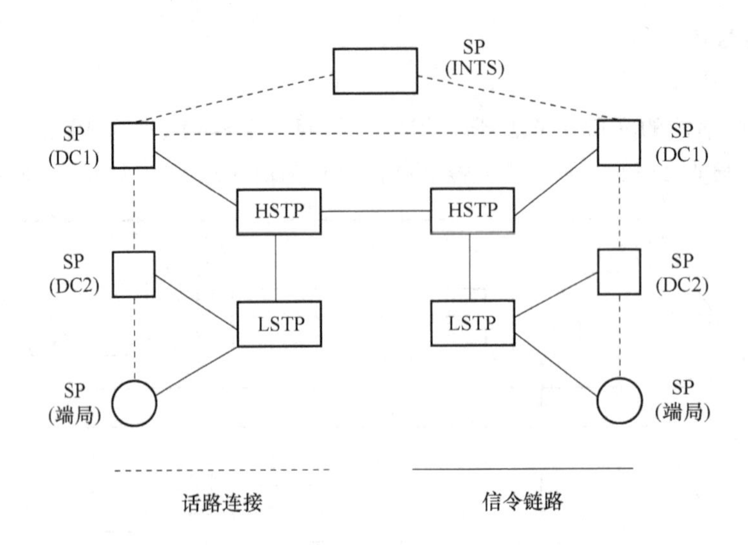

图 3.24 我国信令网与电话网的对应关系

主信令区编码	分信令区编码	信令点编码
8 bit	8 bit	8 bit

图 3.25 我国信令网信令点编码格式

本章小结

信令系统是通信网的重要组成部分，通过信令系统传递各种控制信息，网络设备完成用户之间通路的建立、保持和释放。按信令通路与话音通路的关系可以将信令分为随路信令和公共信道信令。中国1号信令系统主要面向于电话通信，是目前广泛使用的随路信令系统。中国1号信令包括线路监测信令和记发器信令两部分，局间线路信号用于表明中继线的使用状态，如中继线示闲、占用、应答、拆线等。线路监测信令根据不同的传输媒介分为局间直流线路监测信令、带内单频脉冲线路监测信令和局间数字型线路监测信令3种。中国1号记发器信令主要包括用户号码信号、用户类别信号和接续控制信号。随着网络业务的不断增加，传统的随路信令系统存在所传信息有限、占用话路资源、灵活性差等局限性，而公共信道信令(No.7信令)较好地解决了这个问题，成为通信网络中占主要地位的信令系统，因而广泛应用于各种通信网络。No.7信令系统实质上是一个分组交换式的数据通信网络。No.7信令系统从功能上分为公共消息传递部分和适合于不同用户的独立的用户部分，按照所实现的功能，划分为4个功能级，包括信号数据链路级、信号链路控制级、信令网功能级和用户部分。No.7信令系统有3种形式的信号单元：消息信号单元、链路状态信号单元和插入信号单元。No.7信令网由信令点、信令转接点和连接它们的信令链路组成。

复习思考题

3-1　什么叫信令？信令有什么作用？

3-2　什么叫用户线信令？用户线信令包含哪些方面的信号？

3-3　在下列信令中，指出哪些是前向信令，哪些是后向信令？

主叫摘机　主叫挂机　拨号音　忙音　被叫摘机　被叫挂机　振铃　请发码

首位号码证实　中继线占用　中继线占用确认　中继线闭塞　中继线示闲

3-4　请在图3.26的信令处用箭头标出其传送方向。

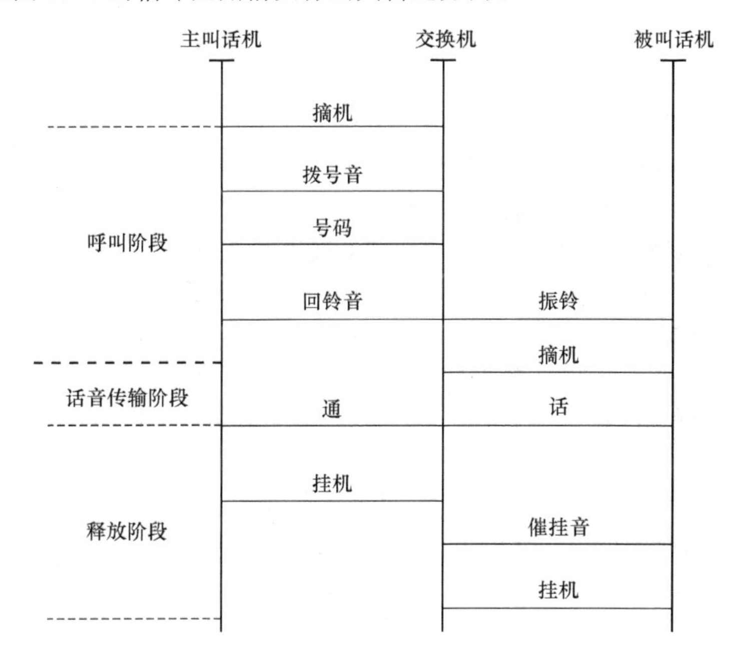

图3.26　题3-4图

3-5　什么叫局间信令？按信令通路与话音通路的关系如何划分？

3-6　中国1号信令规定了哪两方面的信令？试举例说明。

3-7　为什么说公共信道信令取代随路信令是通信发展的必然？

3-8　试说明No.7信令系统的应用范围及特点。

3-9　No.7信令系统由哪两部分组成？各部分的功能是什么？

3-10　No.7信令的链路单元格式有哪几种？请画图说明它们的格式。

3-11　已知一个完整的No.7信令帧发送序列为
0001011111001001110000110111111 0。求它经过除帧标及插零处理后的输出。

3-12　在No.7信令系统中，设某国际长途电话采用半自动方式，话务员讲英语，接收是一个国际转接局，被叫电话号码是66201882286，线路中有回波抑制，没有卫星线路，在通话链路建立后不要求进行畅通性试验。试写出“首次地址”信令和“国内网阻塞”信令的编码。

第4章 分组交换技术与帧中继

第 2 章介绍的电路交换不利于实现不同类型的数据终端设备之间的相互通信，而报文交换信息传输时延又太长，不能满足许多数据通信系统的实时性要求，分组交换技术较好地解决了这些矛盾。

分组交换采用了报文交换“存储-转发”的方式，但不是以报文为单位交换，而是把报文截成许多长度较短，具有统一格式的“分组”(packet)进行交换和传输。“分组”中包含发收两端的网络地址，当“分组”进入通信网的某交换机后只在主存储器中停留很短的时间，通信网的某交换节点可以根据数据分组所示地址进行排队和处理，一旦确定了新的路由，就很快输出到下一个交换机或用户终端，从而将数据从发送端传送至接收端。同一报文的各个分组可能沿不同的路由向前传送，到达目的地时各个分组可能不再与发送时的次序相同，因此，该目的地收集了各个分组后，将重新组合成为原来的报文。这样，就有可能让每一条通信通路由几个用户合用，每一个用户仅在需要发送各个分组的时间内，才使用这通路，从而提高了通路利用率。

本章主要介绍分组交换原理(包括分组网络体系结构、分组的传输与交换、路由选择、流量控制、分组网的性能指标等)、分组交换网络实例(主要讲述 X.25 网)以及帧中继原理与帧中继网络 3 部分的内容。

4.1 分组交换原理

4.1.1 概述

分组交换的概念源于电话通信，美国人 Paul Baran 和其同事于 1961 年在美国空军 RAND 计划中提出将话音分成小块(分组)，以“分组”形式通过不同路径到达终点，目的在于保证军用电话通信的安全。美国国防部国际规划研究局(ARPA)于 1969 年完成了世界上第一个分组交换网 ARPANET。ARPANET 的成功证实了分组交换技术的实用性。美国 TELENET 公司于 1975 年开放世界上第一个商用分组交换网。我国公用分组交换网(简称 CNPAC)于 1988 年开放业务。

计算机通信网络包括内层的通信子网和外层的资源子网两部分，其中通信子网就是数据通信网。而分组交换是数据通信网发展的重要里程碑。我们首先需要了解什么是数据通信。

随着计算机的普及，无论是文字、语音、图像，只要它们能用编码的方法形成各种代码的组合，存储在计算机内，并可用计算机进行加工、处理，都统称为数据。数据通信泛指计算机与计算机或计算机与终端之间的通信。它传送数据的目的不仅是为了交换数据，更主要是为了利用计算机来处理数据。可以说它是将快速传输数据的通信技术和数据处理、加工及存储的计算机技术相结合，从而给用户提供及时准确的数据。

数据通信系统是通过数据电路将分布在远地的数据终端设备与计算机系统连接起来，实现数据传输、交换、存储和处理的系统。比较典型的数据通信系统主要由数据终端设备、数据电路、计算机系统 3 部分组成，如图 4.1 所示。在数据通信系统中，用于发送和接收数据的设备称为数据终端设备(Data Terminal Equipment，DTE)。用来连接 DTE 与数据通信网络的设备称为数据电路终接设备(Digital Circuit-terminating Equipment，DCE)，可见该设备为用户设备提供入网的连接点。数据电路指的是在线路或信道上加信号变换设备之后形成的二进制比特流通路，它由传输信道及其两端的数据电路终接设备(DCE)组成。

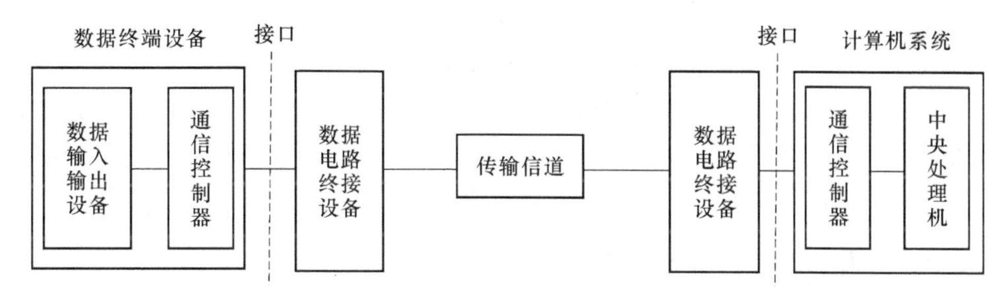

图 4.1　数据通信系统组成

随着计算机技术和集成电路技术的发展，数据通信的需求急剧增加，而数据通信具有以下几个显著特点：完全是机器与机器之间的通信、业务突发性、误码率要求高、时延要求不高。电路交换具有固定占用带宽、线路利用率低的特点，不适合进行数据通信，因此特别需要设计一种既适合于计算机通信的，又经济可靠的通信网络，而分组交换技术的出现正好满足了上述要求，从而迅速获得了广泛的应用。

分组交换较好地满足了数据通信的要求，具有以下技术特点。(1)存储转发。在数据通信中通信终端包括不同的类型(不同编码、不同速率、不同通信协议)，采用存储转发模式可以实现不同类型终端之间的通信。(2)统计时分复用。数据业务具有突发性强的特点，采用统计时分复用可以按需分配网络资源，有效提高网络资源的利用率。(3)差错控制与流量控制。数据业务对于可靠性有着较高的要求，分组交换采用差错控制和流量控制技术，提高传输质量，满足了数据通信的要求。

4.1.2　多路复用技术

为了提高信道的利用率，在数据的传输中组合多个低速的数据终端共同使用一条高速的信道，这种方法称为多路复用，常用的复用技术有频分复用和时分复用。

1. 频分复用

频分复用是将物理信道上的总带宽分成若干个独立的信道(即子信道)，分别分配给用户传输数据信息，各子信道间还略留一个宽度(称为保护带)。在频分复用中，如果分配了子信道的用户没有数据传输,那么该子信道保持空闲状态,别的用户不能使用。频分复用适用于传输模拟信号的频分制信道,主要用于电话和有线电视(CATV)系统,在数据通信系统中应和调制解调技术结合使用,且只在地区用户线上用到,长途干线上主要采用时分复用。

2. 时分复用

时分复用是将一条物理信道按时间分成若干时间片(即时隙)轮流地分配给每个用户,每个时间片由复用的一个用户占用,而不像 FDM 那样,同一时间同时发送多路信号。数据时分复用可分为同步时分复用和统计时分复用。

(1) 同步时分复用

同步时分复用是指复用器把时隙固定地分配给各个数据终端,通过时隙交织形成多路复用信号,从而把各低速数据终端信号复用成较高速率的数据信号。

(2) 统计时分复用

统计时分复用也称异步时分复用。统计时分复用中,把时隙动态地分配给各个终端,即当终端的数据要传送时,才会分配到时隙,因此每个用户的数据传输速率可以高于平均传输速率,最高可以达到线路总的传输能力。例如,线路传输速率为 9 600 bit/s,4 个用户的平均速率为 2 400 bit/s,当用同步时分复用时,每个用户的最高速率为 2 400 bit/s,而在统计时分复用方式下,每个用户最高速率可达 9 600 bit/s。同步时分复用和统计时分复用在数据通信网中均有使用,如 DDN 网采用同步时分复用,X. 25、ATM 采用统计时分复用。

4.1.3　分组的形成、传输与交换

1. 分组的形成

在统计时分复用方式下,虽然用户信息不是在固定信道中传送,但是通过对数据分组进行编号,可以区分每个用户的数据,好像是把一条线路分成若干信道,每个信道用相应的号码表示,这种信道就称为逻辑信道,逻辑信道用逻辑信道号(Logical Channel Number, LCN)来标识。可以看到,把一条实际的线路分成若干逻辑上的子信道,如果将线路上传输的数据组附加上逻辑信道号,就可以让来自不同信源的数据组在一条线路上传输,接收端按照逻辑信道号将它们区分开来,从而实现线路资源的动态按需分配。逻辑信号只具有局部意义,网络内各节点交换机负责入、出线上逻辑信道号的翻译。将来自数据终端的用户数据按一定长度分割,加上分组头形成一个数据组,我们称之为分组(packet)。如图 4. 2 所示,每一个组包含一个分组头,它由 3 个字节构成,分组头格式如图 4. 3 所示。其中包含所分配的逻辑信道号和其他控制信息。除了用户数据分组外,还需要建立许多用于通信控制的分组,因此就出现了多种类型的分组,在分组头中也包含了识别分组类型的信息。

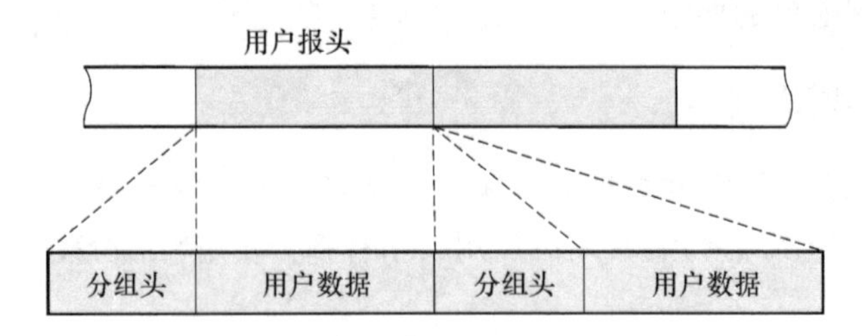

图 4. 2　分组的形成

图 4.3　分组头格式

2. 分组的传输

分组装配和拆卸设备(Packet Assembler/Disassembler ,PAD)是一个规程转换器或者说是网络服务器,主要功能是向各种不同的终端提供服务,帮助它们进入分组交换网,或者具体说就是帮助终端要发送的数据生成分组,并通过线路发送给网络(交换机)。因此,数据在网络中以分组为单位进行传输,穿越网络的节点和中继线,到达目标终端。一个 PAD 可以同时连接许多个终端,来自不同终端的数据可以通过同一条线路发送到网络。PT 为分组传输设备,主要是执行帧级功能,将分组装配成帧的格式(加上帧头和帧尾),确保分组在线路上的正确传输。网络由许多节点按照一定的拓扑结构互相连接而成,节点与节点之间连接到线路成为中继线(Trunk Line),同时节点也可以连接用户终端设备,用户设备与节点相连的线称为用户线(User Line),节点由一台或多台分组交换机构成。

3. 分组的交换

分组穿越网络到达目的终端的方法有两种:虚电路(Virtual Circuit)和数据报(Datagram)。这两种方式的工作原理在第 1 章已经介绍过了,在这里就不再重复了。

4.1.4　路由选择

分组能够通过多条路径从发送端到达目的端,选择什么路径最合适成为交换机必须决定的问题。我们首先必须将"路由"和"转发"区分开来:路由指的是路由选择,就是构建网络节点路由表的过程;而转发指的是网络节点对每个分组都要进行查表,并将其转移到相应的链路出口。在面向连接网络中,仅仅在建立连接时进行路由表查找,同时生成转发表,此后的数据分组转发都是根据逻辑子信道标号在转发表中进行查找;在面向无连接网络中,转发表和路由表是同义词,每个分组的转发都必须要查找路由表。

无论哪种分组网络,路由选择都是由网络提供的基本功能,但在 X. 25 建议中对路由选择并未做出明确规定。对不同的分组网允许有不同的路由选择算法,如何确定路由选择算法的好坏呢?分组的路由选择的基本原则如下:算法简单,易于实现,以减少额外开销;算法对所有用户是公平的;应选择性能最佳的传输路径,使得端到端时延尽量小;各网络节点工作量均衡,最大限度提高网络资源利用率;网络出现故障时,在网络拓扑改变的情况下,算法仍能正常工作,自动选择迂回路由。

不同的分组交换网有可能采用不同的路由选择方法。路由选择可分为静态法和动态法两大类。

1. 静态法

(1) 扩散式路由法

分组从原始节点发往与之相邻的节点,接收该分组的节点检查它是否收到过该分组,如果已经收到过，则将它抛弃，如果未收到过，只要该分组的目的节点不是本节点，就将此分组对相邻节点(除了该分组来源的那个节点之外)进行广播，最终该分组必然会到达目的节点。其中，最早到达目的节点的分组所经历的必定是一条最佳路由。采用扩散式路由法，路由选择与网络拓扑无关，即使网络严重故障，只要有一条通路存在，分组也能到达终点，因此分组传输的可靠性很高。但缺点是分组的无效传输量很大，网络的额外开销也大，网络中业务量的增加会导致排队时延的加大。

(2) 固定路由表法

在每个节点交换机中设置一个包含路由目的节点地址和对应输出逻辑信道号的路由表，它指明从该节点到网络中的任何终点应当选择的路径。呼叫请求分组根据分组的目的地址查找该路由表，这样可以获得各转接节点的输出逻辑信号，从而形成一条端到端的虚电路。为防止网络故障或通路阻塞，路由表中可以规定主用路由和备用路由。

路由表是根据网络拓扑结构、链路容量、业务量等因素和某些准则计算建立的。电信网络常采用固定路由表法，因为一方面运营商完全掌握网络拓扑结构及其可能的变化；另一方面即使链路或者节点出现故障，也常常会迅速切换到备用链路或设备继续运行，不会导致网络拓扑的变换。

2. 动态法

(1) 自适应路由选择法

自适应路由选择法是指路由选择根据网络情况的变化而改变。路由是由若干段链路串接而成的，自适应路由选择是用迭代法逐段选取虚链路，从而形成一条端到端的虚电路。但在这种算法中，要求各节点存有全网络拓扑数据，而且每条链路的变化信息必须广播给网络所有的节点。自适应路由选择算法对减小网络时延、平滑网络负载、防止网络阻塞是有利的，但是路由表的频繁更换可能引起网络的不稳定，产生分组循环或者使分组在一对节点之间来回穿梭。自适应路由选择算法是 X.25 分组网中应用最为普遍的一种选路方式。

(2) 集中式路由交换

网管中心负责全网状态信息的采集、路由计算以及路由表的下载。在分组交换网中，交换机之间一般有多条路由可选择。如何获得一条较好的路由，除了要有一个通过网络的平均时延较短和平衡网内业务量能力较强的路由算法外，同时还要考虑网内资源的利用和网络结构的适应能力。

4.1.5　分组网络的性能指标与服务质量

1. 数据通信系统性能指标

不同的通信系统有不同的性能指标，分组交换主要用于数据通信。对于数据通信系统而言，其性能指标主要有传输速率、频带利用率、差错率等。

(1) 信息传输速率

信息传输速率(Rb)简称传信率，又称信息速率、比特率，它表示单位时间(每秒)内传输实际信息的比特数，单位为比特/秒，记为 bit/s、b/s、bps。比特在信息论中作为信息量的度量单位。一般在数据通信中，如使用“1”和“0”的概率是相同的，则每个“1”和“0”就是一个比特的信息量。如果一个数据通信系统，每秒内传输 9 600 bit，则它的传信率为 Rb=9 600 bit/s。

(2) 码元传输速率

码元传输速率(RB)简称传码率，又称符号速率、码元速率、波特率、调制速率。它表示单位时间内(每秒)信道上实际传输码元的个数，单位是波特(Baud)，常用符号“B”来表示。

值得注意的是码元速率仅仅表征单位时间内传送的码元数目而没有限定这时的码元应是何种进制的码元。但对于传信率，则必须折合为相应的二进制码元来计算。传信率与传码率之间的关系为：$Rb = RB\log_2 N$，式中，N 为码元的进制数。

(3) 频带利用率

在比较不同的通信系统的效率时，只看它们的传输速率是不够的，还要看传输这样的信息所占用的频带。通信系统占用的频带愈宽，传输信息的能力应该愈大。在通常情况下，可以认为二者成比例。所以真正用来衡量数据通信系统信息传输效率的指标应该是单位频带内的传输速率，记为 η：

$$\eta=\frac{\text{传输速率}}{\text{占用频带}}$$

单位为比特/(秒·赫)〔bit/(s·Hz)〕或波特/赫(B/Hz)。例如某数据通信系统，其传信率为9 600 bit/s，占用频带为 6 kHz，则其频带利用率为 η=1.6 bit/(s·Hz)。

(4) 差错率

由于数据信息都由离散的二进制数字序列来表示，因此在传输过程中，不论它经历了何种变换，产生了什么样的失真，只要在到达接收端时能正确地恢复出原始发送的二进制数字序列，就是达到了传输的目的。所以衡量数据通信系统可靠性的主要指标是差错率。表示差错率的方法常用以下 3 种：误码率、误字率、误组率。我们通常用误码率。

误码率又称码元差错率，是指在传输的码元总数中错误接收的码元数所占的比例，用字母 Pe 来表示，即：

$$Pe=\frac{\text{错误接收的码元}}{\text{所传输的总码元}}$$

误码率指某一段时间的平均误码率，对于同一条数据电路，由于测量的时间长短不同，误码率就不一样。在日常维护中，ITU-T 规定测试时间。数据传输误码率一般都低于 10^{-10}。

2. 分组交换机的指标体系

(1) 端口数：表示交换机可以提供连接的端口数量，包括同步端口数和异步端口数。

(2) 分组吞吐量：表示每秒通过交换机的数据分组的最大数量。在给出该指标时，必须指出分组长度，通常为 128 波特/分组。一般小于 50 分组/秒的为低速率交换机，50～500 分组/秒的为中速率交换机，大于 500 分组/秒的为高速率交换机。

(3) 链路速度：指分组交换机能支持的最高速率。一般小于 19.2 kbit/s 的为低速率链路，19.2～64 kbit/s 的为中速率链路，大于 64 kbit/s 的为高速率链路。

(4) 并发虚呼叫数：指分组交换机可以同时处理的虚呼叫数。

(5) 平均分组处理时延：指一个数据分组从输入端口传送到输出端口所需要的平均处理时间。在给出该指标时，也必须指出分组长度。

(6) 可靠性：包括硬件和软件的可靠性。可靠性与程控交换机衡量指标相同，也是用 MTBF 表示。

(7) 可利用度:指分组交换机正常运行时间与总的运行时间之比。

(8) 为用户提供补充业务和增值业务的能力:指分组交换机除为用户提供基本业务外,还可以为用户提供的补充业务和增值业务。

4.2 X.25 协议

数据通信网发展的重要里程碑是采用分组交换方式,构成分组交换网。和电路交换网相比,分组交换网的两个站之间通信时,网络内不存在一条物理电路供其专用,因此不会像电路交换那样,所有的数据传输控制仅仅涉及两个站之间的通信协议。在分组交换网中,一个分组从发送站传送到接收站的整个传输控制,不仅涉及该分组在网络内所经过的每个节点交换机之间的通信协议,还涉及发送站、接收站与所连接的节点交换机之间的通信协议。国际电信联盟电信标准部门ITU-T为分组交换网制定了一系列通信协议,世界上绝大多数分组交换网都用这些标准。其中最著名的标准是X.25协议,它在推动分组交换网的发展中做出了很大的贡献。所以有时又把分组交换网简称为X.25网。

X.25网络采用虚电路方式交换,它的特点如下。

(1) 可以向用户提供不同速率、不同代码、不同同步方式以及不同通信控制协议的数据终端间能够相互通信的灵活的通信环境。

(2) 每个分组在网络中传输时可以在中继线和用户线上分段独立地进行差错校验,使信息在网络中传输的误比特率大大降低。并且X.25网中的传输路由是可变的,当网络中的线路和设备发生故障时,分组可自动选择一条新的路径避开故障点,使通信不会中断。

(3) 实现线路的动态统计时分复用,通信线路(包括中继线和用户线)的利用率很高。在一条物理线路上可以同时提供多条信息通路。

4.2.1 X.25协议的应用环境和系统结构

X.25建议是作为公用数据网的用户-网络接口协议提出的,它的全称是“公用数据网络中通过专用电路连接的分组式数据终端设备(DTE)和数据电路终接设备(DCE)之间的接口”。这里的DTE是用户设备,即分组型数据终端设备(执行X.25通信规程的终端),具体的可以是一台按照分组操作的智能终端、主计算机或前端处理机;DCE实际是指DTE所连接的网络分组交换机(PS),如果DTE与交换机之间的传输线路是模拟线路,那么DCE也包括用户连接到交换机的调制解调器(这种情况在地区用户线上是存在的)。图4.4所示为X.25协议的应用环境。

需要指出,有的计算机或终端不能支持X.25建议,是非分组型终端即字符型终端,这样的终端要进入分组网必须在它和分组网之间加分组装拆设备PAD。可见PAD设备实际上是一个规程转换器,它是向各种不同的终端或计算机提供服务,帮助它们进入分组交换网。ITU-T制定了关于PAD的3个协议书,即X.3、X.28和X.29,有时称为“3个X”。

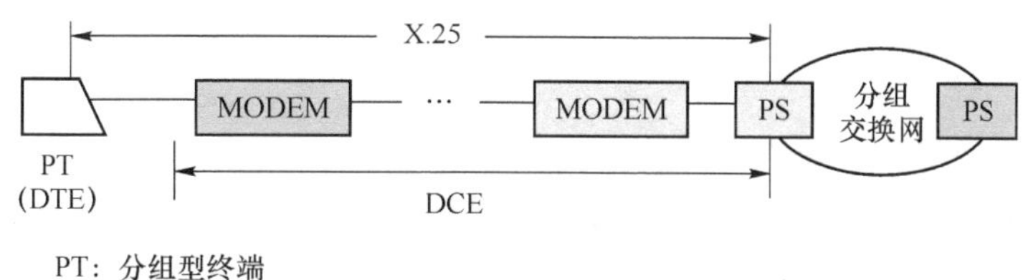

图 4.4　X.25 协议的应用环境

X.25 建议将数据网的通信功能划分为 3 个相互独立的层次，即物理层、数据链路层和分组层。其中每一层的通信实体只利用下一层所提供的服务，而不管下一层如何实现。每一层接收到上一层的信息后，加上控制信息（如分组头、帧头），最后形成在物理媒体上传送的比特流，如图 4.5 所示。

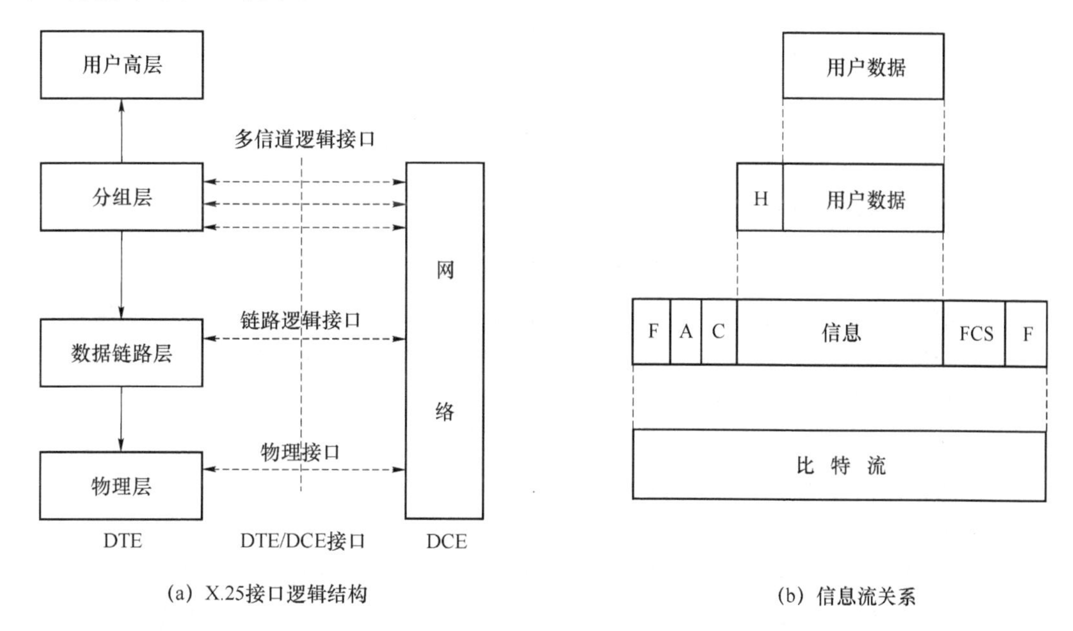

图 4.5　X.25 协议的系统结构和信息流关系

4.2.2　物理层

X.25 协议的物理层规定采用 X.21 建议。物理层定义了 DTE 和 DCE 之间建立、维持和释放物理链路的过程，包括机械、电气、功能和规程特性，相当于 OSI 的物理层。由于 X.21 是为数字电路上使用而设计的，如果是模拟线路（如地区用户线路），X.25 建议还提供了另一种物理接口标准 X.21bis，它与 V.24/RS-232 兼容。X.25 的物理层就像一条输送比特流的管道，只负责传输，不执行重要的控制功能，控制功能主要由链路层和分组层来完成。

X.21 建议规定如下。

- 机械特性：采用 ISO 4903 规定的 15 针连接器和引线分配，通常使用 8 线。
- 电气特性：平衡型电气特性。

- 同步串行传输。
- 点到点全双工。
- 适用于交换电路和租用电路。

图4.6给出了X.21接口的连接关系。其中T和R线分别用于发送和接收串行比特流,C和I用于指示T和R线上串行比特信息是控制信息还是数据信息。

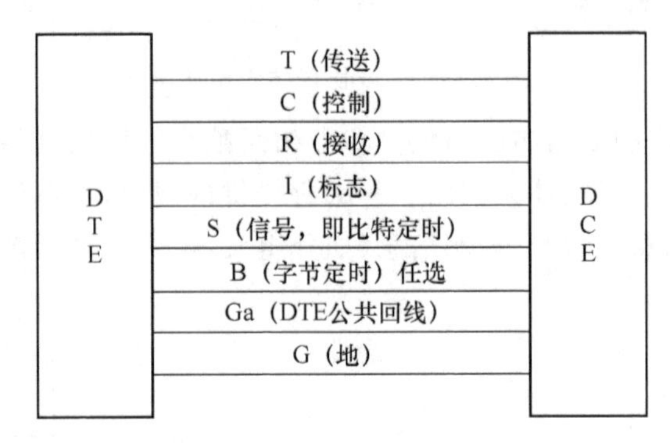

图4.6 X.21接口的连接关系

4.2.3 数据链路层

X.25链路层规定了在DTE和DCE之间的线路上交换X.25帧的过程。链路层规程用来在物理层提供的双向信息传送管道上实施信息传输的控制。链路层的主要功能如下:

- 差错控制,采用CRC循环校验,发现出错时自动请求重发;
- 帧的装配和拆卸及帧同步;
- 帧的排序和对正确接收的帧的确认;
- 数据链路的建立、拆除和复位控制;
- 流量控制。

X.25规定了两种数据链路结构(对称型和平衡型)以及与其对应的两类规程(LAP和LAPB),鉴于LAP规程存在明显的缺点,一般不再使用,而采用平衡型数据链路结构和平衡链路访问规程(Link Access Procedures Balanced,LAPB)。LAPB按高级数据链路控制规程(High-Level Data Link Control,HDLC)的格式传送控制信息和数据信息。规定DTE和DCE之间采用全双工物理链路连接,信息传输只按点到点方式进行,不采用多点方式。

HDLC定义了3种站的类型、两种链路配置方式和3种数据传输方式。

(1) 站类型

所谓站指链路两端的通信设备。HDLC定义了3种站。

主站:主站控制整个链路的操作,主站发送的帧称为命令,主站只能有一个。

从站:从站在主站的控制下进行操作,从站发送的帧称为响应,从站可以有多个。

复合站:复合站兼具主站和从站的功能,既可以发送命令,也可以发送响应。

(2) 链路配置

HDLC可用于链路的两种基本配置,即非平衡配置和平衡配置。

非平衡配置：由一个主站和一个或多个从站构成，可以进行点对点配置，也可以进行点对多点配置。

平衡配置：由两个复合站构成，只能进行点对点配置。

(3) 数据传输模式

正常响应方式(Normal Response Mode，NRM)：用于非平衡配置，只有主站才能发起向从站的数据传输，从站只有收到主站的命令帧后才能向主站发送数据。

异步响应方式(Asynchronous Response Mode，ARM)：用于非平衡配置，在主站未发送命令帧时，从站可以主动向主站发送数据，但是主站需要对链路进行管理。

异步平衡方式(Asynchronous Balanced Mode，ABM)：用于平衡配置方式，任何一个复合站都可以启动数据传输，而不需要对方复合站的允许。

LAPB采用平衡配置方式，点对点链路，采用异步平衡方式进行数据传输。

1. HDLC的帧结构

HDLC的帧结构如图4.7所示。它由6个字段组成，这6个字段可以分为5种类型，即标志字段(F)、地址字段(A)、控制字段(C)、信息字段(I)、帧校验字段(FCS)。在帧结构中允许不包含信息字段I。

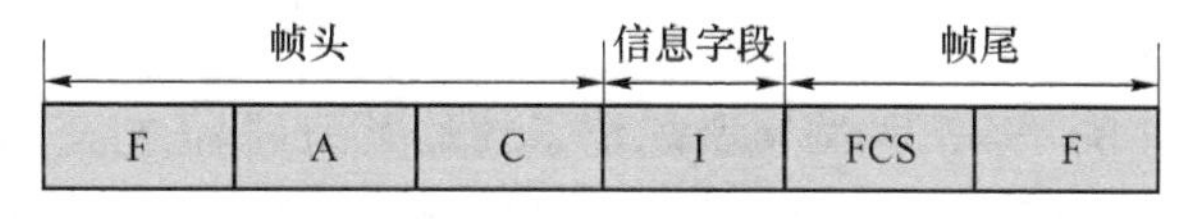

图4.7　HDLC的帧结构

(1) 标志字段

标志字段(F)是一个独特的01111110比特序列。F作为帧的限定符，所有帧均用F指示开始与结束，在DTE和DCE接口的发送方和接收方之间实现帧传输的同步。为了实现透明传输，F也可作为帧之间的填充字符。

在一串数据比特中，有可能产生与标志字段的码型相同的比特组合。为了防止这种情况产生，保证对数据的透明传输，采取了比特填充技术。当采用比特填充技术时，在信码中连续5个“1”以后插入一个“0”；而在接收端，则去除5个“1”以后的“0”，恢复原来的数据序列。

(2) 地址字段

地址字段(A)表示链路上站的地址。在使用不平衡方式传送数据时(采用NRM和ARM)，地址字段总是写入从站的地址；在使用平衡方式时(采用ABM)，地址字段总是写入应答站的地址。

地址字段的长度一般为8 bit，最多可以表示256个站的地址。在许多系统中规定，地址字段为“11111111”时，定义为全站地址，即通知所有的接收站接收有关的命令帧并按其动作；全“0”比特为无站地址，用于测试数据链路的状态。因此有效地址共有254个之多，这对一般的多点链路是足够的。但考虑在某些情况下，例如使用分组无线网，用户可能很多，可使用扩充地址字段，以字节为单位扩充。在扩充时，每个地址字段的第1位用作扩充指示，即当第1位为“0”时，后续字节为扩充地址字段；当第1位为“1”时，后续字节不是扩充地址字段，地址字段到此为止。

(3) 控制字段

控制字段(C)用来表示帧类型、帧编号以及命令、响应等。由于C字段的构成不同,可以把HDLC帧分为3种类型:信息帧、监控帧、无编号帧,分别简称I帧(Information)、S帧(Supervisory)、U帧(Unnumbered)。在控制字段中,第1位是"0"为I帧,第1、2位是"10"为S帧,第1、2位是"11"为U帧,另外控制字段也允许扩展。

(4) 信息字段

信息字段(I)内包含了用户的数据信息和来自上层的各种控制信息。在I帧和某些U帧中具有该字段,它可以是任意长度的比特序列。在实际应用中,其长度由收发站的缓冲器的大小和线路的差错情况决定,但必须是8 bit的整数倍。

(5) 帧校验字段

帧校验字段(FCS)用于对帧进行循环冗余校验,其校验范围从地址字段的第1比特到信息字段的最后一比特的序列,并且规定为了透明传输而插入的"0"不在校验范围内。

FCS并不是要使网络从差错中恢复过来,而是为网络节点所用,作为网络管理的一部分,检测链路上差错出现的频度。当FCS检测出差错时,就将此帧丢弃,差错的恢复由终端去完成。

2. 控制字段和参数

帧的控制字段由8 bit组成,控制字段规定了帧的类型,即I帧、S帧、U帧。X.25数据链路层的帧类型如表4.1所示。LAPB模8方式控制字段的分类格式如表4.2所示。

表4.1 X.25数据链路层的帧类型

分类	名称	缩写	作用
信息帧	—	I帧	传输用户数据
监控帧(S帧)	接收准备好	RR	向对方表示已经准备好接收下一个I帧
	接收未准备好	RNR	向对方表示忙状态,这意味着暂时不接收新的I帧
	拒绝帧	REJ	要求对方重发编号从$N(R)$开始的I帧
无编号帧(U帧)	置异步平衡方式	SABM	用于在两个方向上建立链路
	断链	DISC	用于通知对方,断开链路的连接
	已断链方式	DM	表示本方已与链路处于断开状态,并对SABM做否定应答
	无编号确认	UA	对SABM和DISC的肯定应答
	帧拒绝	FRMR	对双方报告出现了重发帧的办法不能恢复差错状态,将引起链路的复原

表4.2 LAPB模8方式控制字段的分类格式

控制字段比特	7 6 5	4	3 2 1	0
信息(I)帧	$N(R)$	P	$N(S)$	0
监控(S)帧	$N(R)$	P/F	S S 0	1
无编号(U)帧	M M M	P/F	M M 1	1

下面对 3 种不同类型的帧分别予以介绍。

(1) 信息帧

信息帧(I 帧)用于数据传送,它包含信息字段。I 帧由帧头、信息字段 I 和帧尾组成。I 帧的 C 字段的第一个比特为“0”,这是识别 I 帧的唯一标志;其他 7 位用于提供 I 帧的控制信息:在 I 帧控制字段中 b1～b3 比特为 $N(S)$,b5～b7 比特为 $N(R)$。由于是全双工通信,所以通信每一方都各有一个 $N(S)$和 $N(R)$。这里要特别强调指出:$N(R)$带有确认的意思,它表示序号为 $N(R)-1$ 以及在这以前的各帧都已经正确无误地收妥了。

为了保证 HDLC 的正常工作,在收发双方都设置两个状态变量 $V(S)$和 $V(R)$。$V(S)$是发送状态变量,为发送 I 帧的数据站所保持,其值指示待发的一帧的编号;$V(R)$是接收状态变量,其值为期望所收到的下一个 I 帧的编号。可见这两个状态变量的值确定发送序号 $N(S)$和接收序号 $N(R)$。

在发送站,每发送一个 I 帧,$V(S) \rightarrow N(S)$,然后 $V(S)+1 \rightarrow V(S)$。在接收站,把收到的 $N(S)$与保留的 $V(R)$做比较,如果这个 I 帧可以接收,则 $V(R)+1 \rightarrow N(R)$,回送到发送站,用于对前面所收到的 I 帧的确认。$N(R)$除了可以用 I 帧回送之外,还可以用 S 帧回送,这一点从表 4.2 中可以看出来,在 I 帧和 S 帧的控制字段中具有 $N(R)$。

$V(S)$、$V(R)$和 $N(S)$、$N(R)$都各占 3 bit,即序号采用模 8 运算,使用 0～7 共 8 个编号。在有些场合(如卫星通信),模 8 已经不能满足要求了,这时可以把控制字段扩展为两个字节,$N(S)$、$N(R)$和 $V(S)$、$V(R)$都用 7 bit 来表示,即增加到模 128。

(2) 监控帧

监控帧(S 帧)用于监视和控制数据链路,完成信息帧的接收确认、重发请求、暂停发送请求等功能。监控帧不具有信息字段。监控帧的代码、名称和功能如表 4.1 所示。

S 帧中没有包含用户的数据信息字段,它只有 48 bit 长,显然不需要 $N(S)$,但 S 帧中 $N(R)$特别有用,它具体含义随不同的 S 帧类型而不同。其中 RR 帧和 RNR 帧相当于确认信息 ACK,REJ 帧相当于否认信息 NAK。同时应当注意到,RR 帧和 RNR 帧还具有流量控制的作用,RR 帧表示已经做好表示接收帧的准备,希望对方继续发送,而 RNR 帧则表示希望对方停止发送(这可能是由于来不及处理到达的帧或缓冲器已存满)。

(3) 无编号帧

无编号帧(U 帧)用于数据链路的控制,它本身不带编号,可以在任何需要的时刻发出,而不影响带编号的信息帧的交换顺序。它可以分为命令帧和响应帧。用 5 个比特位(即 M1、M2)来表示不同功能的无编号帧。无编号帧的代码、名称和功能如表 4.1 所示。

3. X.25 链路操作模式

LAPB 操作方式是 ABM(异步平衡模式),链路两端都是复合站,任一站只要通过发送一个命令就可以使链路复位或建立新的链路。

在链路层的 3 种类型的帧中(与 HDLC 帧类似),只有 I 帧才用来携带 X.25 分组,I 帧只能用作命令帧而不能作为响应帧,这样 I 帧的地址字段内总是 I 帧的目的地址(DTE→DCE 时为 B,DCE→DTE 时为 A)。根据帧中的地址码可知该帧是命令帧还是响应帧,因为在命令帧中填对方的地址,在响应帧中填自己的地址,如表 4.3 所示。若帧中地址码既不是地址 A,又不是地址 B,则该帧作废。

表 4.3　X.25 链路层地址字段

帧类型＼方向	DTE(用户)→DCE(网络)	DCE(网络)→DTE(用户)
命令帧	B 10000000	A 11000000
响应帧	A 11000000	B 10000000

图 4.8 为点对点链路中两个站都是复合站的情况。复合站中的一个站先发出置异步平衡模式 SABM 的命令,对方回答一个无编号响应帧 UA 后,即完成了数据链路的建立。由于两个站是平等的,任何一个站均可在数据传送完毕后发出 DISC 命令提出断链的要求,对方用 UA 帧响应,完成数据链路的释放。

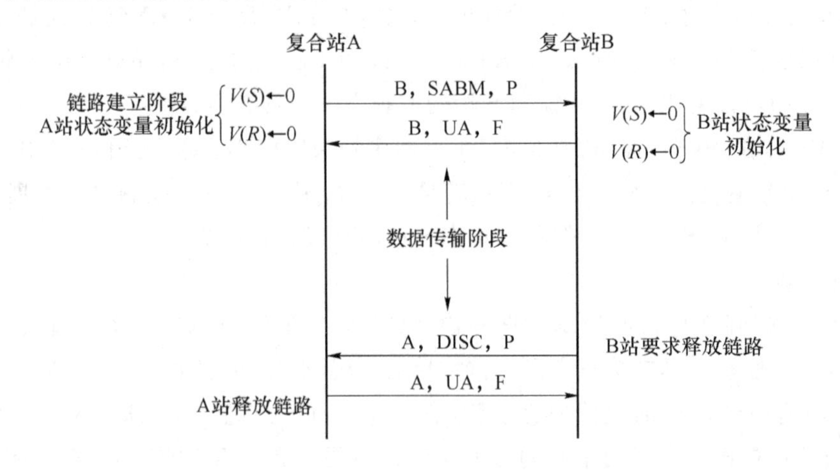

图 4.8　复合站链路的建立和释放

4.2.4　分组层

分组层对应于 OSI 的网络层。X.25 分组层规程的主要功能是利用链路层提供的服务在 DTE、DCE 接口交换分组,将一条逻辑链路按统计时分复用的方法划分为许多子逻辑信道,允许多个终端同时利用高速的数据通道传输数据。X.25 的分组层定义了 DTE 与 DCE 之间传输分组的过程,然而通过 X.25 接口传输的分组又与在 DTE 和 DCE 之间建立的多个用户呼叫有关。由于分组传输的终点并不是 DCE,因此 X.25 的分组层还涉及到通过网络将分组传送到远端的 DTE。

当主叫 DTE 想要建立虚呼叫时,它就发送"呼叫请求"分组,该分组包括可供分配的高端的 LCN 和被叫 DTE 地址。该分组发送到本地的 DCE,由 DCE 将该分组转换成网络规程格式,而且通过网络路由到远端 DCE,由远端 DCE 将网络规程格式的呼叫请求分组转换为"入呼叫"分组,并发送给被叫 DTE,该分组中包括了可供分配的低端的 LCN。被叫 DTE 通过发送"呼叫接受"分组表示同意建立虚电路,同上面过程相类似,当主叫 DTE 收到"呼叫连接”分组之后，表示主叫 DTE 和被叫 DTE 之间的虚呼叫已建立，可以进入数据传输阶段。

X.25 分组层的数据传输过程与链路层的情况非常类似，数据发送和接受确认、重发过程、窗口机制、流量控制等方面的设计思想是相同的。分组层向用户提供的是虚电路的连接，因此虚电路都有自己的窗口机制。

在虚呼叫任何一端的 DTE 都能够清除呼叫，通过发送“呼叫清除”分组和“清除指示”分组来完成呼叫清除过程。呼叫清除过程将导致与该呼叫相关的所有网络信息被清除，所有网络资源被释放。若虚呼叫在一段时间内没有数据传输，则网络侧会清除呼叫，以便最大利用带宽。

1. 分组和信息帧的关系

为了实现分组层的功能，需要各种类型的分组，所有的分组通过链路层在 DTE 和 DCE 之间传输时都放在信息帧（I 帧）的信息字段中，每个 I 帧载送一个分组，如图 4.9 所示。

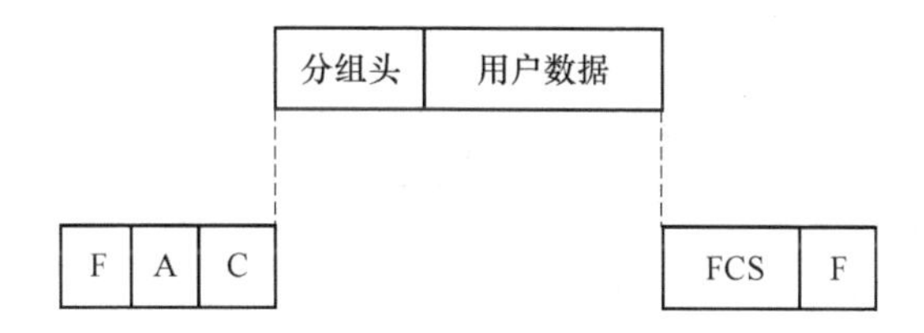

图 4.9　分组和 I 帧的关系

2. 分组的格式和类型

分组头由 3 个字节构成，即通用格式标识符、逻辑信道标识符、分组类型标识符，如图 4.3 所示。

（1）格式标识符（GFI）

它占用第一个字节的第 5～8 比特，其含义对于不同类型的分组来说是不同的。GFI 的格式如图 4.11 所示。其中 Q 比特是限定符比特，只在数据分组中使用，用来区分分组中的信息是包含用户数据的数据分组，还是包含控制信息的数据分组，前者是 $Q=0$，后者是 $Q=1$；$D=0$ 表示数据分组由本地确认（DTE-DCE 接口之间确认），$D=1$ 表示数据分组进行端到端确认（DTE 和 DCE）；SS=01 表示分组的顺序编号按模 8 方式工作，SS=10 表示按模 128 方式工作。

（2）逻辑信道标识符

它由两部分组成，第一个字节的第 1～4 比特组成逻辑信道组号（LCGN），第二个字节组成逻辑信道号（LCN），这样一来可以组成 16 组（每组 256 条逻辑信道），共 4 096 条逻辑信道，其中 0 号 LCN 被保留，只开放 4 095 条 LCN。X.25 没有限制 LCN 的编号方法，它可以用 12 bit 直接构成 4 095 条 LCN。

（3）分组类型标识符号

如表 4.4 所示，给出了 X.25 分组类型和对应第 3 字节的编码。它可以分 6 种类型。第 3 字节的第 1 比特为“0”时，为数据分组，用于传送用户信息；该比特为“1”时，为控制分组。

表 4.4　分组类型

分组类型			第 3 字节编码							
类　型	从 DTE 到 DCE	从 DCE 到 DTE	8	7	6	5	4	3	2	1
呼叫建立和清除	呼叫请求	呼叫指示	0	0	0	0	1	0	1	1
	呼叫接受	呼叫接通	0	0	0	0	1	1	1	1
	释放请求	释放指示	0	0	0	1	0	0	1	1
	DTE 释放确认	DCE 释放确认	0	0	0	1	0	1	1	1
数据和中断	DTE 数据	DCE 数据	×	×	×	×	×	×	×	0
	DTE 中断请求	DCE 中断请求	0	0	1	0	0	0	1	1
	DTE 中断确认	DCE 中断确认	0	0	1	0	0	1	1	1
流量控制与复位	DTE RR	DCE RR	×	×	×	0	0	0	0	1
	DTE RNR	DCE RNR	×	×	×	0	0	1	0	1
	DTE REJ		×	×	×	0	1	0	0	1
	DTE 复位请求	DCE 复位请求	0	0	0	1	1	0	1	1
	DTE 复位确认	DCE 复位确认	0	0	0	1	1	1	1	1
重新启动	DTE 重新启动请求	DCE 重新启动请求	1	1	1	1	1	0	1	1
	DTE 重新启动确认	DCE 重新启动确认	1	1	1	1	1	1	1	1
诊断		诊断	1	1	1	1	0	0	0	1

X.25 的分组可分为两大类，即控制分组和数据分组。下面逐一进行介绍。

(1) 控制分组格式

控制分组的格式如图 4.10(a)所示。图 4.10 (b)是控制分组的一种：呼叫请求分组的格式。

(a) 控制分组格式

8 7 6 5 4 3 2 1

Q D 0 1	LCGN
LCN	
0 0 0 0 1 0 1 1	
主叫DTE地址长度	被叫DTE地址长度
被叫DTE地址	0 0 0 0
主叫DTE地址	0 0 0 0
业务功能字段长度	
业务功能字段	
呼叫用户数据	

(b) 呼叫请求分组格式

图 4.10　控制分组格式

(2) 数据分组格式

数据分组格式如图 4.11 所示。

模 8 和模 128 两种数据分组包含的内容基本相同，只是分组编号 $P(S)$ 的长度不同，模 8 情况下占 3 bit，模 128 情况下占 7 bit，$P(R)$ 用于对数据分组的确认，它的长度与 $P(S)$ 相同。其中 $P(S)$ 为分组发送顺序号；$P(R)$ 为分组接收顺序号，它表示期望接收的下一分组的编号，同时意味着编号为 $P(R)-1$ 及 $P(R)-1$ 以前的分组已经正确接收。M 比特称为后续比特，$M=0$ 表示该数据分组是一份用户报文的最后一个分组，$M=1$ 表示该数据分组之后还有属于同一份报文的数据分组。M 比特为 DTE 装配报文提供了方便。

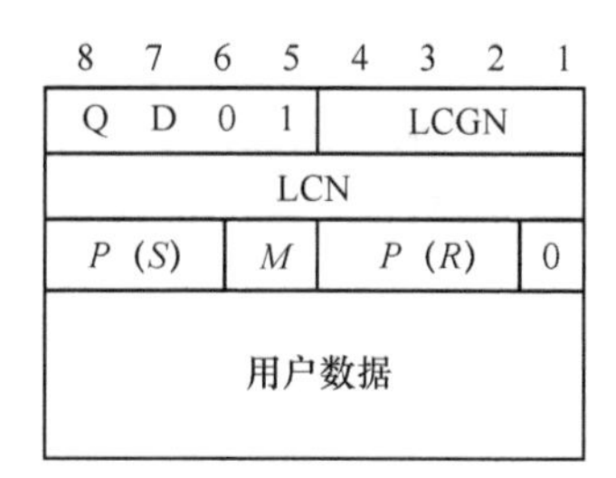

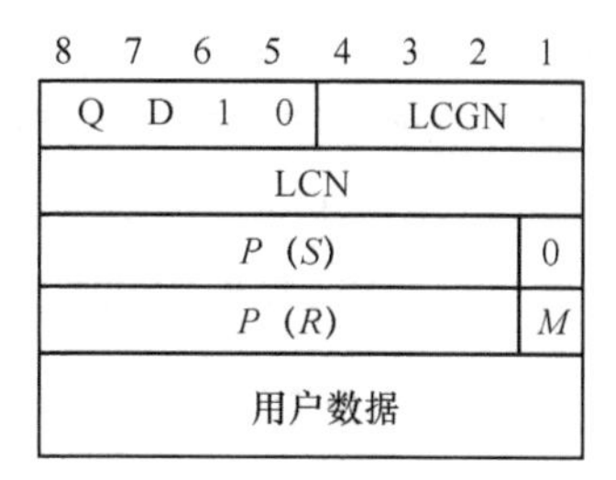

图 4.11　数据分组格式

3. 虚电路的建立和清除

分组层采用虚电路工作，整个通信过程分 3 个阶段：呼叫建立阶段、数据传输阶段、虚电路释放阶段。图 4.12 给出了虚电路的建立和清除过程，图中左边部分显示了 DTE A 和 DCE A 之间分组的交换，右边部分显示了 DTE B 和 DCE B 之间分组的交换。DCE 之间分组的路由选择是网络内部功能。

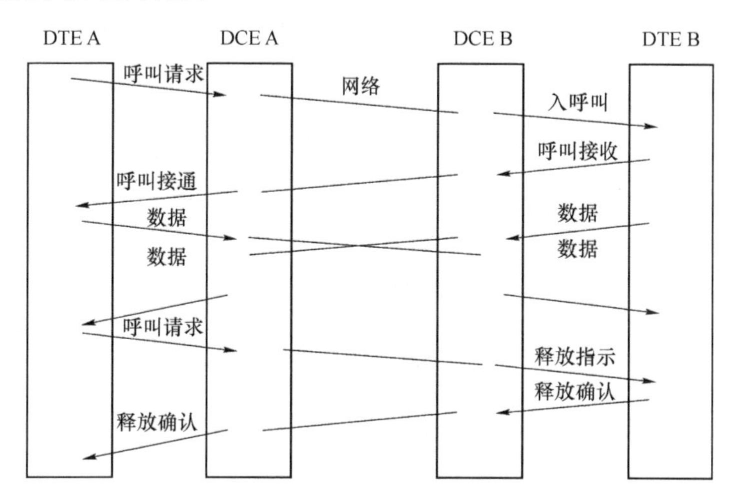

图 4.12　虚电路的建立和清除过程

虚电路的建立和清除过程如下。

(1) DTE A 对 DCE A 发出一个呼叫请求分组，表示希望建立一条到 DTE B 的虚电路。该分组中含有虚电路号，在此虚电路被清除以前，后续的分组都将采用此虚电路号。

(2) 网络将此呼叫请求分组传送到 DCE B。

(3) DCE B 接收呼叫请求分组，然后给 DTE B 送出一个呼叫指示分组，该分组与呼叫请求分组具有相同的格式，但其中的虚电路号不同，虚电路号由 DCE B 在未使用的号码中选择。

(4) DTE B 发出一个呼叫接收分组，表示呼叫已经接受。

(5) DTE A 收到呼叫接通分组(该分组和呼叫请求分组具有相同的虚电路号)，此时虚电路已经建立。

(6) DTE A 和 DTE B 采用各自的虚电路号发送数据和控制分组。

(7) DTE A(或 DTE B)发送一个释放请求分组，紧接着收到本地 DCE 的释放确认分组。

(8) DTE A(或 DTE B)收到释放指示分组，并传送一个释放确认分组。此时 DTE A 和 DTE B 之间的虚电路就清除了。

上述讨论的是交换虚电路(SVC)，此外 X.25 还提供永久虚电路(PVC)，永久虚电路是由网络指定的，不需要呼叫建立和清除。虚电路的建立、数据传送时的流量控制、中断、数据传送完毕后的虚电路释放等，都要用到控制分组。

4.2.5　X.25 用户业务功能

X.25 向用户提供基本业务功能和可选业务功能。基本业务功能是分组网向所有用户都提供的功能，可选业务功能则是根据用户的要求提供的功能。表 4.5 是 X.25 用户业务功能表。

表 4.5　X.25 用户业务功能

<table>
<tr><td rowspan="2">基本业务</td><td>交换虚电路(SVC)</td></tr>
<tr><td>永久虚电路(PVC)</td></tr>
<tr><td>可
选
业
务</td><td>非标准窗口大小的协商
非标准分组长度的协商
吞吐量等级的协商
中断时延选择和指示
扩展分组顺序号
D 比特修改
分组重发
反向计费
网络用户识别(NUI)
计费信息可选业务
RPOA 选择(与网关有关)
呼叫重定向
被叫线路地址修改通知
搜索群业务功能
呼叫受阻
单向逻辑信道号
闭合用户群(CUG)业务功能
快速选择
在线业务功能登记</td></tr>
</table>

4.3 帧中继原理与帧中继网络

4.3.1 帧中继与X.25比较

1. 以X.25为基础的分组交换技术的演变

X.25分组交换技术具有很多的优点，例如流量控制可有效防止网络拥塞；路由选择可建立最佳传输路径；统计时分复用及虚电路可提高信道利用率；差错控制提高了可靠性等。然而这些优点是有代价的，X.25建议规定了丰富的控制功能，增加了分组交换机处理的负担，使分组交换机的吞吐量和中继线速率的进一步提高受到了限制，而且分组的传输时延比较大。中继线上的速率一般为64 kbit/s，少数为2 Mbit/s，甚至为9 600 bit/s。但是我们不能因此说X.25不好。X.25建议是在通信网以模拟通信为主的时代背景下提出的，可提供数据传输的信道大多数是频分制电话信道，信道带宽为300～3 400 Hz，这种信道的数据传输速率一般不超过9 600 bit/s，误码率为10^{-5}～10^{-4}。这样的信道不能满足数据通信的要求，通过X.25建议的控制，一方面实现了信道的多路复用，另一方面把误码率提高到小于10^{-11}水平，满足了绝大多数数据通信的要求，所以说X.25建议发挥了巨大的作用。

为了进一步提高分组交换网的吞吐量和传输速率，可从两个方面来考虑：一方面提高信道的传输能力，另一方面发展新的交换技术。对于传输来说，采用光纤通信技术，它具有容量大、质量高的特点，这种通信信道为分组交换的发展提供了有利条件，于是快速分组交换技术迅速发展起来，以满足高容量、高带宽的广域网要求，适应多媒体通信、宽带综合业务、局域网高速互联等。目前广为采用的快速分组交换技术主要有两类，即帧中继（Frame Relay，FR）和异步传输模式ATM。

2. 帧中继与X.25的比较

帧中继将X.25网络的下3层协议进一步简化，将差错控制、流量控制推到网络的边界，从而实现轻载协议网络。如图4.13所示。

X.25数据链路层采用平衡链路访问规程LAPB，帧中继数据链路层规程采用LAPD(D信道链路访问规程，是综合业务数字网ISDN的第二层协议)的核心部分，称为方式链路访问规程，它们都是HDLC的子集。

与X.25相比，帧中继在第二层增加了路由的功能，但它取消了其他功能，例如在帧中继节点不进行差错纠正，因为帧中继技术建立在误码率很低的传输信道上，差错纠正的功能由端到端的计算机完成。在帧中继网络中的节点将舍弃有错的帧，由终端的计算机负责差错的恢复，这样就减轻了帧中继交换机的负担。

与X.25相比，帧中继不需要进行第三层的处理，它能够让帧在每个交换机中直接通过，即交换机在帧的尾部还未收到之前就可以把帧的头部发送给下一个交换机，一些第三层的处理，如流量控制，留给智能终端去完成。

正是因为处理方面工作的减少，给帧中继带来了明显的效果。首先帧中继有较高的吞吐量,能够达到E1/T1(2.048/1.544 Mbit/s)、E3/T3的传输速率;其次帧中继网络中的时延很小,在X.25网络中每个节点进行帧校验产生的时延为5～10 ms,而帧中继节点小于2 ms。

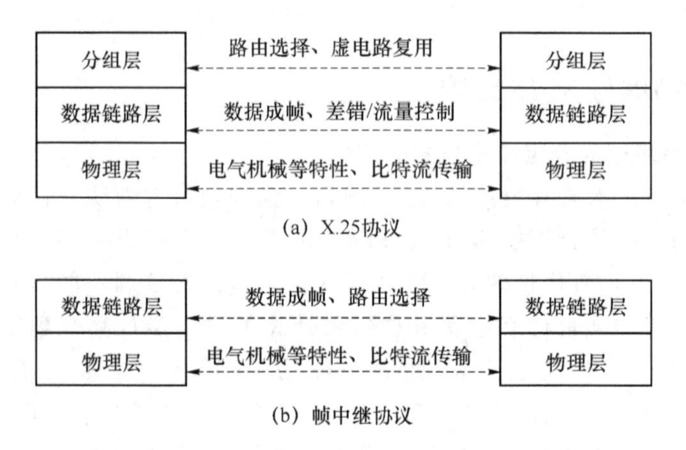

图4.13 帧中继与X.25协议

帧中继与X.25也有相同的地方。例如二者采用的均是面向连接的通信方式,即采用虚电路交换,可以有交换虚电路(SVC)和永久虚电路(PVC)两种。

4.3.2 帧中继基本功能和带宽管理

帧中继业务是在用户-网络接口(UNI)之间提供用户信息流的双向传送,并保持原顺序不变的一种承载业务。用户信息流以帧为单位在网络内传送,用户-网络接口之间以虚电路进行连接,对用户信息流进行统计复用。

帧中继网络提供的业务有两种:永久虚电路和交换虚电路。目前已建成的帧中继网络大多只提供永久虚电路业务,对交换虚电路及有关用户可选业务的研究正在进行之中。帧中继永久虚电路业务模型如图4.14所示。

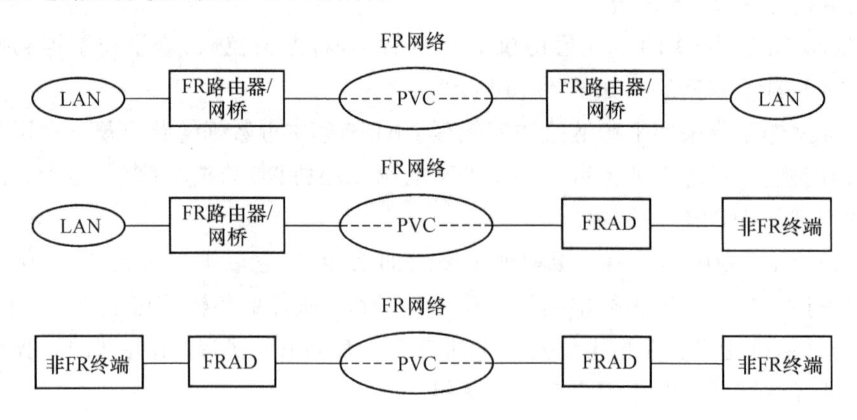

图4.14 永久虚电路业务模型

1. 帧中继基本功能

帧中继的协议结构如图 4.15 所示。帧中继在 OSI 第二层以简化的方式传送数据，仅完成物理层和链路层核心层的功能，智能化的终端设备把数据发送到链路层，并封装在 LAPD 帧结构中，实施以帧为单位的信息传送。网络不进行纠错、重发、流量控制等。

帧不需要确认就能够在每个交换机中直接通过，若网络检查出错误帧，直接将其丢弃；一些第二、第三层的处理，如纠错、流量控制等，留给智能终端去处理，从而简化了节点机之间的处理过程。

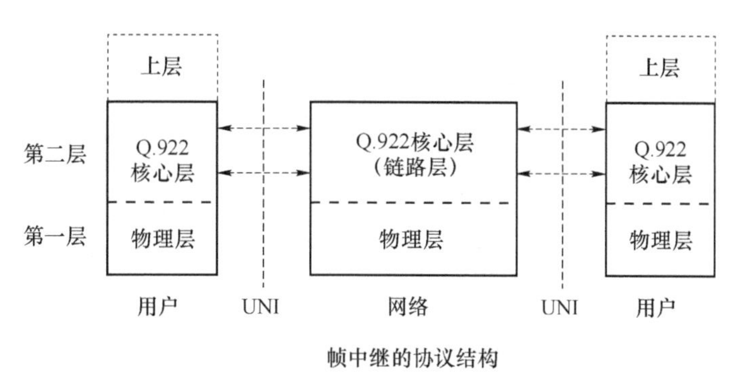

图 4.15　帧中继协议结构

2. 帧中继的带宽管理

帧中继网络通过为用户分配带宽控制参数，对每条虚电路上传送的用户信息进行监视和控制，实施带宽管理，以合理地利用带宽资源。

(1) 虚电路带宽控制

帧中继网络为每个用户分配 3 个带宽控制参数：Bc(承诺突发长度 committed burst size)、Be(超量突发长度 excess burst size)和 CIR(承诺信息传输速率 committed information rate)。同时，每隔 Tc(承诺时间间隔 committed rate measurment interval)时间间隔对虚电路上的数据流量进行监视和控制。Tc 值是通过计算得到的，Tc＝Bc/CIR，一般而言在此期间数据量在 Bc 和 Be 之间。

CIR 是在正常条件下网络与用户约定的用户信息传送速率。如果用户以小于等于 CIR 的速率传送信息，正常情况下，应保证这部分信息的传送。Bc 是网络允许用户在 Tc 时间间隔传送的最大数据量。Be 是网络允许用户在 Tc 时间间隔内传送的超过 Bc 的数据量，表示在此速率之上网络一般采取丢弃策略。

(2) 网络容量配置

在网络运行初期，网络运营部门为保证 CIR 范围内用户数据信息的传送，在提供可靠服务的基础上积累网管经验，使中继线容量等于经过该中继线的所有 PVC 的 CIR 之和，为用户提供充裕的数据带宽，以防止拥塞的发生。同时，还可以多提供一些 CIR＝0 的虚电路业务，充分利用帧中继动态分配带宽资源的特点，降低拥护通信费用，以吸引更多用户。

随着用户数量的增加，在运营过程中，随着经验的积累，可逐步增加 PVC 数量，以保证网络资源的充分利用。同时，CIR＝0 的业务应尽量提供给那些利用空闲时间 (例如夜间) 进行通信的用户，对要求较高的用户应尽量提供有一定 CIR 值的业务，以防止因发生阻塞而造成用户信息的丢失。

4.3.3　帧中继协议

1. 数据链路层帧接入协议

LAPF(Link Access Procedures to Frame Mode Bearer Services)是帧方式承载业务的数据链路层协议和规程。ITU-T Q.922A 定义了帧中继的 LAPF 帧格式,如图 4.16 所示。

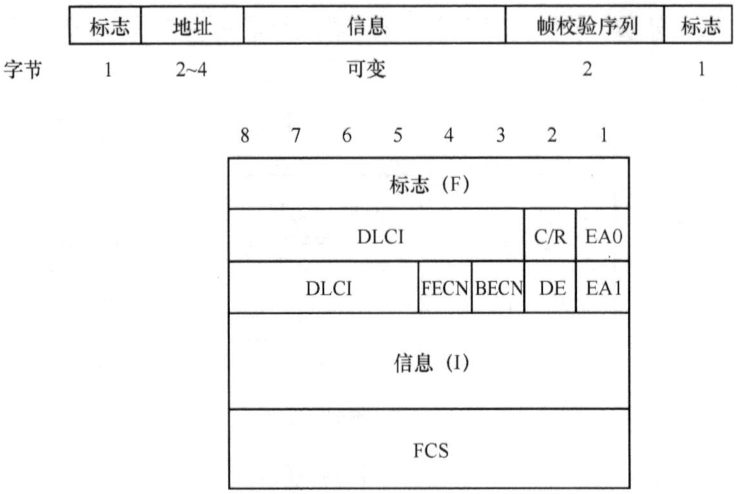

	标志	地址	信息	帧校验序列	标志
字节	1	2~4	可变	2	1

<table>
<tr><td>8</td><td>7</td><td>6</td><td>5</td><td>4</td><td>3</td><td>2</td><td>1</td></tr>
<tr><td colspan="8">标志 (F)</td></tr>
<tr><td colspan="6">DLCI</td><td>C/R</td><td>EA0</td></tr>
<tr><td colspan="4">DLCI</td><td>FECN</td><td>BECN</td><td>DE</td><td>EA1</td></tr>
<tr><td colspan="8">信息 (I)</td></tr>
<tr><td colspan="8">FCS</td></tr>
</table>

图 4.16　LAPF 帧格式

下面简要介绍各字段的情况。

(1) 标志字段

标志字段(F)是一个独特的 01111110 比特序列,用于指示一帧的开始与结束。为了实现透明传输采用比特填充技术。

(2) 地址字段

地址字段一般为两个字节,也可扩展为 3 或 4 字节。地址字段由以下几部分组成。

① 数据链路连接标识符(DLCI):DLCI 的长度取决于地址字段的长度,图 4.19 中地址字段为 2 字节,DLCI 占 10 bit。DLCI 值用于标识节点与节点之间的逻辑链路、呼叫控制和管理信息,如表 4.6 所示。

表 4.6　帧中继的 DLCI 说明(2 字节地址字段)

DLCI	用　　途
0	传递帧中继呼叫控制报文
1～15	保留
16～1 007	分配给帧中继过程使用
1 008～1 022	保留
1 024	链路管理

可见,对于 2 字节地址字段的 DLCI,从 16 到 1 007 共 992 个地址供帧中继使用,采用统计时分复用技术。

② 命令/响应(C/R):C/R 与高层的应用有关,帧中继本身并不使用。

③ 地址扩展(EA):当 EA 为 0 时表示下一个字节仍为地址字段,当 EA 为 1 时表示地址字段到此为止。

④ 前向拥塞通知(FECN):若某节点将 FECN 置 1,则表明与该帧同方向传输的帧可能

受到网络拥塞的影响而产生时延。

⑤ 后向拥塞通知(BECN):若某节点将 BECN 置 1,则指示接收者与该帧相反方向传输的帧可能受到网络拥塞的影响而产生时延。

⑥ 丢弃指示(DE):当 DE 置 1,表明在网络发生拥塞时,为了维持网络的服务水平,该帧与 DE 为 0 的帧相比应先丢弃。由于采用了 DE 比特,用户就可以比通常允许的情况多发送一些帧,并将这些帧的 DE 比特置 1。当然 DE 为 1 的帧属于不太重要的帧,必要时可以丢弃。

(3) 信息字段

信息字段(I)长度为 1 600 字节到 2 048 字节不等。信息字段可传送多种规程信息,如 X. 25、局域网等,为帧中继与其他网络的互联提供了方便。

(4) 帧校验字段

帧校验字段(FCS)为 2 字节的循环冗余校验(CRC 校验)。FCS 并不是要使网络从差错中恢复过来,而是为网络节点所用,作为网络管理的一部分,检测链路上差错出现的频度。当 FCS 检测出差错时,就将此帧丢弃,差错的恢复由终端去完成。

2. 数据链路层核心协议

帧中继承载业务使用 Q. 922 协议的“核心”协议作为数据链路层协议,并透明地传递 DL-CORE 服务用户数据。

帧中继数据链路层核心功能主要包括以下几个。

(1) 帧的定界、同步和透明性。即将需要传送的信息按照一定的格式组装成帧,并实现接收和发送之间的同步,还要有一定的措施来保证信息的透明传送。

(2) 使用地址字段进行帧的复用/分路。即允许在同一通路上建立多条数据链路连接,并使它们相互独立工作。

(3) 帧传输差错检测(但不纠错)。

(4) 检测传输帧在“0”比特插入之前和删除之后,是否由整个 8 比特组组成。

(5) 检测帧长是否正确。

(6) 拥塞控制功能。

3. 帧中继结构

在帧中继接口,数据链路层传输的帧由 4 种字段组成:标志字段 F,地址字段 A,信息字段 I 和帧校验序列字段 FCS,如图 4.17 所示。

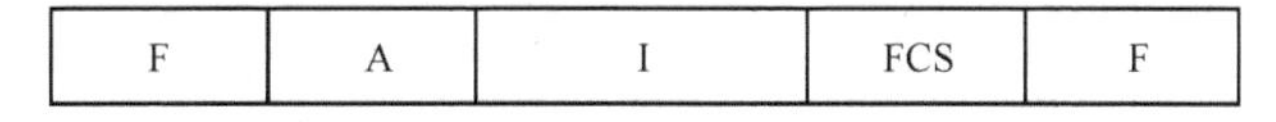

注: F: 标志; A: 地址; I: 信息; FCS: 帧校验序列

图 4.17　帧中继结构

标志字段 F 同 LAPF 标志字段。地址字段 A 与 LAPF 地址字段基本相同,只是不使用地址字段中的 C/R 比特。信息字段 I 包含的是用户数据,可以是任意的比特序列,它的长度必须是整数个字节,帧中继信息字节最大默契长度为 262 个字节,网络应能支持协商的信息字段的最大字节数至少为 1 600,用来支持例如 LAN 互联之类的应用,以尽量减少用户设备分段和重装用户数据的需要。帧校验序列字段 FCS 同 LAPF 帧结构中的 FCS 字段。

4. 帧中继对无效帧的处理

如果一个帧具有以下情况之一,则称之为无效帧:

- 没有用两个标志所分界的帧;
- 在地址分段和结束标志之间的字节数少于 3 个;

- 在“0”比特之前或“0”比特删除之后，帧不是由整数个字节组成；
- 包含一个帧校验序列(FCS)的差错；
- 只包含一个字节的地址字段；
- 包含一个不为接收机所支持的 DLCI。

无效帧应丢弃，不通知发送端。

如果网络收到一个超长帧，网络可以有以下处理方式。

(1) 舍弃此帧。

(2) 向目的地用户发送此帧部分内容，然后异常终止这个帧。异常终止是发送7个或7个以上连续“1”比特终止当前帧的发送。

(3) 向目的地用户发送包含有效 FCS 字段的整个帧。

目前大多数帧中继网络设备都选择上述第2种方式。另外如果超长帧的数目或频率超过网络特定的门限，网络也可以清除这个帧中继呼叫。

4.3.4 帧中继的虚电路

帧中继在一条传输介质上使用多个逻辑连接，即虚电路，有 SVC 和 PVC 两种。

PVC 是1984年作为最初帧中继标准提出来的，是两个节点之间的一条持续可用的通路，该通路被分配一个 DLCI 值，在该通路上发送的每一个帧都必须使用这个 DLCI。而且这条通路一直保持开通状态，通信可以在任何时间进行，就好像专线一样。1993年 SVC 成为帧中继标准的一部分，它具有链路的建立的释放过程，可大大扩充帧中继的接续能力。

帧中继的虚电路是由多段 DLCI 的逻辑连接链接而构成的端到端的逻辑链路。当用户数据信息被封装在帧中进入节点机后，首先识别帧头中的 DLCI，然后在 PVC 路由表中找出对应的下段 PVC 的号码 DLCI，从而将帧准确地送往下一节点机。

在帧中继中，SVC 是一种比 PVC 新的技术，但目前使用的大多为 PVC 方式。图4.18表示帧中继网中主机 A 到主机 B、LAN A 到 LAN B 通信时采用的虚电路。

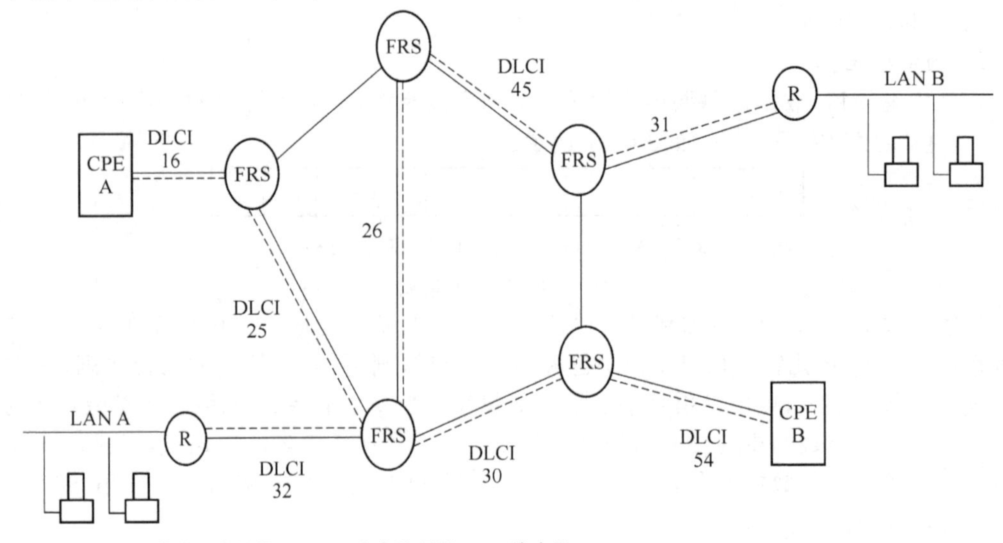

图4.18 帧中继逻辑链路

4.3.5 帧中继网络的设备及应用

1. 帧中继用户接入设备

帧中继用户接入设备是用户宅用设备(CPE),是组成帧中继网络的基本要素,负责把帧送到帧中继网。帧中继用户接入设备种类繁多,主要包括符合帧中继用户网络规程的帧中继终端、帧中继装/拆设备(FRAD)和路由器或网桥。

(1) 帧中继终端

符合帧中继用户-网络接口规程的用户终端,称为帧中继终端,它具有以下一些基本特性:

- 终端物理接口应与帧中继交换机能够支持的用户线路接口之一相一致。
- 应实现数据链路层核心功能。
- 由于帧中继网络透明传送用户终端之间交换的高层协议。为了进行有效的通信,用户终端双方应该进行完全兼容的高层协议和应用程序。
- 具有拥塞管理和拥塞控制功能。
- 应提供 PVC 管理程序,完成链路整体性核实功能、增加 PVC 的通知功能、删除 PVC 的通知功能,以及 PVC 状态通知(可用或不可用状态)等功能,并符合 Q.933 建议附件 A 的有关规定。
- 应提供维护和测试功能。

(2) 帧中继装/拆设备

具有非帧中继用户网络接口的用户终端,应经过帧中继装/拆设备(FRAD)才能和帧中继交换机相连接。FRAD 既可以置在帧中继交换机内,也可以单独设置。FRAD 通常具有以下一些基本特性:

- 具有协议转换功能;
- 具有拥塞管理和控制功能;
- 具有集中功能,可以接入多个用户;
- 具有维护和测试功能。

(3) 路由器和网桥

LAN 经过帧中继的互连除应用 FRAD 外,主要采用的是路由器和网桥,由网桥或路由器传送的数据包应采用无连接的网络层协议来传送。

LAN 通过帧中继网络在网络层处的互连采用路由器。路由器可以单独设置,也可以内置在帧中继交换设备内。

LAN 通过帧中继网络在数据链路层的互连采用网桥,网桥允许一个 LAN 上的某终端与由帧中继网互连、但物理上分离的另一 LAN 上其他终端通信。LAN 经由网桥互连,要考虑两种情况:

- 互通在 LAN 介质接入控制(MAC)层完成;
- 互通在 LAN 逻辑链路控制(LLC)层完成。

2. 帧中继交换机

帧中继技术是在分组技术充分发展,数字与光纤传输线路逐步替代已有的模拟线路,用户终端日益智能化的条件下诞生并迅速发展起来的。设计帧中继的目的是为了从现有的网络结构向未来的网络结构即信元中继平稳过渡。在帧中继技术、信元中继和ATM技术的发展过程中,帧中继交换机的内部结构也在逐步改变,业务性能进一步完善,并向ATM过渡。目前市场上的帧中继交换产品大致有3类:

- 改装型X.25分组交换机;
- 以全新的帧中继结构设计为基础的新型交换机;
- 采用信元中继、ATM技术、支持帧中继接口的ATM交换机。

3. 帧中继设备的应用

(1) 局域网互联

帧中继设备可用于局域网的互联,局域网用路由器与帧中继连接,形成LAN-FR-LAN结构,实现高速传输。

(2) 作为X.25网的骨干网

帧中继设备可作为X.25网的骨干网,从而将帧中继高吞吐量、低时延与X.25高可靠的差错控制能力相结合,发挥各自优势,获得最佳效果。

本章小结

本章主要介绍了分组交换原理、X.25协议和帧中继技术。

分组交换属存储-转发方式,信道统计时分复用。它可以是面向连接的,也可以是面向非连接的。如果是面向连接的,它在通信前先通过信令在信源和信宿之间建立一条虚拟连接——即沿路交换机建立相应的路由表,如X.25分组交换。如果是面向非连接的,则每个数据包的包头都含有信宿地址,交换机根据信宿地址路由到相应的输出端口去,如IP数据报交换。

X.25网络是分组交换网的典型代表,采用虚电路方式交换,它的特点如下。

- 可以向用户提供不同速率、不同代码、不同同步方式以及不同通信控制协议的数据终端间能够相互通信的灵活的通信环境。
- 每个分组在网络中传输时可以在中继线和用户线上分段独立地进行差错校验,使信息在网络中传输的误比特率大大降低。并且X.25网中的传输路由是可变的,当网中的线路和设备发生故障时,分组可自动选择一条新的路径避开故障点,使通信不会中断。
- 实现线路的动态统计时分复用,通信线路(包括中继线和用户线)的利用率很高。在一条物理线路上可以同时提供多条信息通路。

介绍了帧中继技术的发展历程,并与X.25进行了比较;并着重介绍了帧中继的原理和网络设备。帧中继的特点如下。

- 广域网业务,通信距离长。
- 主要用于传递数据业务,有效地处理突发性的数据。
- 在一个物理连接上复用多个逻辑连接,实现了带宽的复用和动态分配。
- 简化了X.25的第三层功能,提高效率;采用物理层和链路层2级结构,在链路层也只保留了核心子集结构。

- 在链路层完成统计复用、帧透明传输和错误检测，但不提供发现错误后的重传工作。
- 有合理的带宽管理和拥塞管理的机制。
- 面向连接的交换技术。

复习思考题

4-1　试分析统计时分复用和同步时分复用的异同点，并说明为什么前者能适用于数据通信。

4-2　简述分组的形成、传输和交换过程。

4-3　试比较虚电路方式和数据报方式的优缺点。

4-4　比较电路交换与分组交换中虚电路的不同点。如何理解“虚”的概念？

4-5　衡量分组网络的性能指标有哪些？

4-6　为什么说 X.25 过时了？试从 X.25 的背景、设计思路、发展、优缺点等几个方面进行分析。

4-7　X.25 中分组头由哪几部分组成？简述分组与信息帧的关系。

4-8　HDLC 帧分为哪几种类型？各自的作用是什么？

4-9　X.25 协议中将数据通信分为哪几个层？请简述 X.25 协议中各层的功能。

4-10　请简述 X.25 业务的通信过程。

4-11　比较帧中继和 X.25 的不同点。

4-12　帧中继的带宽管理是如何实现的？

4-13　试画出 LAPF 的帧格式，说明 DLCI 起什么作用？

4-14　试画出 LAPB 的帧格式，说明地址字段和控制字段分别起什么作用？

第5章 ATM交换

通信网络发展的目标是实现业务综合化和传输宽带化。进入20世纪80年代，随着技术的不断进步，通信业务的种类不断增加。原有的电话网络只能支持实时话音通信，而分组数据网络只能支持非实时的数据业务，在一种网络上传输多种业务的技术要求被提出，在此基础上综合业务数字网ISDN应运而生。ISDN较好地满足了多种业务在同一网络中传输的要求，得到了一定程度的应用。但是由于ISDN的传输带宽不能满足高速、宽带的业务要求，因此ITU-T提出了一种新的传递技术——异步传递模式ATM，ATM这项技术覆盖了传输、复用和交换等方面，实现了业务的综合化和传输的宽带化，是实现宽带综合业务数字网的一种较好的技术。

本章主要介绍ATM的基本概念、ATM协议参考模型、ATM交换原理、ATM流量控制技术、ATM信令和ATM网络实例。

5.1 概　　述

5.1.1 宽带综合业务数字网的发展

宽带综合业务数字网是由电话网发展演变而来的，共经过了4个阶段：公众电话交换网、综合数字网、窄带综合业务数字网和宽带综合业务数字网。

1. 公众电话交换网

公众电话交换网(Public Switched Telephone Network，PSTN)是支持话音通信的通信网络。公众电话网是以电话交换机为核心，采用星形方式连接电话机，通过交换机的连接为用户提供话音通信服务。

2. 综合数字网

综合数字网(Integrated Digital Network，IDN)是在电话网络中实现了数字交换和数字传输。数字技术在通信网络中的使用提高了网络的性能，减少了网络成本，增加了通信容量。需要注意的是综合数字网中用户线上依然采用模拟传输技术。

3. 窄带综合业务数字网

20世纪80年代中期，发达国家数字程控电话交换机广泛采用，电话业务趋于饱和。同时人们对非电话业务的要求逐步提高，在此基础上产生了多种业务网络为用户提供不同的通信服务，这些网络按业务需求分别组建，彼此相互独立。这种组网造成用户线利用率低，敷设用户线的成本高，网络资源利用率低，不易于引入新的通信业务等问题。在这种背景下，产生了将话音、数据、图像等信息综合在一个网络中传送的思想，即建立综合业务数字网(Integrated Services Digital Network，ISDN)。在综合业务数字网中，用户使用一条用户线和一个号码就可将不同业务类型的终端接入网内并按统一的规程进行通信。

CCITT 对于 ISDN 的定义是：ISDN 是这样一种网络，它由综合数字网演变而成，提供端到端的数字连接，以支持一系列广泛的业务(包括话音和非话音业务)，它为用户进网提供一组有限的标准多用途用户-网络接口。

CCITT 于 1988 年提出了有关 ISDN 的 I 系列建议，详细规定了 ISDN 的技术标准，自此 ISDN 技术开始了商用化的历程。

4. 宽带综合业务数字网

窄带综合业务数字网在一定程度上满足了人们对网络的要求，但是随着通信技术和计算机技术的不断发展，窄带综合业务数字网不能满足人们日益增长的高质量的视频传输、高速数据传输、高质量的音频传输的要求。为克服窄带综合业务数字网的缺陷，人们努力寻求一种更加完善的通信网络——"这种网络不仅能够为用户提供更高的传输速率，更灵活的服务，更好的服务质量，能够适应现有的各种通信业务，而且这个网络必须具有与具体业务无关，具有未来安全性，可以有效地利用网络资源，收费低廉等特性"。CCITT 将该网络定名为宽带综合业务数字网(Broadband-Integrated Services Digital Network，B-ISDN)。

宽带综合业务数字网中使用全新的传输、交换和复用技术，这些技术称为传递技术。通信技术和计算机技术的发展为宽带综合业务数字网传递技术的产生奠定了基础；光纤和光缆技术的发展为宽带综合业务数字网提供了高速传输通道；分组交换技术、电路交换技术、帧中继等技术的发展融和为新的高速交换技术的产生提供了可能；计算机技术的发展使得交换机和用户终端的处理速度不断提高，为高速交换和高速数据处理成为可能。ITU-T 最终选择了异步传递模式 ATM 作为宽带综合业务数字网的传递技术。

5.1.2 宽带综合业务数字网的业务

ITU-T I.113 建议中规定：宽带(Broadband)是要求传输信道的速率超过一次群速率的接口或系统。

1. B-ISDN 宽带业务分类

B-ISDN 网络将所有要支持的宽带业务划分为 4 类，分别是：

- 恒定比特率业务；
- 可变比特率业务；
- 可保证比特率业务；
- 非特定比特率业务。

(1) 恒定比特率业务(Constant Bit Rate ，CBR)

这类业务要求 B-ISDN 网络对每一个所建立的连接都传送恒定速率的信息流，而不管所传送的信息是否时刻都有意义。CBR 业务通常是针对实时性强的应用，这些应用一般都有非常严格的时延限制，并且要求分组丢失率低。例如，话音业务和交互式实时图像业务就属于 CBR 业务。

(2) 可变比特率业务(Varible Bit Rate,VBR)

这类业务允许B-ISDN网络以可变速率来传送和交换其信息分组,信源也是以可变比特率的方式向网络发送信息流。一般说来,VBR业务同样需要较低的数据丢失率,但与CBR业务不同的是该类业务可容忍更大的延迟。由于发送速率在不停地变化,网络为VBR业务所分配的资源(如带宽、缓冲队列等)也随之变化,这就为系统控制带来了较大的困难。VBR业务可进一步分成实时VBR业务(rt-VBR)和非实时VBR业务(nrt-VBR)。

(3) 可保证比特率业务(Available Bit Rate,ABR)

这类业务要求B-ISDN传输网络和交换设备必须保证足够的带宽来传送信息,通常是针对一些对信息丢失敏感(不允许信息发生错误),但可以容忍一定时延的应用。只有在B-ISDN网络能够提供足够的带宽时,才能支持此类业务。

(4) 非特定比特率业务(Unspecified Bit Rate,UBR)

这类业务并不要求B-ISDN网络一定为其连接分配带宽,而是网络有剩余带宽就可传送相应的信息分组。一个UBR连接可以在一段时间占用较大的带宽,而在另一段时间占用较小的带宽,或者在网络业务量高峰期间干脆就不占用带宽。因此,这种方式能有效地利用宽带网络的资源。UBR业务属于那些对时延和信息丢失都要求不高的应用。

2. B-ISDN业务的特征

B-ISDN的业务种类非常多,概括起来B-ISDN业务的特征是:业务速率和保持连接的时间跨度大、突发性强、业务含多媒体业务成分。

(1) 业务速率

从业务的速率方面看,B-ISDN网络能够支持的业务速率从速率最低的遥控遥测(几比特每秒)数据到高清晰度电视HDTV(100~150 Mbit/s)数据,甚至超高速的大容量数据(几吉比特每秒)都以统一的方式进行传送和交换,并实现资源共享。

(2) 保持连接的时间

不仅宽带业务的比特率跨度大,而且不同业务的保持时间也相差悬殊,图5.1描述了B-ISDN业务的大体分类。从图5.1中可以看到,对于遥控遥测类的业务,不仅速率低,而且保持时间也较短;而对高质量的图像业务,其业务速率高,保持时间也很长。

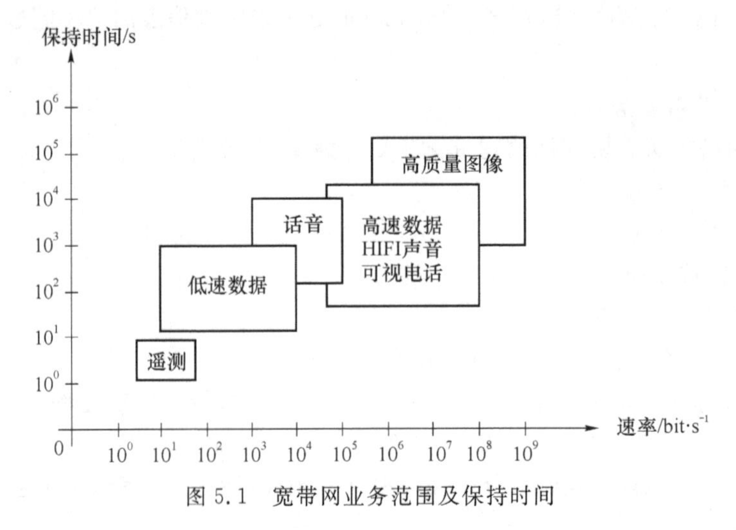

图5.1　宽带网业务范围及保持时间

(3) 突发特性

各种业务的突发性也大不相同。恒定比特率业务在网络中传输的速率是不变的，其突发度为 1。可变比特率业务在通信过程中其信息率随时间而变化，如图 5.2 所示。

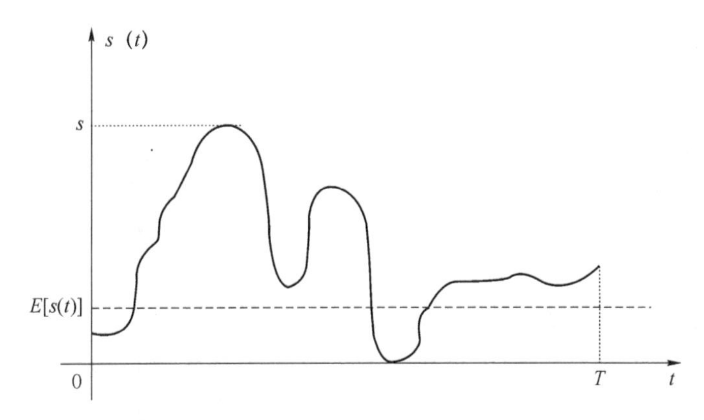

图 5.2　可变比特率业务随时间速率波动图

数据传输时的突发性越大，造成网络发生拥塞的可能性越大，对传输系统的要求越高，所以需要高性能的流量控制和拥塞控制算法。

(4) 多媒体业务成分

许多宽带业务由多种媒体成分构成，例如会议电视业务就包括声音、图像及一定的文本数据信息，这类业务称为多媒体业务。多媒体业务要求宽带网络同时为其建立多个连接，并且根据不同的业务要求动态地加入新连接或撤销已有连接而且还应保持各媒体成分之间的交叉同步。因此，多媒体业务在网络中和终端上的处理相对比较复杂。

3. ATM 技术特点

通过前面的讨论可知，宽带综合业务数字网的通信业务要求更宽的带宽和更高的速率，它将在网络中产生各种混合业务量。现在的各种网络技术无法满足这种要求。

异步传递模式 ATM 被国际电联电信标准部(ITU-T)于 1992 年 6 月定义为宽带综合业务数字网的传递模式。其中"传递"包括了传输、交换和复用 3 个方面，所以传递模式意指信息在网络中的传输、交换和复用方式。"异步"是指在接续和用户中带宽分配的方式。因此，ATM 就是在用户接入、传输和交换级综合处理各种通信量的技术。

ATM 技术具有单一的网络结构，综合的方式处理话音、数据、图像和视频等业务，可以提供更大容量和综合业务，具有灵活的网络接入方式，能够有效地利用传输带宽并支持未来各种新业务需求。

ATM 网具有以下特点：

- 支持一切现有通信业务及未来的新业务；
- 有效地利用了网络资源；
- 减小了交互的复杂性；
- 减小了中间节点的处理时间，支持高速传输；
- 减小了延迟及网络管理的复杂性；
- 保证现有及未来各种网络应用的性能指标。

5.2　B-ISDN 协议参考模型

5.2.1　B-ISDN 协议参考模型概述

ITU-T 在建议 I. 321 中定义了 B-ISDN 的协议参考模型，如图 5.3 所示。B-ISDN 协议参考模型是一个立体模型，分为 3 个平面，即用户面(User-plane)、控制面(Control-plane)和管理面(Management-plane)，管理面又分为层管理和面管理。

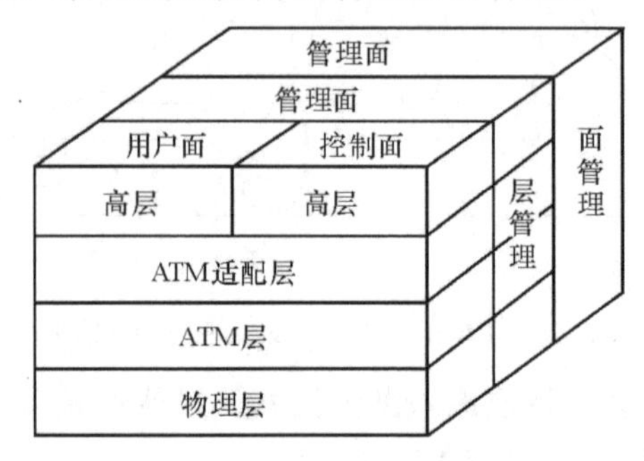

图 5.3　ATM 网络体系结构

用户面在通信网中提供端到端的用户信息的传递，它包括物理层、ATM 层、针对不同用户业务的 ATM 适配层和高层。

控制面提供呼叫建立、释放以及业务交换所需的其他连接控制功能，主要完成信令功能。控制面和用户面共享物理层和 ATM 层，使用单独的 ATM 适配层和高层。

管理面提供管理功能及与用户面和控制面交换信息的能力。它分成两部分：一部分是面管理，面管理完成与整个系统有关的管理功能，并实现所有面之间的协调，面管理不分层；另一部分是层管理，层管理实现特定层上的资源和协议参数管理，并处理维护操作信息流。

5.2.2　B-ISDN 分层功能

B-ISDN 包括 4 层结构：物理层、ATM 层、ATM 适配层和高层。各层相互配合完成信息的传送与接收，ITU-T I. 321 和 I. 431 建议定义了各层的功能。ATM 分层功能如表 5.1 所示。

表 5.1　ATM 分层功能

ATM 适配层	汇聚子层	汇聚(CPCS/SSCS)
	拆装子层	分段和重组
ATM 层	信元转发	通用流量控制 信元头的产生和提取 信元 VPI/VCI 变换 信元的复用和分解
物理层	传输汇聚子层	信元速率解耦 HEC 信元头序列产生/检验 信元定界 传输帧适配 传输帧产生/提取
	物理媒体子层	比特定时 物理媒体

1. 物理层

物理层主要是为ATM信元提供物理传输通道，即将ATM层送来的ATM信元按照物理层传输帧的格式进行封装，加上传输开销和控制、维护信息，并转换为可以在特定物理传输媒体上传输的连续比特流。在接收方向上完成相反的工作。

为了便于物理层功能的实现，保证ATM物理层接口灵活性，物理层被分为物理媒体子层(Physical Media，PM)和传输汇聚子层(Transmission Coverage ，TC)。物理媒体子层位于最低层，它仅包括与物理传输媒体有关的功能，传输汇聚子层将来自ATM层的信元流转换为能在物理媒体上传输的比特流以及完成相反方向的操作。

2. ATM层

ATM层在物理层之上，利用物理层提供的服务，与对等层之间进行以信元为单位的数据通信，同时，ATM层为ATM适配层提供服务。ATM层的特征是：既与传输媒体无关又与传送的业务类型无关。ATM层具有4项功能：

- 信元的多路复用和多路分接；
- 虚通路标识符(Virtual Path Identifier，VPI)和虚信道标识符(Virtual Channel Identifier，VCI)的翻译；
- ATM信元头的产生和提取；
- 一般流量控制(Generic Flow Control，GFC)功能。

3. ATM适配层

ATM适配层(ATM Adaptation Layer，AAL)位于ATM层与高层之间，起承上启下的作用。ITU-T I.362建议对它的功能进行了描述。由于高层业务和业务服务方式存在多样性，B-ISDN把AAL分成不同的类别，分别提供不同的服务类型。AAL可以分为两个子层：拆装子层(Segment And Reassemble，SAR)和汇聚子层(Coverage Sublayer，CS)。

拆装子层完成信元适配最基本的功能，它在发送端把高层信息单元分割成一个个48 B的净荷段(称为SAR-PDU)。在接收侧把从ATM层送来的ATM信元净荷重新组装成高层信息单元并传送给高层。

汇聚子层与高层业务密切相关，完成消息识别、时间/时钟恢复等功能。对于某些AAL类型，它又可分为两个子层：公共部分汇聚子层(Common Part Coverage Sublayer，CPCS)和业务特定汇聚子层(Service Specific Coverage Sublayer，SSCS)。

5.2.3 ATM信元

B-ISDN处理的基本信息单位称为信元(Cell)，信元长53 B，包括信元头和信息域两部分。信元头的长度为5 B，由ATM层产生和使用(HEC字段除外)；信息域的长度为48 B，由ATM适配层产生。

1. ATM信元结构

ATM信元有两种结构，用户网络接口(User Network Interface，UNI)信元和网络接口(Network Network Interface，NNI)信元(或称为网络节点接口信元)，如图5.4所示。这两种信元的区别在于信元头不同。在UNI信元中，信元头第一字节的5～8 bit表示一般流量控制(GFC),在 NNI 信元中,GFC 域被 VPI 取代。

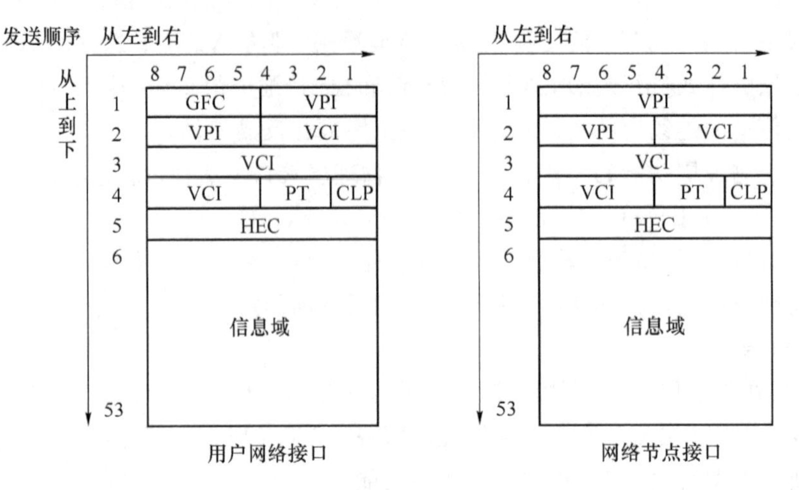

图 5.4 ATM 信元结构

(1) 一般流量控制(GFC)

GFC 的作用是控制用户网络中 ATM 连接的业务流量,避免数据过载。用户数据进入 ATM 网络有两种模式:受控模式和非受控模式。受控模式支持 GFC 功能,保障用户输入网络中的业务量受到限制;非受控模式不支持 GFC 功能,其 GFC 域为全 0。

(2) 虚通路标识符(VPI)和虚信道标识符(VCI)

ATM 采用面向连接的通信技术,要求在端到端的业务数据开始传送前要建立端到端的连接。ATM 网络通过不同的连接标识符区分不同的连接,ATM 信元头中包含了两种标识符:虚通路标识符(VPI)和虚信道标识符(VCI)。通过信元的两个标识符和所传输物理链路就可以唯一地识别每个 ATM 连接。

VPI 用于标示虚通路连接,在 UNI 信元中,VPI 长度为 8 位,可以标示 256 条虚通路连接,在 NNI 信元中,VPI 长度为 12 位,可以标示 4 096 条虚通路连接。

VCI 用于标示虚信道连接,在 UNI 信元和 NNI 信元中 VCI 的长度均为 16 位,可以标示 65 536 条虚信道连接。

VPI 和 VCI 共同配合,在 UNI 信元中可以标示 2^{24} 条虚连接,在 NNI 信元中可以标示 2^{28} 条虚连接。在 ATM 交换中 VPI 和 VCI 具有局部重要性。

需要注意的是,VPI 和 VCI 中有预定义的值,在 VPI 中,VPI=0 是保留值,用户不能使用,VCI 的值为 0~15 用于 ATM 网络管理功能,VCI=16 用于过渡本地管理接口,VCI 的值为 17~31 用于预留给其他的一些功能,此后的 VCI 值用户才能使用。

(3) 信息类型指示符

信息类型指示符(Payload Type Identifier,PTI)的长度为 3 bit,用于表示信息域中装载的信息类型。最左位是最高有效位称为第一位,第一位用于表示信息域中装载的信息是用户数据还是网络控制数据(为 0 表示用户数据,为 1 表示网络控制数据)。用户数据是指用户通信中传送的信息;网络控制数据是用于网络管理的操作、维护、管理(Operation Administation and Maintenace,OAM)信息。对于不同的信息,ATM 层采用不同的操作方式,如果是用户数据,ATM 层将信息域交给 ATM 适配层,如果是网络控制数据则将启动网络管理功能进行处理。

如果是用户数据,则第二位表示拥塞指示,指出信元在传送过程中是否经历过拥塞,该位置 1 表示经历了拥塞,否则该位清零。接收端通过该位可以判断是否在虚连接上发生了拥塞,如果发生了拥塞则启动拥塞控制机制,但这时接收端并不能判断出拥塞发生在哪一段路径。第三位是 ATM 用户到用户指示(ATM User to User Indication,AUU),标识两种用户数据信元,0 类信元和 1 类信元,发送端使用 AUU 通知接收端该信息段是否结束,AUU=1时表示信息段的最后一个信元,AUU=0 表示信息段未发送完毕。AAL5 使用了该功能。

除了规定的两种信息类型外,信息类型指示符还定义了网络资源管理信元。信息类型指示符的 7 个编码已经被定义,最后一个为未来功能预留。PTI 具体含义如表 5.2 所示。

表 5.2　PTI 域值含义

PTI	含义
000	用户数据信元,未经历拥塞,ATM 层用户到 ATM 层用户指示(AUU)为 0
001	用户数据信元,未经历拥塞,ATM 层用户到 ATM 层用户指示为 1
010	用户数据信元,经历拥塞,ATM 层用户到 ATM 层用户指示为 0
011	用户数据信元,经历拥塞,ATM 层用户到 ATM 层用户指示为 1
100	段 OAM　F5 信元
101	端到端 OAM　F5 信元
110	资源管理信元
111	预留作未来使用

(4) 信元丢失优先级

信元丢失优先级(Cell Loss Priority,CLP)长度为 1 bit,用于指示发生拥塞时信元被丢弃的优先级。CLP=0 的信元丢失优先级高,网络应该分配给它足够的资源保证其可靠地传输,CLP=1 的信元丢失优先级低,当网络发生拥塞时,将首先丢弃该信元以保证丢失优先级高的信元传输。

(5) 信元头差错控制字段

信元头差错控制字段(Header Error Control,HEC)主要有两个功能:

- 对信元头进行差错控制,纠正单个比特的错误,检查多个比特错误;
- 信元定界。

需要注意的是该信息域由物理层处理。

2. ATM 信元类型

在信道上使用的信元有多种类型,这些信元的分类及基本功能如表 5.3 所示。

表5.3 ATM信元类型及功能

信元类型	所在层	功能描述
空信元 (idle cell)	物理层	空信元的目的是使ATM物理层传送速率与传输系统的传输速率相适合,适配ATM系统和传输系统,物理层插入或删除空信元
有效信元 (valid cell)	物理层	信元头经过HEC检验纠正保证正确的信元,这项操作在物理层中完成
无效信元 (invalid cell)	物理层	信元头发生错误,而且无法使用HEC进行纠正,这些信元在物理层丢弃,而不会交给ATM层
已分配信元 (assigned cell)	ATM层	向上层提供服务信元,该信元承载有用的信息,信息内容可以是用户信息、信令信息或管理信息
未分配信元 (unassigned cell)	ATM层	不是分配的ATM信元,该信元没有承载信息,所占的信道带宽未使用

5.3 物 理 层

ATM物理层的主要任务是物理线路编码和信息传输。它向上为ATM层提供信元流的传输,向下适配不同的传输系统。物理层可以分为两个子层:物理媒体子层和传输汇聚子层。传输汇聚子层执行的是与物理媒体无关的协议,主要任务是保证数据的正确传输;物理媒体子层主要负责物理媒体的选择、位定时和线路编码。

5.3.1 物理媒体子层

物理媒体子层提供比特传送、比特定位、物理传输媒体、电气/光接口转换等功能。

1. 物理媒体

宽带综合业务数字网的主干网和用户接入网是建立在光纤传输的基础上,但是这不能保证在B-ISDN UNI接口上的传输媒体一定是光纤。因为接口的覆盖范围比接入网窄得多,大多数的范围一般在200 m以下,在这种情况下可以使用电媒体,电气接口的价格较为便宜,易于安装和维护。对于同轴电缆,155.520 Mbit/s的传输距离可以到200 m,622.080 Mbit/s的传输距离可以到100 m。如果在电气接口中插入光传输系统,可以获得比100~200 m更大的接口范围,但是需要两次光/电转换。B-ISDN的UNI接口在上行和下行的接口速率可以是对称的,也可以是非对称的。

2. 比特定时和线路编码

比特定时的功能包括波形的产生和接收、定时信号的插入和提取。

(1) 基于比特操作的编码

ITU-T建议G.703规定电接口155.520 Mbit/s采用码标记反转(Coded Mark Inversion,CMI)编码方式。CMI编码具有实现简单、便于定时信号提取,无直流分量且低频分量少,无比特差错倍增现象,通过符号变换可以发现单比特错误等特点。G.703规定155.520 Mbit/s与622.080 Mbit/s光接口采用不归零码(Non-Return to Zero ,NRZ)编码方式，实现时使用“1”表示发射光，“0”表示不发光。

(2) 基于信息块的编码方法

这种编码方法的基本方法是成组处理比特。在传输前，将比特组转换为另一种比特编码。常用的两种编码方法是 4 B/5 B 和 8 B/10 B。4 B/5 B 编码中，一组 4 bit 信息被编码为 5 bit组传输，8 B/10 B 编码中，一组 8 bit 信息被编码为 10 bit 传输。这两种编码方法可以获得较高的传输效率和丰富的定时信号。

3. 工作模式

B-ISDN 终端设备有 3 种工作状态：激活态、去活态和紧急态。激活态是指终端处于工作方式；去活态指终端不再进行工作，但是处于待命状态，这样做可以使系统功耗减小，通常为激活态的 50%，系统由去活态转到激活态的切换时间为 10～50 ms；当电源出现故障时，系统处于紧急态，能够保证最低限度的通信要求。

5.3.2 传输汇聚子层

传输汇聚子层完成传输帧的产生、提取及传输帧的适配等功能，该子层的功能实现与具体的传输系统有关。ITU-T 制定了基于同步数字网络 SDH、准同步数字网络 PDH 和基于信元的传输系统 ATM 传输汇聚子层的相关协议。传输汇聚子层主要完成以下 5 个功能。

1. 传输帧的产生和提取

传输帧的产生和提取是在 TC 最低层完成传输帧的产生和恢复的。根据传输系统的类型，确定传输帧的格式。在发送端传输标准的传输帧；在接收端，从比特流中将传输帧提取出来。

2. 传输帧适配

传输帧适配在发送端按照传输系统所使用的信息结构(如 SDH 帧，基于信元流的封装形式)把信元流封装成合适的帧。同样，在相反的方向上从相应的传输帧中提取 ATM 信元流。

需要注意的是，以上两项功能对应不同的传输系统而有所差异，而以下 3 项功能则是所有传输系统共用的。

3. 信元速率解耦

由于在传输系统中的传送速率一般保持固定不变，而对于宽带业务来说，不同的业务有着不同的信元产生速率，并且业务具有突发性，所以会导致信元产生速率与传输系统传送速率不匹配的情况。为了使两者相互匹配，则在发送端插入空信元以适配传输系统的传输速率，在接收端将插入的空信元丢弃。这种操作过程称为信元速率解耦。信元速率解耦功能使 ATM 网在信元的产生速率和发送速率具有极大的灵活性。

4. 信元头差错控制

信元头差错控制的目的是保证信元头在传输过程中的可靠性。通过信元头差错控制可以纠正单个比特的错误和发现多个比特的错误。信元差错控制采用 CRC 编码方式，生成多项式为 X^8+X^2+X+1。

在接收端有两种工作模式：纠错模式和检错模式，如图 5.5 所示。纠错模式是接收端的缺省工作模式，如果信元头不发生错误则接收端始终处于纠错模式，当发生错误，则进入检错模式：如果是单比特错误，则将错误纠正，如果是多比特错误，则将错误信元丢弃。当接收端工作在检错模式下，一旦检查出信元头发生错误则丢弃，并且停留在该模式下，如果未检查出错误，则返回纠错模式。

需要强调的是 HEC 只对信元头进行差错控制，而信息域的差错控制是通过端到端来完成的。

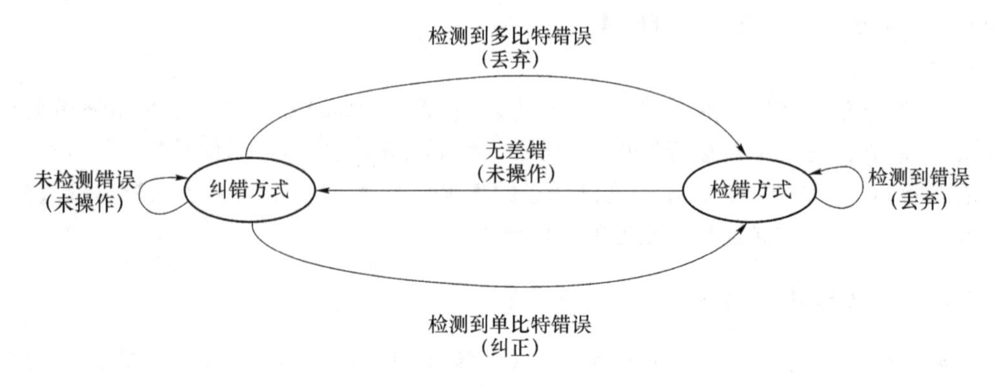

图 5.5　HEC 差错控制流程

5. 信元定界

信元定界是指从比特流中恢复出各个信元的工作过程。ITU-T 建议 I.432 描述了信元定界的机制，并要求信元定界的算法可在任何网络接口上进行，与采取的传输系统无关。由于在信元中没有特殊的定界标记，ITU-T 建议给出的信元定界方法是以信元头中的前 4 个字节和第 5 个字节 HEC 的关系为基础设计的，即在比特流中如果连续的 5 个字节满足 CRC 算法，则可以认为是一个信元的开始，由于信元是等长的，所以当定位了一个信元后，后续的信元也可以定位了，信元定界的工作过程如图 5.6 所示。

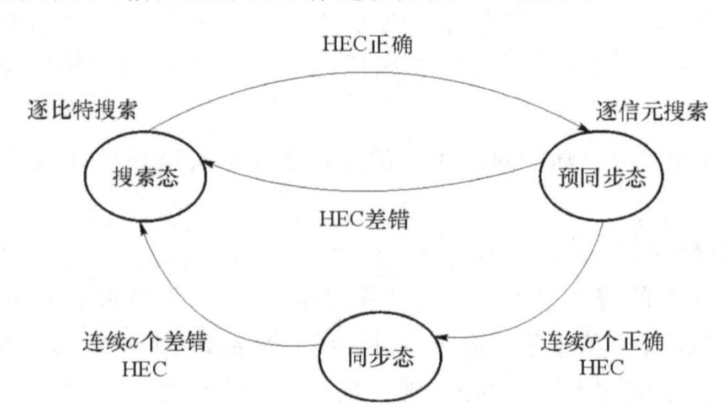

图 5.6　信元定界流程图

信元定界算法中定义了 3 种不同的工作状态：搜索态、预同步态和同步态。接收器首先进入搜索态，这时接收器对接收的信号按比特进行搜索，寻找正确的 HEC 校验。当找到一个正确的 HEC 校验后，则进入预同步态，此时为了提高定位效率，系统按照信元进行寻找，当连续找到 σ 个正确的 HEC 则系统进入同步态，在这个过程中如果有一个 HEC 校验错误，则系统重新返回搜索态。在同步态，系统以信元为单位进行 HEC 校验，同时进行差错控制操作，如果连续 α 次发现错误的 HEC 校验，则认为已经发生失步，系统回到搜索态重新寻找正确的信元定界位置。

在信元定界算法中，设置 σ 的原因是除了信元头外，信元的其他部分也可能出现符合 HEC 校验的 5 个字节，这样会出现定界错误，σ 决定了避免这种定界错误的能力，σ 值越大，信元定界的准确性就越高，但同时同步的时间就越长；设置 α 的目的在于信元头的出错会使信元头的 5 个字节不能满足 HEC 校验，此时系统并未失步，α 的值越大，由于 HEC 出错而导致系统认为失步的可能性就越小，但同时系统察觉出系统失步的时间就越长。所以 σ 和 α 的值会影响信元定界的性能，ITU-T 针对不同的传输系统定义了不同的 σ 和 α 值。对于 SDH 传输，规定 $\sigma=6$ 和 $\alpha=7$；对于基于信元的传输系统，规定 $\sigma=7$ 和 $\alpha=8$。对于一个速率为 155 Mbit/s 的 ATM 系统，当 $\alpha=7$ 时，系统失步的可能一年小于一次。

为了防止信息段中假冒的正确 HEC，提高定界过程的安全性和坚固性，信元信息域比特被随机化，这一过程称为信元信息域扰码；接收端完成的相反过程称为解扰码。由于扰码后将信息域的数据改变得更加随机化，因此扰码的同时还能提高系统的传输性能。

5.4　ATM 层

ATM 层是 ATM 协议的核心。ATM 层利用物理层提供的服务为 ATM 适配层提供以信元为单位的面向连接的数据传输服务。在发送端 ATM 层从 ATM 适配层接收 48 B 的信息，加上 4 B 的信元头，将其封装为 ATM 信元，并送至物理层，加上 HEC 字段；在接收端，ATM 层接收除 HEC 字段的信元，去除信元头，将其交给 ATM 适配层；在虚连接中的交换节点主要完成信元的转发工作。

ATM 向用户提供面向连接的服务，建立连接时，用户和网络使用一组特定的连接参数，定义包括服务类型、速率、服务质量等参数，这些参数是依靠网络与用户的协商完成的。为了满足不同用户对网络性能的要求，ITU 制定了一组信息流操作，完成通信性能的协商。在通信过程中，ATM 层根据双方商定的参数监视和控制信元，符合要求时让信元顺利通过，不符合要求时则丢弃。

5.4.1　ATM 层功能

ATM 层具有 4 项功能，分别如下所述。

1. 信元的多路复用和多路分接

在发送方向上，多路复用功能将来自不同虚信道和虚通路的信元复用成单一信元流。在接收侧，多路分接功能把不同信元按照 VPI、VCI 值分拣出来，送至各虚信道和虚通路。

2. VPI/VCI 翻译

VPI/VCI 翻译是在 ATM 交换机或 ATM 交叉连接节点上完成的。在网络的 VP 交叉连接节点上，输入信元的 VPI 值在信元输出时被翻译成新的 VPI 值，而在 VC 交换机上，每个输入信元的 VPI/VCI 值被翻译成新的对应值。

3. ATM 信元头的产生和提取

该功能在 ATM 层的传输端点上实现。发送端在 AAL 层准备好信元净荷后在 ATM 层加上合适的 ATM 信头（注意不含 HEC），其中的 VPI/VCI 值将从对接口点上的服务接入点 SAP 标志进行翻译求得。同样，在接收侧信头被提取，只有信元净荷送往 AAL 层。

此时,VPI/VCI值被翻译为相应的服务接入点SAP标志。

4. 一般流量控制GFC

该功能支持ATM通信流量控制,它定义于用户网络接口。

5.4.2 ATM连接

使用逻辑的VPI/VCI作为ATM信元的选路地址是ATM交换技术的特色之一。本小节进一步讨论ATM层连接(包括虚通路连接和虚信道连接)的概念。

1. ATM层连接的定义和分类

ATM层连接是一串级联的ATM层上的链路,用于向接入点提供端到端的数据传递能力。ATM层链路包括两种类型:虚通路链路,用VPI值区分;虚信道链路,用VCI值区分。

为了使ATM信元高速传输和交换,IUT把ATM连接分为两级:虚信道连接和虚通路连接。

(1) 虚信道连接(Virtual Channel Connection ,VCC)

ITU-T I.113建议定义虚信道连接是由一串连续的虚信道链路组成的,虚信道连接的两个端点与ATM终端的ATM适配层相连接。虚信道连接由VPI和VCI共同标示,同一虚信道连接具有相同的VPI和VCI值。

在B-ISDN UNI接口上可以有4种方法建立或释放一条VCC:

① 在事先约定的时间内建立一条半永久或永久的VCC,因而不需要信令过程,由管理功能完成;

② 使用元信令(meta-signaling)建立或释放一条VCC,该方法仅用于建立信令VCC;

③ 使用用户-网络信令过程建立或释放一条交换式端到端的VCC;

④ 如果两个B-ISDN UNI之间已经建立有VPC连接,那么在这个VPC之间的VCC可通过用户-用户信令来建立或释放。

在建立VCC时,网络与用户间要协商有关的业务量参数和服务质量参数QoS(这些参数在连接过程中还可以重新改变)。连接建立后,其中的信元顺序性、完整性应被保证。连接VCC时VCI的值可由网络指定,也可由用户定义,还可由用户和网络协商而定,否则就取标准值。通常VCI的值与其所代表的业务无关。

(2) 虚通路连接(Virtual Path Connection,VPC)

ITU-T I.113建议把虚通路连接描述为一串连续的虚通路链路,链路的一个端点上分配VCI的值,另一个端点上这个VCI值被翻译或移走。也就是说VPC由一组相同VPI值的VCC构成。不同的虚通路连接具有不同的VPI值。

建立或释放VPC连接可采用3种方法:

① 基于预订方式,不需要信令过程;

② 由用户控制VPC建立或释放,此时需用到网络管理过程;

③ 由网络控制建立或释放VPC。

与建立VCC连接相类似,在VPC建立期间,用户和网络需协商对应的业务量参数和服务质量参数。如果需要的话,初始的参数还可以在之后的通信过程中重新协商改变,以提高系统的服务性能,所有从用户输入到网络的信元均受到监视,以保证遵守达成的业务量协议,同时一个VPC内各VCC中的信元顺序完整性应被保护。

建立VPC时，网络会为其分配一个合适的QoS服务级别，由于一个VPC内包括许多VCC，而不同的VCC的QoS有所差别，故VPC连接应保证最高要求的VCC的QoS。

(3) 虚通路连接与虚信道连接的关系

如图5.7所示，对一个给定的接口，在两个方向上都将可能存在不同的虚通路，每条虚通路有自己的VPI标志，若干虚通路被复用在一条物理层连接上。而在每条虚通路内部又可能含有许多虚信道，每条虚信道以唯一的VCI标识。

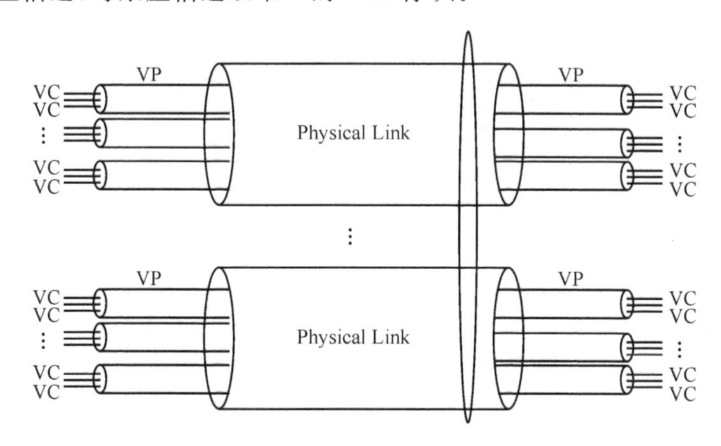

图5.7　VC、VP、物理链路和物理层之间的关系

2. 虚通路交换和虚信道交换

虚通路与虚信道概念的区别还表现在它们在参与网络交换时的处理方式不同，根据交换系统对虚通路和虚信道的不同处理，ATM交换可以分为：

- VP交换，称为ATM Cross-connect，也叫半永久交换；
- VP/VC交换，称为ATM Switch with Signaling，也叫ATM交换。

如图5.8所示，图5.8(a)表示了VP/VC交换，图5.8(b)表示了VP交换。对于VP交换，其内部包含的所有VC将捆绑在一起选择相同的路由，穿过交换节点后并不拆散。相应地，VP链路内的每个VCI的值将保持不变。而VP/VC交换则不同，一个进入交换节点的VP中的某VC链路将被交换到另一输出VP中去，不但VPI值发生了改变，而且对应的VCI的值也将被更换。

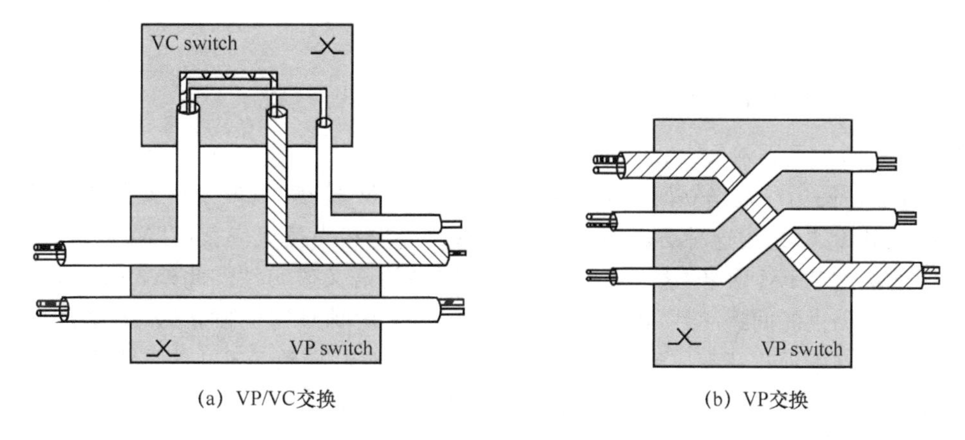

图5.8　ATM交换

图 5.9 进一步表示了一个端到端的 B-ISDN 网络中 ATM 路由标识符和 ATM 交换的概念。在 ATM 交换中 VPI 和 VCI 具有局部重要性，通过图 5.9 可以看出，每经过一个交换机，ATM 信元中的 VPI 或 VCI 的值就发生了改变，也就是说，VPI 和 VCI 的值不具有全局性。在 VP 交换中，只是 VPI 的值改变，而 VCI 的值保持不变，在 VP/VP 交换中，VPI 的值发生了改变，VCI 的值同时也发生改变。

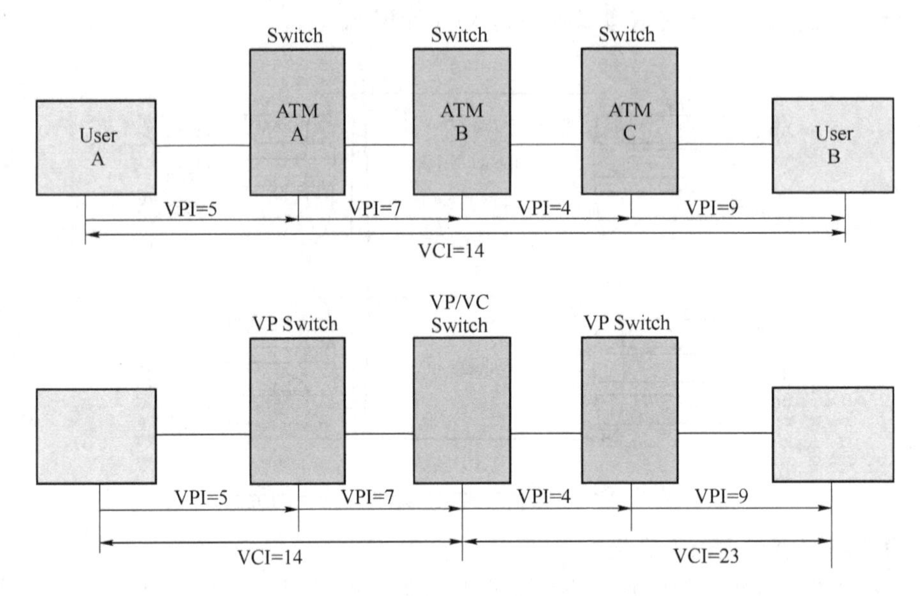

图 5.9　ATM 交换工作过程

VP 交换是由管理面负责接续控制的。VP/VC 交换则处理 B-ISDN 信令过程，由控制面负责完成。由于 VP 交换的简单性，一方面，其容量易做得较大，另一方面，在 B-ISDN 骨干网高层节点，业务流量可以按局向划分，这一点正符合 VP 交换的特性。所以，在 B-ISDN 网络中，VP 交换与 VP/VC 交换都是需要的。

5.5　ATM 适配层

5.5.1　ATM 适配层基本原理

1. ATM 适配层功能

ATM 通信网为终端建立面向连接的端到端的 ATM 接续，只涉及信元的传输功能，而与具体的业务无关，采用这种方法可以提高信息的传送和交换速率。ATM 网络中用户信息将透明地穿过 ATM 网络，这一点称为 ATM 网络的语义透明性。此外，ATM 网络还必须为电信业务提供时间透明性，由于业务源时钟与网络时钟是完全独立的，所以 B-ISDN 网络系统应能处理不同比特率应用的业务。上述两种透明性导致 ATM 层与业务无关，因此与业务相关的诸多功能发生在网络的边界上，这些功能包括：

- 处理信元传输比特错误；
- 处理丢失的、误插的信元及出错的信元；

- 恢复信源的数据结构信息；
- AAL 层复用；
- 系统管理；
- 其他 QoS 状态控制。

为了承载不同的业务，需要在 ATM 通信网上附加业务适配功能，ATM 适配层 AAL 的功能就是通过增强 ATM 层业务满足不同的用户业务需求，AAL 位于 ATM 层与高层之间并且提供支持高层功能的要求。ATM 适配层是业务独立的，它将高层业务要求与 ATM 层的通用性相分离，并实现高层数据和 ATM 信元的相互映射。ATM 适配层的通用结构划分为两个子层，分别为汇聚子层 CS 和拆装子层 SAR，如图 5.10 所示。

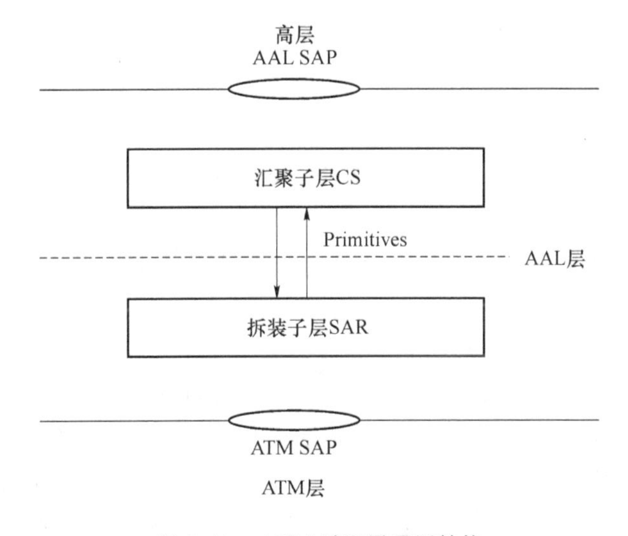

图 5.10　ATM 适配层通用结构

AAL 主要功能有：

- 高层数据和 ATM 信元的相互映射，完成将来自高层的服务数据单元首先映射为 AAL 的协议数据单元，然后通过拆装子层将其映射为 48 B 的 ATM 信元信息域；
- 处理信元的丢失、误插，向高层用户提供透明的顺序可靠传输；
- 处理信元的差错，ATM 层只对 ATM 信元头进行差错控制，而对于信息域的差错控制则由 AAL 完成；
- 处理信元的延迟变化，不同的信元经过 ATM 网络的传输会有不同的传播时延，为满足不同业务的需求，AAL 需要对延迟进行适当处理；
- 在接收端恢复发送端的定时信息，这是满足具有实时性要求的业务需求；
- 其他 QoS 服务。

对于 ATM 适配层的功能，CS 子层完成处理信元时延变化、端到端同步、丢失或误插信元以及其他 QoS 状态服务等功能。所以 CS 子层是面向业务的，在同一 SAR 子层之上可以使用不同 CS 子层。在发送端，CS 子层将高层数据进行拆分并加入本子层的控制信息，封装为 CS-PDU，SAR 子层负责把来自 CS 子层的信息进一步拆分并封装为 48 B 的 SAR-PDU，SAR-PDU 对于 ATM 层就是 ATM 信元净荷，在接收端 CS 子层和 SAR 子层分别完成相反的工作，ATM 适配层数据处理流程如图 5.11 所示。

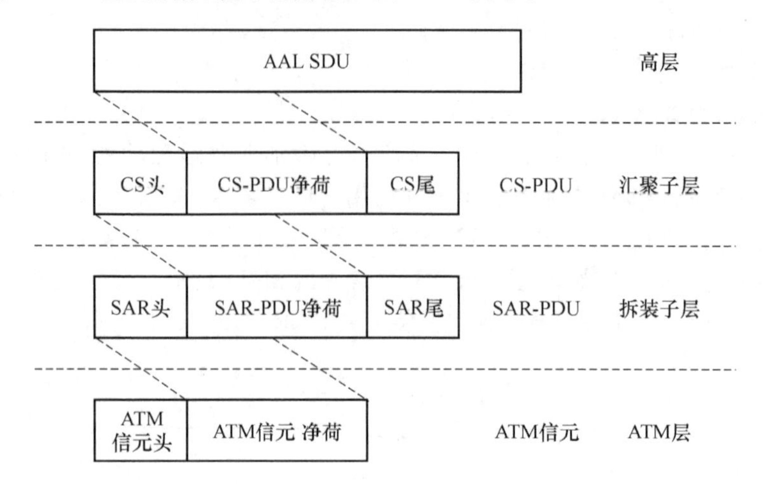

图 5.11 ATM 适配层数据处理流程

2. ATM 适配层协议

为了简化 AAL 协议，ITU-T 根据 3 种参数将所有业务划分为 4 类，建立不同的 AAL 协议，支持不同的高层业务。这 3 种参数分别如下。

(1) 源端和目的端之间的定时关系

本参数是指信息传输是否要求端到端的定时关系。在话音通信和视频通信中源端和目的端之间需要有严格的定时关系，而对于数据通信则不需要定时关系。

(2) 信息传输的比特率

本参数是指信息传输的比特率是否是恒定的。不同的业务在传送时的速率要求是不同的，有的业务是固定速率的，有的是可变速率的，它们分别称为固定比特率业务 CBR 和可变比特率业务 VBR。电话通信就是固定比特率业务，每个话路的传送速率为 64 kbit/s，数据业务通常是可变比特率业务。

(3) 源端和目的端之间的连接方式

本参数是指端到端是否采用面向连接的通信方式。对于实时业务，通常要求采用面向连接的通信，而如果数据量比较小，为了提高通信效率则采用无连接的通信方式。

这 3 种参数，每种可以有两个取值，因此可以定义 8 种不同的业务类型，ITU-T 建议 I.363定义了 A、B、C、D 4 类业务。

A 类业务：源端和目的端要求恒定比特率，是面向连接的、具有定时关系的业务。主要用于电路仿真业务和恒定比特率的图像编码业务。

B 类业务：源端和目的端是面向连接的、具有定时关系的，但信息传送速率是可变的业务。可变比特率的音、视频通信是这种业务的典型应用。

C 类业务：源端和目的端是面向连接的，但不要求定时关系，而且传送速率是可变的业务。这类业务适合于面向连接的数据通信和信令传输。

D 类业务：源端和目的端是无连接的、不要求定时关系的，而且传送速率是可变的业务。适合于无连接的数据传输，支持交换多兆比特数据业务(Switched Multimegabit Data Services ,SMDS)和 IP 业务在 ATM 网络上的传输。

为了支持以上定义的各类业务,ITU-T 提出了 4 种类型 AAL 协议:AAL1、AAL2、AAL3、AAL4 分别支持 A、B、C、D 4 类业务。AAL 适配层协议和业务等级关系如表 5.4 所示。

表 5.4 AAL 适配层协议和业务等级关系

参数	AAL1	AAL2	AAL3	AAL4
定时关系	要求		不要求	
比特率	固定	可变		
连接方式	面向连接			无连接

- AAL1:提供面向连接的实时恒定比特率业务传输,用于支持 A 类业务。
- AAL2:提供面向连接的实时可变比特率业务传输,用于支持 B 类业务。
- AAL3:提供面向连接的非实时的可变比特率业务传输,用于支持帧中继业务。
- AAL4:提供无连接的非实时的可变比特率业务传输,用于支持信令传输。

5.5.2 AAL1

1. AAL1 概述

ATM 适配层协议 AAL1 支持 A 类业务,即源端和目的端具有严格的定时关系、面向连接的固定比特率业务。例如话音业务、电路仿真(如 E1 仿真)、恒定比特率的图像编码业务。

AAL1 必须完成如下功能:

- 在源端以恒定比特率传送高层的服务数据单元,并在目的端以同样的比特率递交给高层这些服务数据单元;
- 在源和目的地之间传送定时信息;
- 在源和目的地之间传送数据结构信息;
- 根据需要,指示出 AAL1 本身无法恢复的丢失或错误信息。

2. AAL1 分层功能

AAL1 分为汇聚 CS 子层和拆装 SAR 子层。CS 子层完成信元丢失、误插处理、差错控制、源时钟恢复、结构化信息传输等操作,SAR 子层从 CS 子层接收 CS-PDU,将其分拆为适合 ATM 传送的结构并加上 SAR-PCI,构成 SAR-PDU,如图 5.12 所示。

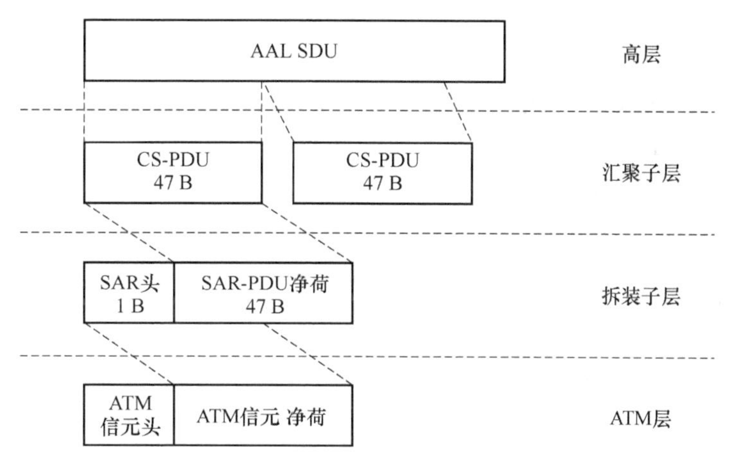

图 5.12 AAL1 工作原理

(1) 拆装子层

拆装子层主要完成在发送端将 CS-PDU 封装为适合 ATM 层传输的结构以及在接收端完成相反的工作。

SAR-PDU 的结构如图 5.13 所示。它的长度为 48 B,首字节为 PCI,其余 47 B 为 SAR-PDU 净荷。PCI 由 4 bit 的序号域(Sequence Number,SN)和 4 bit 的序号保护域(Sequence Number Protection,SNP)组成。

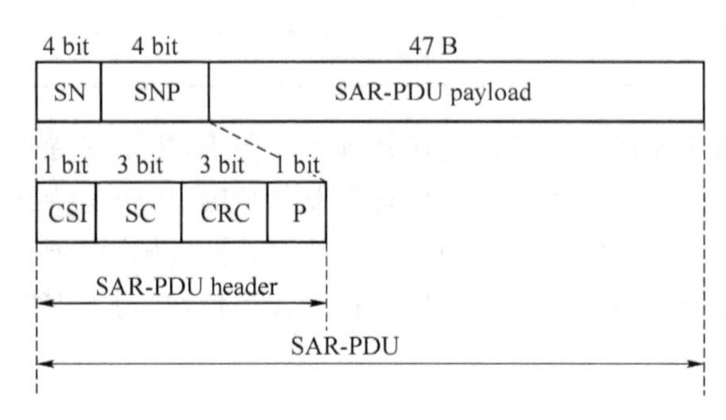

图 5.13 SAR-PDU 结构

SN 域由 1 bit 的汇聚子层指示域 (Convergeuce Sublayer Indentifier,CSI)和 3 bit 序号计数域(Sequence Count,SC)组成。CSI 用于传送定时信息和数据结构信息,该比特由 CS 子层提供,缺省值为 0。接收端的 3 bit 序号计数器将按模 8 对到达信元进行计数,以此判断是否发生了信元丢失或误插,判断过程在 CS 子层中实现。

SNP 域含 3 bit 的 CRC 字段和 1 bit 的偶校验码 P,CRC 是对 SN 的保护,由 SN 的值和生成多项式 X^3+X+1 经过运算产生。CRC 和 P 比特结合可以做到纠正单比特错误,检测多比特错误。

在发送端,拆装子层接收 47 B 的 SAR-PDU 净荷,并结合 CS 子层提供的 CSI 和 SC 域,生成 CRC 和 P 域,这样形成 1 B 的 SAR-PCI,加到 SAR-PDU 净荷前组成 48 B 的 SAR-PDU,然后作为 ATM-SDU 传送给 ATM 层。

在接收端则完成相反的操作,将从 ATM 层来的 48 B 的 ATM-SDU 中的 1 B 的 SAR-PCI 与净荷段分开,提取出 C、SC 和 SAR-PDU 域递交给 CS 子层,同时需要完成 CRC 校验和 P 比特偶校验。

(2) 汇聚子层

汇聚子层与具体的业务有关,它完成下面一些功能:

- 对用户信息进行拆和装;
- 处理信元时延变化;
- 处理信元净荷组装时延;
- 处理丢失的和误插的信元;
- 时钟定时信息的传送;
- 在接收器恢复源数据结构;
- 监视 AAL-PCI 比特错误;
- 处理 AAL-PCI 比特错误;
- 监视用户信息域的比特错误并在可能的情况下予以纠正。

① 处理信元时延变化

由于信元在网络交换节点上可能经历不同的缓冲时延，因此不同的信元传播时延有所不同，引起了时延抖动，为了以恒定比特率向高层递交用户数据，ITU-T 建议在接收端设置合适大小的缓冲器对到达信元进行平滑处理：如果信元到达太快，则先让其在缓冲器中等待一段时间，如果信元到达太慢，系统应想办法把缓冲器中的“老信元”拿来填充。

② 处理信元净荷组装时延

用户数据的传送除了在传送过程中的传播时延外，还有在源端的组装时延。在组装信元时必须满足实时通信的要求。

在 AAL1 中，采用 SAR-PDU 净荷部分地填充用户数据，这样可降低净荷的组装时延。规定每个 SAR-PDU 净荷中前面一些字节用做有效用户信息，而其余部分是无效字节。这时，CS 子层应能对部分填充的字节长度做出指示，并且仅把有效字节组装成高层信息。降低组装时延的代价是信元通信效率的降低。

③ 处理丢失的和误插的信元

接收端 CS 子层根据发送端提供的 SAR 子层 SC 序号来判断接收的数据是否出现信元丢失或误插，然后采用相应的处理。

在接收方设置一个模 8 计数器，称为顺序寄存器（Sequence Number Register，SNR），每接收到一个 SAR-PDU 则 SNR 加 1，把 SNR 值与接收到的 SAR-PDU 中的 SC 值比较，就可判断信元丢失和误插的情况。

如果检测到 SNR 与 SC 不一致，说明出现异常，可能发生信元丢失或信元误插，此时再根据下一个接收的 SAR-PDU 判断错误类型，如果下次接收到的 SC 比本次的 SC 大 1，则判定是信元丢失；如果下次接收到的 SC 比本次 SC 小，说明是信元误插。丢失的信元则想办法补上假信元，以进行信息平滑，误插的信元要丢掉。

④ 业务时钟定时信息的传送

AAL1 要求收发双方必须保证业务时钟同步，如果收发双方的业务时钟不能同步，则接收端无法正确接收信息和对信息解码。AAL1 采用源端和目的端传送业务定时信息来保持收发双方的业务时钟同步。

I.363 建议在 ATM 网络中采取两种方法来保证业务时钟同步，一种称为同步剩余时间标志法，另一种称为自适应时钟法。

⑤ 结构化数据信息传递

I.363 建议提出了一种结构化数据信息传递（Structure Data Tranfer，SDT）的方法，这种方法可支持一种定长的、面向字节的结构。SDT 允许传送的数据不用等到积累足够的数量而填满整个 ATM 信元就可以放入 SAR-PDU 中发送出去，这是保持源端和目的端之间同步的有效方法，也是解决语音分组延迟的有效途径。

⑥ 信息保护

由于 AAL1 支持实时通信，对误码和信元丢失敏感的业务要求 CS 提供差错控制的功能，对于实时通信的要求，当信息出现错误时，不能采用自动请求重发 ARQ 来进行差错控制，为了保证信息的准确传输，I.363 建议了一种可供单向视频业务使用的纠错方法。这种方法将前向纠错码 FEC 和字节交织（octet interleaving）技术结合起来组成 CS-PDU，可以保证高质量的视频和音频信息的可靠传输。

5.5.3 AAL2

1. AAL2 概述

ATM 适配层协议 AAL2 支持 B 类业务,即源端和目的端具有严格的定时关系、面向连接的可变比特率业务。例如可变比特率实时视频业务、可变比特率的音频业务等。

AAL2 必须完成如下功能:

- 在 AAL2 和高层之间交换可变比特率的 SDU;
- 在信源与信宿之间传送定时信息;
- 根据需要向高层报告 AAL 无法恢复的信元丢失或/和误插信息。

2. AAL2 分层功能

AAL2 同样分为拆装子层和汇聚子层,其中汇聚子层可以完成下列功能:

- 处理信元时延变化;
- 处理丢失或误插信元;
- 在接收端进行源时钟恢复;
- 在接收端进行源数据结构恢复;
- 监视 AAL-PCI 中的比特错误,并处理相应的比特错误;
- 监视用户信息域,对出错比特进行可能的纠正。

5.5.4 AAL3/4

1. AAL3/4 概述

ATM 适配层协议 AAL3 和 AAL4 均支持源端和目的端不需要定时关系的可变比特率业务,两者之间的区别在于 AAL3 是支持面向连接的,而 AAL4 是无连接的,两者在实现时的区别很小,因此 ITU-T 将两种协议合并,形成了 AAL3/4 协议。AAL3/4 支持面向连接的 C 类业务,也支持无连接的 D 类业务。AAL3/4 是 ITU-T 提出的用于数据传输的 ATM 适配层协议,主要支持对丢失敏感的数据传输,要求具有较高的可靠性,因此必须对数据段进行相应的校验处理。

为支持可变比特率业务,汇聚子层 CS 进一步分为业务特定汇聚子层(Service Specific Convergence Sublayer ,SSCS)和公共部分汇聚子层(Common Part Convergence Sublayer ,CPCS),如图 5.14 所示。其中 SSCS 与特定业务相关,可以为空,而 CPCS 和 SAR 是必须有的。对于 AAL2、AAL3/4 和 AAL5 都采用这样的分层方式。

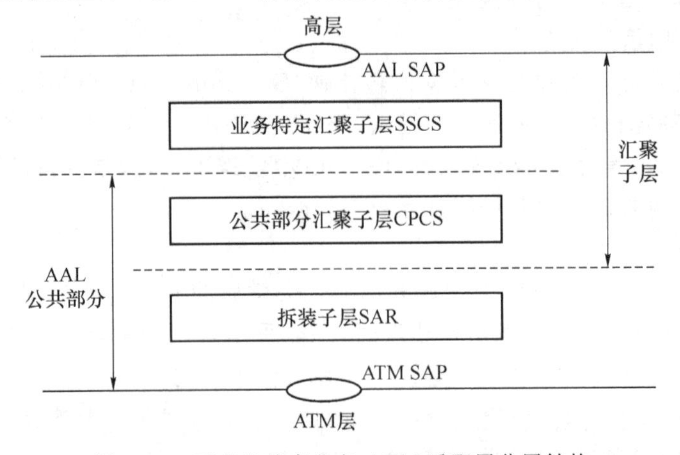

图 5.14 可变比特率业务 ATM 适配层分层结构

在可变比特率业务特定汇聚子层 SSCS 定义了两种服务方式：报文方式和数据流方式。高层需要 SSCS 传送的数据称为服务数据单元。

(1) 报文方式

报文方式提供固定长度或可变长度的服务数据单元的传送服务，分别称为组块/分解功能和分割/重组功能。

对于长度较短的服务数据单元，在发送端，组块功能可以将若干个服务数据单元组合在一起，构成一个 SSCS-PDU，这样可以节省 SSCS-PDU 的头部和尾部的比特开销，提高传送效率；在接收端，分解功能将收到的 SSCS-PDU 分解为原来长度的服务数据单元。

对于长度较长的服务数据单元，在发送端，首先将服务数据单元分割为较短的数据单元后构成多个 SSCS-PDU；在接收端，这些 SSCS-PDU 被重新组合为服务数据单元。

(2) 数据流方式

数据流方式用于可变长度服务数据单元的传输。若无此功能，AAL 只有接收到完整的服务数据单元后才能在汇聚子层进行处理。当启动该功能后，AAL 不用等待完整的服务数据单元，可以把服务数据单元放在一个或多个分段中传输，这种功能类似于报文方式的分割/重组功能。数据流服务还包括中止服务，使用该服务可以丢弃已经发送的部分数据。

2. AAL3/4 分层数据结构及功能

(1) SAR 子层

SAR 子层的功能从汇聚子层接收变长的 SAR-PDU，将其切割成一段一段的 SAP-PDU 净荷，长度为 44 B。SAR 子层对 CS-PDU 进行保护，因此加上 2 B 的 SAR-PDU 头和 2 B 的 SAR-PDU 尾，形成 48 B 的 SAR-PDU。在接收端进行相反的操作过程。此外，SAR 子层还可以完成在同一条 ATM 连接上对等 SAR 实体间多个用户 SAR-PDU 的传送。SAR-PDU 的格式如图 5.15 所示。

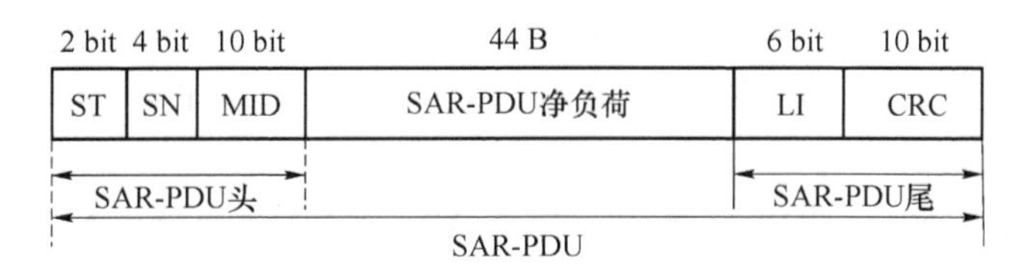

图 5.15　SAR-PDU 格式

① 段类型 (Segment Type，ST)，2 bit

段类型用来表示 SAR-PDU 的数据类型。

通过前面的讨论可知，SAR 子层将变长的 SAR-SDU 分割为若干段后进行封装后传输。当 SAR-SDU 较短，不超过 44 B 时，一个 SAR-PDU 净荷就能装得下，这时的消息格式称为单段报文。如果 SAR-SDU 较长，则需要分成若干个 SAR-PDU 净荷来传输，这时 ST 就用来指明哪一个 SAR-PDU 是报文的开始，哪些是中间段，哪个是最后一段。接收端可以根据这些信息把接收到的 SAR-PDU 正确恢复成 SAR-SDU。ST 的编码及对应的含义如表 5.5 所示。

表 5.5　ST 编码及含义

ST	编码	含义
BOM(Begin Of Message)	10	开始段
COM(Continuation Of Message)	00	中间段
EOM(End Of Message)	01	结束段
SSM(Single Segment Message)	11	单段报文

需要注意的是,报文方式和数据流方式的情况有所不同。在报文方式下,所有 BOM 与 COM 精确地含 44 B,而 SSM 和 EOM 的净荷长度是变长的,需要通过 SAR-PDU 的 LI 字段进一步说明的净荷长度;在数据流方式下,所有 SAR-PDU 段的净荷取决于从接口到来的 AAL-SDU 的大小。

② 序号 (Sequence Number,SN),4 bit

序号用来标识同一个 AAL 连接中 SAR-PDU 序列的顺序号码,长度为 4 bit,采用模 16 循环计数。如果传输过程没有发生信元丢失,接收到的 SAR-PDU 序列的 SN 号应该为顺序的 0～15。通过 SN 序号,可以判断是否有信元丢失或误插,其过程与 AAL1 的信元丢失与误插处理过程相同。

③ 复用标志 (Multiplexing Edentifier,MID),10 bit

复用标志在无连接数据通信时实现同一 ATM 层虚连接支持多个 AAL 层的连接。

当 AAL3/4 支持 C 类面向连接的数据业务时,MID 编码为全 0。当 AAL3/4 支持 D 类无连接的数据业务时,MID 域用于区分同一个 ATM 连接上的多个 AAL 连接。

④ 长度指示 (Length Indicator ,LI),6 bit

长度指示 SAR-PDU 净荷段中有效字节的长度。LI 与段类型密切相关。在报文方式下,LI 取值与 ST 类型有关。如果 ST 为 BOM 或 COM,LI 值一定为 44。当 ST 为 EOM 或 SSM 时,LI 值与 CS-PDU 大小及头、尾开销有关。由于 CS-PDU 的头开销和尾开销各为 4 B,因此,当 ST＝SSM 时,LI 的取值范围为 8～44;而当 ST＝EOM 时,LI 取值范围为4～44。

在数据流方式下,SAR-PDU 净荷大小与从 AAL-SAP 接收的 AAL-SDU 有关,其长度是可变的。

LI＝63 表明中止 CS-PDU 的传送。

⑤ 循环冗余校验码(CRC),10 bit

CRC 生成多项式为:$X^{10}+X^9+X^5+X^4+X+1$,采用 10 位 CRC 编码方式来保护整个 SAR-PDU 中的信息。

(2) CPCS 子层

AAL3/4 的 CS 子层分为 CPCS 与 SSCS 子层,对 D 类无连接型数据业务,SSCS 可缺省,而对面向连接型数据业务,SSCS 不能缺省。

CPCS 从高层接收需要发送的数据单元,加上头尾信息后封装为 CPCS-PDU 后将它交给 SAR 子层。CPCS 子层提供非确保的传输,CPCS 帧的长度是可变的,取值范围为 1～65 535 B。

CPCS 实现的功能有:

- 保护 CPCS-PDU;

- 差错检测和处理；
- 确定缓存区大小；
- 撤销部分传送的 CPCS-PDU。

CPCS-PDU 的格式如图 5.16 所示。

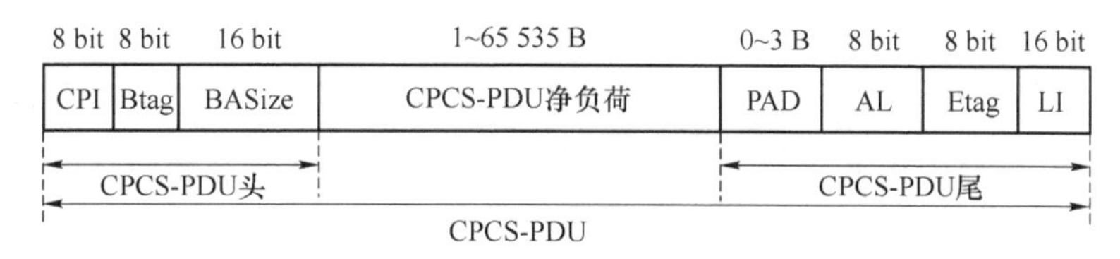

图 5.16　AAL3/4 CPCS-PDU 格式

① 公共部分指示（Common Part Indicator，CPI），8 bit

公共部分指示用于解释其后面 CPCS-PDU 头和尾中各段的功能。目前全设置为 0，表明 BASize 和 LI 所指示的是以字节为单位的信息。CPI 取其他值时含义待研究。

② 开始标记（Beginning Tag，Btag），8 bit

开始标记 Btag 和结束标记 Etag 联合使用，对于一个给定的 CPCS-PDU，在发送时头部的 Btag 和尾部的 Etag 使用相同的值，而不同的 CPCS-PDU 使用不同的 Btag 和 Etag 值。在接收端，检查 Btag 和 Etag 的值，只有二者值相同时，它们所在的头和尾才是配对的。通常是按照按模 256 循环递增计数来设置 Btag 和 Etag 的值。

③ 缓存区分配容量(Buffer Allocation Size ，BASize)，2 B

缓存区分配容量用来通知接收端的同层实体要接收发来的 CPCS-PDU 需要准备多大的缓冲区，最大为 2^{16}＝64 KB。缓存区分配容量计量单位由 CPI 指定(现时规定 CPI＝0，容量单位为 B)。

在报文方式下，缓存区分配容量设置成与 CPCS-PDU 净荷长度相等的值；在数据流方式下，缓存区分配容量设置大于或等于 CPCS-PDU 的净荷长度值。

④ 填充段(PAD)，0～3 B

填充段在 CPCS-PDU 净荷区之后，作用是使整个 CPCS-PDU 长度是 4 字节的整倍数。填充段可以设置为全 0，在接收端被忽略。

⑤ 对准字段(Alignment，AL)，8 bit

对准字段使 CPCS-PDU 凑足 4 个字节，填充值为 0。

⑥ 结束标记(End Tag，Etag)，8 bit

结束标记与开始标记联合使用。

⑦ 长度域(Length Indication，LI)，16 bit

指明 CPCS-PDU 净荷长度(Max＝2^{16})，单位是 B。

5.5.5　AAL5

1. AAL5 功能

针对 AAL3/4 的不足之处，ATM 论坛提出了一种新的 ATM 适配层协议 AAL5，目的是提供一种开销较低而检错能力较好的适配层协议，AAL5 又称为简单有效 ATM 适配层

(Simple and Efficient Adaptation Layer,SEAL),AAL5 将顺序性和一致性的检查交给高层用户处理,使 AAL5 的开销降低。

AAL5 支持面向连接的 C 类业务和无连接的 D 类业务,在 CPCS 层上,除了不支持复用外,AAL5 和 AAL3/4 的 CPCS 子层提供的业务是相同的,AAL5 可以提供更高的传输效率。

AAL5 由业务特定汇聚子层 SSCS、公共部分汇聚子层 CPCS 和拆装子层 SAR 构成,SSCS 子层还没有最后的规范,它只提供 ATM 高层和 CPCS 子层之间的映射,图 5.17 所示为 AAL5 的工作流程。

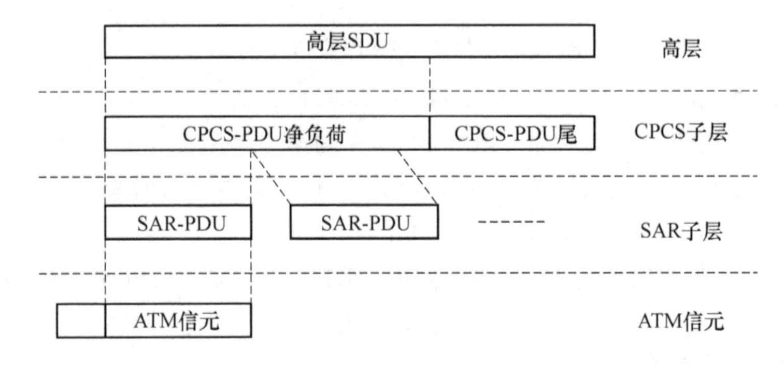

图 5.17　AAL5 工作流程

2. AAL5 分层数据结构及功能

(1) SAR 子层

如图 5.18 所示,AAL5 拆装子层 SAR 将 CPCS-SDU 按 48 个字节为单位进行拆分,直接形成 SAR-PDU,因此 SAR 子层没有增加任何开销。由于 CPCS-SDU 的长度是可变的,通常超过 48 个字节,因此会拆分为多个 SAR-PDU,在接收端必须将多个 SAR-PDU 重新组合形成 CPCS-SDU,因此发送端的 SAR 子层必须用一个域来表示 CPCS-SDU 的开始、中间或结束,以便接收端正确地恢复出 CPCS-SDU。AAL5 规定 SAR 子层使用 ATM 信元头中 PTI 域中的 AUU 字段来完成这一功能,当 AUU=0 时,表示当前 SAR-PDU 是 CPCS-SDU 的开始段或中间段,当 AUU=1 时,表示 SAR-PDU 是 CPCS-SDU 的结束段。采用这种方法可以正确地恢复出 CPCS-SDU 数据。

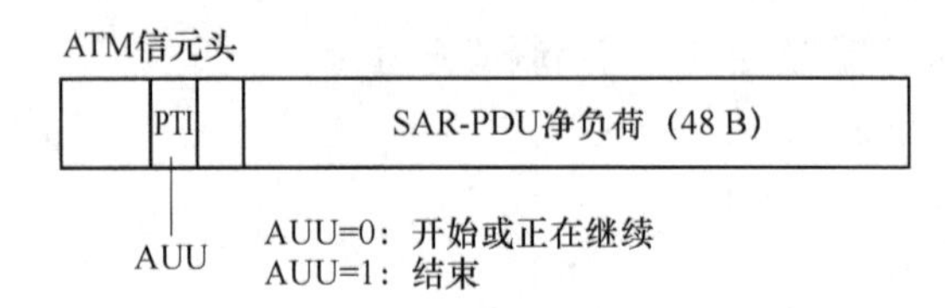

图 5.18　AAL5 的 SAR-PDU 格式

(2) CS 子层

AAL5 的 CS 子层同样分为 CPCS 子层和 SSCS 子层,对于 SSCS 子层的协议有待进一步研究,这里只对 CPCS 子层做介绍。

AAL5 中的 CPCS 子层的功能与 AAL3/4 的 CPCS 子层的功能基本一致,AAL5 的

CPCS-PDU 的格式如图 5.19 所示。

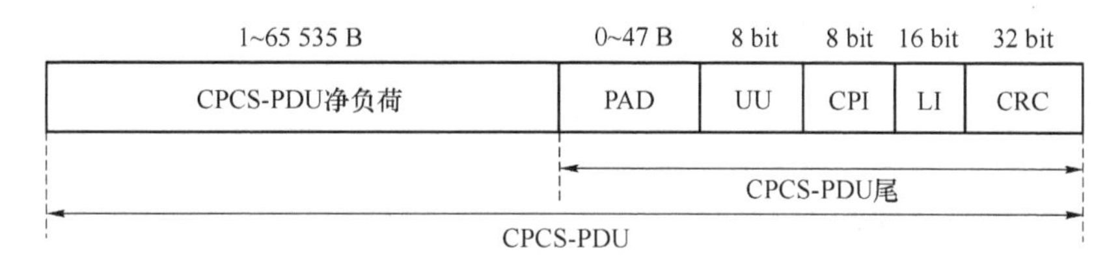

图 5.19　AAL5 的 CPCS-PDU 格式

① PAD：填充域，0～47 B

用于填充 CPCS-PDU，使得 CPCS-PDU 的长度为 48 个字节的整数倍。

② CPCS 用户到用户指示（CPCS User-to-User Indication ，UU）：8 bit

用于 CPCS 用户到用户信息的透明传输。目前的主要功能是调整 CPCS-PDU 的尾部长度为 4 B 的整数倍。

③ CPI：公共部分指示，8 bit

同 AAL3/4，此处只用作使 CPCS-PDU 尾部长为 8 个字节，其他功能将在未来补充。

④ 长度指示 LI：16 bit

用来表示 CPCS-PDU 信息域的长度，指示的最大长度为 $2^{16}=65\ 536$ B（$L=0$ 表示中止现有的 CPCS-PDU 传送）。

⑤ 校验序列 CRC：32 bit

用来保护全部的 CPCS-PDU 信息，包括 CPCS 尾部的前 4 个字节信息。其生成多项式为：

$$X^{32}+X^{26}+X^{23}+X^{22}+X^{16}+X^{12}+X^{11}+X^{10}+X^{9}+X^{7}+X^{6}+X^{4}+X^{3}+X+1$$

3. AAL3/4 与 AAL5 的比较

AAL3/4 与 AAL5 均支持面向连接的 C 类业务和无连接的 D 类业务，这两种协议的区别如表 5.6 所示。

表 5.6　AAL3/4 与 AAL5 的比较

类别	AAL3/4	AAL5
段属性判断	用 ST 判断 BOM/COM/EOM/SSM	用 ATM 层中 PTI 来判断
SAR-PDU 校验	CRC-10	无
AAL 复接	用 MID	不支持
SAR-PDU 净荷	每信元 44 B	每信元 48 B
CPCS-PDU 检验	无	CRC-32
缓存分配	用 BASize	不支持

5.6 ATM 交换原理

5.6.1 ATM 交换基本原理

ATM 交换从原理上采用的是分组交换技术,是面向连接的通信方式,在每次通信前首先建立端到端的连接,每一个 ATM 信元在网络中独立传输,经过相同的路径,保证了接收的顺序和发送的顺序一致。

在建立连接时,ATM 交换节点建立路由选择表,在通信过程中交换节点根据信元头中路由选择标号对照路由选择表将 ATM 信元从输入链路传送到输出链路,在拆除连接时交换节点删除路由表对应内容。

ATM 交换系统由交换网络部分和系统控制部分两部分组成,其中交换网络部分完成协议参考模型中的用户平面功能,是负责在入线与出线之间正确传输信元的物理设备。系统控制部分完成协议参考模型中控制平面的功能,是在信令处理的基础上实现对交换网络进行控制的设备。它决定从某一入线进入的信元应从哪条出线输出,这个决定基于建立连接时(包括交换虚连接和永久虚连接等方式)的信令信息。ATM 交换系统在完成信元交换的时候需要满足多个服务质量参数,对交换网络来说,典型的服务参数包括容量、信元丢失率、误比特率、信元时延、信元时延抖动等。系统控制部分的服务参数主要与连接有关,包括呼叫处理能力、呼叫建立时间、呼叫释放时间、呼损概率等。

1. ATM 交换的功能

ATM 交换功能完成从一条输入逻辑 ATM 信道到一条或多条输出逻辑 ATM 信道的信息交换。在该交换过程中,选择可以在多条逻辑 ATM 信道中进行。逻辑 ATM 信道具有两个特征:

- 物理端口号,用来表示物理的入线和出线;
- 物理端口上的逻辑信道,由虚通路/虚信道标识 (VPI/VCI) 表征。

这两个特征组合构成了逻辑 ATM 信道。针对这两个特征,交换系统在交换过程中必须完成两个功能:一是输入端口与输出端口的对应这个功能类似于空分交换功能,称为路由选择;二是输入虚通路/虚信道标识与输出虚通路/虚信道标识的对应,这个功能类似于时分交换功能,称为排队功能。

ATM 交换原理如图 5.20 所示,输入的 ATM 信元从输入端口 I_i 被交换到输出端口 O_j;同时,ATM 信元头值从输入的 α 被翻译成 β。在完成交换时需要注意这样几个问题。

(1) 注意图 5.20 中在输入端口 I_1 上的信元 X 与输入端口 I_n 的信元 X 是否是同一源端发出的信元。由于逻辑信道号具有两个特征:物理端口号和物理端口上的逻辑信道,虽然两个信元的逻辑信道值相同都为 X,但是它们的物理端口不同,所以不是同一源端发出的信元。

(2) 交换系统通过译码表完成信元的交换,例如链路 I_i 上信元头为 X 的信元通过查表可知应交换到输出链路 O_1,同时信元头值被翻译成为 k,链路 I_n 上的信元头值为 X 的信元通过查表可知应交换到输出链路 O_1，同时信元头值被翻译成为 n。可知在译码表中每一条输入逻辑链路对应一条或多条输出逻辑链路，而这个对应关系是在建立源端到目的端的通路时建立的，在通信过程中保持，而在通信结束后删除。因此，ATM交换系统完成了“空分交换”和“信元头翻译”两项基本功能。

(3) 从图5.20中还可以看出来自不同入线的两个信元（如来自 I_1 和 I_n）可能会同时到达ATM交换系统并竞争同一条出线（如 O_1），这样的竞争如果不进行处理就会造成信元的丢失，所以在ATM交换系统中必须配置缓存器来存储由于竞争而暂时无法传递的信元。由于ATM交换系统采用了统计时分复用的工作方法，因此缓存器在ATM交换中必须提供，以确保多个ATM信元产生竞争时信元能够被保存而不被丢弃。这种工作方式称为排队。

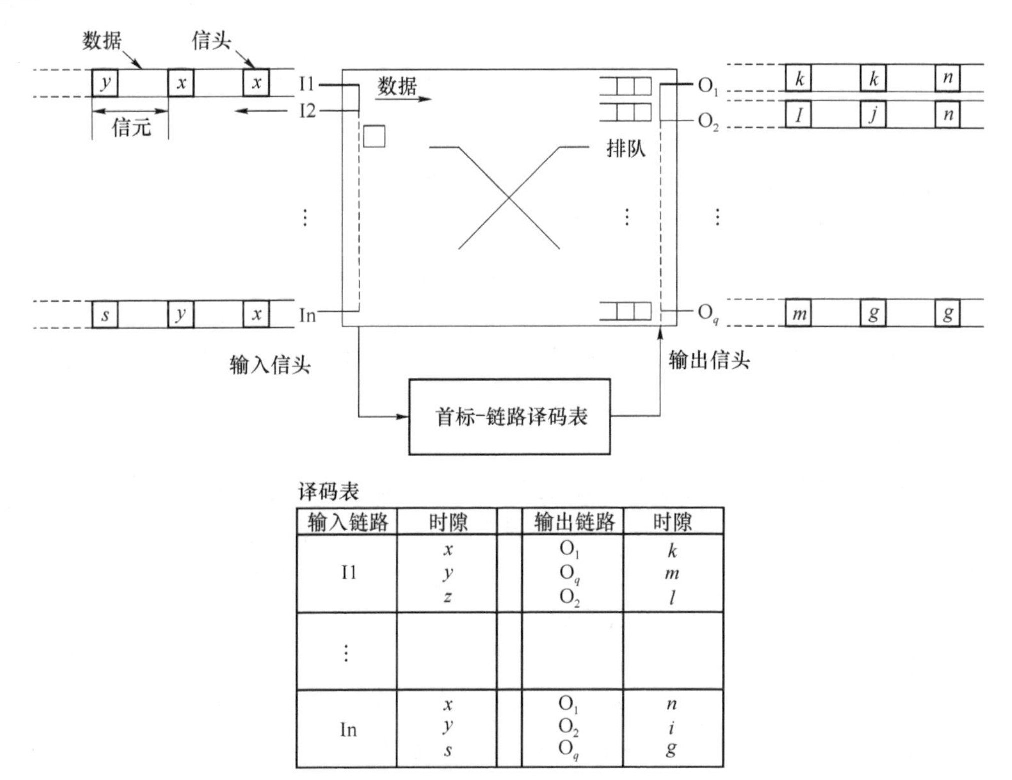

译码表

输入链路	时隙		输出链路	时隙
I1	x y z		O_1 O_q O_2	k m l
⋮				
In	x y s		O_1 O_2 O_q	n i g

图5.20 ATM交换原理

综上所述，ATM交换系统完成3种基本功能，即路由选择、排队和信元头翻译。实现3种基本功能的方法和功能之间的组合方式构成了不同的交换系统。

2. ATM交换机的组成

对于一个交换系统的最小组成单位称为基本交换单元，基本交换单元是用于构造ATM交换机构的通用模块。相同的基本交换单元按照特定的拓扑结构互连可以构成交换机构。交换机构具有两个特性：基本交换单元和特定拓扑结构。不同的交换机构具有不同的基本交换单元和拓扑结构。基本交换单元主要完成ATM交换中排队功能，交换机构完成ATM交换的路由选择功能。任何可用于ATM信元交换的设备都可称为ATM交换系统或 ATM 交换机。一般地,交换系统可以由相同或不同的 ATM 交换单元或 ATM 交换机构构成。

5.6.2 基本 ATM 交换单元

1. 基本交换模块的构成和功能

(1) 基本交换单元的构成

基本交换单元由 3 部分构成,如图 5.21 所示。

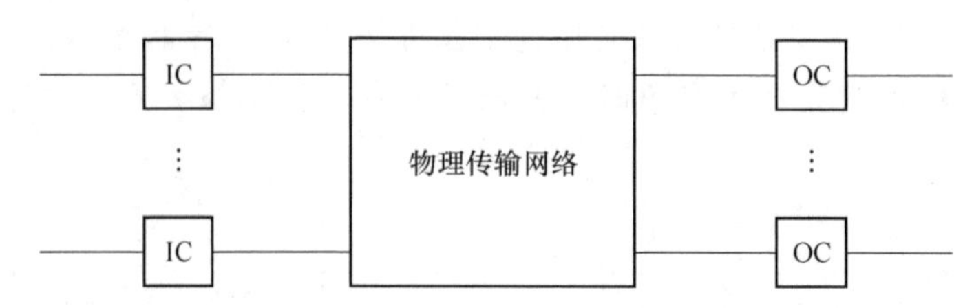

图 5.21 基本交换单元组成

- 入线控制器(IC),主要完成数据缓存和串并变换;
- 出线控制器(OC),主要完成数据缓存和并串变换;
- 物理传输网络,由 VLSI 构成的信元高速传输交换通路。

基本交换模块的规模是从 2×2 到 16×16 的接口形式,信息处理速率从 155 Mbit/s、622 Mbit/s 到 2.5 Gbit/s。基本交换模块的容量取决于采用的技术工艺、设计的集成化程度。

(2) 基本交换单元的功能

在交换网络内部,由于网络资源并不是专门分配给某些特定连接的,多个信元需要同时使用相同资源(如内部线路、出线等),此时发生了竞争。为了解决竞争问题,可以采用在交换模块内部设置缓冲器,使信元在竞争中不会发生丢失,能够准确寻址到其目的端口,这就是基本交换模块的基本功能——排队功能。

2. 排队策略

信元排队是基本交换单元的基本功能,根据交换单元的结构和所需的信息速率,可以在交换单元的入线、出线或单元内部设置缓冲队列。根据缓冲器在交换单元中的物理位置,交换单元中可采用 3 种排队策略:

- 输入排队(Input Queuing);
- 输出排队(Output Queuing);
- 中央排队(Central Queuing)。

(1) 输入排队

输入排队是在交换单元的入口处给每条入线配置一个专用的缓冲队列来存储输入信元,在一个信元周期内,如果出现多个入线上的信元竞争同一条出线时,则由一个仲裁逻辑来决定哪些入线队列中的信元是允许通行的,而其他队列中的信元需要等待,经过仲裁后的信元不会再出现竞争。图 5.22 表示了输入排队的工作原理。

仲裁逻辑通过一定的仲裁策略决定可以得到服务的入线,而仲裁策略可以有多种,包括:轮流服务或具有优先级(固定优先级或队列长度优先等)。

输入排队方法很容易实现,但是它的主要缺点是存在队头阻塞。在一个信元周期内,任一条出线都只能为一个信元提供输出服务,而选择该出线的其他信元必须在输入队列中等待。若一条入线上的队列的排头信元因竞争失败而阻塞,该队列中的所有后续信元也被迫阻塞,即使该队列中的后续信元所选择的出线当前是空闲的。队头阻塞造成输入排队方式性能的下降。

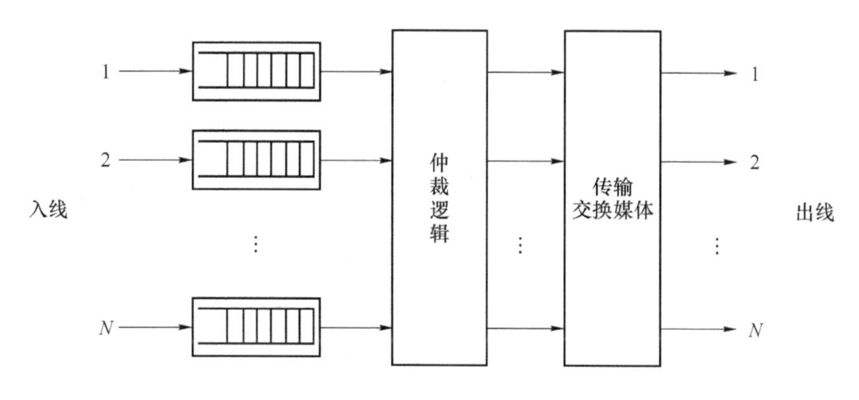

图 5.22 输入排队

(2) 输出排队

采用输出排队时,在一个信元周期内,所有信元都可无须仲裁地从入线到达所需的出线,但由于这时只有一个信元能够通过出线输出,所以产生了出线竞争,因此在每条出线配置一个队列,以便缓冲同时到达的竞争该出线的多个信元。一个信元周期内,一条出线只能为一个信元服务,未服务的信元将暂存在该出线的输出队列中。图 5.23 表示了输出排队的工作原理。

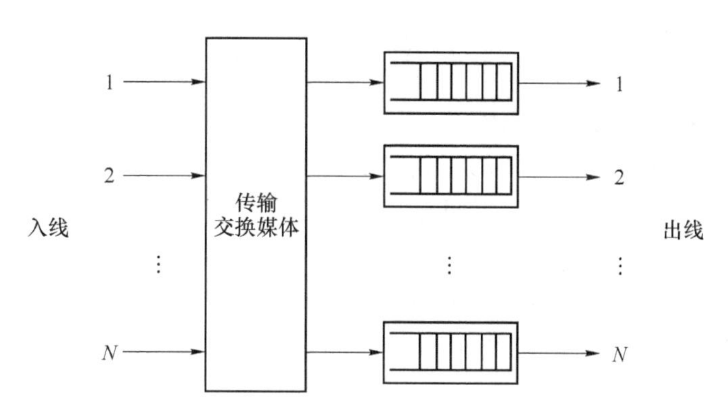

图 5.23 输出排队

输出排队的特点是设置在出线上的队列所需的缓冲空间较小,去往同一条出线的多个信元可以在同一个信元周期内交换到出线上,不存在队头阻塞,不需要仲裁逻辑,但是为保证没有信元丢失,在传输交换媒体中信元的传输交换的速率必须 N 倍于入线的速率,因此输出排队策略对缓冲器的访问速度要求很高,在一个信元周期内需要对队列缓冲器进行 N 次信元写操作和一次信元读操作。

(3) 中央排队

中央排队的实现方法是在基本交换单元的中央设置一个队列缓冲器,被所有的入线和出线所共享,来自所有入线上的全部信元都直接存入中央队列,各出线从中央队列中查找目的地为其自身的信元,依照先进先出的原则取出并发送。图 5.24 表示了中央排队的工作原理。

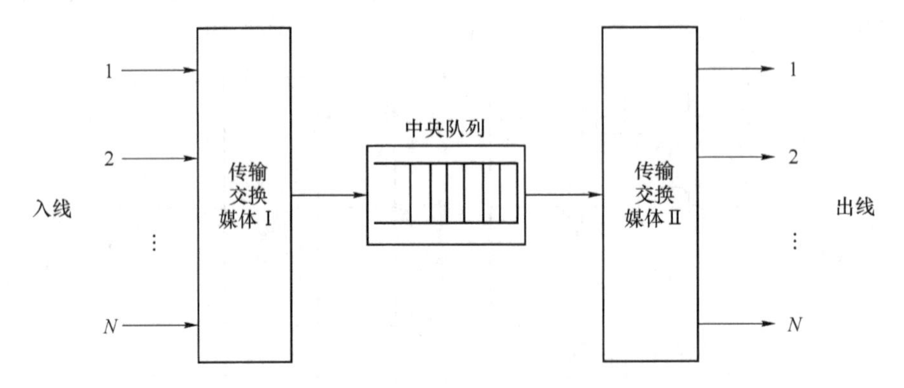

图 5.24 中央排队

中央队列提高了缓冲器的利用率,减少队列缓冲器的总容量。但交换单元的控制管理复杂度增加。出线必须能够通过某种查找机制,从中央队列中找出准备输出到出线的信元,必须保证中央缓冲器中的各逻辑队列具有先进先出的顺序,因此需要一套复杂的存储器管理系统。

3. 基本交换模块的类型

按照构成内部结构的方式不同,基本交换单元又分为以下几种。

(1) 空分交换结构

这种结构中所有的输入线和输出线互连构成矩阵网格,信元通过网格结点并行传送,这种结构又称为矩阵型交换单元(Matrix-Type Switching Element)。

(2) 基于时分复用结构的交换单元

输入线和输出线通过时分复用的方式共享传输介质或存储介质,从而实现信元交换。

基于时分复用结构的交换单元又可分为:

- 中央存储器交换单元(Central Memory Switching Element);
- 总线型交换单元(Bus-Type Switching Element);
- 环型交换单元(Ring-Type Switching Element)。

① 矩阵型交换单元

矩阵型交换单元是将每条入线和每条出线相连接,在交叉点装上开关,根据路由信息决定开关的闭合实现输入线和输出线的连通,从而实现了信元从入线交换到了出线。

矩阵型交换单元的基本原理如图 5.25 所示,每条输入线驱动一条总线,每条总线连接所有输出线,总线上的信息速率等于入线的速率,信元通过总线可以传输到任意一条出线上,来自各入线的信元可以并行地传输,利用交叉节点矩阵组成互连网络可以构造内部无阻塞的交换单元,因为对任何空闲的输入/输出对,总是能在它们之间建立一条连接。如果有不同入线的两个信元同时向同一条输出线输出,就会产生竞争,所以要采用排队,根据排队缓存的位置,可以分为 3 种缓存器的设置方式:输入缓存交换矩阵、输出缓存交换矩阵和交叉节点缓存交换矩阵。如图 5.26 所示。

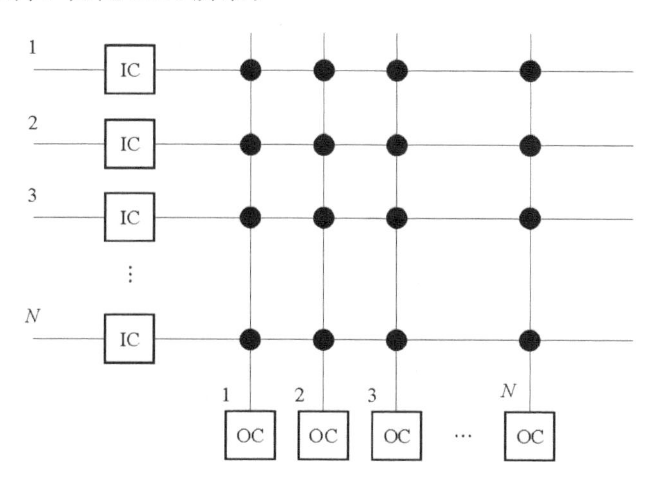

图 5.25　矩阵交换单元结构

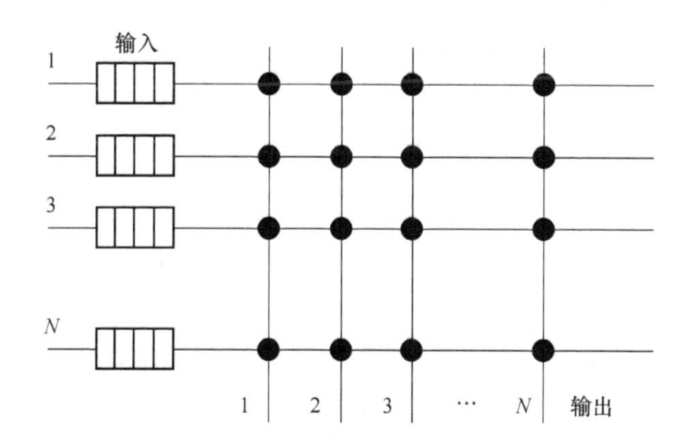

(a) 输入缓存交换矩阵

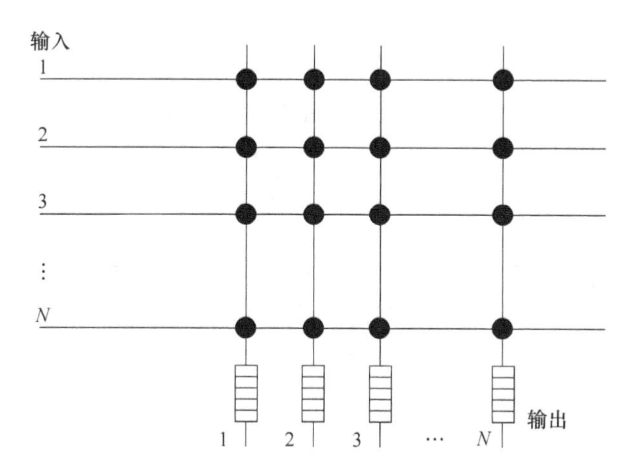

(b) 输出缓存交换矩阵

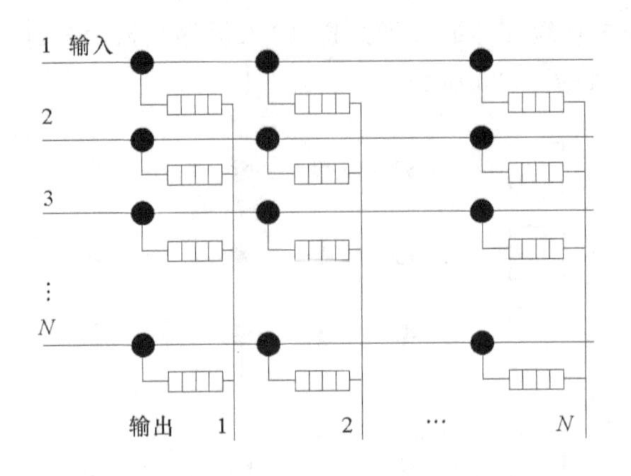

(c) 交叉节点缓存交换矩阵

图 5.26　矩阵交换单元缓存器设置

② 总线型交换单元

总线型交换单元的工作原理类似于计算机局域网中 802.3 总线型局域网的工作原理，所有的输入线和输出线共享传输介质，而传输介质是高速时分复用总线，如图 5.27 所示。工作时，每条输入线按一定的规则轮流发送信元到总线上，而输出线根据总线上传输信元的地址信息决定是否接收该信元，如果地址吻合，则接收该信元，这样信元从输入线传送到输出线，完成了交换过程；如果地址信息不吻合，则输出线不接收该信元。

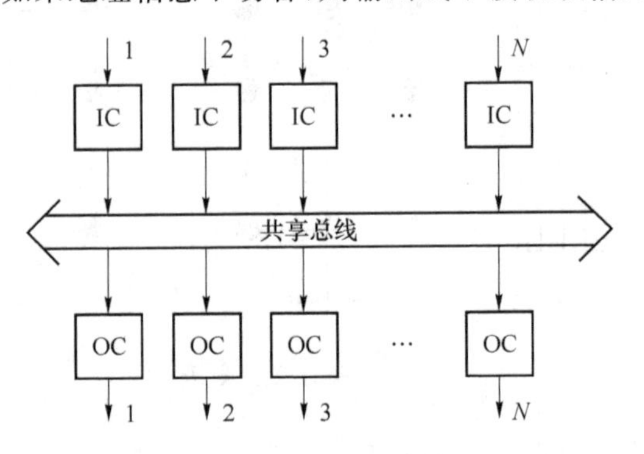

图 5.27　总线型交换单元

借助于高速时分多路复用(TDM)总线组成总线型交换单元的互连网络，只有总线容量大于各输入端口容量之和时，才能保证交换单元是内部无阻塞的。通常是采用多比特并行(如 16、32 或 64 条)的传递方式来提高总线的总吞吐量。

③ 环形交换单元

环形交换单元的工作原理类似于计算机局域网中 802.5 环形局域网的工作原理，环形交换单元内的互连网络是一个高速的环，所有输入和输出控制器都连到这个环上，输入线按照一定的规则轮流向环上发送数据，而环上的输出线控制根据信元的地址信息判断是否接收该信元从而完成交换，如图 5.28 所示。

④ 中央存储器交换单元

中央存储器交换单元采用中央排队的交换原则，所有输入和输出控制器都直接接共享存储器，共享存储器允许全自由度输入写和输出读，如图 5.29 所示。输入信元通过 IC 写入公共缓冲存储器中，OC 也从公共缓冲存储器中读取信元，这种方法可以极大地节省存储空间，但存储器的控制比较复杂，而且缓冲存储器的访问速度很高。

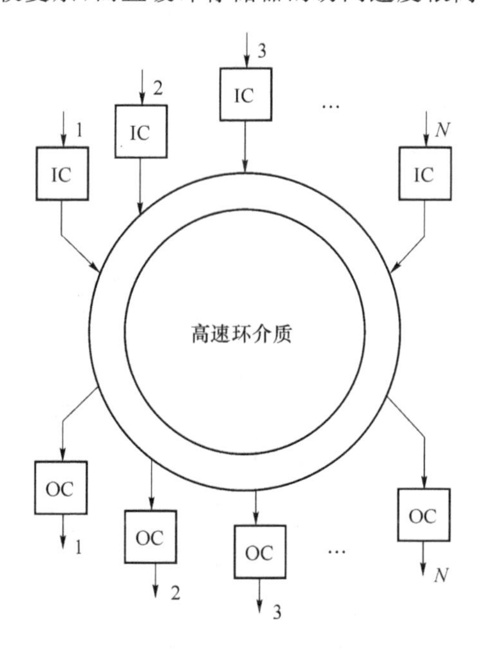

图 5.28 环形交换单元

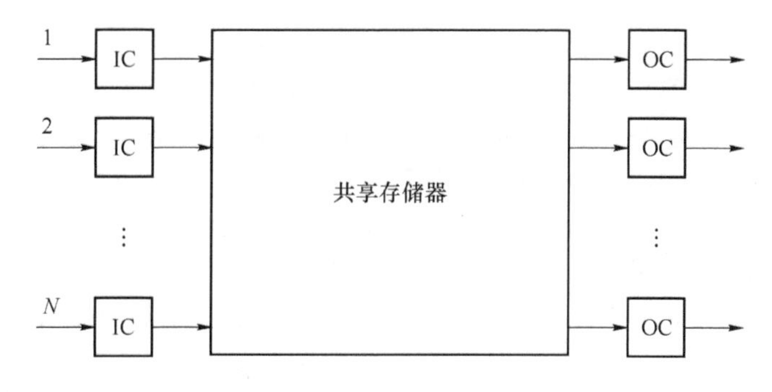

图 5.29 中央存储器交换单元

可以采用提高信息处理位宽的方式来降低存储器的访问速率，即在 IC 和 OC 中完成信元数据的串-并/并-串转换。

5.6.3 ATM 交换机构和交换系统

ATM 交换机构是由基本交换模块按照一定的拓扑结构组合而成的，交换机构的规模可达数百条到数万条出入线。对 ATM 交换机构来说，研究的主要问题是各个交换单元之间传送介质的结构和选路方法，以及如何降低竞争、减少阻塞等。交换机构的结构组织方式决定了交换机构的特性。

ATM 交换机构有多种分类方法，按交换方式可以分为时分交换和空分交换两种交换机构，时分交换机构是按时分多路复用方式完成交换，空分交换机构是按空间划分完成交换。时分交换机构包括共享总线、共享环和共享存储器 3 种类型，空分交换机构包括单级交换网和多级交换网,如图5.30所示。

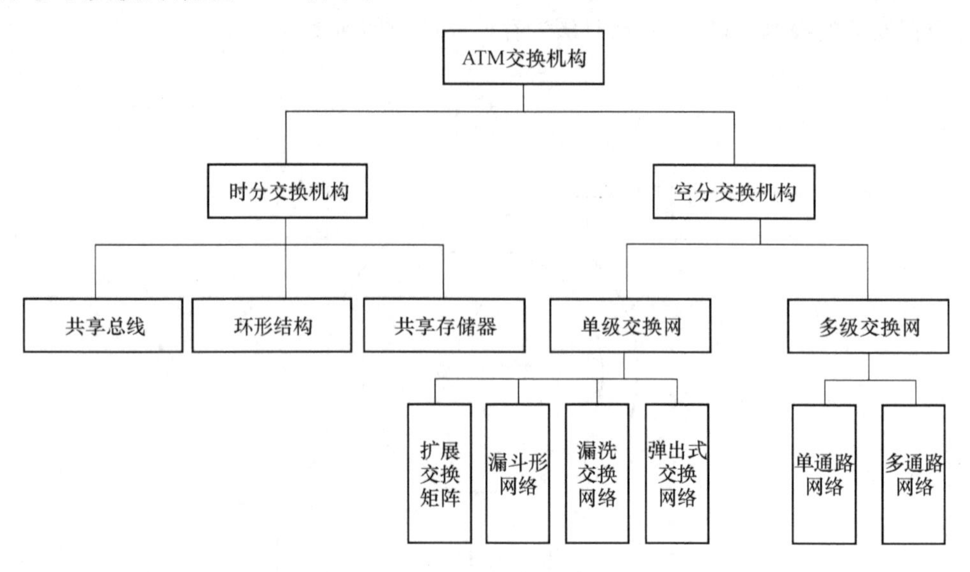

图5.30 ATM交换机构分类

(1) 时分交换机构

时分交换机构是指所有的输入/输出端口共享一条高速的信元路径,这条共享的路径可以是共享传输介质的或共享存储器的。

共享资源要求在获准访问前,资源必须是可用的。如果资源正在被使用,则必须等待这个资源被释放。竞争共享资源是时分交换机构的主要特征之一,因为所有的信元使用单个设备,所以一个时隙只能对一个信元进行操作。随着吞吐量的增长,访问共享资源的冲突概率也会增加,所以时分交换机构的吞吐量会下降。

时分交换机构有一个设备吞吐量的固定上限,这种交换能力的限制不能随着端口的增加而提高,因此,当公共资源的需求增加时,交换网络的性能会受到影响,交换机的吞吐量是由公共资源的速率决定的,一般不能扩展,所以无法满足容量增加的需求。

(2) 空分交换机构

与时分交换机构不同,空分交换机构不依赖于公共设施,对于空分机构,在输入端和输出端之间可以建立多条并发通路,所以交换机构可以同时传送多个信元。空分机构具有良好的硬件扩展能力,通过增加端口而提高交换机的吞吐量,增加交换机的性能。

空分交换机通常由若干个完全相同的基本交换单元组成,这些基本交换单元通过连接构成一个特定的拓扑结构,交换机将信元从输入端口转发到输出端口。

空分交换机构是ATM的主要交换机构形式,最常用的划分方法是将其分为单级交换网络和多级互连网(Multistage Interconnection Network,MIN)两种类型。单级交换网络又分为扩展交换矩阵网络(Extended Switching Matrix)、漏斗形网络(Funnel-type Network)、混洗交换网络(Shuffle Exchange Network)及弹出式交换网络(Knockout Network)等;多级互连网按照信元所走的路径不同又分为单通路网络(Single-path Network)和多通路网络(Multiple-Path Network)。

不管是单级网络还是多级网络,其内部可以是有阻塞的(Blocking),也可以设计成无阻塞的(Non-blocking)。

1. 单级交换网络

单级交换网络的特征是信元从输入到输出的过程中，只需要经过一次确定传输路径的过程。一般来说，实际的单级交换网络所能支持的最大交换端口数都在128×128入/出以下。下面简单介绍扩展交换矩阵网络的工作原理。

扩展交换矩阵的结构如图5.31所示，网络由$M\times M$的基本交换单元按全互连的方式构成，而每个基本交换单元是$N\times N$矩阵式交换单元，这样就构成了一个$N\times M$入线，$N\times M$出线的交换机构。在这种机构中，每一条输入端口i和每一条输出端口j之间均有一个交叉连接点，每个交叉连接点又有两个状态：交叉和直通，系统仲裁器控制信元在每个交换单元上是直通还是交叉。

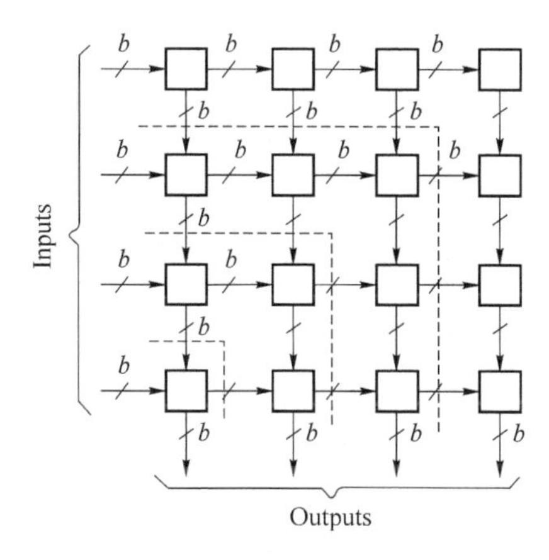

图5.31 扩展交换矩阵结构

扩展交换矩阵的优点是信元通过扩展交换单元时仅被缓冲一次，故直通时延较小。但缺点有两个。

(1) 为增大交换容量，则交换单元数呈平方增长，系统变得非常复杂，所以实际可构造的交换网络为64×64至128×128端口的交换机构。如果需要更大的交换容量时，一般采用多级互连网结构。

(2) 不同的输入输出的传输时延不同，尽管它的交换机构是无阻塞的，但也可能出现输出阻塞，因此需要采用缓冲方式降低信元丢失率，缓冲方式包括输入缓冲、输出缓冲和中间缓冲3种方式。

2. 多级互连网

由多于一级的交换单元构成的多级互连网存在各种各样的链路互连模式。如果信元通过多级互连网时仅存在一条通路，称为单通路交换网络；如果信元从输入到达目的地输出可以走不同的路径，则称为多通路交换网络。

(1) 路由策略

由于存在如何将输入信元通过MIN转发到达输出端口，因此多级互连网需要解决的关键性问题就是路由策略。

可以根据两个标准来划分MIN中的选路方法：

- 根据路由信息安放的位置
- 根据完成选路决策的时间

① 根据路由信息安放的位置

对路由信息存放的位置，一种是将路由标签加到信元前面一起传送，另一种将路由表存在 MIN 的基本交换单元中。

② 根据完成确定路由的时间

对确定路由的时间，可以在整个连接期间做一次选择；也可以为每个信元单独选路。对第一种情况，MIN 内部是面向连接的或采用预定的交换通路；对第二种情况，MIN 内部操作是无连接的。

③ 4 种组合的路由选择的方法

如表 5.7 所示，根据以上两种划分标准可以得到 4 种组合的路由选择的方法：

Ⅰ：基于连接的路由标签；

Ⅱ：基于信元的路由标签法；

Ⅲ：基于连接的路由表控制；

Ⅳ：基于信元的路由表控制。

表 5.7　路由策略分类及特点

路由信息安放位置 / 确定路由的时间	信元中	路由表	特点
面向连接	Ⅰ	Ⅲ	不需重新排序
无连接	Ⅱ	Ⅳ	重新排序
特点	多播容易	多播不容易	

下面介绍类型Ⅱ和类型Ⅲ这两种路由选择方法的工作原理。

(2) 基于信元的自寻路方式(类型Ⅱ)

基于信元的自寻路方式中路由信息存放在路由标签中，添加到每一个信元的前头，路由标签包含 MIN 中各级的路由信息，并逐级被解析，需在交换机构边缘设置存储器，以向各信元添加路由标签。基于信元的自寻路方式的工作过程如图 5.32 所示。

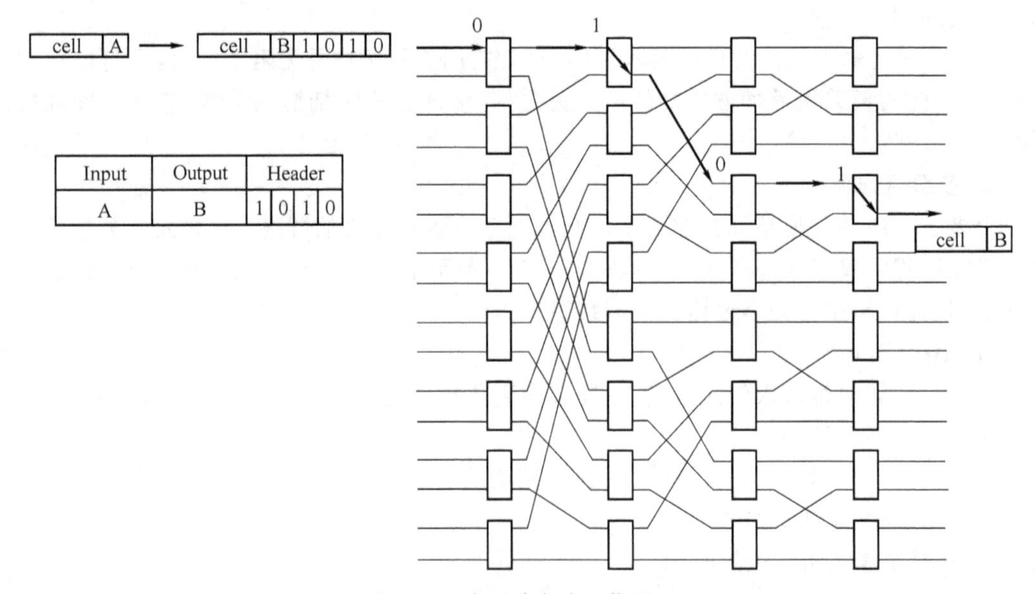

图 5.32　自寻路方式工作原理

基于信元的自寻路方式存在的问题是该方法增加了网络内部的带宽开销，而且实现组播比较困难。

(3) 基于网络的路由表控制方式(类型Ⅲ)

基于网络的路由表控制方式在网络内部的每一级提供逐级的路由标记(VPI/VCI)的翻译功能(针对 VPI/VCI)，或者也可采用全局路由控制表，在各交换单元中或在整个 MIN 中，需要设置存储器来存放路由信息。基于网络的路由表控制方式的工作原理如图 5.33 所示。

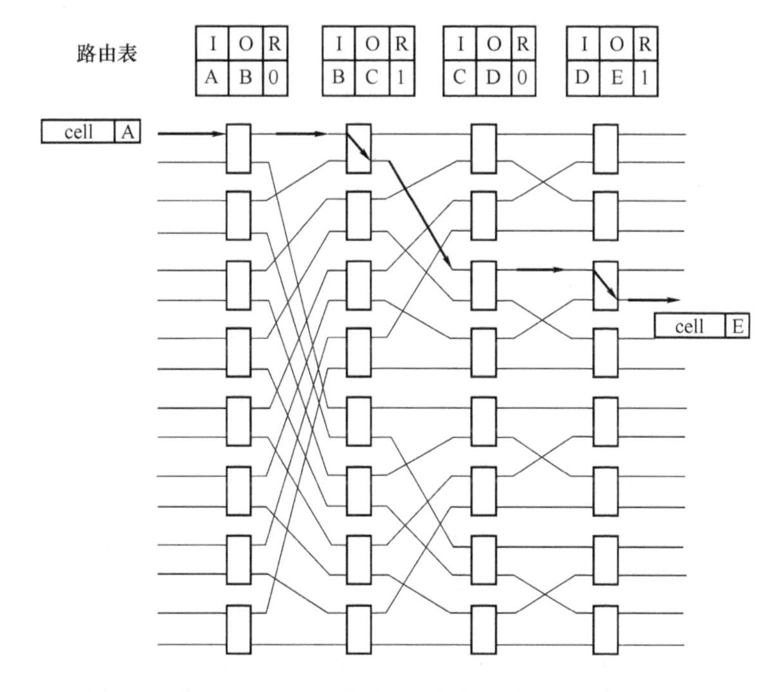

图 5.33　基于网络路由表控制方式工作原理

基于网络的路由表控制方式的特点是不增加网络内部的带宽开销，且易于实现广播和组播。

5.6.4　典型的交换机构

1. Banyan 交换网络

Banyan 网络是一种典型的单路径、多级互连网。如图 5.34 所示。由于 Banyan 网络具有自主路由、模块性好、所有输入到输出延迟相同、支持同步和异步操作方式、结构规范、适合于 VLSI 实现、复杂度较低以及单路径可以保证信元顺序等优点，因此得到广泛的应用，并在此基础上提出了许多改进型的交换网络结构。

Banyan 网络中每个交换单元只与相邻级单元连接，所以所有通路通过的交换单元数相同，任何一条入线与任何一条出线之间有且只有一条通路。每个交换单元根据路由信息选择通路，如果路由信息为 0，则任何输入线路上的信元都从交换单元的上面输出线输出，如果路由信息为 1，则信元从交换单元的下面输出线输出。因此可以根据输入信元的输出地址确定它的路由信息。许多 ATM 交换机采用了多个 Banyan 网络构成更大规模的交换网络。

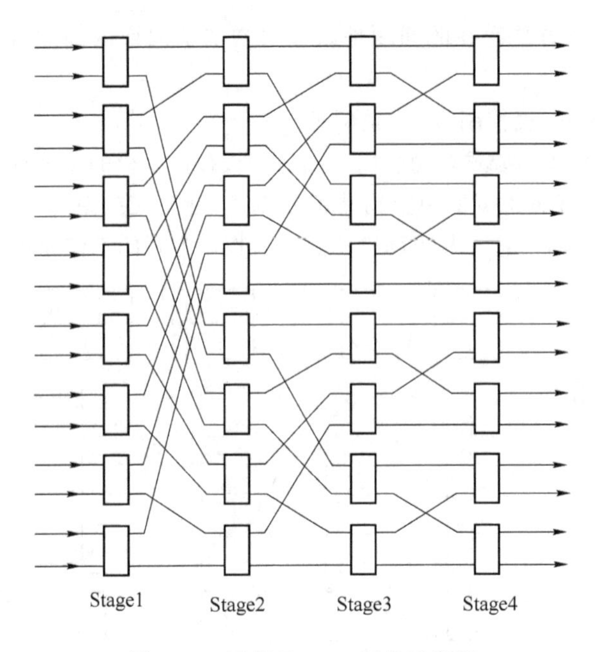

图 5.34　四级 Banyan 网络示意图

2. Delta 交换网络

Delta 网是 Banyan 网的一种,Delta 网根据其构成方式可以采用不同的形式,如果交换单元的输入和输出相同,则它就是方形 Delta 网。$N\times N$ 的 Delta 网由 $\log_b N$ 级相同的 $b\times b$ 基本交换单元构成,每一级包含 N/b 个交换单元。Delta 网规则性好,易于构成大型的交换机构。

Delta 网具有自选路由特性,目的出线的二进制地址可以作为信元通过网络的路由标签,不论信元从哪个入线进入,如果路由标签相同,则通过同一条输出线输出。图 5.35 中信元由输入端 1 和输入端 15 分别进入,路由信息均为 0101,经过 Delta 网,通过同一条输出端输出。

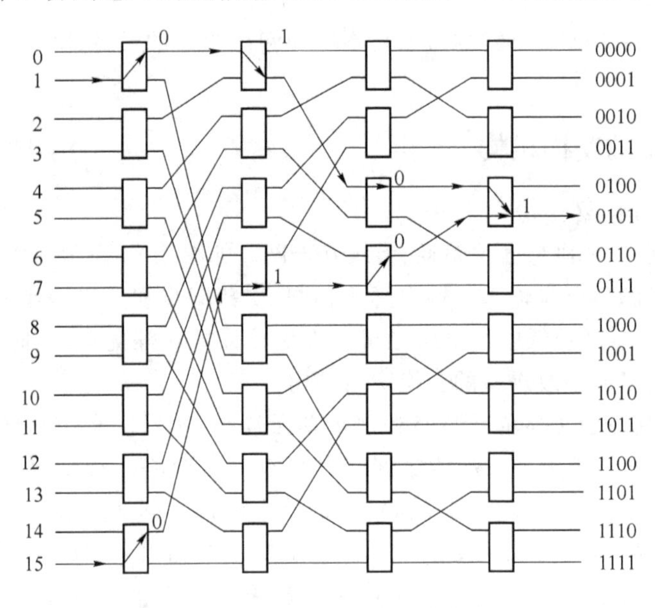

图 5.35　Delta 网络的自选路由特性

3. Batcher-Banyan 多级互连网

Batcher-Banyan多级互连网是一类特殊的空分型MIN,其交换机构不存在内部信元丢失,通过给信元在输入端加上路由标签,信元在交换网络内部完全自选路由。图5.36所示是Batcher-Banyan网络结构。该交换机构由两个网络组成,前面一个称为Batcher网络,后面一个称为Banyan网络,两个网络之间通过混洗交换方式连接。

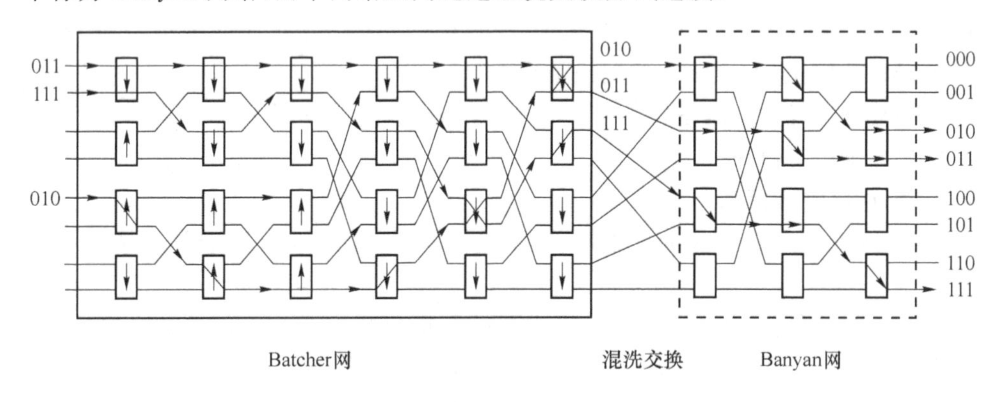

图5.36 Batcher-Banyan网络结构

Batcher网络是一个排序网络,它根据信元的目的地址进行排序,地址最小的信元排在最上面的出线上,随后依次排序,Batcher网络的基本交换单元是2×2的“上下排序器”,这种排序器比较两条入线上信元的地址,将地址较大的信元送往箭头所指的一条出线,地址小的信元送往与箭头方向相反的一条出线上。如果两条出线上只有一个信元,则作为小地址信元处理。通过Batcher网络在输入端无序到达的信元在输出端按照单调递增的顺序排列。

经过排序的信元通过混洗交换送到Banyan网络的输入端。这个Banyan网络采用了Delta网络结构,具有自选路由特性,因此可以将信元送到正确的方向。由于送到Banyan网络的信元已经经过Batcher网络排序,因此信元在Banyan网络内部不会产生冲突,不会造成信元丢失。

如果有多个具有相同路由信息的信元同时送到Batcher-Banyan网络的输入端,就会产生竞争,因此需要在输入端设置缓存区,进行输入排队。

5.7 ATM流量控制技术

5.7.1 ATM网络拥塞及拥塞控制

1. ATM网络拥塞

虽然在宽带交换网络中有很宽的带宽,高速的交换速度,但是网络的资源还是有限的。任何由网络向用户提供的服务,不管大小,总是要占用一定的网络资源。因此,网络在单位时间内所能接纳的最大用户数和所能提供的业务流量是有限的。如果不加控制地让用户自由使用网络,会产生网络拥塞。

在宽带网络中,造成拥塞的原因很多,概括起来主要有以下原因。

- 宽带网络内传送的业务种类多,很多种业务的突发性很强,因此对于业务流量的预测比较困难。
- ATM 网络中突发业务比例大,在系统负荷较大的情况下容易发生拥塞。
- 信息速率很高,网络故障也很容易造成网络拥塞,对业务质量的影响大。
- ATM 基于统计复用,内部存在资源竞争,由于网络资源的不平衡;竞争常常发生在 ATM 网络中速率较低的链路或节点上。
- 网络拥塞问题的实质是整个系统的各个部分不匹配。只有网络的所有部分平衡了,问题才能得到解决。

2. ATM 网络拥塞控制

在宽带网络中通常采用了业务量控制、流量控制和拥塞控制 3 种方法来进行网络的拥塞控制。

(1) 业务量控制(Traffic Control):业务量控制指全网范围内端-端控制。

业务量控制通常涵盖一个大而全的网络控制范围,从用户接入到网络监控,从资源预留到拥塞控制,包含端-端和全网所有环节业务量的控制。在 B-ISDN 网络中特别突出强调了呼叫/连接接纳控制。

(2) 流量控制(Flow Control):流量控制强调特定流的行为控制。

流量控制重点放在对网络中以流为粒度的业务量实施的控制,指在给定的发送端和接收端之间点对点通信量的控制,通常涉及到特定流的 QoS 控制、流间干扰,特别是包括多媒体流的流间同步问题等。

(3) 拥塞控制(Congestion Control):拥塞控制指当拥塞出现时,网络内部采取的解救措施。

拥塞控制明确指出当网络内部发生拥塞时所采取的一些控制措施,尽快消除拥塞。

5.7.2 ATM 业务量控制

B-ISDN 中的业务量控制采用预防式控制(preventive control)和反应式控制 (reactive control)相结合的方法,即以预防为主,一旦拥塞发生,网络也能采取有效的措施来解除拥塞。ATM 网络中业务控制和管理的主要内容包括:

- 连接(呼叫)接纳控制(Connection Admission Control,CAC);
- 用法/网络参数控制(Usage Parameter Control/Network Parameter Control,UPC/NPC);
- 优先级控制和选择性信元丢失;
- 拥塞控制;
- 业务量整形;
- 快速网络资源管理等。

B-ISDN 中业务量控制的目的就是在现有的有限的网络资源下,通过对用户使用网络的资源加以控制,以及在网络工作超负荷时采取一些特定的解救措施,以最大限度地多接入可用用户,并使网络向用户提供有保证的或可被接受的服务质量。

5.7.3 业务量合约

1. 业务量合约的概念

业务量合约是在用户申请建立连接时,用户和网络需要通过协商,来约定保证连接性能的各种参数的取值,达成一致的约定参数值的集合就构成了业务量合约。业务量合约是由连接接纳控制建立的,是业务量控制和拥塞控制的基础。

描述一个 ATM 连接的参数分为两类。

(1) 终端设备向网络所要求的连接特性,包括业务类型、参数使用信息、路由优先信息、流量控制能力等。

(2) 终端用户向网络提供的有关连接的信息,包括带宽、服务质量、时延变化容限、流量控制、优先级控制等。

2. 业务量合约的作用

通过业务量的管理可以实现以连接为基础保证用户预定的服务质量。进行业务量管理的关键就是业务量合约。

业务量合约的作用是使网络能够根据业务量合约来向用户提供满足用户质量要求的服务,包括:

(1) 用户根据业务量合约监视网络提供的服务是否达到了建立连接时要求的服务质量。

(2) 网络根据业务量合约监视用户提交的业务量是否符合业务量合约中的参数约定,保证符合业务量合约的业务量,对不履行合约的业务量将采取相应的措施(丢弃、延时、降低优先级等操作方式)。

3. 连接一致性

(1) 连接一致性的定义及重要性

一致性的含义是指 ATM 连接与业务量合约的一致性,即连接是否遵守业务量合约。

一个连接被接纳后,只要它遵守业务量合约(一致的),该连接所要求的 QoS 就应该被满足。对一致性的连接,网络总能支持其所要求的 QoS。对不一致的连接,网络不必遵守其 QoS 约定。

因此,连接一致性定义是业务量合约中的一项重要内容。

(2) 流量控制中对一致性的判断

流量控制中对一致性的判断包括两个层面,即信元一致性和连接一致性。

① 信元一致性

ATM 连接中信元的一致性定义是达到检测点的信元是否符合连接的业务量合约。判断信元的一致性的方法:利用参数化的一致性检验算法,利用业务量合约参数,通过运算来检验信元的一致性。

② 连接一致性

连接一致性是根据连接中不一致的信元的数量来定义的,若连接中不一致的信元不超过一个门限值,则该连接就是一致的,否则就是不一致的。进行连接一致性判断的门限值由网络在业务量合约中定义。

通过这两个层面的一致性判断,网络可以采取相应的措施。如果是信元一致性被违反,则对单个信元进行相应处理,如降低优先级等;如果是连接一致性被违反,则对整个连接进行相应处理,如断开连接等。

5.7.4 ATM 流量控制功能

1. 连接接纳控制 CAC

连接接纳控制是在呼叫建立(或呼叫重新协商)阶段网络执行的一组操作,用于决定一个 VPC/VCC 连接请求是否可接受。

连接接纳请求的基本思想是:在呼叫阶段,用户根据需要把自己的业务流特性、参数以及所要求的服务质量等信息告知网络,网络根据当前资源的使用情况和用户提供的信息决定是否接纳这次连接请求。只有在满足下列情况时,呼叫的连接请求才可被接受:

- 有足够的可用资源,可在整个网络中保证呼叫所要求的 QoS;
- 同时保证已存在连接的 QoS。

CAC 完成的功能有:

- 确定接受或拒绝连接请求;
- 导出业务量合约中用于 UPC/NPC 用来监视功能的业务量控制参数;
- 选路及分配网络资源。

2. 用法参数控制和网络参数控制 UPC/NPC

用法参数控制 UPC 和网络参数控制 NPC 分别在 UNI 和 NNI 上进行,它们是网络执行的一系列操作,在信元业务量大小和信元选路的有效性等方面监视和控制 ATM 连接的 QoS。其主要作用有:

- 监视和控制进入网络的业务量;
- 防止资源被个别用户滥用,从而影响其他连接的 QoS;
- 检测连接是否违反业务量参数的约定,并采取相应的措施。

如果没有 UPC/NPC 功能,一个终端设备故障,一个超量的信元时延变化,或者是滥用业务量都会严重影响已建立连接的 QoS。

UPC/NPC 功能使用参数是根据业务量合约由 CAC 功能导出的。通过 UPC/NPC 算法,可以检查出信元或连接是否具有一致性,对一致性业务流信元允许其通过。

对于非一致性信元,UPC/NPC 采取的操作包括:信元丢弃、延迟违规信元和信元标记等方法。

UPC/NPC 对非一致性连接采取的操作是断开连接。

3. 优先级控制和选择性信元丢弃

对于 B-ISDN 业务来说,业务的跨度大,从几比特到几百兆比特,服务质量要求也不一样,如果对特性各异的宽带业务不加区别地进行传输和控制,会降低网络的操作效率,并且难以保证不同业务对服务质量的要求。所以在 B-ISDN 中,对不同的业务进行优先级分类,使用信元丢失优先级比特进行区分,这样就需要实施优先级控制功能,在这种情况下,网络为了保证高优先级信元的传送和服务质量,会将低优先级的信元进行选择性丢弃。优先级控制和选择性信元丢弃通常在 UPC/NPC 中实现。

(1) 网络的优先级

网络的优先级控制包括两个层面。

① 在业务级实施连接的优先级控制

由业务分类器(Service Classifier)按 QoS 要求对各种业务进行服务质量分类(QoS Classes)。连接之间的优先级控制可在 VPI/VCI 基础上隐含定义。

② 在信元级实施优先级控制

一个连接中信元优先级通常采用 ATM 信元头中的 CLP 比特定义,实施选择性信元丢弃(Selective Cell Discard ,SCD)操作。CLP=0 表示高优先级;CLP=1 表示低优先级。

在 ATM 集中器和自选路由的交换机内将各类业务按照其 QoS 特性划分成若干不同的类别(QoS classes),并设置一定数量的缓冲器,每一类业务由一个缓冲器提供服务。优先级调度器负责在实时型业务和信元丢失敏感型业务之间进行指挥调度,以最大限度地提高输出链路的利用率。

(2) 选择性信元丢弃 SCD

利用信元丢失优先级 CLP 比特,可以区分两类不同优先级的信元。在网络发生拥塞时首先丢弃低优先级类信元,这类控制叫选择性信元丢弃 SCD。SCD 控制的方法有多种,常用的如 push out 方法、缓冲器部分共享法等。

4. 业务量整形

为了提高网络的接入能力和改善其服务质量,在不引起信元丢失和破坏信元一致性的前提下,业务量整形(Traffic Shaping,TS)是非常有效的。业务量整形可以在不影响业务服务质量的情况下对业务量特性进行适当修改,通过业务量整形可以完成降低峰值信元速率、限制突发长度、调整信元间隔、部分地补偿 CDV 对 ATM 连接的峰值信元速率的影响等功能。

通过业务量整形可以改变一条 VCC 或 VPC 上信元流的业务量特性(如信元之间的到达间隔),使得业务流穿过 UNI 时与用户-网络接口要求的业务特性保持一致,最大限度地提高 ATM 网络的带宽资源利用率。

5. 网络资源管理

网络资源管理的目的是控制网络资源的分配,根据业务的特性来区分不同的业务量。

虚通路 VP 技术是进行网络资源管理的有效手段,由于一条 VP 由多条 VC 构成,因此对多条 VC 的处理可以通过对一条 VP 的处理来完成,大大简化了 CAC 控制和 UPC/VPC 控制。通过 VP 可以分离具有不同服务质量要求的业务类型,实现优先级控制方式。通过 VPC 传送流量控制的操作信息也很简单。

6. 网络拥塞控制

ATM 网络中使用的网络拥塞控制是一种反馈式业务量控制方式。当网络检测到拥塞发生时,可以采取两类操作方式,一类叫选择性信元丢弃 SCD,另一类叫显式拥塞通知(Explicit Congestion Notification ,ECN)。选择性信元丢弃 SCD 的工作原理前面已经介绍过。显式拥塞通知是在拥塞发生时通知有关的网络节点和业务源发生了拥塞,以降低向拥塞点的业务量发送速率。ECN 操作也分为两种情况,一种是显式前向拥塞指示(Explicit Forward Congestion Identification ,EFCI);另一种是显式后向拥塞通知(Backward Explicit Congestion Notification ,BECN)。这两种方式使用了 ATM 信元头中 PTI 字段的第二个比特,该比特在数据信元中称为显式前向拥塞指示 EFCI 位,在网络资源管理 RM 信元中称为拥塞指示位(Congestion Identification ,CI)。

(1) 显式前向拥塞指示

显式前向拥塞指示的工作原理是:当网络节点检测到信元缓冲器到达某一门限值,即拥塞发生时,该节点将通过前向数据信元中的EFCI位置1,否则EFCI值不变,当信元到达目的端时,目的端发现EFCI位为1,则可知信元在传输过程中发生拥塞,则可以向源端发出拥塞通知,源端降低信息发送速率以降低或消除拥塞。显式前向拥塞指示的工作过程如图5.37所示。

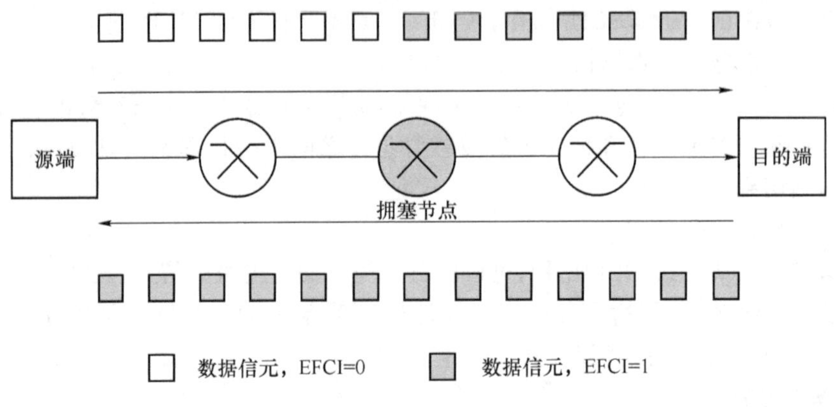

图5.37　EFCI工作过程

(2) 显式后向拥塞通知

显式后向拥塞通知方法的工作原理是:当网络节点检测到有拥塞发生时,通过RM信元中的CI位置1向源端发送拥塞通知,同时显式前向拥塞指示通知目的端发生了拥塞,当源端收到拥塞通知时可以调整发送信息的发送速率。RM信元中的CI位置位有两种方式,一种是由目的端完成置位,另一种是由发生拥塞的中间节点直接将后向RM信元中的CI置位。显式后向拥塞通知的工作过程如图5.38所示,其中图5.38(a)表示由目的端置位,图5.38(b)表示由中间节点置位。

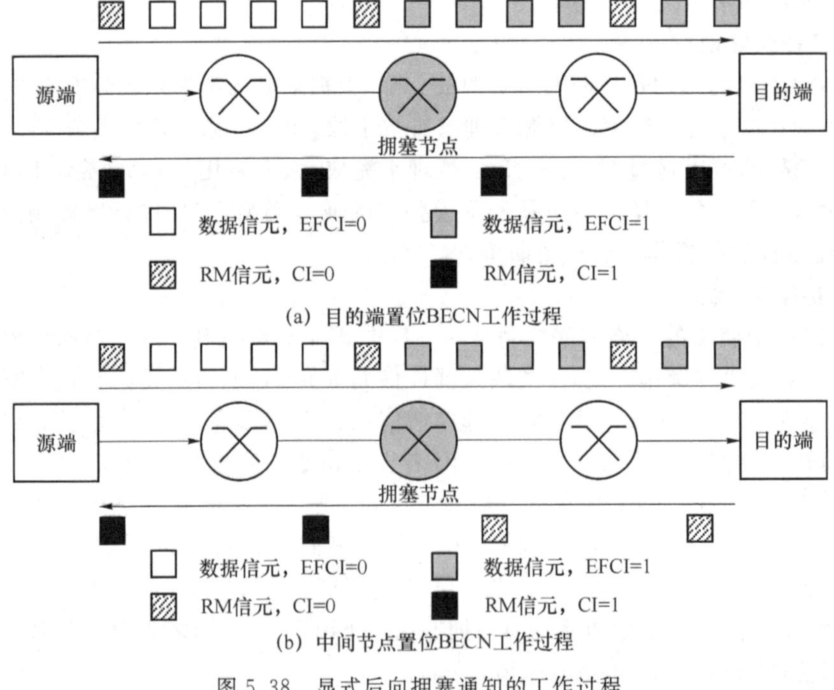

图5.38　显式后向拥塞通知的工作过程

显式后向拥塞通知的优点是拥塞控制的反应速度快；缺点是使用网络资源管理信元进行拥塞通知，增加了网络中的业务量。

（3）源端发现拥塞时的操作

当源端收到拥塞指示时，将自动调整、控制信源的速率，从而降低或消除网络中的拥塞。当接收到拥塞通知时，源端的信息发送速率就降至某个值，并在一段时间内维持在这个速率，如果再没有收到拥塞指示就可以逐步提高发送速率，直到峰值速率。这种方法称为自适应速率调整法。

5.8　宽带网络信令

5.8.1　ATM 信令的基本概念

信令是完成通信网中用户与交换机之间和各个交换机之间有关呼叫建立、维持和拆除连接以及通信设备运行等信息的交换，是完成通信网的控制和管理的一套完整的电信息。

在 ATM 网络中，信令功能是 ATM 协议模型中控制平面和管理平面的重要组成部分，完成 ATM 用户之间通路的建立、维护和拆除操作。由于 ATM 用户之间业务种类复杂，对通路的要求多样，ATM 网络中的信令必须具备非常强大的功能，因此 ITU-T 提出分 3 阶段发展 ATM 网信令的思想。

（1）第一阶段

- 支持恒定比特率的交换业务及与现有 ISDN 互通。
- 对可变比特率业务，按峰值速率分配带宽。

（2）第二阶段

- 按照统计时分复用方式支持可变比特率业务。
- 把呼叫控制和连接控制分开，使一个呼叫可支持多个连接，并且在已建立呼叫后还可以再建立连接或释放连接；并对多媒体业务承诺服务质量保证措施。

（3）第三阶段

- 支持多媒体业务和分配型多点业务。
- 扩大业务范围，提供宽带增值服务。

5.8.2　ATM 网信令协议

1. ATM 网信令协议分层结构

ATM 信令信元的传送与数据信元相同，都在 ATM 层完成。在用户和网络节点之间传送的信元称为接入信令，在网络节点间传送的信元称为局间信令。ATM 网信令协议结构如图 5.39 所示。

在 B-ISDN 协议模型中，用于信令协议传送的是控制面，它与用于数据传送的用户面的分层结构是一致的，包括物理层、ATM 层、ATM 适配层和与信令有关的高层协议。控制面和用户面的物理层协议和 ATM 层协议是相同的，ITU-T 选择 AAL5 作为信令传输的适配协议，并且增加与信令传送相关的业务特定汇聚子层协议 SSCS，称为信令适配层协议(Signal AAL ,SAAL)。

信令高层
AAL5 SSCS
AAL5 CPCS
AAL5 SAR
ATM层
物理层

图 5.39　ATM 网信令协议结构

在 UNI 接口上高层使用的接入信令协议为国际电联标准 Q.2931,如图 5.40(a)所示。

在 NNI 接口,高层的局间信令协议是 ITU-T 标准宽带 ISDN 用户部分(B-ISUP),B-ISUP 是源于 No.7 信令的 ISDN 用户部分 ISUP,所以可以使用 No.7 信令系统中的消息传输第 3 层协议 MTP-3 作为 B-ISUP 和 SAAL 协议结构的过渡,如图 5.40 (b)所示。

No.7 信令系统有完善的信令传输网络,所以可以直接利用 No.7 信令系统的传输网络传送信令,即经过 MTP1 至 MTP3,支持 B-ISUP。如图 5.40 (c)所示。

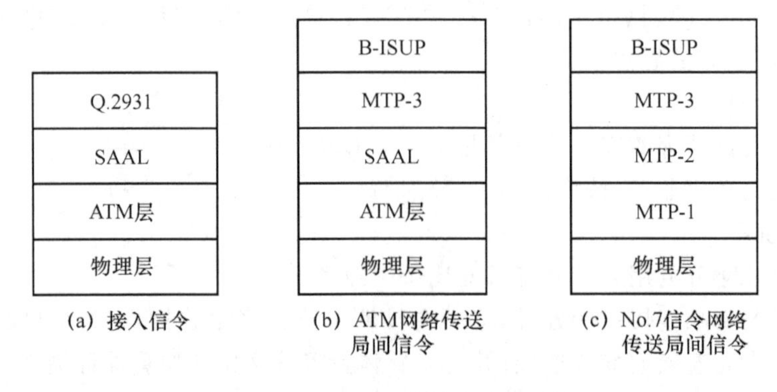

图 5.40　ATM 网络信令协议结构

2. ATM 适配层协议 SAAL 分层结构及功能

ATM 适配层协议 SAAL 是由 AAL5 协议和业务特定汇聚子层协议 SSCS 组成的,它的主要功能是完成高层信令消息和 ATM 层信息格式的相互转换,并且向高层提供可靠的数据通信服务。由于 AAL5 只定义公共部分汇聚子层 CPCS 和拆装子层 SAR 的内容,提供的是无连接的不可靠的数据业务,为了保证信令信息的准确传送,制定了与信令传送相关的业务特定汇聚子层 SSCS 协议。业务特定汇聚子层的功能是确保信令信息的可靠传输,利用信令虚信道的 ATM 层业务,控制话务呼叫或者接续。

业务特定汇聚子层又分为两部分:业务特定协调功能(Service Specific Coordination Function ,SSCF)和业务特定面向接续功能(Service Specific Connection Oriented Protocol,SSCOP)。SSCOP 基于 AAL5 实现信令信息的可靠传输,SSCF 完成消息和命令在高层和 SSCOP 之间的转换,它主要是为信令单元提供接续建立和释放的信息,它并不实现特定的功能，所以在 SSCF 功能模块之间没有相应的逻辑连接。ATM 信令适配层结构如图 5.41 所示。

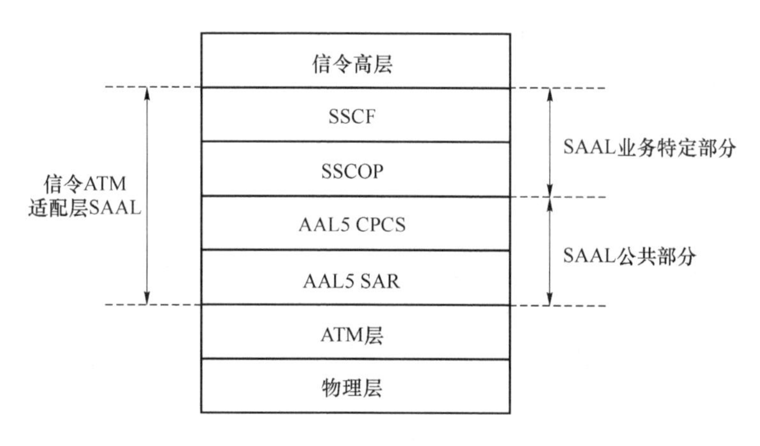

图 5.41　ATM 信令适配层结构

5.8.3　ATM 地址

1. ATM 地址的基本概念

ATM 使用的是一种共享资源的地址标志，即在网络中交换使用动态地址 VPI/VCI，地址标志只需要对交换节点有局部意义。因此，减少了路由查找表的容量，降低了交换设备的实现复杂度，在一定程度上增强了信息分组穿越网络的透明性。

2. ATM 地址格式

ATM 编址方案符合 OSI 地址格式，ATM 有 3 种地址格式，如图 5.42 所示。其长度有 20 个字节，由网络地址域组成，包括初始域部分(IDP)和特定域部分(DSP)，初始域部分规定全球地址子域，识别网络地址权威组织，这个组织负责在特定域分配 ATM 地址。初始域部分又包括两个子域：机构与格式标识符 AFI 和初始域识别符 IDI。

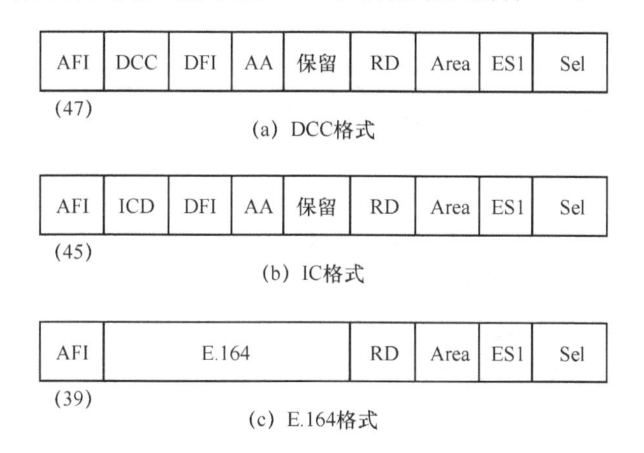

图 5.42　ATM 地址格式

5.8.4 用户网络接口信令

ATM UNI 信令是指在 ATM 网络中用户端和网络之间进行建立、释放和维护连接的协议。主要功能包括:

- 建立点到点虚连接;
- 建立点到多点虚连接;
- 定义 ATM 专用网地址格式;
- 定义 ATM 公用网地址格式;
- 建立业务质量对称和非对称接续;
- 建立带宽对称和非对称接续;
- 传递用户到用户的信息;
- 支持差错处理。

用户网络接口 UNI 的协议栈自下而上分别是物理层、ATM 层、SAAL 层和 Q.2931 层。Q.2931 是 ITU-T 制定的关于 UNI 接口的协议,Q.2931 利用 SAAL 提供的可靠链路通信功能,提供消息传递实现网络层通信功能,也就是完成端到端用户通信的建立、维护和拆除。

1. UNI 消息类型

UNI 接口信令要求在用户和网络之间传递各种类型的控制消息,依据其功能不同可分为以下几大类:

- 呼叫建立相关的消息;
- 呼叫拆除相关的消息;
- 点到多点呼叫相关的消息;
- 其他消息。

(1) 呼叫建立消息

呼叫建立消息的主要作用是建立主叫到被叫用户间的通路。基本过程是由主叫用户发出建立连接请求(Setup),网络向主叫用户发出确认消息(Setup Acknowledge)。同时该信息通过网络传送给被叫用户,被叫用户收到该信息后,如果同意建立连接则向网络发出连接消息(Connect),网络收到该消息后向被叫发出确认消息(Connect Acknowledge),并向主叫用户发送该消息。

(2) 呼叫拆除消息

呼叫拆除主要完成已建立链路和相关资源的释放。呼叫拆除由用户发起,网络响应。用户发出 Release 消息表示请求释放链路,网络将此消息发送至对方,同时切断网络内部通道。用户和网络进一步通过 Release 和 Release Complete 消息完成 UNI 处的链路和标识资源的释放。在呼叫拆除阶段,用户可以通过发送 Restart 消息完成呼叫拆除和再建立的操作,网络通过 Restart ACK 做出响应。

(3) 点到多点呼叫消息

点到多点呼叫消息在前面消息的支持下,完成点到多点的连接过程。点到多点连接结构的中心点称为根节点,其他用户称为叶节点。在完成根节点到第一个叶节点之间的连接后,叶节点可以通过发送增加用户消息(ADD PARTY)实现其他用户的加入连接过程的操作,网络则根据用户的响应向根节点发送增加用户确认消息或增加用户拒绝消息;如果协议在点到多点的连接中去除某个用户,则由用户发出或网络发出放弃用户消息(DROP PARTY),连接端可以使用放弃用户确认(DROP PARTY ACK)作为应答,如果是最后一个用户,则采用请求释放连接消息(RELEASE)进行操作。

(4) 其他消息

主要完成用户与网络之间传递状态消息。

2. 消息格式

ATM UNI 消息具有统一的数据格式,如图 5.43 所示。它由以下几部分组成。

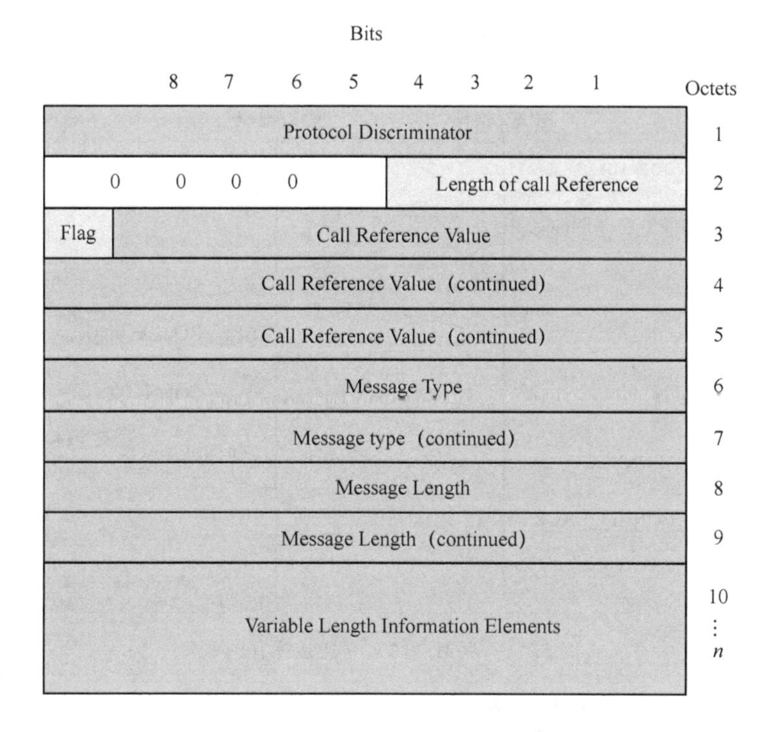

图 5.43　ATM UNI 消息数据格式

- 协议标识符(Protocol):指明使用的协议标准。
- 呼叫参考长度(Call Reference Length):表示呼叫参考的长度。
- 呼叫参考值(Call Reference):标识一个本地呼叫。
- 消息类型(Message Type):指明消息类型。
- 消息长度(Message Length):指明消息长度。
- 可变长度消息单元(Variable Length Information Element)。

协议标识符在每个消息的第一个字节,长度为 8 bit。它用来区分在信令 VC 中传输的各种协议,如 Q.2931 消息、ISDN 协议或帧中继 SVC 消息。目前只可能有 Q.2931 消息,其标识值为 00001001。

呼叫参考是由呼叫参考长度和呼叫参考值组成,用以区分 UNI 接口上的呼叫。呼叫参考值长度为 4 bit,默认值为 3,呼叫参考值长度为 1～16 B。

消息类型指明消息的类型,长度为 2 B。

消息长度指明消息内容的字节数,长度为 2 B,包括固定部分、消息长度本身和后面的可变长度信息单元。

可变长度消息单元包含一个或多个消息元素,消息单元含有用于控制连接操作的实质内容,例如包括消息传递的编码方案,某种操作的信息是否传递完毕,AAL 层的参数,ATM 用户的信息速率、连接标识符、OoS 参数、带宽承载能力等。

3. Q.2931 协议操作过程

Q.2931 协议操作主要支持点到点和点到多点通信过程的建立、维护和拆除过程。

(1) 点到点的建立连接操作过程

在这种情况下,两个终端系统通过网络节点连接,进行通信。点到点 ATM 连接的信令信息处理过程如图 5.44 所示。图中两个终端系统均通过用户网络接口连接到 ATM 网络中。

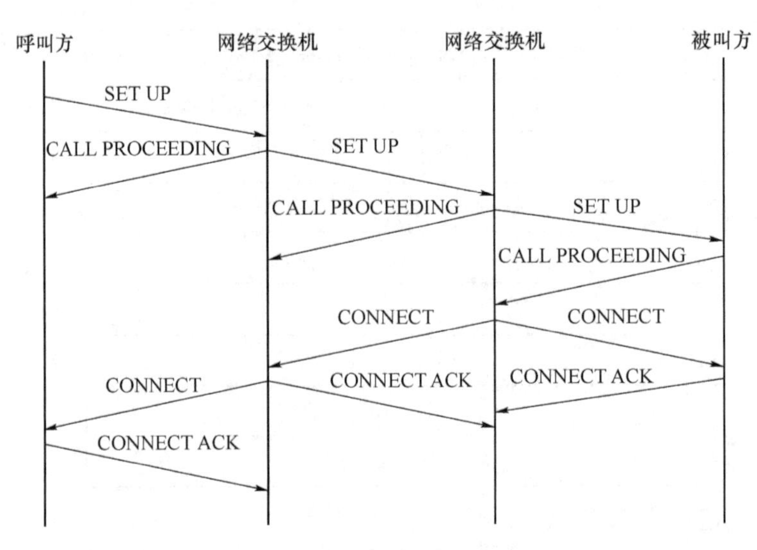

图 5.44 点到点的建立连接操作过程

信令信息交换处理过程如下所述。

① 主叫端系统希望与被叫端系统建立连接,首先通过用户网络接口向网络发出 SET UP 消息。SET UP 消息中包含了终端节点识别和连接特征等信息。

② 网络节点收到 SET UP 消息后,检查 SET UP 消息的参数,如果请求的服务能够得到满足,则使用 CALL PROCEEDING 消息响应,表示消息已收到,连接建立正在处理。网络同时向被叫终端网络节点转送 SET UP 消息,被叫用户连接的网络节点收到该消息后通过用户网络接口将该消息传送给被叫端系统。

③ 被叫端系统向网络回送 CALL PROCEEDING 消息,表示收到 SET UP 消息,正在进行处理。

④ 如果被叫端系统接收到 SET UP 请求,则向网络发送 CONNEDT 消息。

⑤ 网络节点向被叫端系统回送 CONNECT ACK 消息,同时通过网络向主叫端系统送出 CONNECT 消息。

⑥ 主叫端系统收到 CONNECT 消息后,指导被叫端系统接受连接请求,它向网络节点发送 CONNECT ACK。

经过上述步骤主叫端系统和被叫端系统间建立了连接,开始传送 ATM 数据信元。

(2) 点到点连接的释放过程

点到点连接的释放可以由用户发起,也可以由网络发起。

① 用户发起释放连接过程(如图 5.45 所示)

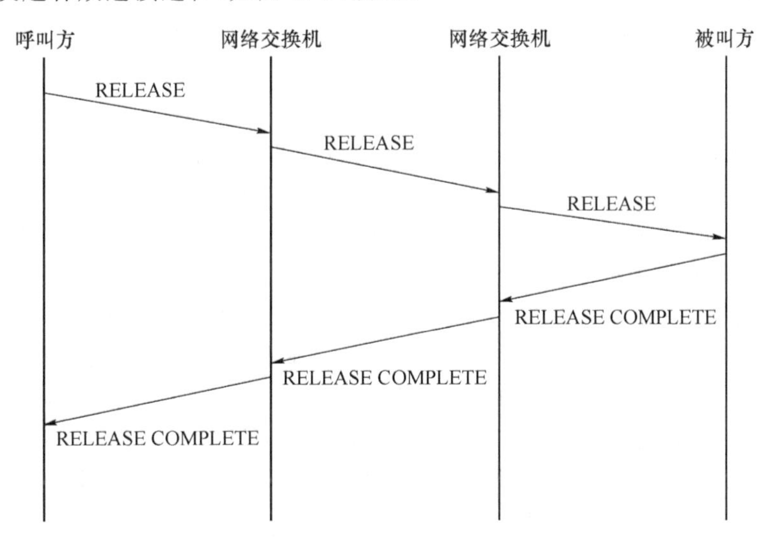

图 5.45　用户发起连接释放

(a) 任一端用户希望终止连接,通过用户网络接口发出 RELESAE 信令。

(b) 网络收到 RELEASE 消息后,回送 RELEASE COMPLETE 消息,网络与该用户的连接终止。

(c) 网络向另一端用户发出 RELEASE 消息。

(d) 用户向网络发出 RELEASE COMPLETE 消息,确认收到终止消息。网络与该端用户连接终止。

② 网络发起的释放连接过程

如图 5.46 所示,网络由于某种原因释放连接时,它向用户发出 RELEASE 消息。用户收到该消息后,发出 RELEASE COMPLETE 消息,并释放该连接的所有资源。

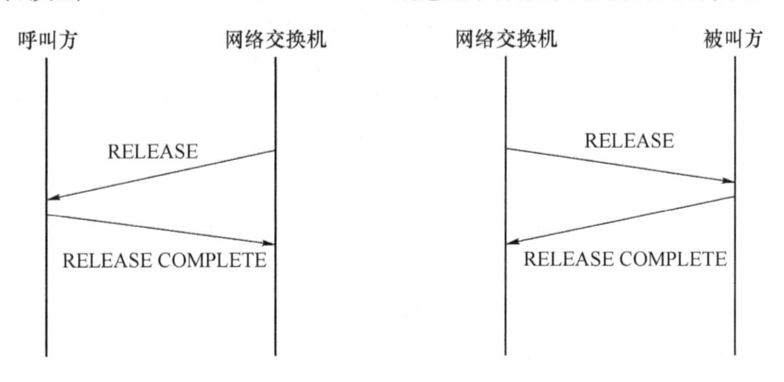

图 5.46　网络发起连接释放

5.8.5　网络接口信令

ATM 通信网局间信令又称为网络接口(NNI)信令,NNI 信令可以分为两种:基于No. 7

信令系统的NNI信令结构和基于ATM网络的NNI信令结构。前一种方式是采用广泛使用的No.7信令系统作为NNI信令的传输网络,这样可以利用现有信令网络的高可靠性、较低的时延等优点;后一种方式利用ATM网络本身的传输机制即VPC/VCC传输。可以使信令和信息在同一网络中传输,简化了网络结构,便于网络的管理,进一步保证了信令传输的可靠性和传输速率,提高了网络的运营效率。

ITU-T建议Q.2761到Q.2764描述了NNI信令。由于B-ISUP作为No.7信令系统的用户部分UP(User Part)提出的,UP是基于MTP进行传输的,而MTP完成了OSI模型的下三层功能,对于SAAL完成的是可靠的数据链路层通信协议,所以在利用ATM网络传输NNI信令是必须在SAAL层上增加MPT-3层,完成OSI的第三层功能。

1. ATM网局间信令处理

ATM网局间信令处理主要涉及宽带综合业务数字网用户部分(B-ISUP)处理。B-ISUP是No.7信令系统用户部分协议,它提供B-ISUP应用基本承载业务和附加业务的信令功能。

ITU-T建议Q.2762叙述了B-ISDN所用信令信息和它们的功能,它支持B-ISDN应用的基本承载业务和附加业务。ITU-T建议Q.2763规定了B-ISDN消息格式和编码,以及它们使用的参数。Q.2762定义了B-ISDN的信息类型,包括建立呼叫、接续控制、连接监视、呼叫变更和端到端信令协议等。

下面是常用的B-ISDN信息及功能。

- 起始地址消息(IAM):发送起始地址信息,它表示输出虚信道的占用、路由选择相关信息和话务处理。
- 后续地址消息(SAM):跟随IAM消息发送,补充IAM消息中没有发送完的地址消息。
- 地址完成消息(ACM):表示已经接收到前向发送的地址消息。
- 应答消息(ANM)表示接收端已经接收呼叫,可以开始通信。
- IMA确认消息(IAA):对IAM消息的确认,表示IAM消息已经收到。要求的各项参数可以满足。
- IAM拒绝(IMR):对IAM消息的否认回答,表示呼叫已经被拒绝。
- 呼叫进行消息(CPG):表示一个起始呼叫或终止呼叫过程正在进行中。
- 阻塞消息(BLO):向交换节点发送维护消息,表示网络资源的占用状态。
- 阻塞确认消息(BLA):发送BLO消息的响应,表示虚通路被阻。
- 网络资源管理消息(NRM):发送消息目的是更改已建立呼叫相关的网络资源。
- 释放消息(REL):表示连接已经被释放,网络资源可用于新的呼叫。
- 释放完成消息(RLC):表示连接已经被释放。
- 重置消息(RSM):表示REL或RLC消息不适用,需要释放虚连接。
- 重置确认消息(RAM):表示网络资源已经被释放。
- 暂停消息(SUS):在不释放连接的情况下终止通信。
- 恢复消息(RES):在一个通信暂时终止后重新恢复通信。

2. ATM局间信令处理过程举例

下面给出一个若干交换机组成的网络进行呼叫连接并且成功的NNI信令及UNI信令交互的过程,如图5.47所示。当主叫端设备发出SET UP消息,主叫端局收到该消息后,根据SET UP消息中包含的信息,如被叫号码、ATM业务描述参数、传输网络选择、业务质量参数、宽带承载能力等并根据目前网络资源情况,如果可以建立连接,则选择主叫端局到被叫端局之间的通路，这个过程称为源路由选择。主叫端局向选择路由中的中间端局发送IAM消息，IAM消息中包含了完成源路由选择的所有参数，这些参数是主叫端局从SET UP消息中获得的参数。中间节点收到IAM消息后返回IAA消息作为确认，同时路由中的下一个节点发送IAM消息，每个中间节点均采用相同的操作过程，直到IAM消息发送到被叫端局，被叫端局除了发送IAA消息外，还要在生成SET UP消息，SET UP消息中包含了主叫端设备发出的各种信息，将SET UP消息向被叫端设备传送。

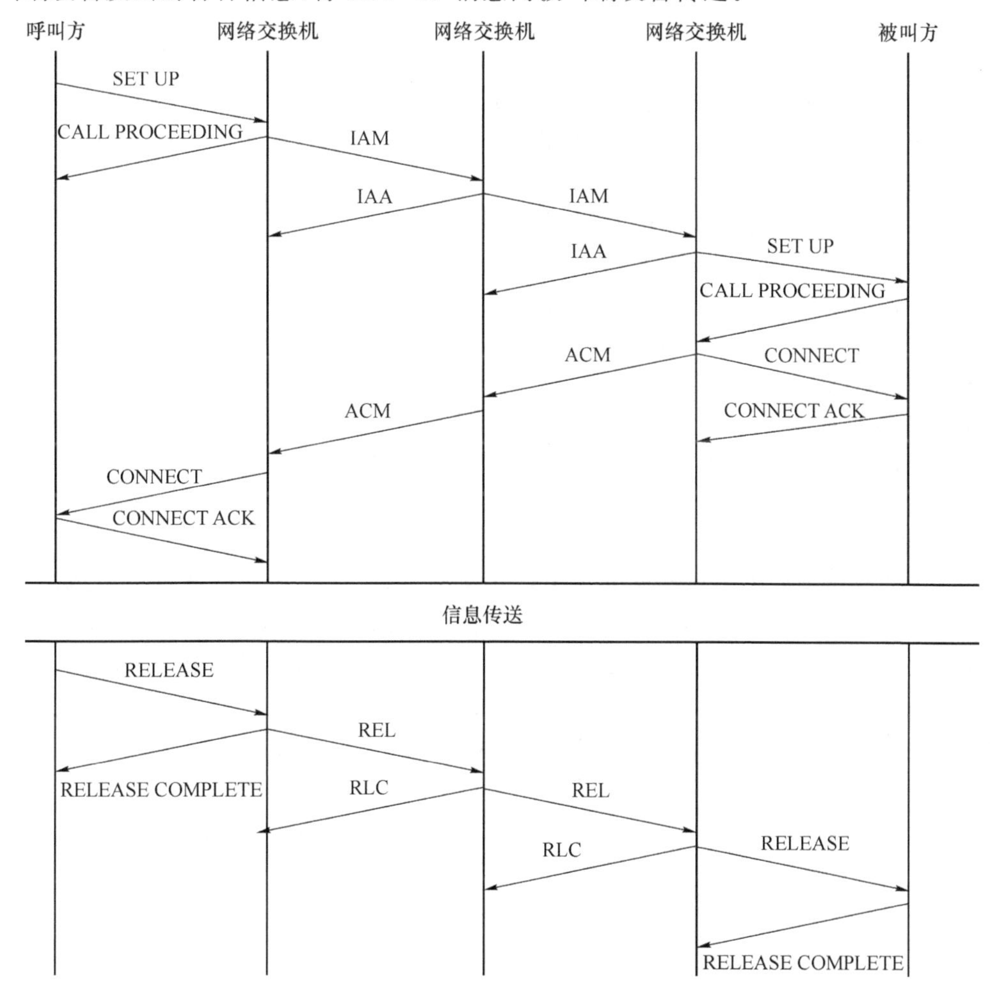

图5.47 NNI信令及UNI信令交互的过程

被叫端设备收到SET UP消息后，向被叫端局CALL PROCEEDING消息表示被叫端设备正在处理呼叫，被叫端局收到该消息后使用ACM消息向中间节点发送，中间节点进行转发直到发送端局。

如果被叫端设备接收呼叫接续，则使用CONNECT消息响应，这个消息包含了端到端的接续信息。被叫端局收到该消息后使用ANM消息发送给中间节点，中间节点依次转发到发送端局，发送端局向主叫端设备发送CONNECT消息，表示被叫端已经接收呼叫建立请求，虚通路已经建立，主叫端设备使用CONNECT ACK消息响应。至此，ATM用户在建立的通路上进行信元传输。

通信结束后，通信双方的任意一方可以发起释放连接过程，当用户发出RELEASE消息后,接收端局向中间节点发出 REL 消息表示拆除连接,中间节点使用 RLC 作为应答并将 REL 消息进行转发到下一个节点,同时拆除本节点链路,释放占用的资源。拆除连接的过程是随着 REL 消息的传送逐次进行,直到目的端局,目的端局向目的端设备发送 RELEASE 消息,而目的端设备使用 RELEASE COMPLETE 表示确认。

5.9 ATM 网络实例

本节以中兴系列 ATM 交换机为实例介绍 ATM 网络实例。

中兴通讯于 1995 年开始对宽带数据通信 ATM、IP 技术进行研究和相关产品的开发,目前已完成 5 个产品系列的开发生产:

- ZXB10-BX——骨干交换机(32G—128G 容量);
- ZXB10-AX——接入交换机(12.8G 容量);
- ZXB10-SEA——综合业务接入平台;
- ZXB10-MX——接入复用器(1.6G 容量);
- ZXB10-SX——业务接入器。

中兴宽带产品系列该交换机采用全分散模块结构,支持 PVC、SVC,能提供 ATM CBR、rt-VBR、nrt-VBR、ABR 和 UBR 业务,并具有冗余配置。可以为用户提供数据网络的整体解决方案。支持电路仿真、帧中继、LANE、IPOA、MPLS;具有 2 Mbit/s、25 Mbit/s、34 Mbit/s、155 Mbit/s、622 Mbit/s 接口以及 10/100 Mbit/s 以太网等接口。

由 ATM 交换机构成的网络可以采用星形结构、环形结构等多种拓扑结构,构成局域网、校园网、城域网等。图 5.48 是宽带数据网的一种构成形式。该网络使用 BX 和 AX 构成环形核心网络,接入网络采用了 AX、MX 和 SX 等设备,与局域网或计算机连接,构成城域宽带数据网络,实现用户语音、VPN、VLAN、专线互联、会议电视等业务,实现家庭用户、网吧或其他集团用户高速上网,同时实现对上述用户的计费、认证和管理等。

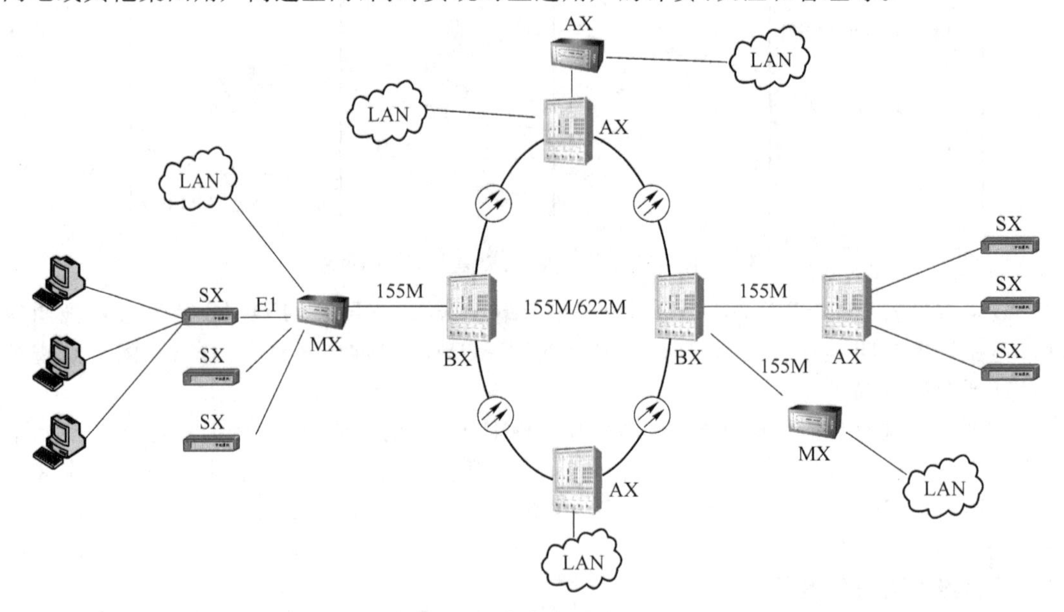

图 5.48 宽带数据网构成

本 章 小 结

宽带综合业务数字网是一种提供综合业务的单一结构的网络，ATM是实现宽带综合业务数字网的关键技术。宽带综合业务数字网包括用户面、控制面和管理面3个平面，用户面传送用户数据，控制面完成信令功能，管理面完成系统和网络资源管理功能。用户面及控制面分为4层结构，分别是物理层、ATM层、ATM适配层和高层，物理层完成数据的传输功能，ATM层实现路由选择、交换、信元复用和流量控制功能，ATM适配层针对不同的用户业务进行适配，高层完成具体的用户业务。

ATM交换采用分组交换技术，是面向连接的通信方式。ATM交换系统完成3种基本功能，即路由选择、排队和信元头翻译。基本交换模块完成的功能是排队功能，采用3种排队策略：输入排队、输出排队和中央排队。基本交换单元有矩阵型交换单元、中央存储器交换单元、总线型交换单元和环形交换单元4种方式。ATM交换机构是基本交换模块按照一定的拓扑结构组合而成。交换机构的结构组织方式决定了交换机构的特性。ATM交换机构有多种分类方法，按交换方式可以分为时分交换和空分交换两种交换机构。

ATM网络中流量控制包括连接接纳控制CAC、用法/网络参数控制UPC/NPC、优先级控制和选择性信元丢失、拥塞控制、业务量成形和快速网络资源管理等。

在ATM网络中，信令功能是进行ATM用户之间通路的建立、维护和拆除操作。完成信令协议传送的是控制面，AAL5作为信令传输的适配协议，由于AAL5提供的是无连接的不可靠的数据业务，为了保证信令信息的准确传送，制定了与信令传送相关的业务特定汇聚子层协议，最终构成的协议称为信令适配层协议SAAL。UNI接口信令要求在用户和网络之间传递各种类型控制消息。ITU-T建议Q.2761到Q.2764描述了NNI信令，No.7信令系统对于NNI信令的传输具有十分重要的作用。

复习思考题

5-1　简述B-ISDN的协议参考模型。

5-2　简述ATM物理层完成的功能。

5-3　简述ATM层完成的功能。

5-4　ATM适配层是如何分类的。每一类ATM适配层协议支持什么业务。

5-5　画出ATM信元结构，并说明各组成域的含义。

5-6　对比虚通路和虚信道的工作原理，说明ATM使用虚通路和虚信道的优点。

5-7　对比AAL3/4和AAL5的差异，说明这两种方式的优缺点。

5-8　简述ATM交换系统完成3种基本功能。

5-9　基本交换单元的作用是什么？由哪几部分组成？

5-10　交换结构的作用是什么？简述交换结构的分类。

5-11　简述交换结构中的路由策略。

5-12　在宽带网络中通常采用了哪几种方式进行网络的拥塞控制,这几种方式分别完成什么功能。

5-13　ATM网络中业务控制和管理的主要内容是什么?

5-14　用法/网络参数控制UPC/NPC的作用是什么?

5-15　什么是业务量合约,业务量合约的作用是什么?

5-16　什么是选择性信元丢弃。

5-17　简述连接接纳控制CAC的作用。

5-18　画出ATM适配层协议SAAL分层结构,说明每层的功能。

5-19　ATM UNI信令的作用是什么?

5-20　请简单描述点到点连接的建立操作过程。

5-21　简述点到点连接的释放过程。

5-22　ATM局间信令有几种实现方式?

第6章 IP交换和局域网交换

计算机网络(Computer Network)技术是伴随计算机产生和使用而发展起来的一项具有深远影响的技术，计算机网络是指通过通信线路互连起来的以信息传输和资源共享为目的的、自治的计算机集合。计算机网络是计算机技术和通信技术相结合的产物。它的使用已经深深影响到了现代人们工作、生活和学习的方方面面，可以为用户提供各种类型的服务，包括数据业务、话音业务、视频业务、图像业务、多媒体业务等。计算机网络最大的优势在于它的灵活性和高效性，灵活性表现在它可以非常方便地为用户办理所需的各种新业务，高效性表现在它能够在满足一定服务质量的基础上提供费用相对较低的服务，正是由于计算机网络的这些优点，使得计算机网络得以迅速普及，网络规模不断扩大，最后成为一个覆盖全球的网络系统。

6.1 概　　述

计算机网络的发展可以分为4个阶段。

- 第一阶段，面向终端的计算机网络，计算机技术和通信技术相结合。
- 第二阶段，面向通信子网的计算机网络，随着计算机网络技术的发展，将计算机网络分为资源子网和通信子网，通信子网中使用了分组交换技术。
- 第三阶段，符合国际标准的计算机网络，提出了开放系统互连参考模型，解决了计算机网络互连协议的标准化。
- 第四阶段，计算机网络向高速化，智能化和宽带化发展。

常用的计算机网络根据覆盖的范围可以分为局域网和互联网两种类型。

局域网通常是一种专有网络，通常位于一个建筑物内，或一个校园内，覆盖范围通常是几千米，连接计算机从几台到几百台。局域网在刚开始使用时，由于网内的计算机数目较少，通常采用广播式通信方式，所有计算机连接到同一传输媒体上，每台计算机采用竞争或分配的方式轮流使用传输媒体发送数据，而在网络上的其他计算机均可以接收到该数据。随着网络规模的不断扩大，局域网中所连接的计算机数目越来越多，采用传统的广播式通信方式由于冲突的加剧而使网络利用率不断下降，针对这一情况，人们研究出了二层交换技术，采用这一技术，可以实现网络内任意两台计算机之间点到点的通信，解决了冲突问题，提高了通信效率，目前绝大部分局域网中均采用了交换技术。

互联网是覆盖全球的计算机网络，包含了大量的计算机，由于覆盖范围大，所以采用了点对点的通信方式。世界上有许多网络,它们使用了不同的软件或硬件,采用了不同的网络协议。为了将这些异构网络互联起来,在互联网中采用了TCP/IP协议。IP协议的主要作用是屏蔽不同网络的差异为用户提供统一的网络连接,这种网络称为因特网(Internet)。基于IP协议的因特网采用无连接的传输方式,为用户提供了一种尽力而为的服务,这种尽力而为的服务可以满足大部分的数据业务,但随着新业务的不断增加,有些需要具有一定服务质量的业务,如多媒体业务、IP电话等,这时单纯的IP路由功能已经不能满足用户的需求,第二层交换技术(ATM)的高速交换特性具有高吞吐量、低时延和服务质量保证等特性,非常适合硬件实现,将第二层交换技术与广泛使用的第三层路由技术结合起来就形成了IP交换技术。IP交换技术具有二层交换和三层路由的优点,可以为用户提供满意的服务。

6.2 TCP/IP协议

6.2.1 TCP/IP协议参考模型

TCP/IP协议族是在美国国防远景研究规划局DARPA研究的分组交换网络ARPARNET上开发成功的,现在作为因特网的网络体系结构中使用的协议。TCP/IP协议族是因特网中使用的标准协议族,主要协议包括互联网协议(Internet Protocol,IP)、传输控制协议(Transmission Control Protocol,TCP)、用户数据报协议(User Datagram Protocol,UDP)、地址解析协议(Address Resolution Protocol,ARP)以及反向地址解析协议(Reverse Address Resolution Protocol,RARP)、互联网控制报文协议(Internet Control Message Protocol,ICMP)以及多个应用层协议等。TCP/IP协议分为4层结构,分别是接入层、互联网层、传输层和应用层。图6.1表示了TCP/IP网络体系结构和OSI/RM结构之间的对应关系。

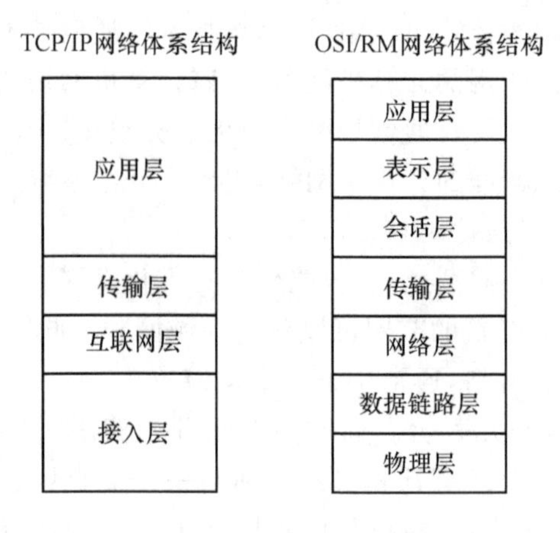

图6.1 TCP/IP网络体系结构

接入层的主要功能是向互联网层提供标准的接口,它主要是解决在一个网络中两个端系统之间传送数据的问题。它对应着OSR/RM中的下两层:物理层和数据链路层。在TCP/IP协议族中接入层是空的,没有提供任何协议,也就是说任何传输协议只要能完成节点间的数据传输,均可以作为接入层协议,如采用拨号上网方式使用PPP协议,采用局域网上网方式则使用 802. X 协议。

因特网是由大量的异构网络互联而成的，如果两台主机处于不同的网络上，则数据需要经过多个互连的网络完成正确的传输，这就是互联网层完成的主要功能，通过互联网层将异构网络连接起来，该层采用的主要协议是互联网协议 IP，它提供跨越多个网络的路由功能和中继功能，主要的设备是路由器。

IP 解决了异构网络的互连问题，但它是无连接的传输协议，提供了不可靠的服务，为了保证数据传输的可靠性，则在互联网层上增加传输层，以保证数据传输的可靠性。传输层的任务是负责完成主机中两个进程之间的通信。传输层使用两种协议：传输控制协议 TCP 和用户数据报协议 UDP。TCP 协议是面向连接的通信，为进程之间的数据传输提供可靠的连接，保证数据传输的顺序。UDP 协议是无连接的通信，不能保证数据的可靠传输以及数据传输的顺序，它是一种尽力而为（best effort）的传输，这种方式的优点是比较灵活。

TCP/IP 网络体系结构的应用层确定应用进程之间的通信性质以满足用户需求，为用户提供不同的业务。应用层对应了 OSI/RM 中的上三层：应用层、表示层和会话层。使用的协议种类很多，常用的包括：

- 文件传输协议（File Transfer Protocol ，FTP）；
- 域名服务（Domain Name Service ，DNS）；
- 超文本传输协议（Hyper Text Transfer Protocol，HTTP）；
- 简单邮件传输协议（Simple Mail Transfer Protocol，SMTP）；
- 简单网络管理协议（Simple Network Management Protocol，SNMP）。

6.2.2　互联网协议 IP

1. IP 分组的格式

IP 分组的完整格式如图 6.2 所示，一个 IP 分组由分组头和数据两部分组成。分组头的长度包括 20 B 的固定段和可变长度的可选字段。在 TCP/IP 标准中，各种数据格式以 4 B为单位。

0	4	8	16	19　24	31
版本	IHL	服务类型	总长度		
标识			标志	片偏移	
生存时间		协议	分组头校验和		
源IP地址					
目的IP地址					
可选字段				填充	

图 6.2　IP 分组头格式

（1）版本（4 bit），指 IP 协议的版本。通信双方进行通信时使用的 IP 协议版本号必须一致，目前广泛使用的 IP 协议版本是第四版（IPv4），IP 协议的最新版本是 IPv6。

（2）分组头长度（4 bit），表示分组头长度（以 4 B 为 1 单位），该字段表示的最大值为 15，因此 IP 分组头的最大长度为 60 B；最小值为 5，最常用的分组头长度为 20，即不使用任何选项。当 IP 分组头长度不是 4 B 的整数倍时，必须使用填充字段加以填充，使得 IP 分组头的长度保持为 4 B 的整数倍。

(3) 服务类型(8 bit),表示分组传输时要求网络提供的服务类型。前3个比特表示优先级,可以分为8个优先级;第4个比特表示要求更低的时延;第5个比特表示要求更高的吞吐量;第6个比特表示要求更高的可靠性;第7个比特表示要求代价更小的路由。

(4) 总长度(16 bit),表示IP分组的总长度,包括分组头和数据两部分,单位是字节,因此IP分组的最大长度为65 535 B。

(5) 标识(16 bit),标志(3 bit),片偏移(13 bit)

IP分组通过数据链路层传输时,不同的数据链路层帧中数据段有最大长度,称为最大传送单元(Maximum Transfer Unit,MTU),当MTU小于IP分组长度时,就需要将IP分组划分为多个分组后传输,这个过程称为分片。IP分组头中的标识字段、标志字段和片偏移字段完成分片任务。

标识字段是一个计数器,用来产生分组标识,同一个分组分片后产生的多个分组中的标识字段是相同的,这样做可以使分片后的各个分组片可以正确地重装为原来的IP分组。

标志字段使用两个比特,最低位记为MF(More Fragment),MF为1时表示后面还有分片的分组,MF为0时表示这是经过分片后的若干分组中的最后一个。

片偏移表示较长的分组经过分片后,某片在原分组中的相对位置。片偏移以8 B为偏移单位。

(6) 生存时间(8 bit),记为TTL(Time To Live),该字段用来指示分组被允许存留在网络中的时间,以秒计量。但是,多数路由器将此字段解释为分组在网络中被允许经过的跳数,分组在传输前,由源端主机将此字段设置为一个初始值,分组在传输时,每经过一个路由器该值减1,如果分组在到达目的端时该值为0,则路由器将会丢弃该分组,并向源端发送一个错误信息。

(7) 协议(8 bit),协议字段表示分组中携带的数据使用何种协议,以便目的端主机的IP层知道将数据部分交给哪个处理过程。

(8) 分组头校验和(16 bit),该字段只校验分组头的数据是否准确,而不包括数据部分。

(9) 源IP地址和目的IP地址,各占4 B,这些字段包含了源主机地址和目的主机地址,IP地址格式在后文中进行讨论。

(10) 可选字段,可选字段具有可变长度,它允许分组请求特殊的功能特性,如排错、测量及安全措施等,用户可以根据需要将不同的选项内容拼接到一起,最后使用全0的填充字段补齐为4 B的整数倍。

当一个IP分组传递到路由器时,路由器首先计算头部校验和,并检查消息头中的字段,以查看它们是否合法。接下来,路由器通过查询其路由表来确定此IP分组的下一跳,然后更新那些需要改变的字段,然后将IP分组转发到下一跳。

2. IP地址

(1) 5类IP地址

为了识别因特网上的每个计算机及节点,必须为每个节点和计算机分配一个唯一的地址。这种地址称为IP地址,在IPv4中一个IP地址的长度是32 bit,包括两层结构:网络号和主机号。网络号用于识别主机连接到的网络,一个IP网络指一个采用特定体系结构的网络,如一个以太网;主机号用于识别到主机的网络连接。

IP地址结构被划分为5种地址:A类、B类、C类、D类和E类,如图6.3所示。目前使用前 4 类地址,A 类地址中有 7 bit 网络号,24 bit 主机号,因此 A 类地址有 127 个网络,每个网络可以有 1 600 多万台主机;B 类地址中有 14 bit 网络号,16 bit 主机号,可以有 16 000 多个网络,每个网络可以有 65 000 多台主机;C 类地址有 21 位网络号,8 位主机号,有 200 多万个网络,每个网络有 254 台主机。D 类地址用于组播服务,允许一个主机同时向多个主机发送消息。E 类地址被保留为试验目的。

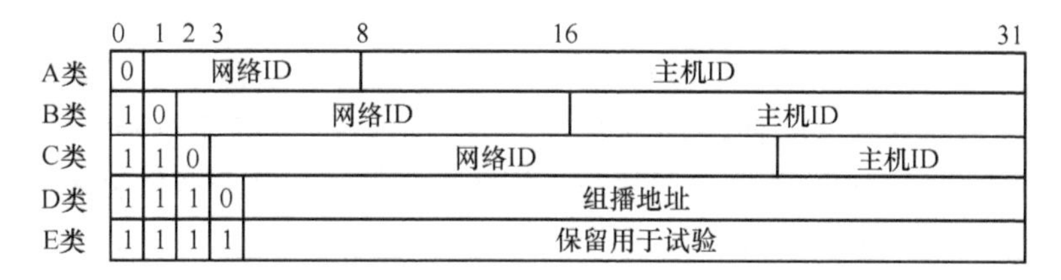

图 6.3 5 类 IP 地址

为了提高 IP 地址空间的使用效率,在 A 类、B 类和 C 类地址中,分别预留了一些地址空间,作为一个机构内部计算机使用的地址,称为私有 IP 地址。私有 IP 地址仅限于机构内部网络,无法在公用互联网上使用。

私有 IP 地址空间包括:

- A 类地址:10.0.0.0～10.255.255.255,一个 A 类地址;
- B 类地址:172.16.0.0～172.31.255.255,共 16 个连续 B 类地址;
- C 类地址:192.168.0.0～192.168.255.255,共 256 个连续 C 类地址。

(2) 特殊地址

一些特殊的 IP 地址如表 6.1 所示。

表 6.1 特殊的 IP 地址

网络号	主机号	含义
全 0	全 0	本网络的本机
全 0	X	本网络的某个主机
全 1	全 1	在本网络进行广播
X	全 1	对某个网络进行广播
X	全 0	本网络
127	任何数	本地软件环回测试使用

(3) IP 地址表示方法

IP 地址通常采用带点的十进制表示,从而便于用户使用。地址分为 4 个字节,每个字节由一个十进制数字表示,并通过一个点进行分割。例如,一个 IP 地址如下:

01011001 10011111 01000100 00000101

使用带点的十进制表示,它可以表示为:

89.159.68.3

(4) IP 地址的改进

随着网络的发展,采用这种 IP 网络地址的划分方式存在一些缺点,因为 A 类地址和 B 类地址网络规模太大,使用维护管理任务太大,因此提出了一种划分子网的方法,就是将 IP

地址的主机号进一步划分为两部分,前一部分为子网号,后面为主机号,如图 6.4 所示。采用这种方法可以将一个大的网络划分为若干小规模的网络,解决了上述的缺点。

原地址	1	0	网络ID	主机ID	
划分子网地址	1	0	网络ID	子网ID	主机ID

图 6.4　IP 子网地址

举例来说,一个分配了 B 类 IP 地址的用户(143.101),如果该用户拥有若干个局域网,每个局域网的主机不超过 100 台,因此可以使用 B 类地址中 16 位主机号中的后 7 位作为主机号,剩余的前 9 位就可以作为子网号用来标识各个子网。但是这样做会造成从 IP 地址本身无法识别哪些比特属于网络号,例如一个目的地址是 143.101.180.147 的分组从外部网络到达,路由器应该决定将此分组分发到哪个子网,因此对于每个 IP 地址,可以附加一个子网掩码用于确定网络号,子网掩码长度也是 32 bit,其中主机号为全 0,网络号为全 1,对于本例,子网掩码是:

11111111　11111111　11111111　10000000

使用带点的十进制表示为 255.255.255.128.通过子网掩码和 IP 地址进行一个二进制的与操作,路由器可以获得网络号,本例中对 143.101.180.147 进行子网掩码操作后获得 143.101.180.128,这个号码用来将分组转发到正确的子网。

在配置一个主机的 IP 地址时,必须说明其子网掩码,而且一般也采用带点的十进制表示方法。同时,对于没有进行子网划分的 IP 地址,即 A 类、B 类、C 类网络规定了255.0.0.0、255.255.0.0 和 255.255.255.0 分别为默认的子网掩码。

(5) 无类别域间路由

划分子网在一定程度上缓解了因特网在发展中遇到的问题,但在 1992 年,因特网的继续发展使得 A 类地址已经分配完毕,B 类地址也将要分配完毕,只剩下主机数较少的 C 类地址,而大多数机构通常需要的地址数多于一个 C 类地址所能提供的地址数,为了解决这个问题,IETF 提出了使用无类别域间路由(Classless InterDomain Routing ,CIDR)的方法来取代有类别的路由分类方法。

CIDR 消除了传统的 A 类、B 类和 C 类地址以及划分子网的概念,彻底消除了网络号和主机号的固定划分,因而可以更有效地分配地址空间。CIDR 不再使用子网而使用网络前缀,采用无分类的两级编码。CIDR 中 IP 地址包括网络前缀和主机号两个部分,网络前缀的长度可变,因而可以更有效地分配地址空间,可以将若干个 C 类网络合并为更大的网络。网络前缀小于 13 或者大于 27 都较少使用。CIDR 的使用虽然没有改变 IP 地址存在的问题,但是推迟了 IP 地址被耗尽的日期。

CIDR 不使用子网,但依然使用"掩码"这一名词。CIDR 使用斜线记法,即在 IP 地址后加上一个斜线"/",然后写上网络前缀所占的比特数,也表示掩码中 1 的个数。例如:122.155.6.12/15,表示在这个 IP 地址中,前 15 比特表示网络前缀,掩码为连续的 15 个 1,后 17 比特为主机号。

在使用 CIDR 时,路由表中的项目由"网络前缀"和"下一跳地址"组成,在查找路由表时,采用最长前缀匹配方法,即从匹配结果中选取具有最长网络前缀的路由,因为网络前缀越长,其地址块就越小,路由就越具体。CIDR 将网络前缀相同的连续的 IP 地址组成"CIDR

地址块”,因此路由表可以利用CIDR地址块来查找目的网络,这种地址的聚合称为“路由聚合”,路由聚合有利于减少路由器之间路由选择信息的交换,提高整个因特网的性能。

6.2.3 地址解析协议ARP

上面讨论的IP地址是不能直接用来通信的,这是因为IP地址只是主机在网络层的地址,如果要将网络层中的数据传输到目的主机,则还需要将网络层的数据包传递给数据链路层,由数据链路层完成数据的传输。由于以太网是IP运行在其上的最通用的接入层技术,因此必须将IP数据报转换为MAC帧后进行传输。

由于IP地址是32 bit,而MAC地址是48 bit,它们之间不存在简单的映射关系,因此IP包想要成功地传递到目的主机,源主机必须知道目的主机的MAC地址,所以必须将目的主机的IP地址转换为相应的MAC地址,这种转换过程称为地址解析。TCP/IP协议中采用地址解析协议ARP完成地址解析过程。ARP协议使用广播方式查询地址的对应关系。

图6.5说明了ARP协议的工作过程。假设主机A(198.101.20.12)想要将IP包发送到主机C(198.101.20.15),但它不知道主机C的MAC地址,主机A运行ARP协议,具体步骤如下。

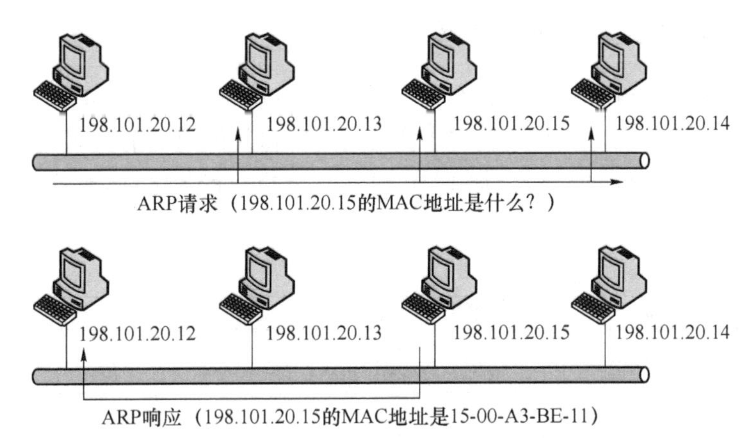

图6.5 ARP协议的工作过程

(1) 主机A向网络中广播发送ARP请求分组,ARP请求分组的主要内容是:“我的IP地址是198.101.20.12,MAC地址是00-00-A5-11-AD-80,我想知道IP地址是198.101.20.15的主机的MAC地址。”

(2) 在局域网中的所有主机收到了这个ARP请求分组。

(3) 主机C收到ARP请求分组后,发现主机A的目的主机IP地址是自己的IP地址,就向主机A发送ARP响应分组,主要内容是:“我的IP地址是198.101.20.15,MAC地址是15-00-A3-BE-11。”需要注意:ARP的请求分组采用广播式传送,而响应分组采用点到点传送,即从源主机发送到目的主机。

(4) 主机A收到主机C的响应分组后,则在ARP表中记录主机C的IP地址和MAC地址的映射关系。

为了减少网络中的通信量,主机A发送ARP请求时已经将自己的IP地址和MAC地址写入ARP请求分组中,当主机C收到了ARP请求分组时,就将主机A的地址信息记录到ARP表中。在以后需要和主机A通信时可以直接查ARP表完成地址解析过程。如果在一定的时间内没有活动,ARP表中的地址映射项目就会过时,相应的内容会被删除。这个过程使得主机的MAC地址的变化可以得到更新。

6.2.4 反向地址解析协议RARP

在某些情况下,一个主机知道自己的MAC地址,但是不知道自己的IP地址,这种主机通常是无盘工作站,当它执行引导程序时,它可以从其网卡中获得MAC地址,但是它的IP地址通常被存放在网络中的一个服务器(称为RARP服务器)上,因此无盘工作站需要运行RARP来获得IP地址。RARP的工作过程如下。

无盘工作站首先向网络中广播发送RARP请求,在请求中写入自己的MAC地址。RARP服务器有一个事先做好的从无盘工作站的MAC地址映射到IP地址的映射表。当收到RARP请求分组后,RARP服务器就从这个映射表中查出该无盘工作站的IP地址,然后写入RARP响应分组中,发回给无盘工作站。无盘工作站采用这种方法获得自己的IP地址。

6.2.5 因特网报文控制协议ICMP

为了提高IP报文传输成功的机会,在互联网层使用了因特网报文控制协议(Internet Control Message Protocol,ICMP),ICMP是处理错误和其他消息的协议。ICMP是因特网协议,ICMP报文作为IP包的数据,加上IP报文头(协议标号为1),组成IP包发送出去。ICMP报文的格式如图6.6所示。

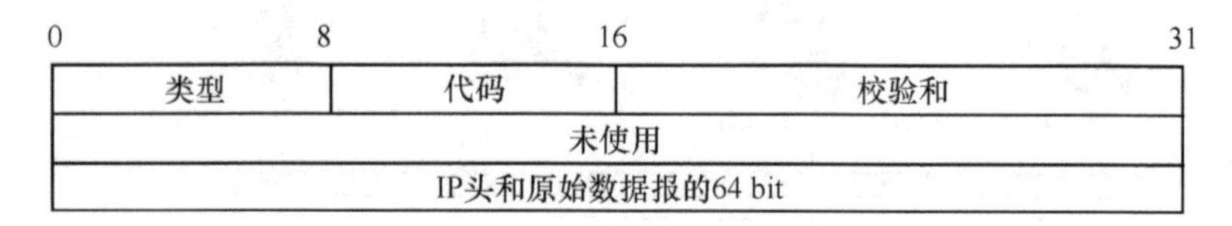

图6.6 ICMP报文数据格式

- 类型:用于识别消息的类型。
- 代码:对于一个特定的类型,代码字段描述了此消息的目的。
- 校验和:用于检测ICMP消息中的错误。
- IP头加上原始的数据的64 bit:该字段将ICMP消息中的信息与IP分组中的原始数据相匹配,可用于诊断目的。

ICMP报文的种类有两种,即ICMP差错报告报文和ICMP询问报文。

1. ICMP的差错报文

ICMP的差错报文有5种。

(1) 终点不可达

终点不可达又分为:网络不可达、主机不可达、协议不可达、端口不可达、需要分片但DF比特已置1和源路由失败等6种情况,其代码字段分别置为0～5。

(2) 源站抑制

当路由器或主机由于拥塞而丢弃数据时,向源站发出该报文,源站将发送速率降低。

(3) 时间超时

包括两种情况:当路由器接收到生存时间为零的 IP 分组时,除丢弃该分组外,还要向源站发送代码字段为 0 的时间超时报文;当目的站在预先规定的时间内没有收到一个 IP 分组的全部分片时,将已收到的分片丢弃,并向源站发送代码字段为 1 的时间超时报文。

(4) 参数错误

当路由器或目的主机收到的 IP 分组的分组头中有的字段的值不正确时,则丢弃该数据,并向源站发送参数错误报文。

(5) 改变路由(重定向)

路由器将改变路由报文发送给主机,让主机了解下次将 IP 分组发送给另外的路由器。

2. ICMP 询问报文

ICMP 询问报文有 4 种,分别是回送请求和回答、时间戳请求和回答、掩码地址请求和回答以及路由器询问和通告。

(1) 回送请求和回答

该询问报文的目的是测试目的站是否可达以及了解其有关状态,是由主机或路由器向特定目的主机发送的询问,收到的主机必须向源端回送回答报文。

(2) 时间戳请求和回答

用以请某个主机或路由器回答当前的日期和时间。

(3) 掩码地址请求和回答

用以向子网掩码服务器获得某个接口的地址掩码。

(4) 路由器询问和通告

用以了解连接在本网络上的服务器工作是否正常。

6.2.6　路由选择协议

路由选择是一个非常复杂的问题,因为它是网络中的所有节点共同协调工作的结果。而且,网络的环境又是不断变化的,这些变化有时无法事先知道。从路由算法能否随网络的通信量或拓扑自适应地进行调整变化来划分,路由算法分为两大类,即静态路由选择策略与动态路由选择策略。静态路由选择策略的特点是简单和开销较小,但不能及时适应网络状态的变化。动态路由选择的特点是能较好地适应网络状态的变化,但实现起来比较复杂,开销也较大。

因特网的路由选择策略主要是自适应的分布式路由选择协议。由于因特网的规模非常大,因此将整个互联网分为许多较小的自治系统(Autonomous System,AS)。AS 最重要的特点是 AS 有权自主地决定在本系统内采用何种路由选择协议,一个自治系统的所有路由器必须在本系统内部连通,而不需要通过主干网络连通。根据自治系统,因特网将路由选择协议又分为两大类,即内部网关协议(Interior Gateway Protocol,IGP)和外部网关协议(External Gateway Protocol,EGP)

(1) IGP 是在一个自治系统内部使用的路由选择协议,这个协议的选择和互联网中其他自治系统选用什么路由协议无关。常用的 IGP 有 RIP 和 OSPF 协议。

(2) EGP 是在源端和目的端不在一个自治域内,当源端信息传送到所在自治域边界时,如何将信息传送到目的端的自治域中,这就需要外部网关协议。常用的 EGP 有 BGP-4。

1. 路由信息协议 RIP

路由信息协议(Routing Information Protocol,RIP)适合于小型互联网,是一种分布式的基于距离向量的路由选择协议。RIP 协议要求网络中的每一个路由器都要维护从它自己到其他每一个目的网络的距离记录,RIP 协议的距离也称为跳数,每经过一个路由器,跳数就加 1,RIP 认为一个好的路由就是通过的路由器数目少,因此 RIP 总是在多个路由中选择具有最少路由器的路由。

为了获得网络的路由信息,每个路由器需要和网络内的其他路由器不断地交换信息,信息的交换采用固定时间间隔,并且只与相邻的路由器交换信息,经过多次更新后,所有路由器最终会知道到达本自治域中任意一个主机的最短距离和下一跳路由器的位置,这些信息存放在路由表中,路由表中的主要信息是:到某个网络的最短距离以及需要经过的下一跳路由器地址。RIP 更新路由采用了距离向量算法。

2. 开放最短路径优先协议 OSPF

开放最短路径优先协议(Open Shortest Path First,OSPF)修正了 RIP 中的一些缺陷。在 RIP 中,每个路由器只从它相邻的节点知道每个目的地的距离,而 OSPF 使每个路由器了解完整的拓扑结构。

每个采用 OSPF 的路由器监视每个相邻节点的链路状态,然后将链路状态信息以洪泛方式发送到网络内的其他路由器。采用这种方式可以使网络内每个路由器构造一个相同的链路状态数据库,以描述完整的网络拓扑。与 RIP 不同,只有当链路状态发生变化时,路由器才使用洪泛法向所有路由器发送此信息。每个路由器使用链路状态数据库的数据,来构建自己的路由表,常用的最短路径优先算法是 Dijkstra 的最短路径算法。OSPF 的链路状态数据库可以较快地更新,这也是其重要优点。OSPF 使用了层次结构的区域划分,使得它可以用于规模很大的网络。

3. 边界网关协议 BGP

一个边界网关协议的目的是在两个不同的 AS 之间交换路由信息,以便使 IP 数据可以跨越 AS 边界流动。由于因特网规模太大,使得自治域系统之间路由选择非常困难,因此 EGP 将重点更多地放在策略问题而不是路径优化问题上。边界网关协议 BGP 是一个 AS 之间的路由协议,它被用来在 BGP 路由器之间交换网络的可达性信息,它只能力求寻找一条能够到达目的网络而且比较好的路由。GBP 采用了路径向量路由协议。

在配置 BGP 时,每个自治域的管理员要选择至少一个路由器作为该自治域的 BGP 发言人(BGP speaker)。一个 BGP 发言人与一个或多个 BGP 发言人建立一个 TCP 连接(端口号 179)。在每个 TCP 连接中,通过交换 BGP 报文以建立 BGP 会话,利用 BGP 会话交换路由信息,比如增加了新的路由或撤销过时的路由,以及报告出错的情况等。需要注意的是每个 BGP 发言人除了必须运行 BGP 协议外,还必须运行该自治域系统中所使用的内部网关协议。

BGP 所交换的可达信息包含了分组到达一个目的网络必须经过的一系列 AS 或通过一个特定前缀可以到达的一组网络。当 BGP 发言人相互交换了网络可达性的信息后,各个 BGP 发言人就通过所采用的策略从接收到的路由信息中找出到达各个自治域的比较好的路由。

当 BGP 开始运行时,BGP 交换整个 BGP 路由表,但以后只需要在发生变化时更新变化的部分。BGP 支持 CIDR,因此 BGP 的路由表中包括目的网络前缀、下一跳路由器以及到达该目的网络所要经过的各个自治域序列。BGP 是一个路径矢量协议,路由矢量信息可以方便地被用于防止路由环路。

6.2.7 IP 分组传送

1. 路由器

路由器是工作在互联网层上的通信设备,它主要完成两项功能:一是转发 IP 数据包,即对每个接收到的 IP 数据包进行转发决策、交换分组、输出链路调度等操作;二是路由决策,即运行路由协议,更新路由表等功能。

路由器的硬件结构如图 6.7 所示,它由控制部分和转发部分组成。控制部分包括路由表、路由协议处理,主要完成路由决策功能。转发部分包括输入端口、输出端口和交换结构,主要完成数据转发功能。

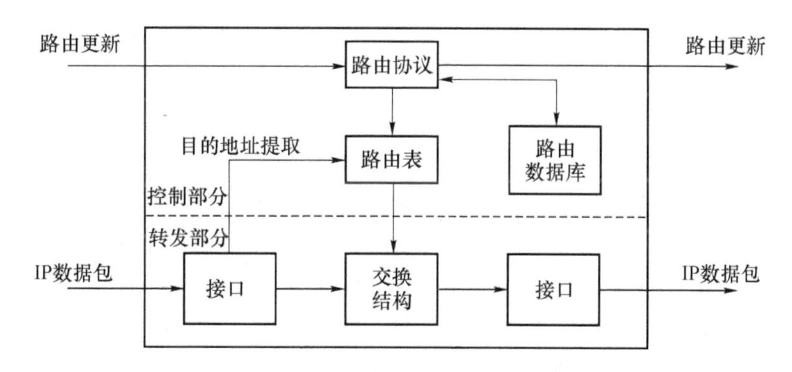

图 6.7 路由器硬件结构

路由器中的交换网络决定了路由器最终的性能,是路由器中最重要的组成部分,交换网络的实现方法很多,主要有共享总线、共享存储器、空分交换等类型。

2. 路由器的分组转发过程

在路由器中缓存着路由表,路由表中包含了目的网络地址、掩码、端口、下一跳地址、路由费用、路由类型和状态等内容,其中最重要的是目的网络地址和下一跳地址,它是指下一个路由器的端口地址。如图 6.8 所示,图中每个路由器包含多个端口,每个端口连接一个网络,对应该网络的一个 IP 地址,如路由器 R1,包含两个端口,其中一个端口的 IP 地址是 200.0.0.1,属于网络 1 的 IP 地址,另一个端口的 IP 地址是 201.0.0.5,属于网络 2 的 IP 地址,也就是说,R1 既可以看做是网络 1 的设备,也可以看做是网络 2 的设备。网络中的每个路由器都维护一个路由表。图 6.8 中的路由表是一个简化后的路由表。

当路由器收到一个 IP 分组时,读出目的 IP 地址,通过子网掩码获得目的网络 IP 地址,使用这个地址进行查表,查表的方法称为“最长前缀匹配”,具体方法是读取路由表中的每一项路由,然后从左到右依次与目的网络地址逐位相比较(异或),当遇到第一个不匹配位时(异或结果为 0),则该路由的比较结束。通过对每一项进行比较,获得“1”个数最多的称为最长前缀,使用对应的下一跳地址作为转发地址。路由表使用了一种优化措施称为默认路由项,在选路时,若未能在路由表中搜索到与目的地址相匹配的表项,那么 IP 协议可以采用一条预定义的默认路由,将分组转发到一个默认的下一跳路由器上。

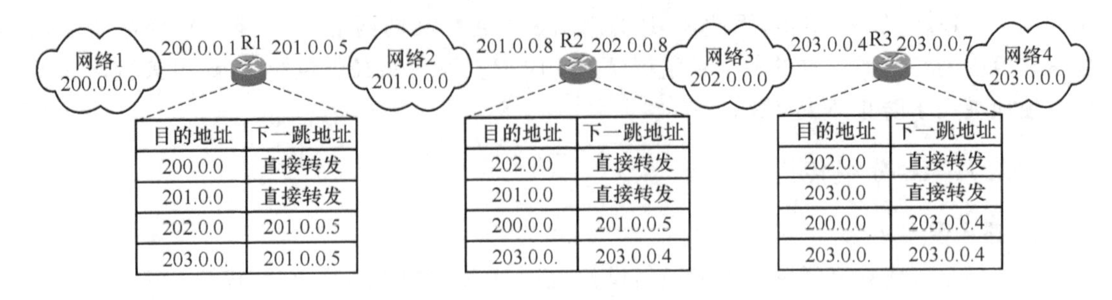

目的地址	下一跳地址
200.0.0	直接转发
201.0.0	直接转发
202.0.0	201.0.0.5
203.0.0.	201.0.0.5

目的地址	下一跳地址
202.0.0	直接转发
201.0.0	直接转发
200.0.0	201.0.0.5
203.0.0.	203.0.0.4

目的地址	下一跳地址
202.0.0	直接转发
203.0.0	直接转发
200.0.0	203.0.0.4
203.0.0.	203.0.0.4

图 6.8 IP 路由表

为了使读者进一步理解 IP 分组的转发过程，仍以图 6.8 为例，举例说明 IP 分组的转发过程。当网络 1 产生一个 IP 分组，目的地址为 202.0.0.15，当 R1 收到该 IP 分组后，通过查找路由表，得到了该分组的下一跳转发地址 201.0.0.5，R1 通过接口 201.0.0.5 将其转发到网络 2，网络 2 收到该 IP 分组后，与网络内部的主机地址相比较，目的主机不在网络内，则该分组转发到 R2，R2 通过查找路由表，将 IP 分组转发到网络 3，网络 3 中有目的主机，IP 分组转发结束，到达了目的主机。

6.2.8 IPv6

随着互联网的发展普及，网络的规模不断扩大，现在使用的 IPv4 协议的主要问题是 32 bit的 IP 地址已经远远不能满足不断增长的用户需求，迟早会被消耗尽。

在 20 世纪 90 年代早期，Internet 工程任务组(IETF)开始了对 IPv4 后续版本的研究，以便解决地址耗尽问题和其他扩展性问题。IETF 在 1994 年推荐了 IPv6。IPv6 可以实现与 IPv4 的互操作，实现相对平滑的过渡，而且 IPv6 改变了 IPv4 中一些不能很好工作的功能并支持新出现的应用。

IPv6 在保持了 IPv4 无连接传输的基础上，引进了很多变化，主要变化如下。

(1) 更大的地址空间。地址字段的长度由 32 bit 扩展到 128 bit，理论上这一地址空间可以支持 2^{128} 台主机，“地球上的每粒沙子都会有一个 IP 地址”。

(2) 扩展的地址层次结构。IPv6 的地址空间可以划分更多的层次。

(3) 灵活的首部格式。IPv6 定义了许多可选的扩展首部格式，可以提供比 IPv4 更多的功能，而且可以提高路由器的处理效率。

(4) 简化的首部格式。IPv6 的首部格式比 IPv4 简单，IPv4 首部中的一些字段，如校验和 、IHL、标记和段偏移等在 IPv6 中将不再出现。

(5) 流标签能力。IPv6 增加了“流标签”字段来识别某些要求一定 QoS 的分组流。

(6) 安全性。IPv6 支持内置的认证和机密性。

(7) 更大的分组。IPv6 支持长度超过 64 KB 的净荷。

1. IPv6 分组格式

IPv6 分组的完整格式如图 6.9 所示，IPv6 分组包括首部和数据两部分，而首部又包括基本首部和扩展首部，基本首部长度为 40 个字节，扩展首部是选项，扩展首部和数据合起来称为分组的有效载荷。

IPv6 基本首部的结构相对于 IPv4 分组头简单得多，删除了 IPv4 首部中不常用的字段。IPv6 分组基本首部的格式如图 6.10 所示。其中各个字段的作用如下。

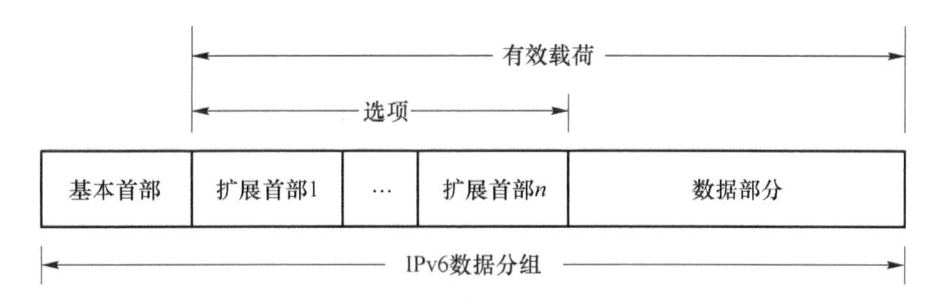

图 6.9 IPv6 数据分组的格式

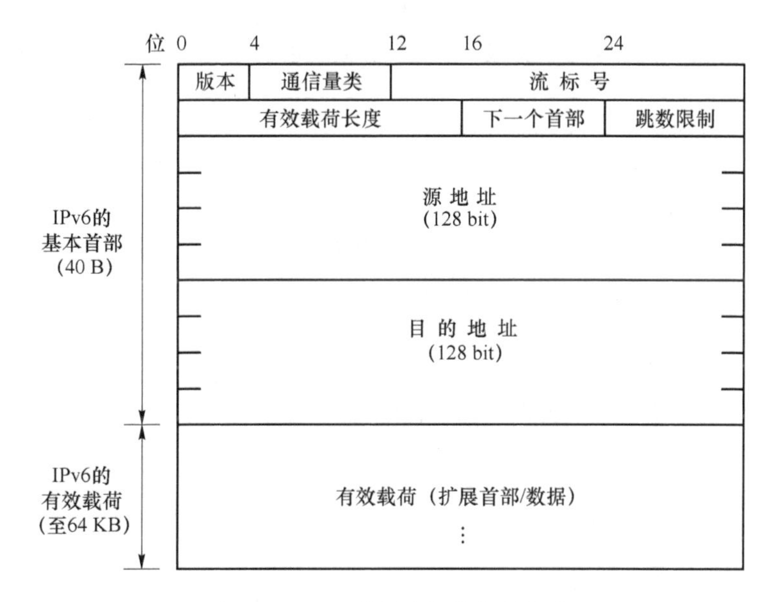

图 6.10 IPv6 数据分组的首部格式

- 版本:4 bit,指明协议版本类型,对于 IPv6 该字段为 6。
- 通信量类:8 bit,用于区分 IPv6 分组不同的数据类型或者优先级。
- 流标号:20 bit,IPv6 支持资源的预分配,"流"是互联网上特定源点到特定终点的一系列分组,流所经过的路径上的路由器都保证指明的服务质量。所有属于一个"流"的分组都具有相同的流标号。
- 有效载荷长度:16 bit,指明 IPv6 分组除了基本首部以外的字节数,最大值为 64 KB。
- 下一个首部:8 bit,无扩展首部时,该字段的作用与 IPv4 的协议字段一致;有扩展首部时,该字段指出后面第一个扩展首部的类型。
- 跳数限制:8 bit,用来防止分组在网络中无限期的存在。
- 源地址:128 bit,是分组的发送站的 IP 地址。
- 目的地址:128 bit,是分组的接收站的 IP 地址。
- 扩展首部:IPv6 将 IPv4 首部中选项的功能都放在扩展首部中,并将扩展首部留给路径两端的源站和目的站主机来处理,而分组途中经过的路由器不处理这些首部,这样可以有效提高路由器的处理效率。

IPv6 定义了 6 种扩展首部:逐跳选择;路由选择;分片;鉴别;封装安全有效载荷;目的站选项。每个扩展首部都是由若干个字段组成,不同的扩展字段首部的长度不一样。但所有扩展首部的第一个字段都是 8 位的"下一个首部"字段,该字段的值指出该扩展首部后面的字段是什么。

2. IPv6 的地址空间

IPv6 的地址结构如图 6.11 所示,IPv6 将 128 bit 的地址空间分为两大部分。

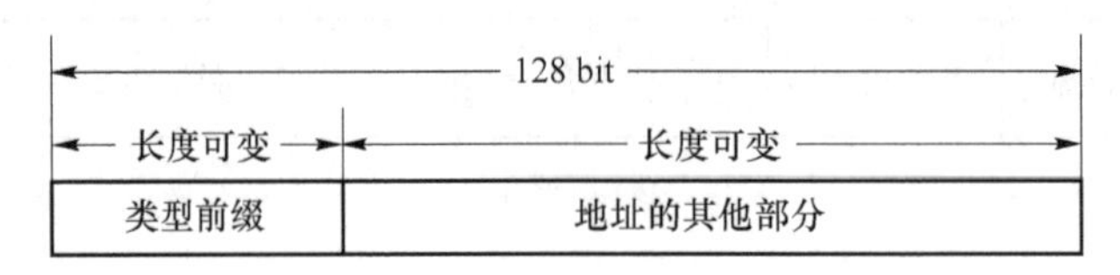

图 6.11　IPv6 地址结构

第一部分是长度可变的类型前缀,它定义了地址的目的,如是单播、多播地址,还是保留地址、未指派地址等。

IPv6 分组的目的地址有 3 种基本类型:

- 单播:就是点对点通信;
- 多播:就是点对多点通信;
- 任播:这是 IPv6 新增的一种类型,任播的目的站是一组计算机,但数据在交付时只交给其中一个,通常是距离最近的一个。

第二部分是地址的其余部分,其长度也是可变的。

3. IPv6 地址的表示方法

IPv6 地址的基本表示方法是冒号十六进制记法,每个 16 bit 的值用十六进制值表示,各个值之间用冒号分隔。

例如:某个 IPv6 的地址为

6FB7:AB32:4578:3F7F:0000:451E:560A:EFB1

4. IPv4 向 IPv6 过渡的方法

IPv4 向 IPv6 的过渡只能采用逐步演进的方法,同时 IPv6 系统能够向下兼容,即 IPv6 系统能够接收并转发 IPv4 分组。IPv4 向 IPv6 过渡的方法有两种:使用双协议栈和使用隧道技术。双协议栈是指网络在完全过渡到 IPv6 之前,部分主机或路由器装有两个协议栈,一个 IPv6 和一个 IPv4,这类主机或路由器既可以和 IPv6 的系统通信,也可以和 IPv4 的系统通信,包括两个地址:IPv6 地址和 IPv4 地址。使用双协议栈进行通信时,双协议栈主机将 IPv6 分组和 IPv4 分组进行分组首部相互转换,也就是替换分组的首部,而数据部分保持不变,采用这种方法会损失 IPv6 首部中的部分信息。使用隧道技术,就是在 IPv6 分组进入 IPv4 网络时,将 IPv6 分组封装成 IPv4 分组(将 IPv6 分组作为 IPv4 中的数据部分),然后在 IPv4 网络中的隧道中传输,当离开 IPv4 网时,再将数据还原为 IPv6 格式。采用这种方法不会造成 IPv6 首部中信息的丢失。

6.3　局　域　网

6.3.1　局域网基本技术

20 世纪 80 年代初,微型计算机由于价格不断降低而得到了越来越广泛的应用,为了最小化系统成本,希望能够共享昂贵的设备,例如打印机或磁盘驱动器。这种情况导致了具有有限距离的局域网的产生。局域网中计算机之间的较短距离使得低成本、高速率和低误码率的通信成为可能，因此局域网技术得到了飞速的发展，并在计算机网络中占有非常重要的地位。

当时有许多家公司提出了自己的局域网标准，根据需要国际电子电气工程师协会 IEEE 制定了 IEEE802. X 系列标准，主要包括以太网、令牌环网和令牌总线网等。局域网经过了 30 多年的发展，尤其是快速以太网和吉比特以太网的产生，以太网在局域网市场中占据了绝对优势。

计算机局域网是将小范围内的计算机互连在一起构成的通信网。局域网具有以下特点：

- 采用共享通信媒体的连接方式；
- 能够进行广播和组播通信；
- 有限的覆盖范围（小于 10 km）；
- 较高的传送速率（1～100 Mbit/s 甚至更高）；
- 较低的误码率（10^{-9}～10^{-11}）；
- 各站之间为平等关系。

1. 局域网的体系结构

局域网是一个通信网，根据 OSI/RM 概念可知，通信子网包括以下 3 层功能：由于通信中的物理连接和传输媒介上的比特传输必须存在，因此物理层是必需的；其次，数据帧的传送和控制必须依靠数据链路层，因此数据链路层也是必需的；由于局域网采用了共享传输媒介，因此不需要进行路由选择功能，而流量控制功能可以由数据链路层来完成，因此网络层可以不需要，但是，OSI 规定了一个接在网络上的设备应当是连接在网络层上的某个服务接入点 SAP 上，因此将服务接入点直接定义在数据链路层之上。

局域网大部分是以 IEEE802 标准为基础，IEEE802 标准定义了局域网的物理层和数据链路层。由于局域网的种类很多，媒体接入控制的方法也各不相同，因此 IEEE 进一步将数据链路层分为逻辑链路控制子层（Logical Link Control，LLC）和媒体访问控制子层（Medium Access Control，MAC）。将 SAP 设在 LLC 与高层的交界面上。局域网的参考模型如图 6.12 所示。

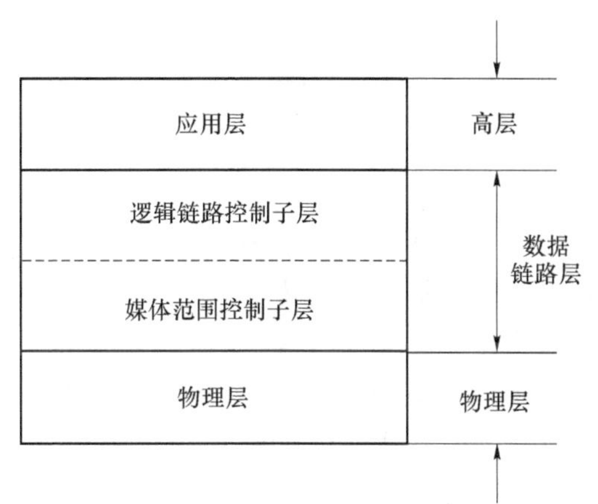

图 6.12　局域网参考模型

(1) 各层的主要功能

① 物理层

物理层完成的主要功能包括：

- 物理接口的机械特性；
- 物理接口的电气特性；
- 接口的功能；
- 信令的方式和速率。

② 媒体访问控制子层

与各种传输媒体相关的问题都由MAC子层完成，MAC子层还完成数据的差错控制。

- 将LLC子层传下来的数据封装为MAC帧传送或相反过程；
- 实现和维护MAC协议；
- 比特差错控制；
- 寻址。

③ 逻辑链路控制子层

- LLC子层完成与媒体接入无关的功能；
- 将高层传下来的数据封装为LLC帧传送或相反过程；
- 建立和释放数据链路层的逻辑连接；
- 差错控制；
- 顺序控制。

图6.13表示局域网的数据传送方式，可以看出，局域网对于LLC子层是透明的，而MAC子层与具体的局域网标准有关。

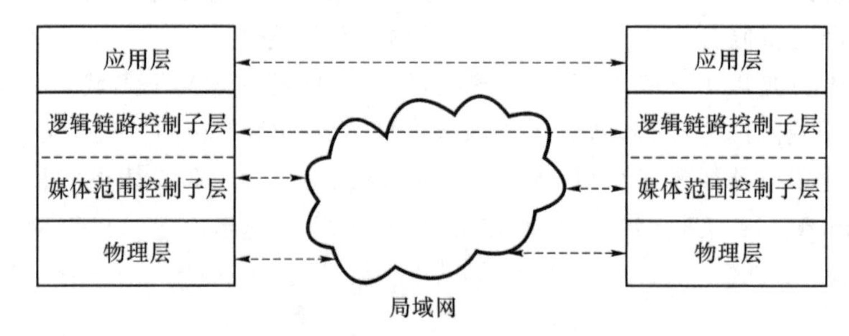

图6.13　局域网数据传送

(2) 局域网标准

IEEE802委员会制定的局域网协议标准有：

- IEEE802.1——概述、体系结构和网络互连标准；
- IEEE802.2——逻辑链路控制子层协议；
- IEEE802.3——总线拓扑结构CSMA/CD的MAC子层和物理层协议；
- IEEE802.4——令牌总线网的MAC子层和物理层协议；
- IEEE802.5——令牌环网的MAC子层和物理层协议；
- IEEE802.6——城域网的MAC子层和物理层协议；
- IEEE802.7——宽带技术；

- IEEE802.8——光纤网技术；
- IEEE802.9——综合(话音、数据)网；
- IEEE802.10——局域网安全；
- IEEE802.11——无线局域网。

图 6.14 表示了 IEEE802 各个标准之间的关系。

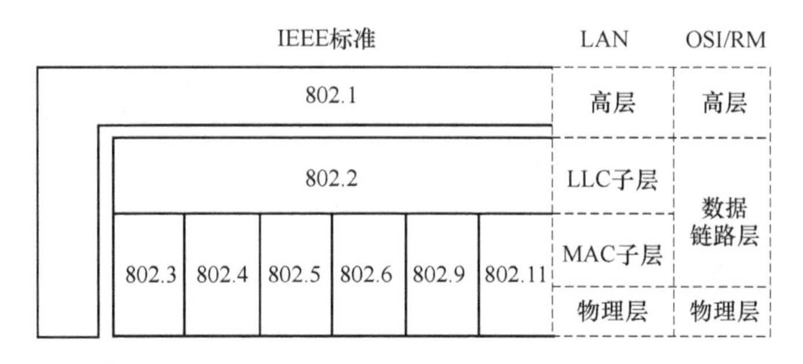

图 6.14　IEEE802 标准之间的关系

2. 媒体接入控制子层 MAC

通过前面讨论可知，MAC 子层与具体的局域网结构有关，是最复杂的一层，不同的局域网有不同的 MAC 子层协议，下面讨论 MAC 子层的地址，即 MAC 地址。

IEEE802 委员会定义了 MAC 地址，也称为物理地址，这个地址长度为 48 bit，该地址是全球唯一的，每一个连接到局域网的终端都有一个唯一的 MAC 地址，也就是说通过 MAC 地址可以唯一确定一台终端。

MAC 地址通常表示为 12 个 16 进制数，而每两个 16 进制数以“：”或“-”隔开，例如：08：02：AC：63：8D：AC 就是一个 MAC 地址，其中前 6 位(08：02：AC)代表硬件制造商的编号，由 IEEE 分配，而后 6 位(63：8D：AC)代表该制造商所造的网络产品的系列号。

3. IEEE802.3 以太网 MAC 子层

IEEE802.3 以太网采用了总线型拓扑结构，所有站点通过共享介质——总线——相连。以太网 MAC 子层采用带冲突检测的载波侦听多路访问协议(Carrier Sense Multiple Access/Collision Detection，CSMA/CD)。通过该协议可以允许多个终端同时使用总线进行数据传输。

带冲突检测的载波侦听多路访问协议 CSMA/CD 的工作原理如下。

(1) 每个终端在传送数据前首先使用载波侦听(CSMA)功能检查此时总线上是否有其他终端在传送的数据，如果有则等待，如果没有则发送数据。

(2) 某个终端发现总线空闲时，则发送数据，但此时其他终端也可能发现总线空闲而发送数据，这样就造成了冲突。因此，任何终端在发送数据后始终检测总线状态，如果发现冲突，则停止发送数据，避免冲突，这种工作方式称为冲突检测(CD)。

(3) 一旦发现了冲突而停止发送数据，则终端进一步采用二进制指数退避算法来重新确定发送时间，这样可以有效降低冲突概率。

6.3.2　交换以太网

1. 传统以太网

以太网是美国施乐(Xerox)公司于 1975 年研制成功的。1976 年，多家公司联合提出了

10 Mbit/s 以太网规约 DIX V1,又于 1982 年修订为第二版本,即 DIX Ethernet V2。在此基础上 IEEE802 委员会于 1983 年制定了 IEEE802.3 以太网标准。以太网的这两个标准只有很少的差别,现在常用的是 DIX Ethernet V2。

传统以太网可以使用的传输媒体有 4 种,包括同轴电缆(粗缆或细缆)、双绞线和光缆,对应的物理层分别是 10Base5(粗缆)、10Base2(细缆)、10Base-T(双绞线)和 10Base-F(光缆)。以同轴电缆为传输媒体的以太网采用了总线型拓扑结构,多台计算机连接到一条同轴电缆上,采用标准 BNC T 型接头连接到网卡的 BNC 连接器的插口。但在装上 BNC 接头时必须将电缆切断,这就造成了整个网络上的接头很多,连接关系复杂。当电缆上某个接头发生故障,整个网络无法正常工作时,确定故障点的工作十分困难。网络的可靠性很差,而且网络成本较高。

为了便于维护局域网,人们提出了一种使用双绞线的星形拓扑结构的局域网。在这种结构中,每个终端使用两对双绞线,分别用于发送和接收,在星形网络中心使用一种可靠性非常高的设备,称为集线器(Hub)。图 6.15 表示了使用集线器的连网方式。由于集线器使用了大规模集成芯片,所以可靠性大为提高,而且又降低了成本。10Base-T 以太网的出现,是局域网发展中的重要事件,对于巩固以太网在局域网中的统治地位,局域网技术的广泛应用起到了至关重要的作用。

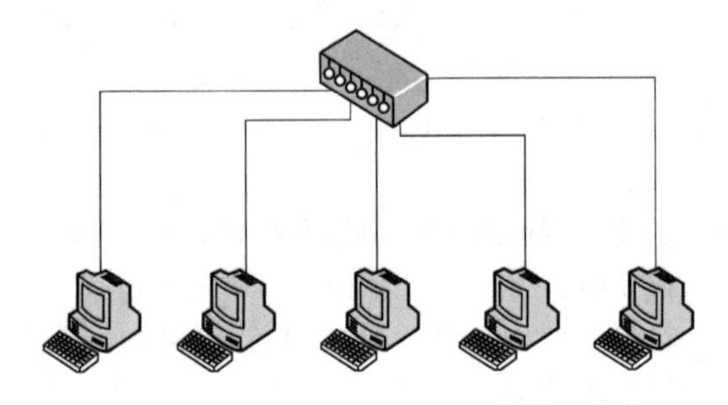

图 6.15 使用 Hub 的网络拓扑结构

10Base-T 局域网在物理上是一个星形网络,但通过集线器各站依然采用 CSMA/CD 的工作方式,因此 10Base-T 从逻辑上依然是一种总线型网络。需要注意,集线器是工作在物理层上的设备。

传统以太网的主要缺点是性能较差,所有计算机工作时的吞吐量不会超过共享信道的吞吐量,而且随着网络规模的扩大,发生冲突的可能性就越大,从而造成吞吐量的进一步降低,从而又限制了网络规模的扩大。针对这种情况,人们提出了使用网桥来扩展局域网,网桥是工作在数据链路层上的一种网络设备。它根据 MAC 帧的目的地址对接收到的帧进行转发。网桥具有过滤帧的作用,可以将局域网上的各个网段划分为不同的冲突域,从而提高了整个网络的吞吐量,提高了网络性能。网桥分为透明网桥、源路由网桥和多端口网桥等几种。其中多端口网桥就是目前在局域网中普遍使用的以太网交换机。

2. 交换式以太网

交换式以太网的拓扑与使用集线器的以太网的拓扑结构一致。交换式以太网中的关键设备是以太网交换机。以太网交换机又称为第二层交换机,于 1990 年问世,它的使用可以明显地提高局域网的性能。以太网交换机可以实现在多个端口之间建立多个连接,而且每个连接都工作在全双工方式下，每一对相互通信的主机都能像独占通信媒体一样，进行无冲突的数据传输，在通信完毕后断开连接。

对于普通的 10 Mbit/s 的共享以太网，如果有 N 个用户，则每个用户占有的平均带宽为总带宽的 $1/N$。在使用以太网交换机时，虽然每个端口的带宽依然是 10 Mbit/s，但由于在通信时该通路由用户专用而不是共享，因此对于拥有 N 对端口的交换机的总容量为 $N\times10$ Mbit/s，因此交换式以太网从根本上解决了共享以太网带来的问题。其主要特点是：

- 允许多对站点同时通信，每对站点通信时独占传输带宽；
- 易于管理，有效地利用网络带宽；
- 与传统以太网完全兼容，能够实现无缝连接；
- 每个端口可以连接单个主机或集线器，并且可以连接不同标准的局域网。

交换机的帧的转发方式包括存储转发方式、直接交换方式等。存储转发方式首先接收存储数据帧，根据目的地址通过查询转发表得到目的站所对应的端口号，然后将其转发出去；直接交换方式不必将整个数据帧接收下来先进行缓存后处理，而是在接收到数据帧的同时就根据目的地址通过查询转发表获得对应的端口号进行转发，这种方法提高了转发速度，交换时延小，缺点是可能会将一些无效帧进行转发。

以太网交换机的转发表是通过自学习的方式获得的，如图 6.16 所示。当主机 A 通过端口 1 发送数据，目的主机是 C。交换机接收数据帧后，首先取出目的地址 C，然后检查转发表。此时如果转发表中有 C 的对应端口，则将接收的数据帧通过该端口转发，如果转发表中没有对应的端口，则采用广播方式将数据帧通过每个端口转发出去；当收到了主机 A 发送的数据时，交换机采用自学习方式，将(A，1)写入转发表中，其中 A 表示主机 A 的 MAC 地址，1 表示主机 A 连接在端口 1 上。同样，当收到了主机 C 回应的信息时，也将(C，3)写入转发表中。通过这种方式，在交换机启动时，转发表是空的，但随着局域网中的主机相互通信，交换机掌握的内容越来越多，转发表的内容越来越充分。并且转发表中的每一项内容都有一定的时限，超过时限的转发表会被删除，然后重新进行学习，这样做的好处是保证网络的数据随着网络的变化随时更新。

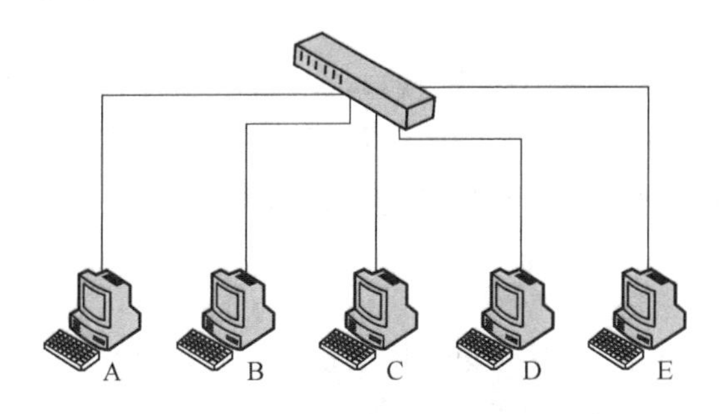

转发表

端口	地址
1	MAC(A)
2	MAC(B)
3	MAC(C)
4	MAC(D)
5	MAC(E)
6	

图 6.16　以太网交换机转发表

以太网交换机的端口是没有地址的，它只是完成数据的转发功能。而对于用户来说，交换机是透明的，用户的使用非常方便，而且通信速率也不断在提高，这也是以太网成功的主要原因之一。

以太网交换机使网络各站点之间可以独享带宽、消除了冲突检测和差错重发，提高了传输效率。但以太网交换机不能有效解决广播风暴、异种网络的互联和安全性控制问题。这样,又推出了三层交换机,它在保留二层交换机所有功能的前提下,又增加了许多新功能。

6.4 IP交换技术

6.4.1 三层交换机

三层交换也称为IP交换,这是利用IP协议中的信息来加强第二层交换功能的机制。第三层交换技术就是第二层交换加上第三层路由,而第三层交换设备就是带有路由功能的二层交换机。第三层交换技术的出现解决了局域网中网络规模的扩大带来的效率降低、管理困难的问题。

第三层交换机的工作原理称为“一次路由,然后交换”。简单说就是:假设两个使用IP协议的主机A、B通过第三层交换机进行通信,当主机A向主机B发送数据时,如果主机B和主机A在同一子网(虚拟专网)内,则主机A向主机B发送的数据通过二层交换完成;如果主机B和主机A不在同一子网(虚拟专网)内,则主机A要向默认网关发出ARP请求,以获得主机B的MAC地址,而默认网关的IP地址就是第三层交换机的第三层交换模块。第三层交换模块收到ARP请求后,如果在以前的通信过程中已经知道主机B的MAC地址,则直接向主机A回复主机B的MAC地址。如果此时不知道主机B的MAC地址,则采用广播方式将ARP请求传送给主机B。当主机B接收到ARP请求后向第三层交换模块回复其MAC地址。第三层交换模块保存此地址并将地址信息发送给主机A,同时将主机B的MAC地址发送到第二层交换功能模块的MAC表中。之后,主机A向主机B发送的所有数据包均通过第二层交换完成,而不需要第三层处理,因此信息传送速度得以极大的提高。

由于在通信过程中仅仅在路由过程中才进行第三层的处理,而大部分数据均通过第二层交换完成,因此三层交换机的速度很快,而且价格相对较低,因此得到了广泛的应用。

6.4.2 三层交换机的主要技术

三层交换机分为接口、交换和路由共3个部分,接口部分包含了所有局域网接口,如以太网接口、高速以太网接口、FDDI等;交换部分提供了局域网接口的交换功能,还包括策略管理、链路汇聚等功能;路由部分提供了主要的局域网路由协议,包括IP、IPX和AppleTalk等。

三层交换的主要技术包括以下几种。

Ipsilon IP交换:使用识别数据包流,尽量在第二层交换,以绕过路由器,改善网络环境。

Cisco标签交换:给数据包贴上标签,此标签在交换节点读出,判断包传送路径。Cisco可以说是MPLS技术的先驱。实现标签交换需要两个关键功能块,即转发功能块和控制功能块。转发功能块根据报文所携带的标签信息及标签交换机所维持的标签转发信息完成报文的转发,而控制功能块负责建立、维护正确的标签转发信息。该技术适合大型网络和因特网。

3COM Fast IP:这种技术主要采取了“一次路由,然后交换”,应用于属于不同VLAN

的终端之间存在直接的交换路径的网络拓扑结构。侧重数据策略管理、优化原则和服务质量。

MPOA(MultiProtocol Over ATM):ATM论坛提出的一种规范。经过客户机请求,路由器执行路由计算后给出最佳传输路径,然后建立一条交换虚电路,即可越过子网边界,不用再做路由选择。

多协议标签交换(Multi-Protocol Label Switching,MPLS):多协议标签交换和标签交换有着类似的工作机制和操作过程,MPLS是IETF标准化的IP交换技术,IETF颁布了相应的协议标准。许多生产高性能路由器的生产厂家已经在路由器中集成了MPLS技术。

6.4.3 三层交换的应用

对于企业网或校园网这样规模较大、需要使用路由器但又没有广域网连接需求的网络,可以使用三层交换机。这时一般会将三层交换机用在网络的核心层,用三层交换机的千兆位端口或百兆位端口连接不同的子网或VLAN。三层交换机一般用作网络的骨干交换机和服务器群交换机,并且多为千兆位交换机。

6.5 MPLS网络技术

在现代数据网络中,90%以上业务量使用互联网协议IP,因此如何实现IP的高速转发,满足用户对于网络不断提高的要求,是IP发展的重点。传统的路由查找过程是对IP分组中的目的IP地址进行最长匹配,为了完成最长匹配,必须用目的IP地址匹配路由表中的所有路由项,这项工作十分费时,且不易用硬件实现。提高路由器转发速率的途径是采用精确匹配来取代最长匹配,用类似ATM中使用的VCI这样的字段来精确描述IP路由,这就是IP over ATM技术的由来。多年来,人们开发了多种通过ATM传送IP的技术,可以分为重叠型和集成型两大类。

在重叠型IP over ATM技术中,互联网的核心是由ATM交换机构成的ATM交换网,IP路由器作为接入设备连接各个用户,路由器通过ATM SAR(分割与拼接)接口接入ATM交换网。在这种网络结构中,通常根据信息流分布预先设定路由器之间的永久虚电路(PVC),有效提高ATM交换网的带宽利用率。但是这种网络拓扑也带来了一些问题。一是PVC的n^2问题,由于路由器两两之间都需要建立PVC才能互相通信,当网络规模比较大时,每增加一个路由器,需要建立PVC的数量就很大,这将严重制约互联网的扩展能力;二是ATM交换网和IP网络是两个独立网络,各自使用自己的编址方式和工作协议,两套网络采用独立的网络设备,单独管理,增加了网络的设备成本、运营成本和管理成本;三是路由器ATM SAR接口必须进行报文分割、拼接操作,这就限制了接口的吞吐率,吞吐率很难超过622 Mbit/s,由于存在这些问题,重叠型IP over ATM网络无法满足用户日益增长的网络带宽需求,不能适应高速光纤传输。

在集成型IP over ATM技术中,ATM网络使用与IP网络相同的编址方案,简化了管理功能,MPLS就是较好的一种集成型IP over ATM技术。

MPLS是一种在开放的通信网上利用标记引导数据高速、高效传输的技术。其主要优点是减少了网络的复杂性,可以兼容现有的各种网络技术,降低了网络成本,在提供IP业务的同时可以保证QoS和安全性。同时,MPLS可以提供非常好的虚拟专用网VPN技术。

6.5.1 MPLS基本原理

MPLS属于第三层交换,将数据链路层的交换技术引入网络层,实现IP交换。MPLS的网络拓扑结构如图6.17所示。主要由两种设备构成,一种称为标签路由交换路由器(Label Switching Router,LSR),另一种称为边缘标签交换路由器(Edge_ Label Switching Router,E_LSR)。MPLS通过LSR在E_LSR之间建立标签交换路径LSP,E_LSR负责连接外部的IP路由器。

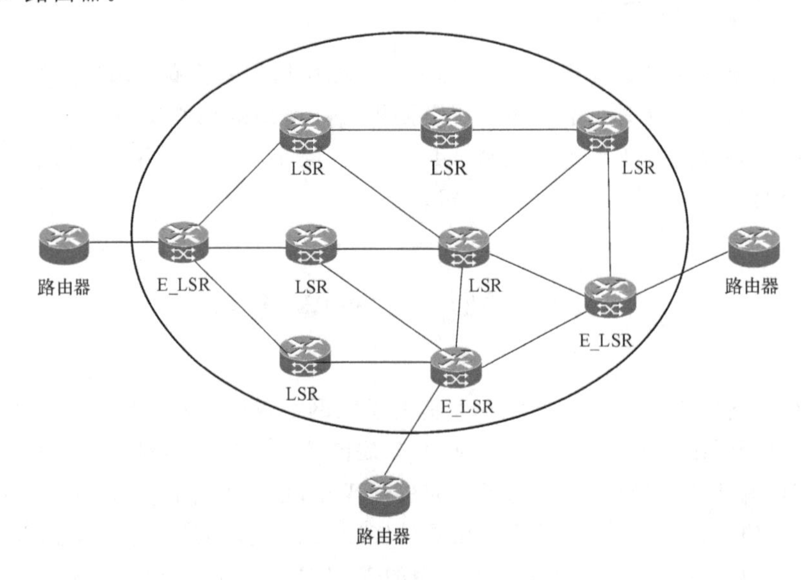

图6.17 MPLS网络拓扑结构

MPLS的E_LSR从外部IP路由器接收IP分组,并进行分类,然后根据分类将IP分组映射到不同的标记交换路径(Label Switching Path,LSP)。这种分组分类可以根据IP分组的源端和目的端IP地址、源端和目的端TCP/IP端口号、IP头协议字段值和IP头服务类型字段值等。映射到同一LSP的某一类IP分组属于同一转发等价类FEC。E_LSR为每个分类后的IP分组加上路由标签并封装为MPLS报文格式送入MPLS网络。

转发等价类(Forwarding Equivalence Class,FEC)是MPLS的重要概念,是MPLS的技术基础。MPLS实际是分类转发技术,它将有相同转发要求的分组归为一类,即转发等价类。MPLS网络对于同一转发等价类的数据采用完全相同的处理方法。对于每个转发等价类,MPLS网络分配相同的标签,数据在MPLS网络中传输,每个节点是根据标签进行转发的,这样可以极大地提高MPLS网络的转发性能。

LSR对于每个接收的MPLS报文,通过输入标签和输出接口精确匹配转发表,找到输出接口和输出标签,然后使用输出标签取代输入标签,再将MPLS报文转发出去,这个工作过程非常类似于ATM交换过程。

有两种选择LSP物理路径的方式:一是用现有的IP路由协议选择LSP的物理传输路径;二是显式指定LSP的物理路径,这种方式只须在建立LSP时显式指定路由,对于通过

LSP 传输的报文不需要再携带任何显式路由信息。

目前建立 LSP 的信令协议有两种：一是标签分发协议(LDP)，二是扩展的资源预留协议(RSVP)。

1. MPLS 标签结构

MPLS 长度为 32 bit，标签结构如图 6.18 所示。

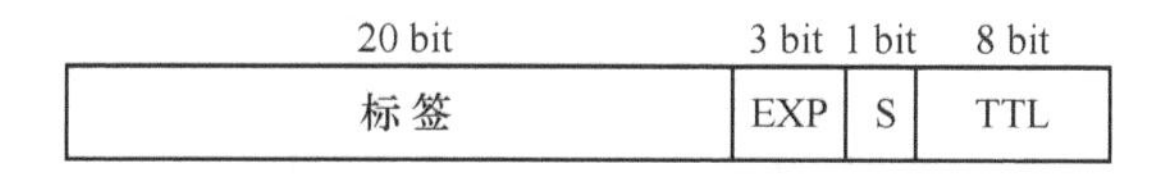

图 6.18　标签结构示意图

(1) 标签字段 LABEL，长度为 20 bit，该字段是分配给 MPLS 报文的标签值，其中值 0～15作为特殊用途被保留。

由于标签字段是定长的，所以可以使用硬件实现数据转发，这种方式比使用软件实现的路由最长匹配转发方式的速度要快得多。

(2) 实验用字段 EXP，长度 3 bit，保留。

(3) S 字段，长度为 1 bit，一个 MPLS 报文可以携带多个标签，每个标签长度均为 32 bit，多个标签依次存放，构成标签堆栈，堆栈底部标签的 S 字段设置为 1，表示是最后标签，而其他标签的 S 字段均设为 0。一般情况下，LSR 只对栈顶的标签进行处理。

(4) 生存时间字段，长度为 8 bit，它限制了 MPLS 报文在网络中的生存时间，工作原理与 IP 分组头中的 TTL 一样，每经过一个 LSR，TTL 值减 1，一旦 TTL 值为 0，则将 MPLS 报文丢弃，产生错误报告信息，通知发送端。

2. 标签交换路由器结构

标签交换路由器 LSR 由两部分功能块组成，一部分是控制功能块，另一部分是转发功能块，如图 6.19 所示。

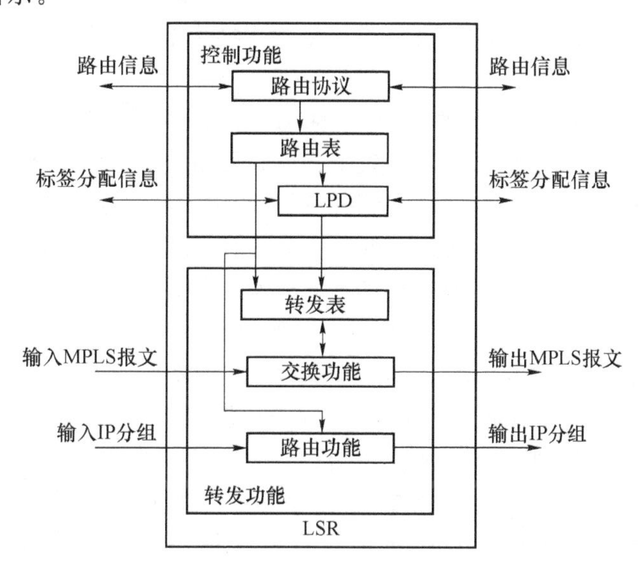

图 6.19　MPLS LSR 设备结构

控制功能块的作用是用来通过执行传统的路由协议(如 OSPF、BGP)与其他 LSR 交换路由信息,以此创建并维护路由表。在路由表的基础上,控制部分通过标签分发协议(Label Distribution Protocol ,LDP)建立 LSP,创建并维护 LSP 对应的转发表。

转发功能块的作用是当携带标签的 MPLS 报文到达 LSR 时,LSR 检测标签并以该标签为检索值去检索 LSR 的转发表,采用精确匹配;如果报文是 IP 报文,就以 IP 报文的目的 IP 地址去匹配转发表中数据项的转发等价类(FEC)字段,这种匹配依然采用最长匹配。转发表中的每一项包含转发等价类(FEC)字段、一个输入标签及转发携带和输入标签相同标签所需的转发信息,这些信息包括输出标签、输出接口等。

对于转发构件,采用精确匹配算法。相比最长匹配算法,精确匹配算法速度快、实现简单,可以提高报文的吞吐率,而且可以由硬件实现,提高 LSR 的转发性能。

3. 标签分发协议 LDP

标签分发协议 LDP 是允许 LSR 分发、请求、释放标签捆绑信息的一种机制,它是基于网络拓扑结构进行标签分配的,当网络拓扑结构发生变换时,LDP 在各个相邻节点间传送标签信息,完成转发数据库的改造、维护和动态刷新。协议在两个相邻的 LSR 建立的 TCP 连接上执行,顺序地交换标签绑定信息,一旦 LSR 发现和某个相邻 LSR 建立的 TCP 连接已经中断,则 LSR 不再使用从此 LSR 获得的有关标签绑定的信息。

LDP 有 3 种标签分配方法:

- 下游分配标签;
- 下游按需分配标签;
- 上游分配标签。

(1) 下游分配标签的方法是使用本地 LSR 分配的标签作为输入标签,由链路下游的 LSR 为同一 FEC 分配的标签作为输出标签。每个 LSR 根据第三层路由表中的每一个网络地址生成一个绑定标签,并把该标签放入转发表中与该路由相关联的数据项的输入标签字段中,并传送标签映射信息给它的上游 LSR,这个信息中含有网络地址和绑定的标签信息。当上游 LSR 收到这个信息时,上游 LSR 将标签放入转发表中与网络地址对应的数据项作为输出标签。

图 6.20 给出了下游分配标签的例子。图中 LSR(B)从下游节点收到一个绑定某个网络地址前缀的标签 Z,它将标签放入转发表中相应数据项的输出标签字段中,同时生成一个新的标签 K 作为输入标签,并将其放入该数据项中的输入标签字段中。然后 LSR(B)将向 LSR(A)发送一个标签映射消息,消息中包含了网络前缀及其绑定标签 M,LSR(A)收到该消息后,发现 LSR(B)是通往由消息给出的网络地址前缀所指定的目的网络路径的下一跳 LSR,LSR(A)将标签 M 放入转发表中相应数据项的输出标签字段中,同时生成标签 L,将其放入该数据项中的输入标签字段中,并向上游节点发送标签映射消息。

(2) 在下游按需分配标签的方法中,输出标签依然由下游 LSR 产生,但下游标签只在收到上游节点为指定网络地址前缀分配标签的请求后,才开始标签分配过程。上游 LSR 对于第三层路由表中的每一项发送一个标签请求给它的下游 LSR,请求它为通往网络地址前缀所指定的目的网络路径分配一个标签,下游 LSR 生成标签,放入和该路由相关联的数据项中的输入标签字段中,并发送一个标签映射消息给它的上游 LSR。当上游 LSR 收到来自下游 LSR 的绑定信息时,将标签放入转发表中和该路由相关联的数据项的输出标签字段中。

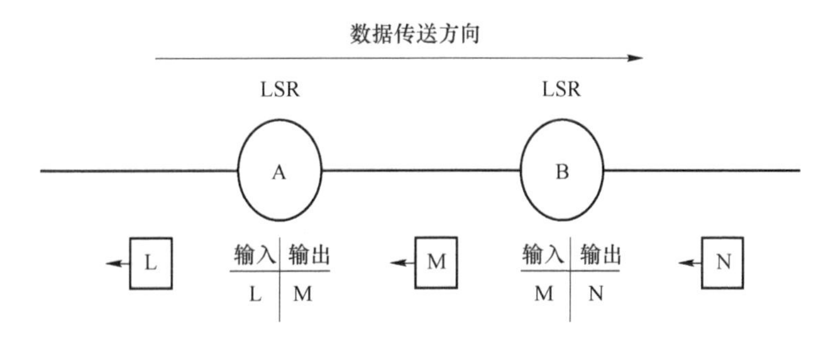

图 6.20 下游分配标签过程

图 6.21 给出一个下游按需分配标签的例子。此例中,LSR(B)转发表中与通往由给定网络前缀所指定的目标网络的路由相关联的数据项的输出标签字段已经有了标签 N,输入标签字段有了标签 M。当收到来自 LSR(A)的标签请求之前,LSR(B)不做任何事。当 LSR(B)收到 LSR(A)发出的为指定网络地址前缀请求分配标签的标签请求消息时,向 LSR(A)发送一个标签映射消息,该消息中包含了 LSR(A)请求分配标签的网络地址前缀和 LSR(B)为其分配的标签 M。LSR(A)收到该消息后,将标签 M 放入转发表中对应项的输出标签字段,并生成一个标签 L,放入该项的输入标签字段。

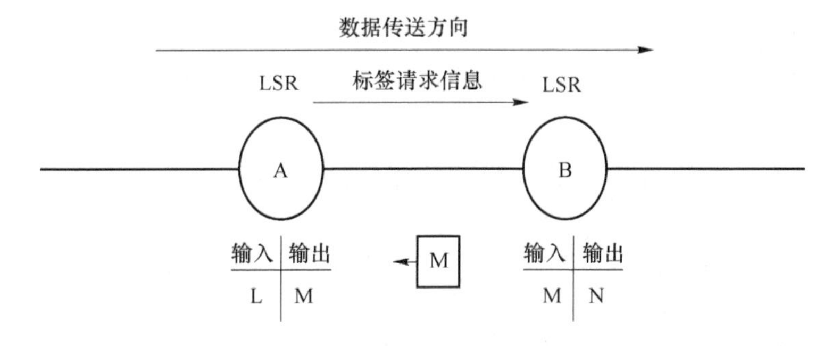

图 6.21 下游按需分配标签过程

(3) 在上游分配标签的方法中,本地 LSR 对路由表中的每一项路由分配一个标签,并将标签放入转发表中与该路由相关联的数据项的输出标签字段中,然后,该 LSR 发送一个标签映射消息给指定路由的下一跳 LSR,消息中包含了用于标明路由的网络地址前缀和绑定该地址前缀的标签。对于上游分配标签方法,本地 LSR 分配输出标签,而下一跳 LSR 接受绑定输入信息流的标签。

图 6.22 给出了上游分配标签的例子。此例中,LSR(A)生成标签 M,并将标签放入转发表中与该路由相关联的数据项的输出标签字段中,然后向 LSR(B)发送标签映射消息,消息中包含了用来指明路由的网络地址前缀和绑定的标签 M,当 LSR(B)收到该消息后,将标签放入转发表中与该路由相关联的数据项的输入标签字段中。

大多数网络采用下游分配标签的方法。

4. 标签交换路径 LSP 的建立

标签交换路径 LSP 是由 MPLS 域内各个 LSR 使用传统的路由协议生成的路由表内容所确定的。对于一个 MPLS 报文,根据标签在 MPLS 网络中经过转发到达目的端所经过的路径与根据路由表内容进行第三层转发到达目的端所经过的路径是完全一致的。这两种方法的最大区别在于确定转发路径所进行的检索方法不同。标签交换转发是通过精确匹配标签来检索转发表,检索速度快,操作简单,适合硬件实现;路由转发则采用最长匹配报文目的IP地址来检索路由表,检索速度慢,准确性差。

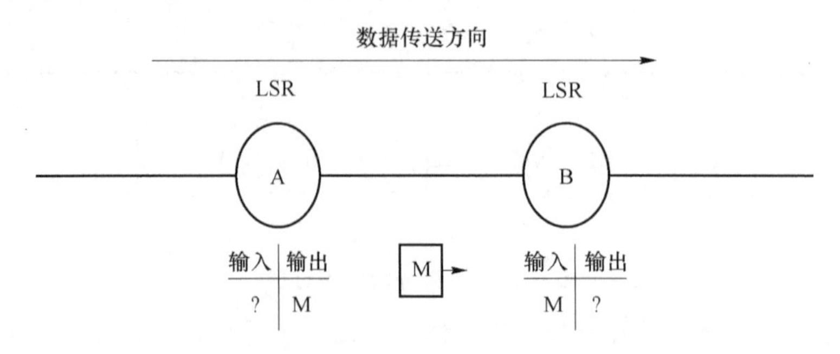

图 6.22　上游分配标签过程

标签交换路径LSP的建立首先是根据目的端地址信息通过路由协议生成路由表,这个过程称为选路,在MPLS域内运行与IP网自治系统相同的OSPF协议;在域间运行与自治系统间相同的BGP-4协议。选路过程完毕后就建立了从源端到目的端的各个LSR的路由表,下一步是根据路由表在每个LSR中建立转发表的过程,这时使用前面讨论过的标签分发协议LDP,MPLS网络通过在各个LSR建立转发表构建了用于报文标签交换转发所经过的路径,即标签交换路径LSP。

图6.23举例说明了LSP的建立过程。

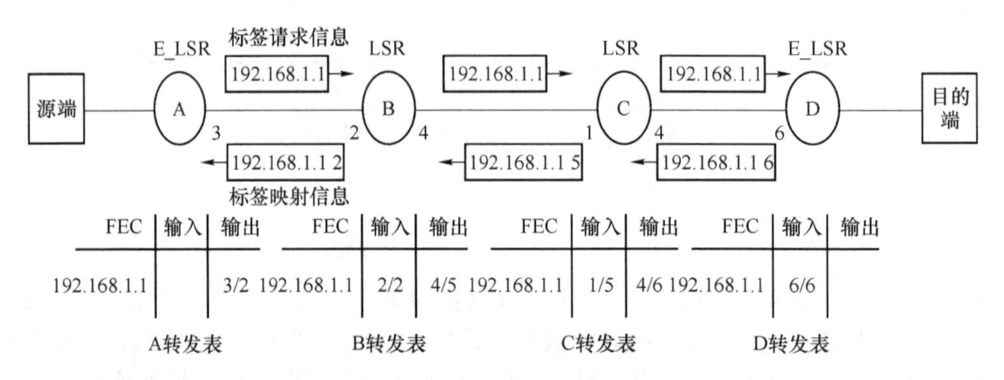

图 6.23　LSP建立过程

MPLS域中的LSP是一条单向传输路径,为简单起见,图6.17所示的LSP建立采用了下游按需分配标签机制。根据这种分配标签机制,每个LSR根据FEC分配输入标签,将分配的输入标签放入转发表中对应数据项的输入标签字段中,同时向下游LSR发出为指定FEC分配标签的请求。当下游LSR收到上游LSR发出的标签请求信息后,则根据路由表中对应的信息获得标签信息并发送给上游LSR。上游LSR收到标签信息后将标签放入转发表中对应于数据项的输入标签字段中,经过以上步骤,完成了转发表的建立。

需要注意的是,标签请求信息中发送了目的端地址192.168.1.1,也就是采用了目的IP地址信息作为转发等价类FEC,但在MPLS网络中,划分FEC的属性很多,可以是源端IP地址、服务优先级、TCP/UDP端口号等。标签映射信息中包含了与指定的FEC(目的端地址192.168.1.1)绑定的标签信息。

在转发表中,对应于每个FEC,都有输入路径和输出路径两项内容,输入和输出路径又包含有物理端口号和标签值两项内容，在图中采用 m/n 的表示方法，其中 m 表示物理端口号，n 表示标签值。

5. MPLS 报文在 MPLS 网络中的转发过程

以图 6.23 建立的 LSP 为例，继续介绍 MPLS 报文在 MPLS 网络中的转发过程。如图 6.24 所示，IP 分组经路由器转发至 LSP 入口 LSR。在入口 LSR 处，根据 IP 分组的目的端地址，确定 IP 分组的转发等价类 FEC，再根据路由表得到标签和输出端口号。在此例中，IP 分组的标签是 2，输出端口号是 3。此时，LSR A 将 IP 分组封装为 MPLS 报文格式，从指定端口 3 输出。当 MPLS 报文到达下一个 LSR B 时，由 LSR B 输入端口的数据链路层协议剥离并处理数据链路层的控制信息，获得 MPLS 报文，将它传给转发构件，由转发构件根据 MPLS 报文的输入标签去查找转接表，在找到匹配项之后，用输出标签替换 MPLS 报文中的输入标签，再重新封装成数据链路层帧格式，从选择的输出端口转发出去。在此例中可以得到输出端口为 4，标签是 5。将 MPLS 报文的标签 2 替换为输出标签 5，并将 MPLS 报文进行转发。在每个节点都完成相同的工作直到连接目的端的 LSR D。LSR D 将接收到的 MPLS 报文解封装，分离出 IP 分组，并将 IP 分组发送给目的端，从而完成 MPLS 网络对 IP 分组的传输过程。

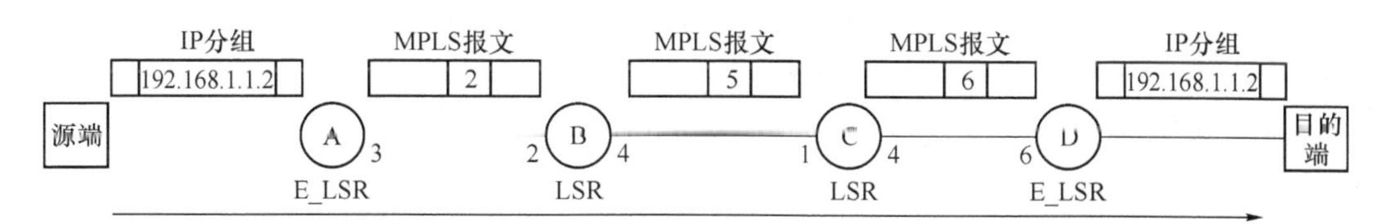

图 6.24　MPLS 报文传输过程

6.5.2　MPLS 的优点

MPLS 主要用于构建 IP 主干网，与传统的 IP 主干网相比，MPLS 具有以下优点。

1. 支持流量工程

流量工程是指通过为数据信息流选择传输通路来达到平衡网络中物理链路、路由器、交换机的信息流负载目的的过程。

网络拥塞产生的原因可能是网络资源不足或流量分布不均匀。对第一种可能的情况，所有的路由器和链路都会过载，解决的办法是扩展资源；而对于第二种情况，采用流量分配的方法，使得所有的通信量平均分配到网络中，对于简单的网络可以通过手工配置的方式完成，但是对于复杂的网络，必须使用自动化的流量工程。

MPLS 的一个重要应用就是流量工程，把 MPLS 应用于一对入口和出口，LSR 之间配置多条路径，允许入口 LSR 把流量分配到不同的 LSP 上。在理想的情况下可以使得入口交换机使用全部网络资源，在到同一出口的不同路径上平均分配流量。由于 MPLS 可以对任意入口节点和出口节点之间的信息流进行独立标识，因此能够直观地对流经任意入口节点和出口节点之间的 LSP 的信息流进行统计，并以此为基础进行流量平衡过程。

流量工程的难点是 LSP 的选择方法，目前已经定义了几种用于建立特定 LSP 的方法，这些方法包括手工配置和公告网络中信息流负载的路由协议。

随着因特网的快速发展，人们对因特网带宽的需求也进一步提高。合理、有效和均衡地使用因特网带宽也变得十分重要。MPLS 流量工程较好地解决了这个问题。

2. 简化报文转发操作

标签交换使用唯一的、固定长度的标签进行精确匹配来对报文进行转发,而 IP 路由使用路由表中最长匹配目的 IP 地址来转发报文,而且 MPLS 报文头比 IP 分组头结构简单得多,因此标签转发速率比 IP 分组路由速率快得多,MPLS 标签交换路由器 LSR 具有高速的转发速率。

3. 有效的显式路由

显式路由是一种能够适应多种应用、有巨大使用潜力的技术。但在 IP 分组传输过程中,如果使用显式路由,每个 IP 分组必须携带完整的显式路由列表(指定路径中所有路由器列表),这种开销在 IP 分组传输中是不可能的。但是在 MPLS 网络中,只有在建立标签交换路径 LSP 时,才使用完整的显式路由列表,也就是只有建立 LSP 的信令分组才携带完整的显式路由列表。LSP 建立后,通过 LSP 传送的 IP 分组不携带完整的显式路由列表,这就使 MPLS 网络中使用显式路由成为可能。

4. 业务分类

MPLS 可以支持不同的业务,业务分类(Class of Service,CoS)是指对信息流进行分类。信息流可以根据 IP 报文的源 IP 地址和目的 IP 地址、源端和目的端的 TCP/UDP 端口号、IP 分组头协议字段及服务类型字段进行分类。对于不同类的信息流,提供不同的服务质量、时延等服务特性。

对于 MPLS 网络,实现业务分类的方法是将不同类的信息流划分为不同的转发等价类 FEC,并将不同的 FEC 映射到不同的 LSP。LSP 可以采用两种方法支持 MPLS 的业务分类功能。

(1) 标签交换路径 LSP 上的信息流可以根据 MPLS 头中的优先级位在 LSR 的输出队列进行排队,具有较高优先级的业务可以获得优先排队的权利。

(2) 可以在两个 E_LSR 之间建立多条 LSP,每条 LSP 可以提供不同的转发机制和服务质量,根据用户需要,E_LSR 将不同的业务放到不同的 LSP 中,实现了 CoS 功能。

在建立 LSP 时可以采用扩展 RSVP 协议作为 LSP 信令协议,扩展 RSVP 协议在建立 LSP 时为 LSP 预留资源,这样,不同的 LSP 具有不同的资源,可以提供不同的服务质量。

5. 映射 IP 分组到转发等价类 FEC

MPLS 在 IP 分组的入口节点 E_LSR 将 IP 分组映射为不同的 FEC,这样做简化了映射过程,而且可以为不同要求的用户提供不同的服务。

在 MPLS 中,划分不同转发等价类的属性很多,包括信息流的源 IP 地址、目的 IP 地址、服务优先级、TCP/IP 端口号、应用层信息和报文输入端口等。

6.5.3 基于 MPLS 的虚拟专用网 VPN

MPLS 的一个重要应用就是建立虚拟专用网 VPN。虚拟专用网是利用公共网络资源建立专用通信网络的技术。它使用公共网络资源将分散的站点动态地连接起来,实现通信和资源共享。传统的因特网在实现 VPN 时,在扩展性、安全性和服务质量保证方面存在着很大的缺陷,需要改造,而帧中继提供的 VPN 保证了安全性,但是依然存在扩展性差、管理和维护复杂等缺陷。采用 MPLS 技术实现 VPN 可以极大地改善传统因特网的缺陷,又可以很好地保证网络的安全性,可以很好地满足 VPN 的需求。

1. VPN 技术

专用网络是指网络中所有信息终端属于单个组织，由单个组织对网络实施管理，这个组织可以是企业或政府机构。这些专用网络往往分布在多个地区，距离较远，如果独立建设这个网络，费用巨大，而且使用效率较低。因此虚拟专用网就是使用公共网络资源按照一定的技术在公共网络上构建的专用网络，这个网络是安全稳定可靠的，是对企业内部网络的扩展。

目前最通用的公共数据通信网络是因特网，利用因特网来完成专用网络 LAN 之间的远距离互连是一种技术可行而且费用较低的方法。使用因特网实现虚拟专用网络技术主要有基于因特网拨号连接和虚拟专用线路两种。针对在因特网上构建 VPN，人们开发了 IP 隧道技术，IP 隧道技术可以为用户子网提供虚拟的点到点的连接，通过这种技术，不同地区的用户子网可以互连到一起构成 VPN。

VPN 可以为用户提供的功能包括：

(1) 身份认证，通过鉴别用户身份防止非法用户使用；

(2) 访问控制，不同的用户有不同的访问权限；

(3) 数据加密，以保证通过公网传输的信息的安全性；

(4) 信息认证，保证信息的合法性和完整性。

2. 基于 MPLS 的虚拟专用网

MPLS VPN 是采用 MPLS 技术构建的 VPN，即采用 MPLS 技术在因特网上构建专用网络，实现数据、语音、图像和视频等业务，利用 MPLS 的流量工程、业务分类等技术为用户提供高质量的服务。

MPLS 具有可靠性高、安全性高、扩展能力强、控制策略灵活、服务质量高等优点。

MPLS 中使用了两种通信设备，一种是用户内部子网接入 MPLS 网络的设备，称为用户边缘设备 CE。而 MPLS 网络中连接 CE 的设备称为提供者边缘设备 PE。这两种设备通常是路由器，所以又称为 CE 路由器和 PE 路由器。

(1) 基于 MPLS 的第二层 VPN

在基于 IP 的 VPN 中，采用隧道技术在两个 IP 端点之间建立连接。IP 分组可以通过隧道从一端发送到另一端，实现点到点的通信。在 MPLS 网络中，使用标签交换路径 LSP 实现 IP 隧道技术，称为 LSP 隧道，基于这种方式的 MPLS VPN 称为第二层 VPN。

基于 MPLS 第二层 VPN 将 MPLS 网络作为数据链路层连接到公共传输网络，作为第二层连接的两端设备，必须采用同一种接入方式接入 MPLS 网络，也就是 CE 路由器的数据链路层采用相同的协议，如采用 PPP、帧中继或 ATM。作为第二层连接，MPLS 不提供路由功能，所以必须由用户负责解决同一 VPN 中各个 LAN 之间的路由问题，因此用户必须了解 VPN 中 LAN 的分布和配置，也就是必须全面了解 VPN 的拓扑结构，这样对用户提出了较高的要求。第二层 VPN 的配置是通过 CE 路由器来完成的。MPLS 网络根据用户要求在各个 PE 路由器之间建立 LSP，将所有来自同一 VPN 的数据映射为同一转发等价类，这些数据根据数据链路层的不同具有不同的帧结构，PE 路由器将其封装为 MPLS 报文结构，通过 LSP 传输，完成 VPN 功能。

(2) 基于 MPLS 的第三层 VPN

基于 MPLS 的第三层 VPN 为用户提供更多的服务，降低了对用户的要求，针对 MPLS

第二层 VPN 存在的问题,第三层 VPN 提供用户之间的路由功能,因此这种方式更加灵活。

基于 MPLS 的第三层 VPN 和基于 MPLS 的第二层 VPN 不同,在配置 CE 路由器时,不需要知道整个 VPN 的拓扑结构,每个 CE 路由器只需配置直接连接的子网路由和直接连接的 PE 路由器的信息。基于 MPLS 的第三层 VPN 工作在第三层,由分层的原则可以知道,每个子网可以采用不同的数据链路层协议,这样增加了 VPN 构建的灵活性。

在基于 MPLS 的第三层 VPN 中,CE 路由器和 PE 路由器通过内部网关协议和外部网关协议交换路由信息,有关 VPN 的路由信息存放在 PE 路由器的虚拟专用网转发路由表中,PE 路由器为不同的 VPN 构建单独的虚拟专用网转发路由表。

当同一 VPN 中有数据传送时,CE 路由器将 IP 分组传送给直接相连的 PE 路由器,PE 路由器根据 IP 分组的目的端 IP 地址查询虚拟专用网转发路由表确定目的端 PE 路由器,然后通过 LSR 将数据封装为 MPLS 报文结构,通过 MPLS 网络传送到目的端的 PE 路由器,该 PE 路由器将收到的数据解封装,获得 IP 分组后传送给目的端的 CE 路由器。

6.5.4 通用 MPLS 技术

为了适应未来智能光网络动态提供网络资源和传送信令的要求,人们对于 MPLS 技术进行了扩展和改进,提出了通用多协议标签交换(Generalized Multi-Protocol Label Switching,GMPLS)技术,对原有的路由协议、信令协议进行了修改,既支持传统的分组交换、电路交换,又可以满足新的波长交换和光纤交换技术。

在 GMPLS 中,LSR 可以有多个不同类型的接口:分组交换接口、时分复用接口、波长交换接口和光纤交换接口。因此 MPLS 的标签定义也必须具有通用性,使得可以采用时隙、波长或其他特殊标识符对标签进行编码,利用 MPLS 的控制部分功能来配置时分交换、波长交换和光纤交换等。

MPLS 中 LSP 层次结构的概念可以进一步扩展,允许不同类型的 LSP 嵌套在不同层次的 LSP 中,LSP 的类型可以是 MPLS 网络中的虚电路、SDH 中的 TDM 电路和光网络中的光路。GMPLS 中 LSP 概念的扩展使得 MPLS 技术应用的范围更广,针对 MPLS 中信令和路由协议可以进一步扩展,应用于 GMPLS 领域,这些信令协议和路由协议不仅能够支持虚电路,而且可以支持时分电路、光路和光纤。关于 GMPLS 技术的内容在第 7 章会进一步介绍。

6.6 高层交换技术

6.6.1 四层交换技术

第二层交换和第三层交换都是基于端口地址的端到端的交换过程,这种基于 MAC 地址和 IP 地址的交换技术,能够极大地提高各节点之间的数据传输率,在解决局域网和互联网络的带宽及容量问题上发挥了很好的作用。但是这两种交换技术无法感知业务特征,无法根据端口主机的应用需求来自主确定或动态限制端口的交换过程和数据流量,即缺乏智能交换能力。第四层交换不仅可以完成端到端交换,还能根据端口主机的应用特点,确定或限制它的交换流量，实现安全控制、负载均衡，提高网络服务质量。

1. 四层交换基本原理

OSI 模型的第四层是传输层。传输层负责端对端通信，即在网络源节点和目标节点之间协调通信，使用的主要协议是 TCP 和 UDP。第四层交换是基于传输层报文的交换过程，决定交换的不仅仅依据 MAC 地址(第二层网桥)或源/目标 IP 地址(第三层路由)，而且依据 TCP/UDP(第四层) 应用端口号，第四层交换利用这些信息改进路由和交换功能，提高网络服务性能。

TCP 和 UDP 报文头部包含端口号(port number)，用于唯一区分每个报文包含哪些应用协议(如 HTTP、FTP 等)。端节点利用这种信息来区分报文中的数据，尤其是端口号使一个接收端计算机系统能够确定它所收到的 IP 包类型，并把它交给合适的高层软件。1～255 的端口号被保留，称为"熟知"端口，在所有主机 TCP/IP 协议栈实现中，这些端口号是相同的。除 "熟知"端口外，标准 UNIX 服务分配在 256～1024 端口范围，用户应用一般在 1024 以上分配端口号。TCP/UDP 端口号提供的信息可以为网络交换机所利用，这是第四层交换的基础。

第四层交换机支持第四层以下的所有协议，可根据 TCP/UDP 端口号来区分数据包的应用类型，从而实现应用层的访问控制和服务质量保证。端口号和设备 IP 地址的组合称为"套接字(socket)"，第四层交换机可以根据套接字将不同业务类型的报文发送到不同的网络设备上。

第四层交换机可以作为与服务器相连接的"虚拟 IP"(VIP)前端。在第四层交换中为每个服务器组都配置一个 VIP，每组服务器支持某种应用。在域名服务器(DNS)中存储的每个应用服务器地址是 VIP，而不是真实的服务器地址。在发出一个服务请求时，第四层交换机通过判定 TCP 开始，来识别一次会话的开始。然后利用相应的算法来确定处理这个请求的"最佳"服务器，将会话与"最佳"服务器的具体 IP 地址联系在一起，并用该服务器真正的 IP 地址来代替服务器上的 VIP 地址。每台第四层交换机都保存一个与被选择的服务器相配的源 IP 地址以及与源 TCP 端口相关联的连接表。然后第四层交换机向这台服务器转发连接请求。所有后续包在客户机与服务器之间重新影射和转发，直到交换机发现会话为止。完成这些工作的关键是如何确定"最佳"服务器，目前采用了多种方法，这些方法包括求权数最小接入的简单加权循环、测量往返时延和服务器自身的闭合环路反馈等。闭合环路反馈是最先进的方法，它利用可用内存、I/O 中断和 CPU 利用率等特定的系统信息，这些信息可以被适配器驱动器和第四层交换机自动获取。闭合环路反馈机制要求在每台服务器上安装软件代理。

2. 四层交换使用的主要技术

(1) 分组过滤/安全控制：在大多数路由器上，采用第四层信息定义过滤规则已经成为默认标准，许多路由器可以作为分组过滤防火墙，这种防火墙上不仅能够配置允许或禁止 IP 子网间的连接，还可以控制指定 TCP/UDP 端口的通信。这种过滤能力是在 ASIC 专用高速芯片中实现的，使这种安全过滤控制机制可以全线速进行，极大提高了包过滤速率。

(2) 服务质量保证：四层交换可以通过套接字，识别分组所属流及业务类型，为各 IP 分组流提供相应的优先级排队和调度，保证相应的服务质量。

(3) 服务器负载均衡：四层交换机可以根据不同的规则将用户的请求转发到"最佳"的

服务器上完成传输数据和多台服务器间负载均衡的理想机制。

(4) 主机备用连接:主机备用连接为端口设备提供了冗余连接,从而在交换机发生故障时能有效保护系统。这种服务允许定义主备交换机,它们有相同的配置参数。由于四层交换机共享相同的MAC地址,备份交换机接收和主交换机全部一样的数据。这使得备份交换机能够监视主交换机服务的通信内容。

(5) 统计:通过查询第四层数据包,四层交换机能够提供更详细的统计记录。因为可以收集到更详细的哪一个IP地址在进行通信的信息,甚至可根据通信中涉及哪一个应用层服务来收集通信信息。当服务器支持多个服务时,这些统计对于考查服务器上每个应用的负载尤其有效。

第四层交换机是一类以软件技术为主,以硬件技术为辅的网络管理交换设备,不仅完全具备第三层交换机的所有交换功能和性能,还能支持第三层交换机没有的网络流量和服务质量控制的智能型功能,通过对服务端口分析获得更好的服务质量。目前,采用第四层交换技术的产品已经开始应用。

6.6.2　七层交换技术

在第四层交换提高了网络性能和服务质量保证之后,在更高的层次上也引入了交换的概念,称之为第七层交换技术,或者应用层交换,这是一种智能交换技术。

第四层交换能识别不同的服务端口,但是无法识别通过同一端口的不同类型的数据流,对这些数据流同等对待,在实际应用中,服务提供商或许需要其中的某些数据流具有高的服务质量、优先处理权或者将某些流引向性能高的处理机中,四层交换无法满足这样的要求。第七层交换技术突破了一般意义上的交换的概念,具有了区别各种高层的应用和识别内容的能力,不仅能根据数据分组的IP地址或者端口地址来传送数据,而且可以打开数据流的应用层和表示层,分析其中内容,这就可以不仅仅基于地址做出全面的负载均衡决策,而且还能根据实际的应用类型做出负载均衡、内容识别等判断。第七层交换技术可识别网络上每一个数据包所属的应用和服务,然后应用这种信息把数据包传送到正确的路径。

七层交换提供了更有效的数据流优化和智能负载平衡,它保证不同类型的传输流可以被赋予不同的优先级,具有第七层交换的设备不依赖路由设备来识别差别服务(DiffServ)、通用开放策略服务或其他服务质量协议的传输流,完成对传输流的过滤和分配优先级。采用第七层认知技术,可以实现以线速度做出更智能性的传输流决策,用户将自由地根据得到的信息就各类传输流和其目的地做出决策,从而优化Web访问,为最终用户提供更好的服务。具有应用认知功能的交换机产品具有更多的智能性,可以分析输入包的内容,将请求发送到内容专用服务器或应用专用服务器。利用逻辑群集部署,最终用户可以建立用于内容和应用的服务器,网络管理人员利用这类产品来实施各种数据流优先级和带宽控制。在Internet网、Intranet网和Extranet网,七层交换机都有着广泛的应用空间。

本章小结

计算机网络被广泛使用的两种类型是局域网和互联网。局域网中使用最多的是以太网技术，早期以太网使用电缆作为传输媒介，存在着布线困难、容易出故障等问题，人们对其进行改进后使用 Hub 和双绞线作为网络设备和传输媒体，物理上采用了星形拓扑结构，但网络逻辑上依然按照总线方式进行工作，这种网络很好地解决了使用电缆带来的一系列问题。随着局域网规模的扩大，采用广播方式的以太网出现了冲突加剧、效率降低等问题，交换式以太网技术采用二层交换机取代 Hub，使用点到点的通信方式，提高了通信效率，避免了冲突的产生，交换式以太网成为目前使用的主流局域网技术。

互联网中使用的协议是 TCP/IP 协议族，IP 协议采用了无连接的方式，将不同的网络连接在一起，构成了覆盖全球的网络。在这样的网络中每个主机具有独立的地址，称为 IP 地址，常用的 IP 地址包括 A、B、C 三种。由于 IP 地址与主机的物理地址不存在一一对应关系，因此使用地址解析协议获得目的主机的物理地址，使用反向地址解析协议获得本机的 IP 地址。因特网报文控制协议是处理错误和其他消息的协议。为了将 IP 分组转发到正确的目的端，需要使用路由协议，常用的路由协议包括 RIP、OSPF 及 BGP-4 协议。目前使用的 IPv4 中的地址资源已经无法满足用户的需求，而 IPv6 使用 128 bit 的 IP 地址，可以给用户提供丰富的地址资源。

使用 IP 协议转发数据存在的最大问题是无法满足一些实时性强、服务质量要求高的业务，而 ATM 技术具有服务质量高、实时性强的优点，将两种技术的优点相互结合，就形成了 IP 交换技术。主要技术包括：Ipsilon IP 交换、Cisco 标签交换、3COM Fast IP、MPOA 和 MPLS 等。其中 MPLS 具有定长标记的快速交换、便于使用硬件实现以及良好的服务质量保证等特性，成为 IP 交换的主流技术，被业界认为是当今数据传输领域最有前途的网络技术之一。

四层交换能根据端口主机的应用，确定或限制交换流量，提高网络服务质量。七层交换能够提供更有效的数据流优化和智能负载平衡。

复习思考题

6-1　什么是计算机网络？简述它的发展历程。

6-2　画出因特网的网络体系结构，并说明每层完成的功能。

6-3　画出 IP 分组的结构图，并说明每部分的功能。

6-4　简述 IP 地址的分类方法。

6-5　简述地址解析协议工作原理。

6-6　简述局域网体系结构及各层功能。

6-7　对比 Hub 和以太网交换机的工作原理，说明交换式以太网的优点。

6-8　什么是 IP 交换？IP 交换的基本原理是什么？

6-9　简述 MPLS 的基本原理。

6-10　什么是转发等价类？为什么说转发等价类是 MPLS 的基础？

6-11　简述标签交换路径的建立过程。

6-12　什么是流量工程？MPLS 如何实现流量工程？

6-13　讨论将二层交换与三层路由相结合具有什么样的优点。

第7章 光交换技术

从通信发展演变的历史可以看出,交换遵循传输形式的发展规律。模拟传输引入机电制交换,数字传输引入数字交换。随着传输系统普遍采用光纤通信,通信网络逐渐向全光平台发展,未来的全光网络也需要由纯光交换机来完成信号路由功能以实现网络的高速率和协议透明性。由于光网络容量持续扩展,而电交换机不适应超过吉比特速率的"电子瓶颈",开发高速高性能的光交换机就成为必然的趋势。

所谓光交换是指对光纤传送的光信号直接进行交换。与电子数字程控交换相比,光交换不仅无须在光纤传输线路和交换机之间设置光端机进行光/电(O/E)、电/光(E/O)变换,而且在交换过程中还能充分发挥光信号的高速、宽带和无电磁感应的优点,可以保证网络的可靠性和提供灵活的信号路由平台。也就意味着,在未来的网络中,网内信号的流动没有光/电转换的障碍,而是直接在光域内实现信号的传输、交换、复用、路由选择、监控以及生存性保护(即全光网)。

本章主要介绍光交换技术概述、光交换器件、光交换原理以及自动交换光网络 4 部分内容。

7.1 光交换技术概述

7.1.1 光交换的必要性

为了适应人们对信息需求的与日俱增以及 IP 业务在全球范围突飞猛进的发展,通信的两大组成部分——传输和交换,都在不断地发展和变革。

自从 20 世纪 70 年代后期光缆代替电缆进入通信网后,电通信网也随之成为新一代的通信网络——光电混合网。它的组成如图 7.1 所示,主要包括核心光网络和边缘电网络两大部分,其中核心光网络又包括光传输系统和光节点两部分:光传输系统实现大传输容量;光节点在光域完成交换与路由。核心光网络对信息不进行点处理,处理能力强,具有很大的吞吐量。边缘网络的电子节点对信号进行点处理,并利用光通道与光网络进行直连。

如图 7.1 所示,现有的光电混合网由光传输系统和电子节点组成。一方面在光传输系统中,光信号复用大大提高了光纤的传输容量。目前可用于超高速光纤网络的复用技术主要有:光波分复用(Optical WaveLength Division Multiplexing,OWDM)、光频分复用(Optical Frequency Division Multiplexing,OFDM)、光时分复用(Optical Time Division Multiplexing,OTDM)、光码分复用(Optical Code Division Multiplexing,OCDM)、副载波复用(Sub-Carrier Multiplexing,SCM)等,尤其是密集波分复用(DWDM)技术的出现,使光传输系统能充分利用光纤的巨大带宽资源来满足各种通信业务爆炸式增长的需要。另一方面,电子节点处的交换仍然采用电交换技术,不仅开销巨大,而且必须在中转节点经过光/电转换,无法充分利用DWDM带宽资源和强大的波长路由能力。因此网络瓶颈已从传输环节转移到交换环节上。

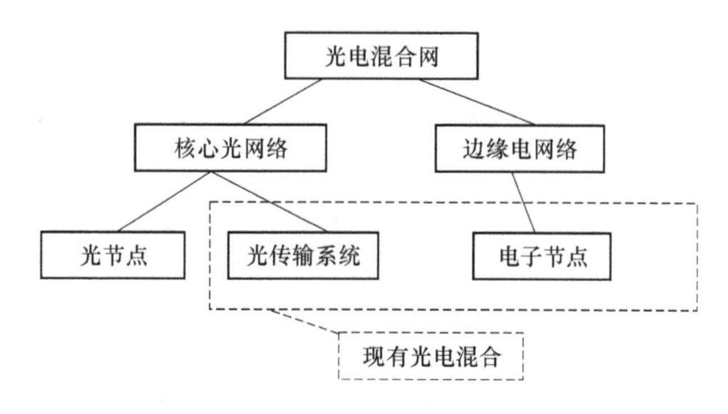

图7.1 光电混合网络的组成

为了克服光网络中的电子瓶颈,具有高度生存性的全光网络成为宽带通信网未来发展目标。而光交换技术作为全光网络系统中的一个重要支撑技术,它在全光通信系统中发挥着重要的作用,可以说光交换技术的发展在某种程度上也决定了全光通信的发展。因此研究和开发具有高速宽带大容量交换潜力的光交换机势在必行。

7.1.2 光交换技术的分类

光交换技术的研究始于20世纪80年代。随着通信技术的不断发展变化,光交换技术也在不断地更新和发展。

和电交换节点一样,光交换节点按功能结构可分为接口、光交换网络、信令和控制系统四大部分。接口完成光信号接入,包括电/光或光/电信号的转换、光信号的复用/分路或信号的上路/下路。信令协调光交换节点和接入设备以及光节点设备间的工作。光交换网络在控制系统的控制下交换光信号,实现任意用户间的通信。上述4个功能中,如何实现交换网络和控制系统的光化是光交换系统主要的研究课题。换言之,未来光网络中究竟采取哪种光交换方式是当前争论的热点所在。

按照不同的交换对象和参照依据,光交换技术有不同的分类方法。首先从承载和交换用户信息的角度分,与电路交换和分组交换类似,光交换技术也有光电路交换(Optical Circuit Switching,OCS)和光分组交换(Optical Packet Switching,OPS)两种交换方式。

(1) 光电路交换

光电路交换是根据电路交换的原理发展起来的。其交换的过程类似于打电话:当用户要求发送数据时,交换网应在主叫用户终端和被叫用户终端之间接通一条物理的数据传输通路。在一次接续中,光电路交换是把电路资源预先分配给一对用户固定使用,不管电路上是否在传输数据,电路都一直被占用,直到通信双方要求拆除电路连接为止。光电路交换的优点是控制简单,不必为每个IP包寻找路由;光通路建立后,其业务时延小,丢包率很低,能保证业务的 QoS 要求,但其缺点在于不能高效传输突发性强的 IP 业务。

(2) 光分组交换

在光域里采用了统计复用技术,能高效地传输 IP 业务。分组交换也称包交换。它将用户的一整份报文分割成若干定长的数据块,它的基本原理是“存储-转发”,是以更短的、被规格化了的“分组”为单位进行交换、传输。分组交换最基本的思想就是实现通信资源的共享。但分组交换会造成较大的时延及抖动,不能满足实时通信的需要。光分组交换系统根据对控制包头处理及交换粒度的不同,又可分为以下几种。

① 光分组交换(OPS)

光分组分为定长度的光分组头、净荷和保护时间 3 部分。在交换系统的输入接口完成光分组读取和同步功能,同时用光纤分束器将一小部分光功率分出送入控制单元,用于完成如光分组头识别、恢复和净荷定位等功能。光交换矩阵为经过同步的光分组选择路由,并解决输出端口竞争,输出端通过输出同步和再生模块,降低光分组的相位抖动,同时完成光分组头的重写和光分组再生。

② 光突发交换(OBS)

数据分组和控制分组独立传送,在时间上和信道上都是分离的,它采用单向资源预留机制,以光突发作为最小的交换单元。OBS 克服了 OPS 的缺点,对光开关和光缓存的要求降低,并能够很好地支持突发性的分组业务,同时与 OCS 相比,它又大大提高了资源分配的灵活性和资源的利用率。然而光突发交换(OBS)技术也有不足,即缺乏光随机存储器,而且光纤延迟线只能提供有限固定的时延,不能有效地对光突发进行缓存,突发丢失率较高,从而导致 IP 包丢失率高,且 OBS 技术系统成本及复杂性都很高,因此目前 OBS 技术很难进入实际的商用化光分组交换系统。

③ 光标记分组交换(OMPLS)

光标记分组交换也称为 GMPLS 或多协议波长交换(MPλS)。它是 MPLS 技术与光网络技术的结合。MPLS 是多层交换技术的最新进展,将 MPLS 控制平面贴到光的波长路由交换设备的顶部就成为具有 MPLS 能力的光节点。由 MPLS 控制平面运行标签分发机制,向下游各节点发送标签,标签对应相应的波长,由各节点的控制平面进行光开关的倒换控制,建立光通道。2001 年 5 月 NTT 开发出了世界上首台全光交换 MPLS 路由器,结合 WDM 技术和 MPLS 技术,实现全光状态下的 IP 数据包的转发。

根据光信号传输和交换时对通道或信道的复用方式,光交换技术又可分为以下几种。

(1) 空分光交换技术

空分光交换技术即根据需要在两个或多个点之间建立物理通道,这个通道可以是光波导也可以是自由空间的波束,信息交换通过改变传输路径来完成。空分光交换是由开关矩阵实现的,开关矩阵结点可由机械、电或光进行控制,按要求建立物理通道,使输入端任意一个信道与输出端任意一个信道相连,完成信息的交换。其中空分交换按光矩阵开关所使用的技术又分成两类,一是基于波导技术的波导空分,另一个是使用自由空间光传播技术的自由空分光交换。

(2) 时分光交换技术

时分光交换就是在时间轴上将复用的光信号的时间位置 t1 转换成另一个时间位置 t2。时分光交换系统采用光器件或光电器件作为时隙交换器,通过光读写门对光存储器的控制完成交换动作。

(3) 波分光交换技术

波分光交换技术是指光信号在网络节点中不经过光/电转换，直接将所携带的信息从一个波长转移到另一个波长上。即信号通过不同的波长，选择不同的网络通路来实现，由波长开关进行交换。波分光交换网络由波长复用器/去复用器、波长选择空间开关和波长互换器(波长开关)组成。

(4) 码分光交换技术

光码分复用(OCDMA)是一种扩频通信技术，不同用户的信号用互成正交的不同码序列填充，接收时只要用与发送方相同的法序列进行相关接收，即可恢复原用户信息。光码分交换的原理就是将某个正交码上的光信号交换到另一个正交码上，实现不同码字之间的交换。

(5) ATM 光交换技术

ATM 光交换遵循 ATM 交换的基本原理，采用波分复用、电或光缓冲技术，由信元波长进行选路。依照信元的波长，信元被选路到输出端口的光缓冲存储器中，然后将选路到同一输出端口的信元存储于输入公用的光缓冲存储器内，完成交换的目的。目前，ATM 光交换系统主要有两种结构：一是采用广播选择方式的超短光脉冲星形网络。具有结构简单、可靠性高和成本较低等优点；二是采用光矩阵开关的超立方体网络。具有模块化结构、可扩展性、路由算法简单、高可靠的路由选择等优点。

(6) 复合光交换技术

复合光交换技术是指将以上几种光交换技术有机地结合，根据各自特点合理使用，完成超大容量光交换的功能。例如将空分和波分光交换技术结合起来，总的交换量等于它们各自交换量的乘积。常用的复合光交换技术主要有以下几种：空分+时分交换、空分+波分光交换、波分+时分光交换、空分+时分+波分光交换。

7.2 光交换器件

组成电交换网络需要有存储器、电子开关等器件，同样，组成光交换网络也需要类似的器件。

7.2.1 光开关

光开关是一种具有一个或多个可选择的传输窗口，可对光传输线路或集成光路中的光信号进行相互转换或逻辑操作的器件。光开关在光网络中起到十分重要的作用，主要用于实现光信号的接通或断开。

根据工作原理可分为机械式、MEMS 式和集成光波导式三大类。机械式光开关依靠光纤或光学元件的移动，使光路断开或关闭。MEMS 式光开关是利用 MEMS 技术制作的微型化的自由空间光学平台，它能够将光束从一根光纤转移到另一根光纤。MEMS 式光开关主要有微反射镜型和微透镜型两类。集成光波导式光开关采用波导结构做成，利用一些材料具有电光、声光、磁光和热光效应，依靠电光效应、磁光效应、声光效应和热光效应来改变波导折射率使光路发生改变,完成开关功能。依据光开关利用光自由度的方式,光开关可分为空分型、波分型、时分型、自由空间型。依据光开关的交换介质不同,光开关可分为自由空间交换光开关、波导光开关、全光开关和其他类型的开关。衡量各种光交换开关性能的指标有插入损耗、串扰、隔离度、工作波长、消光比(开关比)、开关响应速度和功耗。

机械式光开关的特点是:插入损耗低,串扰小,消光比和波长透明度大,但其开关响应速率低(毫秒级),仅适合于光路的恢复等面向连接的应用。典型的器件是机械光纤开关。集成光波导式光开关相对于机械式光开关,具有较高的开关速率,一般为毫微秒量级,甚至可达到微微秒级;采用微电子工艺可以做到高密度集成,可适用于未来的集成光交换或光电子交换系统,其不足之处是插入损耗大,隔离度低。下面介绍几种常见光开关的实现原理。

1. 集成电光波导光开关

集成电光波导光开关中,使用最多的是马赫-曾德尔干涉仪(MZI),它由一对平行的条波导以及分布在条波导上面的表面电极构成,如图 7.2 所示。当电极外加大小相等、方向相反的偏压后,出现相位失配,由于相位的变化,引起在波导耦合器中的光发生干涉现象,从而实现对光的开关或调制。

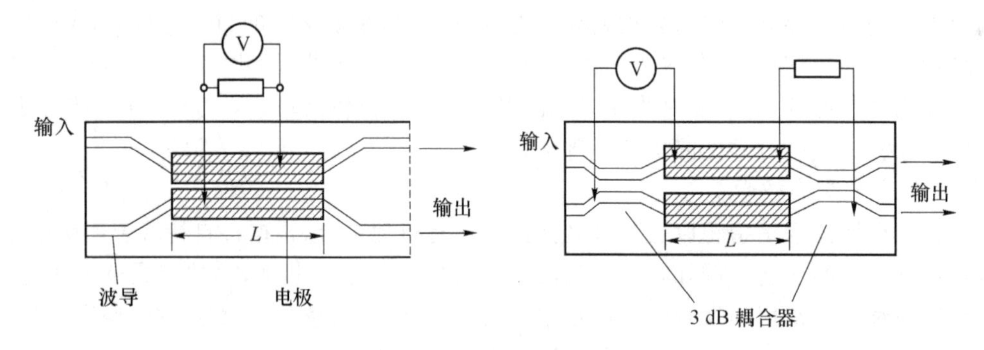

图 7.2　电光波导光开关

这种器件的优点是插入损耗小(0.5 dB),稳定性好,可靠性高,成本低,适合作大规模集成,但是它的响应时间比较慢(1～2 ms)。利用这种器件已制成空分交换系统用的 8×8 光开关。

2. 耦合波导光开关

耦合波导开关由两个输入端、两个输出端和一个控制电极组成。耦合波导开关的结构和工作模式如图 7.3 所示。

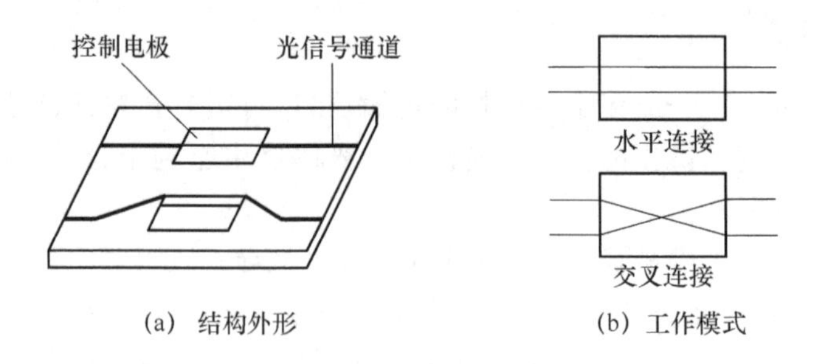

(a) 结构外形　　(b) 工作模式

图 7.3 耦合波导开关

衬底采用铌酸锂($LiNbo_3$)材料,其折射率随外界电场的变化而变化。在铌酸锂基片上进行钛扩散以形成两个相距很近的光通路，随耦合系数、平行波导的长度和两波导之间的相位差变化，通过这两条通路的光束将发生能量交换。当控制端不加电压时，在两个通道上的光信号都会完全耦合到另一个通道上去，从而形成光信号的交叉连接状态；当控制端加上适当的电压后，耦合到另一个通道上的光信号会再次耦合回原来的通道，从而相当于光信号的平行连接状态。耦合波导光开关响应速度快(达到纳秒级)，非常适合于吉比特数据的包交换，但其插入损耗较大，且用来制造硅器件的许多常规工艺不大适用于铌酸锂。

3. 半导体光放大器用作光开关

通常光放大器就是用来实现对输入光信号进行光放大的器件。它的输入、输出信号均是光波。光放大器有两大类：一类称为光纤放大器；另一类是半导体光放大器。

半导体光放大器可以对输入的光信号进行放大，并且通过偏置电信号控制它的放大倍数。如果偏置信号为零，那么输入光信号就会被这个器件完全吸收，使输出信号为零，相当于把光信号关断。当偏置信号不为零时，输入光信号就出现在输出端上，相当于让光信号导通。因此，半导体光放大器开关具有一个输入端和一个输出端，可以用作光开关，如图7.4所示。半导体光放大器开关插入损耗小，有很宽的带宽且易于集成。同样，掺铒光纤放大器也可以用作光开关，只要控制泵浦光即可。

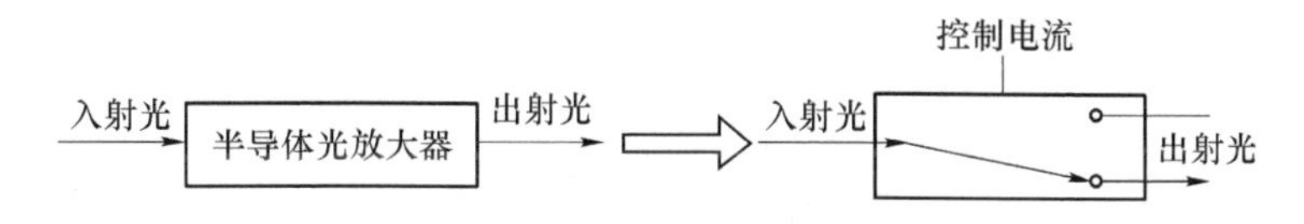

图7.4　半导体光放大器用作光开关的示意图

7.2.2　波长变换器

1. 可调光滤波器

波长可变的可调谐滤波器在波分复用和光交换系统中起着十分重要的作用。滤光器应具有插入损耗低和偏振敏感性低的特点。常用的可调谐滤光器类型有：F-P(Febry-Perot)滤光器、M-Z滤光器、光纤布拉格(Bragg)光栅和电光、声光可调谐滤光器(AOTF)等。这类器件主要用于波分/频分光交换网络。

F-P滤光器的主体是一对由高反射率镜面构成的F-P谐振腔，通过改变腔长、材料折射率或入射角来改变谐振腔传输峰值的波长。AOTF的主体是声光波导，它可以根据控制信号的不同，将一个或多个波长的信号从一个端口滤出，而其他波长的信号从另一个端口输出，如图7.5所示。因此它可以看做波长复用的空间1×2光开关。

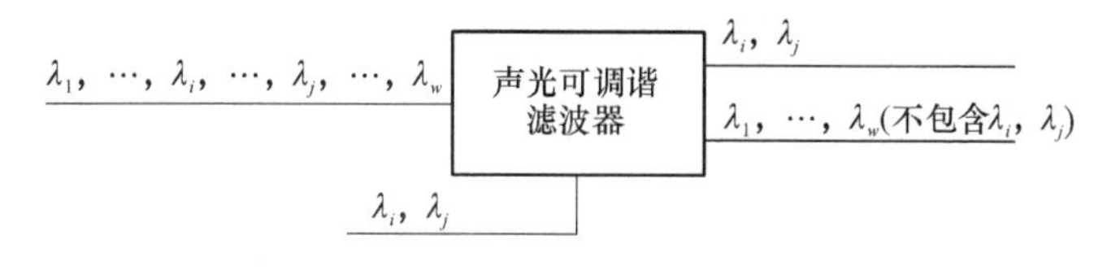

图7.5　声光可调谐滤波器

2. 波长转换器

另外一种用于光交换的器件是波长转换器。最直接的波长变换是光/电/光变换，即将

波长为 λ_i 的输入光信号,由光电探测器转变为电信号,然后再去驱动一个波长为 λ_j 的激光器,或者通过外调制器去调制一个波长为 λ_j 的输出激光器,如图7.6所示。

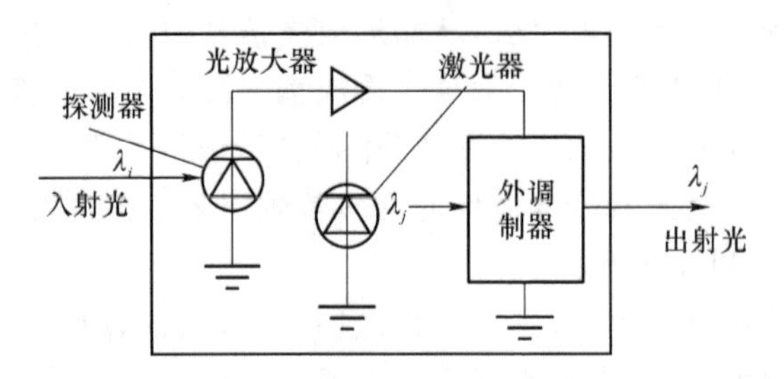

图7.6　波长转换器

这种方法不需要再定时。另外集中波长转换器是在控制信号(可以是电信号,也可以是光信号)的作用下,通过交叉增益、交叉相位或交叉频率调制以及四波混频等方法实现一个波长的输入信号变换成另一个波长的输出信号。

7.2.3　光存储器

光存储包括信息的"写入"和"读出"过程。信息"写入"就是利用激光的单色性和相干性,将要存储的模拟或数字信息通过调制激光聚焦到记录介质上,使介质的光照微区(直径一般在微米量级以下)发生物理、化学等变化,从而实现信息的记录效果。而信息"读出"就是利用低功率密度的激光扫描信息轨道,利用光电探测器检测信号记录区与未记录区反射率的差别,通过解调取出所要的信息的过程。

光存储器是时分光交换系统的关键器件,它可实现光信号的存储,以进行光信号的时隙交换。常用的光存储器有两种:双稳态激光二极管和光纤延时线。双稳态激光器可用作光缓存器,但是它只能按位缓存,而且还需要解决高速化和容量扩充等问题。光纤延时线是一种比较适用于时分光交换的光缓存器。它以光信号在其中传输一个时隙经历的长度为单位,光信号需要延时几个时隙,就让它经过几个单位长度的光纤延时线。

未来大容量存储器必须具备存储密度高、存储速率快、寿命长三大特点。美国马里兰州Optex公司正在开发一种新型的可擦重写光存储介质即电子俘获材料。与磁光型和相变型光存储技术不同,电子俘获光存储是通过低能激光去俘获光盘特定斑点处的电子来实现存储的,它是一种高度局域化的光电子过程。理论上,它的读、写、擦循环不受介质物理性能退化的影响。通过实际测试,Optex公司宣布,最新开发的多层电子俘获三维光盘样品写、读、擦次数已达 10^8 以上,且写、读、擦的速率快至纳秒量级。总而言之,电子俘获光存储技术具有很大潜力。与此同时,该公司已经设计成一种适用于该类材料的驱动器。由此可见,电子俘获光存储技术的实用化已经为期不远了。

7.3　光交换原理

光交换网络完成光信号在光域的直接交换,不需要通过光/电/光的变换。根据光信号的分割复用方式，相应地也存在空分、时分和波分3种信号的交换。若光信号同时采用两种或3种交换方式，则称为复合光交换。光分组交换系统根据对控制包头处理及交换粒度的不同，又可分为：光分组交换（OPS）技术、光突发交换（OBS）技术、光标记分组交换（OMPLS）技术。

7.3.1　空分光交换

空分光交换（Space Optical Switch）的功能是使光信号的传输通路在空间上发生改变。其中空分交换按光矩阵开关所使用的技术又分成两类：一是基于波导技术的波导空分，另一个是使用自由空间光传播技术的自由空分光交换。空分光交换的核心器件是光开关。最基本的空分交换网络是2×2光交换模块。空分光交换模块有以下几种。

（1）铌酸钾晶体定向耦合器。

（2）由4个1×2光交换器件组成的2×2光交换模块〔见图7.7(a)〕，该1×2光交换器件可以由铌酸锂方向耦合器担当，只要少用一个输入端即可。

（3）由4个1×1开关器件和4个无源分路/合路器组成的2×2光交换模块〔见图7.7(b)〕，其中1×1开关器件可以是半导体激光放大器、掺铒光纤放大器、空分光调制器，也可以是SEED器件、光门电路等。

所有以上器件均具有纳秒(ns)量级的交换速度。在图7.7(a)所示的光交换模块中，输入信号只能在一个输入端出现，而图7.7(b)所示的输入信号可以在两个输入端都出现。

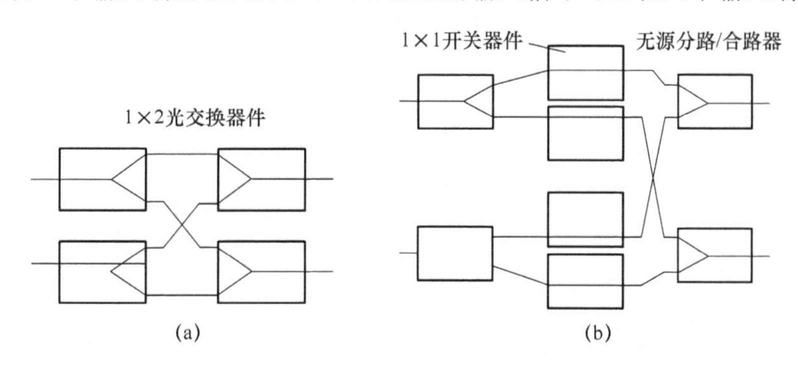

图7.7　基本的2×2空分光交换模块

用1×1、2×2等光开关作为基本单元，并按不同的拓扑结构可组成不同形式的交换网路，如纵横交换网络、三级串联结构形式的CLOSE网络和多级互连网络等。根据组成网络的器件不同，对交换网络的控制也不同，可以是电信号、光信号等。

空分光交换直接利用光的宽带特性，开关速度要求不高，所用光电器件少，交换网络易于实现，适合中小容量交换机。

对不同空间光交换网络进行评价的主要性能指标有以下几个。

（1）基本光开关数和可集成度

基本光开关数和可集成度大致反映了交换单元的成本。对给定的交换容量来说，当然是需要的基本光开关数越少越好，同时尽量采用集成光路技术，以降低成本。

（2）阻塞特性

交换网络的阻塞特性共分4种：绝对无阻塞型，不需特殊的交换算法就能将任何入线连接至任何未占用的出线;广义无阻塞型,利用特殊的交换算法能够将任何入线连接至任何未占用的出线;可重排无阻塞型,将目前存在的连接重新调整后可以实现将任何入线连接至任何未占用的出线;有阻塞型,虽然入线和出线都空闲,但是由于交换网络内部结构问题,在它们之间无法建立连接。

(3) 光路损耗

光路损耗与所需的光放大器数量有关,直接影响交换单元的成本和复杂性。它大致与交换网络的级数成正比。提高工艺,增加光路的集成度,以及完善与光纤的匹配技术是减少损耗的主要途径。

(4) 信噪比

由于光开关的开关特性不完善,存在一定的消光比,当两路光信号经过一个光开关时,互相会有一部分能量耦合入另一信道中,造成串扰,引起信噪比下降。采用扩展网络结构,使任一 2×2 光开关同时最多只有一路光信号经过,信号之间必须经过两次耦合才能发生串扰,可以得到较高的信噪比。

7.3.2 时分光交换

时分光交换是以时分复用为基础,用时隙交换原理实现光交换功能。要完成时分光交换,必须由时隙交换器完成将输入信号一帧中任一时隙交换到另一时隙输出的功能。

图 7.8 为两种时隙交换器(Time Slot Interchange,TSI)。图中的空间开关在一个时隙内保持一种状态,并在时隙间的保护带中完成状态转换。现假定时分复用的光信号每帧有 T 个时隙,每个时隙长度相等,代表一个信道。

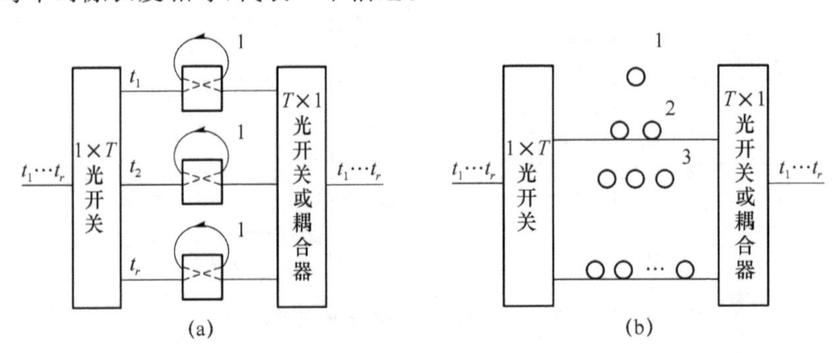

图 7.8 时隙交换器

图 7.8(a)用一个 1×1 空间开关把 T 个时隙时分复用,每个时隙输入2×2光开关。若需要延时,则将光开关置成交叉状态,使信号进入光纤中,光纤环的长度为 1,然后将光开光置成平时状态,使信号在环中循环。需要延时几个时隙就让光信号在环中循环几圈,再将光开关置成交叉状态使信号输出。T 个时隙分别经过适当的延时后重新复用成一帧输出。这种方案需要一个 1×T 光开关和 T 个 2×2 光开关,光开关数与 T 成正比。

图 7.8(a)是反馈结构,即光信号从光开关的一端经延时又反馈到它的一个入端。它有一个缺点,就是不同延时的时隙经历的损耗不同,延时越大,损耗越大,而且信号多次经过光开关还会增加串扰。

图 7.8(b)采用了前馈结构,不同的延时使用不同长度的单位延时线。图中没有 2×2

光开关，控制比较简单，损耗和串扰都比较小。但是在满足保持帧的完整性要求时，它需要 $2T-1$ 条不同长度的光纤延时线，而反馈结构只需要 T 条长度为 1 的光纤延时线。

电路交换中完成时隙交换需要有存储器，相应地在光交换中的完成时隙交换必须有光缓存器。双稳态激光器可用作光缓存器，但是它只能按位缓存，且还需要解次高速化和扩大容量等问题。光纤延时线是一种比较适用于时分光交换的光缓存器，它以光信号在其中传输一个时隙时间经历的长度为单位，光信号需要延时几个时隙，就让它经过几个单位长度的光纤延时线，所以目前的时隙交换器都是由空间光开关和一组光纤延时线构成的。空间光开关每个时隙改变一次状态，把时分复用的时隙在空间上分割开，对每一时隙分别进行延时后，再复用到一起输出。而对交换系统来讲，希望在不同时刻实现不同的入线与出线的相连。即在各个不同时刻，同一时隙的信号可能要经历不同的延迟，要求具有可变延迟的光延迟器，这就变得较为复杂。另外时隙交换是通过延迟来实现的，这就会使信息的时延增加，使系统性能下降。

鉴于光时分系统与光传输系统能够很好地配合以构成全光网，所以光时分交换机技术研究开发进展很快，其交换速率几乎每年提高一倍。然而开发大容量的时分交换系统还有许多关键性的技术难点没有得到解决。

7.3.3　波分光交换

波分光交换（或交叉连接）是以波分复用原理为基础，采用波长选择或波长转换的方法实现交换功能的。因为在光纤通信系统中，波分复用（WDM）或频分复用（FDM）都是利用一根光纤来传输多个不同光波长或光频率的载波信号来携带信息。所以一般先用波分解复用器件将波分信道空间分割开，然后对每一波长信道分别进行波长变换，再把它们复用起来输出，从而实现波分交换。波长开关是完成波长交换的关键部件。可调波长滤波器和变换器是构成波分光交换的基本元件。

目前实现波长转换有 3 种主要方案，一种是利用 O/E/O 波长变换器，即光信号首先被转换为电信号，再用电信号来调制可调谐激光器，调节可调谐激光器的输出波长，即可完成波长转换功能。这种方案技术最为成熟，易实现，且光电变换后还可进行整形、放大处理。但是由于其间经过了光电和电光变换、整形和放大处理，失去了光域的透明性，带宽也受检测器和调制器的限制。第二种利用行波半导体放大器的饱和吸收特性，利用半导体光放大器交叉增益调制效应或交叉相位调制效应，实现波长变换。第三种利用半导体光放大器中的四波混频效应，具有高速率、宽带宽和良好的光域透明性等优点。

波分光交换可以分为波长变化法光交换和波长选择法光交换。波分光交换框图如图 7.9 所示。时分和波分交换都具有一个共同的结构，即它们都是从某种多路复用信号开始，先进行分路，再进行交换处理，最后进行合路，输出的还是一个多路复用信号。设波分交换机的输入和输出光纤都承载 n 个波长的光信号，图 7.9(a)中波长选择的任务可由法布里-珀罗(F-P)滤波器或相干检测器来完成。信号载波频率的变换则是由可调谐半导体激光器来完成的。为了使交换系统能够根据具体要求在不同的时刻实现不同的连接，控制信号应对 F-P 滤波器进行控制，使之在不同的时刻选出不同波长的信号。图 7.9(b)中波长变换的实现是从波分复用信号中检出所需波长的信号，并把它调制到另一波长上去。

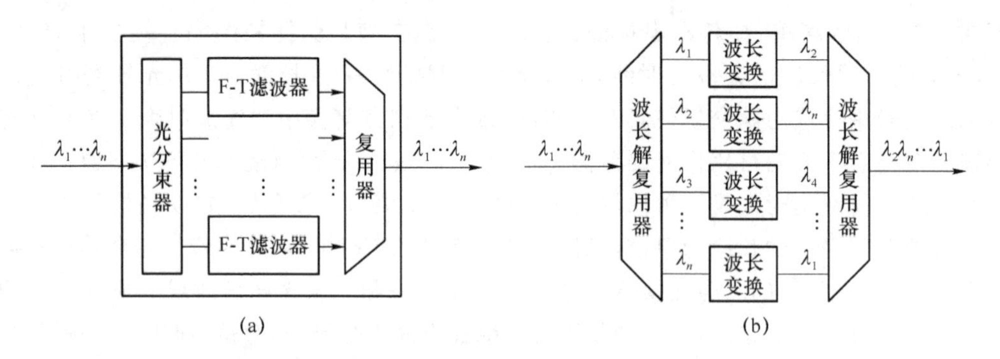

图 7.9 波分光交换

另一种交换结构与上面介绍的正好相反,如图 7.10 所示。它是从各个单路的原始信号开始,复合成一个多路复用信号,然后再由某个输出线上的处理部件从这个多路复用信号中选出各个单路信号来,从而完成交换处理。图 7.10 为波长选择光交换原理图,该结构可以看成是一个 $N \times N$ 阵列型波长交换系统,N 路原始信号在输入端分别去调制 N 个可变波长激光器,产生出 N 个波长的信号,经星形耦合器后形成一个波分复用信号、在输出端可以采用光滤波器或相干检测器检出所需波长的信号。该结构的波长选择方式有:①发送波长可调,接收波长固定;②发送波长固定,接收波长可调;③发送和接收波长均按约定可调;④发送和接收波长在每一节点均为固定,由中心节点进行调配。

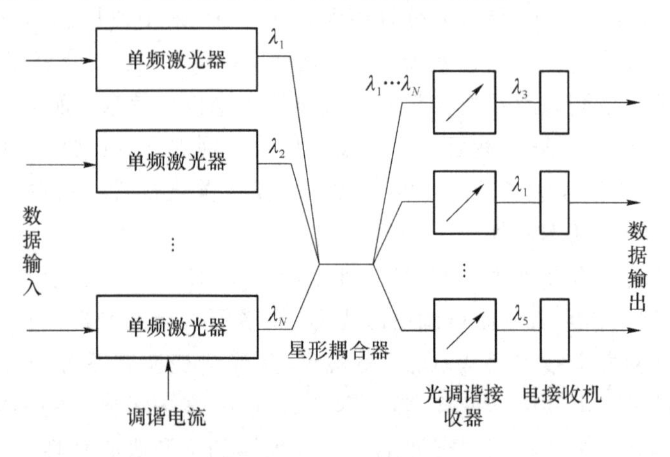

图 7.10 波长选择光交换原理

7.3.4 光分组交换

光分组交换(OPS)是分组交换技术向光网络的融合,它以光分组的形式来承载各种业务数据。光分组信号由净荷和信头或标签信号组成,其中净荷的传输和交换在光域中进行,而信头处理和控制在光域或电域中完成,从而实现交换容量和 WDM 的传输容量相匹配。同时实现光分组技术与 OXC、MPLS 等新技术的结合,实现网络的优化与资源的合理利用。

1. 光分组交换网络分类及参考模型

按照进入交换结构前是否需要光分组时间对准,可将光分组交换网络分为两类:同步网络和异步网络。这两种分组交换均需要比特级同步和快速时钟恢复。同步网络对应于固定长度的光分组,包含一个固定长度的数据分组头、保护时间和净荷。异步网络光分组无须长度相同,光交换不需要时间同步,可以在任何节点完成逐个分组的转发。

根据一般意义的分层方法,光分组交换参考模型分为 3 层。

(1) IP 层

IP 层是透明光分组网络层(OTP)的用户层,并涉及管理与控制的有关内容。IP 层对 IP、ATM、SDH 和 PDH 等多种业务进行封装,映射进 OPS 层。IP 层处理的可以是固定长度光分组,也可以是可变长度光分组。IP 层简化了底层的复杂性,为高层业务接入提供统一的接口。

(2) 透明光分组网络层(OTP)

OTP 层接收来自 IP 层的光分组,对比特率和底层传输方式透明,提高了 WDM 光网络的带宽利用率和灵活性。OTP 层完成光分组交换路由、不同链路分组业务的复用和保证底层成功实现端到端的光通路传送,同时 OTP 层还提供 IP 层到 WDM 的业务适配功能,支持未来面向连接和无连接网络的大容量和灵活性要求。OTP 又可分为 3 个子层:数据汇聚子层、网络子层和链接子层。

(3) 物理层

物理层通过 WDM 和 OXC 完成光域内透明路由和传输。物理层能够利用各种光信道复用(SDM、TDM、WDM)方式,配合光交换中路由选择与拥塞控制技术,完成光分组信息的传送。目前物理层多采用 WDM 方式,为 OTP 层提供建立在稳定的波长信道级联基础上的透明光通路。

2. OPS 节点结构

光分组网(OPN)是在光域上实现分组交换技术的智能光网络,大致分为 3 层:底层是物理层,与光纤链路的物理特性直接相关;顶层是业务层,由 IP、同步数字体系(SDH)、和异步传输模式(ATM)等构成;中间是 OTP 层,提供、配置并重构波长通路与端到端的光分组通道,完成光传输与分组交换。相应地,OPN 的基本功能可总结为:波长交换、光分组路由、路由控制、流量控制、光分组冲突排除、光分组同步、光分组信头识别与处理等。

通用 OPS 节点结构如图 7.11 所示。关于 OPS 交换结构的研究已经进行了很多年,其中最主要的交换结构有 3 种:基于波长路由的交换结构、广播和选择型交换结构、空分交换结构。

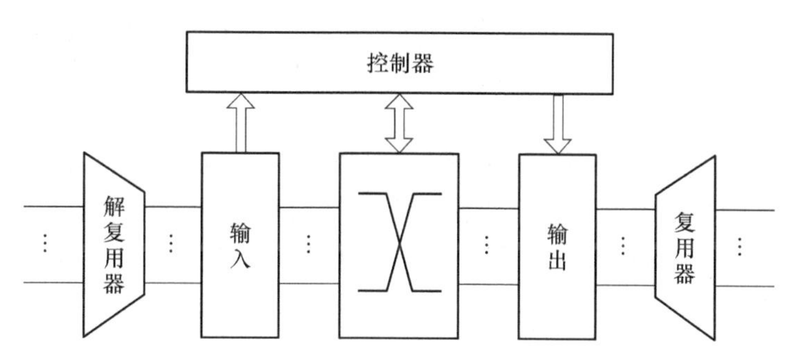

图 7.11　通用 OPS 节点的结构图

OPS 节点继承了现有光网络中光交叉连接(OXC)设备的基本功能,如合波/分波、波长转换、空分交换、上/下路和光监控等;此外,还具备一些能完成光同步、信头处理、冲突解决等特有功能实体。它大体上可分为 4 个子系统,即交换矩阵(Switching Matrix)、交换控制(Switching Control)单元、输入接口(Input Interface)和输出接口(Output Interface),如图 7.11 所示。输入接口完成光分组的预放大和同步、净荷定位和缓存、信头提取等功能。输出接口负责冲突解决、信头插入、输出同步、信号放大等。交换矩阵和交换控制单元负责光分组路由、上/下路、解决冲突等。OPS 节点的核心是交换矩阵,它在很大程度上决定了节点的交换速率、吞吐量、可扩展性和可靠性等性能。

3. 通用的光分组格式

通用的光分组格式由报头、保护带、载荷 3 个部分组成,如图 7.12 所示。在分组头和载荷之间有一定的保护时隙,用于避免由定时抖动所产生的负载和分组头信号干扰;分组头的信息承载了路由、管理维护等相关操作的信息,包括同步比特和路由标记;载荷承载用户数据,其中包括同步比特和净荷。

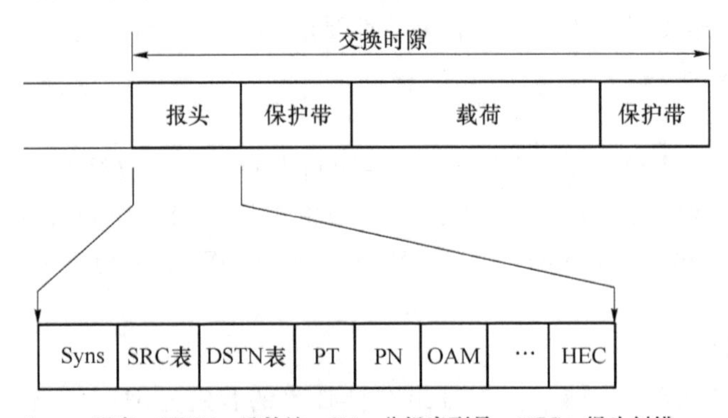

Syns: 同步; DSTN: 目的地; PN: 分组序列号; HEC: 报头纠错;
SRC: 源; PT: 分组型; OAM: 运行管理维护

图 7.12　在同步 OPS 网中的分组格式

4. OPS 关键技术

光分组交换的关键技术有光分组的产生、同步、缓存、再生,光分组头重写及光分组交换网的管理等。

(1) 光分组的产生

光分组的产生必须具有码速提升的功能,即分组压缩,才能在连接的用户信息(ATM 信元或 IP 分组)中加入必需的分组头部分和保护时间,这由光分组边缘交换机来完成。其中光分组头中包含路由信息和控制信息,分组中保护时间是指预留的交换节点的光器件调谐时间,保护时间设置值越长,则对分组对准要求越低。分组和分组头的大小需要优化,分组较小时,具有较高的灵活性,但信息传输效率低,影响网络吞吐量;当分组较大时,信息传输效率高,但需要大的光缓存并且灵活性变差,因此需要根据分组丢失率在载荷和分组头之间进行折中。

(2) 光分组的同步

因为在光域中缺少丰富多样的逻辑器件,所以信头识别和同步是一个难题。解决方案之一是在交换节点处装配光与门阵列,根据信头地址来路由多个分组。若已获得同步,则进入交换节点的分组被送入延时阵列，同时用固定的关键字与信头字节相比，从而识别信头信息，并根据信头信息选择路由，将分组送至相应的交换输出端口。

(3) 光分组的缓存

光缓存技术是光分组网中最重要的问题。在信头识别和处理过程中需要光缓存技术对分组进行延时。此外，在解决交换机输入/输出端口的分组竞争时也要使用光缓存技术。例如在OPS节点处，有2个以上的同一波长的数据包同时去往同一个输出端时，就会发生对输出端资源的竞争，从而使竞争失败的数据包受阻，这时称输出端产生了冲突。冲突解决方案是影响光分组交换网络性能的重要因素，它在很大程度上决定着OPS网络的利用率、包丢失率、数据包平均跳转次数和平均延时等参数。

在实际应用中，光缓存是最常用的。目前没有可用的光随机存储器(RAM)是设计光分组交换和电分组交换最大的不同。当两个分组竞争一条输出链路时，一个分组被传输，另一个被送入一圈光纤，让它经过充分的延迟来解决竞争问题。

(4) 光分组再生

一般地，在光分组交换网中，源和目的之间的全光通道不提供完全再生，由于光信号的传输距离正比于分组跳数，色散、非线性、串扰、光放大器ASE噪声的积累等因素的存在会造成信号的劣化，从而限制网络的规模，尤其在高比特率时信号的劣化会更加严重，因此需要对光分组信号进行再生。

光分组交换避免了比特级同步，但仍要求对每个分组进行时钟恢复，实现起来较复杂。最近有文献提出了异步数字光再生器，它通过强迫本地时钟采用进来的数据的频率和相位，从而把再生进来的分组比特率和相位转换成本地时钟的比特率和相位，这种方法应用于10 Gbit/s光分组再生的实验，取得了良好的效果。

(5) 光分组头重写

在许多提出的路由和交换协议中，要求光分组在每个节点被重写，在采用相同波长串行传输分组头的方案中，可用快速光开关阻塞掉旧的分组头，并在适当的时间插入由本地另一个激光器产生的新的分组头，这种方法的关键是要求在光网络中新的分组头与载荷具有相同的波长，否则会由于色散、非线性或网络中的波长敏感器件等带来严重的问题。还有人提出，为了便于在节点修改分组头，将分组头和载荷用不同的光波长发送，对分组头的波长采用解复用、光电转换、电子处理，然后再用该波长发送出去，这种方法使分开的分组头和载荷在网络中传输受到光纤色散的影响，使分组同步困难，另外也浪费波长资源，所以这种方案不太现实。

(6) IP层与光层的适配

当把IP分组与DWDM光层相连接时，如何解决帧结构、线路编码等是光分组交换推向应用必须解决的问题，可基于以下几点来考虑：①DWDM极大的带宽和现有IP路由器的有限处理能力之间的不匹配问题还不能得到有效的解决；②为了解决信息拥塞问题，可采用同时并行处理一群IP信包的方法，假定每一个信包使用不同的波长，则由于DWDM可以利用的波长数量有限，很可能出现波长不够用的情况。虽然可以采用路由重构和延时等方法加以解决，但势必降低业务的服务质量。

7.3.5 光突发交换

突发交换在20世纪80年代初就已提出,它基本上是一种快速分组交换技术的推广,在这种网络中包长可变且可为任意长度,并采用分散式共享缓存交换结构。但突发交换概念当时并没有像电路交换与分组交换那样得到普及,原因是提出突发交换的时候,无论电话网还是数据网,技术已经成熟,没有必要以突发为单位来处理话音或数据从而改变整个网络。每次电路交换,交换粒度包含许多语音突发,为每个突发做一次呼叫申请显然太浪费资源;在早期数据网中,一个突发代表一大段数据,拆分成多个分组后再传输,占用的网络资源少,传送成功概率远大于直接传送一大段数据,因此也没有以突发为单位。20世纪90年代末期,这个概念被扩展到光交换中,并研究、形成了光突发交换(OBS)技术。

1. 基本原理

光突发(burst)是OBS的交换单元,它包括突发数据分组(BDP)和突发控制分组(BCP)两部分。BDP由光数据分组(可以是IP光分组、ATM光信元、帧中继分组或比特流等)串组成。BCP包含了BDP的路由信息及其长度、偏置时间、优先级、服务质量等信息,它与对应的BDP分别在不同的光信道中传输,且比BDP提前一个偏置时延τ,如图7.13所示。这里τ足够大,它能够在没有光缓存或光同步的情况下预留BDP所需的资源,使BDP到达节点之时,相应的光交换路径已建立,从而保证BDP的交换和传输。来自接入层不同用户的数据分组根据其目的地址和属性(如QoS要求)被分类、封装成突发包,其长度不固定,它们在对应的BCP发送之后,不需要等待目的节点的应答(即收到确认信号)就能够在事先配置好的链路中传输,到达不同的中间节点,在必要的地方进行路由判决或波长变换,并在其持续的周期内,被传送至相应的端口或到达目的节点,这样就在光域中完成了OBS。BCP的控制信息一般在电域中进行处理,根据网络链路的实际状况,可通过BCP包含的可"重置"时延信息调整控制信息。当网络资源不充足时,被发送的BDP不会因此而停留下来,这样将引起BDP的拥塞、丢失。通常可利用偏折路由、光纤延迟线(FDL)波长变换等办法来解决BDP的丢失。

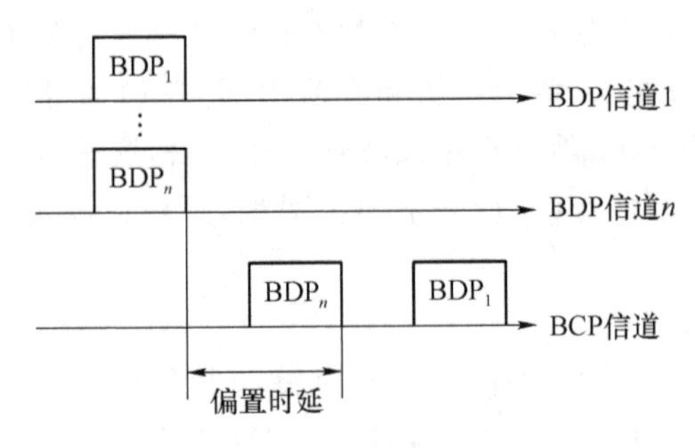

图7.13　OBS的BCP与BDP信道

2. 光突发交换的优点

(1) 粒度适中

OBS的粒度介于OCS和OPS之间,它比OCS粒度细,比OPS粒度粗。由于基于波长通道的线路交换颗粒度较大,不利于保证不同业务不同的QoS,而光分组交换颗粒度较小,但要求光开关的时间达到纳秒级,甚至更短,技术上难以实现。OBS可以看做光电路交换和光分组交换之间的一个折中,它将粒度较小的 IP 包组装成为一个大的突发组后再送到网络中传送,它的交换粒度(即突发长度)通常为毫秒量级,实现交换对光开关的要求易于满足。

(2) BCP 与 BDP 在信道上分离

OBS 的 BCP 与 BDP 分离传送与处理,降低了中间交换节点的复杂度及对光器件的要求,且便于 OBS 的实用。

(3) 对光器件的要求降低

OBS 之所以比 OPS 更易于实现,不仅在于其交换的颗粒度更大,而且在于光突发交换网对于分组同步的要求大大降低,在交换节点上并非一定要使用光缓存,免去了分组交换中逐一处理分组头的麻烦,因此大大降低了对光开关和光缓存等光器件的要求,技术上易于实现。

(4) 单向预留:BDP 的发送不需要等待应答信号,这与光路交换相比大大减少了等待时延。

(5) 透明传输:BCP(通过配置、交换)为 BDP 在每个中间节点建立全光路径,即 BDP 是完全透明的,不经过任何光/电、电/光转换,避免了电子瓶颈。

(6) 统计复用:BDP 从不同源节点到不同目的节点的传输采用统计复用方式,从而有效利用链路相同波长的带宽,具有较高的带宽利用率。

3. 光突发交换的关键技术

(1) OBS 的资源预约协议

典型的 OBS 网资源预约方式有单向预约方式、双向预约方式和 JET 方式 3 种。

① 单向预约方式

这是最常用的预约方式,称为 Tell-and-Go(TAG)方案,即数据比预约请求稍后发出,而无须等待资源成功预约的应答。一方面,在这种预约方式下,即便是网络没有足够的资源突发也会接入,从而可能在途经节点遭遇竞争引起突发的丢弃;另一方面,由于无须等待应答信号,这种信令方式能使网络时延大大降低。由于预约请求(即控制包)是在一个独立的信道中传送的,且比相应的突发提前一个偏置时延,这个偏置时延必须足够大,以使得中间节点能够及时地进行电子处理和为即将抵达的突发配置光开关矩阵。当一个突发抵达交换节点时,相应的交换矩阵已经建立,所以光突发可以一直保持在光域内。

② 双向预约方式。

称为 Tell-and-Wait(TAW)方案,在 TAW 协议下,当一个源节点想发送一个突发,它首先发送一个请求,途经所需经过的各个节点,只有当所有节点能满足这个请求时,源节点才能得到成功的应答信号并将突发接入,否则该突发被拒绝接入,源节点只有在以后再发送请求。

③ JET 方式

即采用 Just-Enough-Time(JET)协议,其网络时延介于前面二者之间,即在控制包和突发之间保留足够的时间,使得中间节点能够在突发抵达该节点前及时处理。

对 JET 协议稍加改进,使不同业务的优先级与控制包与突发之间的偏置时延量联系起来,对于高优先级业务,设置较大的偏置时延量,因为时延量越大,该突发就越有可能成功地预约所需的资源,从而丢包率也较低。

虽然以上几种方式可作为突发资源预约的有效方式,但如果突发光交换中需要为每一个突发(即使来自同一个节点且去同一个目的)都反复进行预约就太复杂了,因此,要将波长路由和突发相结合,弥补光突发交换底层不足的问题。例如,在骨干网中建立可以根据要求(如流量大增或链路阻塞时要求增加波长,或流量锐减时可以减少波长)调节的虚拟波长通路;光突发交换操作在虚通路之上,将会大大减少资源预约的复杂度,同时为网络提供生存性和可靠性。

(2) OBS的突发封装

突发封装是OBS网络的重要技术之一,它涉及突发分组的频率、幅度、业务流量等多方面的问题,特别是突发分组多数来自分组交换网(包括局域网、城域网、ATM网等),其信息流具有长时相关性/自相关性,这与传统业务流模型(调制马可夫泊松、调制马可夫贝努利过程等)的短时相关性明显的不同。数据分组的达到间隔分布满足Pareto分布,而不是传统的泊松分布,需要通过有效的算法,利用突发长度特性和实时器来共同决定突发长度,从而使封装的BDP尽可能减少其长相关性。目前常用的组装算法主要有固定组装时间FAT、固定组装长度FAS、最大突发长度最大组装时间MSMAT 、自适应组装长度AAS。

(3) QoS支持

QoS (Quality of Service)支持也是OBS网络的一个重要课题,也是下一代Internet的重要特征,多种QoS需求的应用,如Voice over IP 、VOD、视频会议等,都促使互联网支持QoS。为了在IP网中支持QoS,IETF提出了两种框架,即IntServ和DiffServ。IntServ结构是基于每个流的预约,缺点是不可升级。为了取得可升级能力,DiffS erv根据IP包头的码点将数据包分级。为了在OBS网络中支持QoS,已经提出了几种方案。其中一种就是前面所述的JET协议中通过调节偏置时延来确定优先级。有两种方案是与突发封装联系在一起的:第一种方案是将OBS突发的优先级与IP包的优先级对应封装,并在OBS交换节点中当有竞争发生时对高优先级的突发予以优先通过;第二种方案是所谓的混合封装方法,在一个突发中可以封装多个不同优先级的IP包,但是次序是高优先级的包在前,低优先级的包在后,当有竞争发生时,突发的尾部可以被丢弃,而高优先级的突发头部则被保留。

(4) 冲突处理

两个或多个BDP要求从某节点同一端口、同一波长、同时发送时就出现了竞争。常见的解决竞争的技术有:光缓存(FAL配置)、偏转路由、波长转换和突发数据分割等。采用FAL配置与其他光器件(如光开关等)结合实现光缓存,将竞争的BDP存储于光缓存后再发送,此时缓存时间不连续,这是从时间域上解决竞争。从空间域考虑的偏转路由是出现竞争时,其中一个BDP利用所预留的资源发送,其他的则沿非最小路由发送,对每个源和目的对,BDP的跳数不再固定,且受网络规模及其连通性限制。从波长域考虑的波长转换出现竞争时,仅一个BDP利用所预留的波长发送,其他则用不同的波长仍然交换到同一输出端口。此时数据延迟性能最佳,但其需要快速可调谐波长变换器来实现,增加了成本。从突发域考虑的突发分割出现竞争时,不是丢弃整个BDP,而只丢弃冲突的数据段,即分段丢弃。

不同的竞争解决方法对网络性能有很大影响。光缓存能提供高吞吐量,但需要较多的硬件和复杂的控制;偏转路由容易实现,但不利于提供理想的网络性能;波长转换和突发分割能降低平均时延和减少数据丢失率,但节点控制复杂。一般使用多种技术结合,实现优势互补,可以得到有效的竞争解决方案。

(5) 波长分配

在 OBS 中,波长及带宽的资源是制约网络性能的一个重要问题。在 OBS 交换层的中间节点,通常为某个 BDP 预留资源(分配带宽),若该预留失败,这个 BDP 就被丢失或通过偏折路主到其他节点,因此带宽分配是否合适直接影响网络的性能和效率。

(6) 偏置时间的选择

由于控制分组和数据分组通过控制分组中含有的可配置的偏置时间相联系,其大小设置与突发的统计概率有关,而因特网中的业务量特性又明显地具有突发性的特点,统计概率更难预测,因而需要考虑可能出现的因存在输出分组竞争而引起的突发丢失概率问题,其中作为偏置缓冲的光纤延迟线需要合理设置,偏置量过小,则缓冲容量不足,容易造成突发丢失;偏置量过大,会造成光信道资源的浪费;所以它使用折中偏置量。

4. OBS 与 OCS 和 OPS 技术的比较

OBS 既综合了 OCS 和 OPS 的优点,又避免了它们的缺点,是一种很有前途的光交换技术。传统电路交换的要点是面向连接,优点是实时性高,时延和时延抖动小;缺点是线路利用率低,灵活性差。OCS 继承了传统电路交换的面向连接的特点,优点也是实时性好,而且由于电路交换应用经验的积累,OCS 还有简单、易于实现、技术成熟的优点;缺点是带宽利用率低,灵活性差,不适合数据业务网络,不能处理突发性强和业务变化频繁的 IP 业务,不能适应数据业务高速增长的需要。

传统分组交换的要点是信息分组、存储-转发和共享信道。其优点是传输灵活,信道利用率高;缺点是实时性差,协议和设备复杂。OPS 继承了传统分组交换的信息分组、存储-转发和共享信道的特点,优点也是资源利用率高和突发数据适应能力强;缺点是由于光缓存器等技术还不够成熟,目前缺乏相关的支撑技术,暂时无法实用化。

OBS 的要点是单向资源预留,交换粒度适中,控制分组与数据信道分离,不需要存储-转发。

对于 OCS 而言,OBS 采用单向资源预留,控制分组先于数据分组在控制信道上传送,为数据分组预留资源(建立连接),而且在发出预留资源的信令后,不需要得到确认信息就可以在数据信道上发送突发数据,与 OCS 相比节约了信令开销时间,提高了带宽利用率,能够实现带宽的灵活管理。同时,OBS 吸取了 OCS 不需要缓冲区的特点,易于与光技术融合。另外 OBS 享用了 OCS 积累的应用经验,实现简单且价格低廉,易于用硬件高速实现,技术相对成熟。

对于 OPS 而言,OBS 吸取了 OPS 传输灵活,信道利用率高的优点,它将多个具有相同目的地址和相同特性的分组集合在一起组成突发,提高了节点对数据的处理能力。突发数据通过相应的控制分组预留资源进行直通传输,无须 O/E/O 处理,不需要进行光存储,克服了 OPS 光缓存器技术不成熟的缺点。且 OBS 的控制分组很小,需要 O/E/O 变换和电处理的数据大为减小,缩短了处理时延,大大提高了交换速度。

从以上分析可见,OBS 交换粒度界于大粒度的 OCS 和细粒度的 OPS 之间,技术实现较 OPS 简单,但组网能力又比 OCS 灵活高效。OBS 支持分组业务性能比 OCS 好,实现难度低于 OPS。OBS 比 OPS 更贴近实用化,通过 OBS 可以使现有的 IP 骨干网的协议层次扁平化,更加充分地利用 DWDM 技术的带宽潜力。

3 种类型的光交换技术比较如表 7.1 所示。

表 7.1　3 种交换方式的性能比较

序号	比较内容	光电路交换(OCS)	光分组交换(OPS)	光突发交换(OBS)
1	交换粒度	波长/波带/光纤(大粒度)	光分组(小粒度)	突发包(中粒度)
2	交换方式	直通	存储-转发	直通
3	控制方式	带外控制	带内控制	带外控制
4	信息长度	可变	固定	可变
5	建立链接时延	高	低	低
6	建立链接占有信道	占用	不占用	占用
7	带宽利用率	低	高	较高
8	复杂性	低	高	中
9	灵活性	低	高	较高
10	光缓存器	不需要	需要	不需要
11	开销	低	高	低
12	特点	静态配置或端到端信令	存储转发交换	预留带宽交换,无须缓存

7.3.6　光标记分组交换

MPLS 既具有 IP 的灵活的路由能力,又有 ATM 的面向连接的服务质量保证,将这种具有流量工程能力和虚拟专网支持能力的技术与光交换技术相结合,将传统的 MPLS 面向光网络进行功能扩展,不仅能以波长为粒度进行标签交换,还能以数据包/分组、时分复用的时隙、光纤等为粒度进行标签交换,由此形成并提出通用多协议标签交换。通用多协议标签交换 GMPLS 也称光标记分组交换(OMPLS),是于 2001 年由 IETF 提出的可用于光层的一种通用 MPLS 技术。GMPLS 技术的引入,不仅带来了网络的智能化,同时使得传统网络的 4 层结构得以简化,促进网络从最基础的传输层走向融合,如图 7.14 所示。GMPLS 技术的出现,必将推动传输网络和交换网络的统一,实现基础网络的智能化。

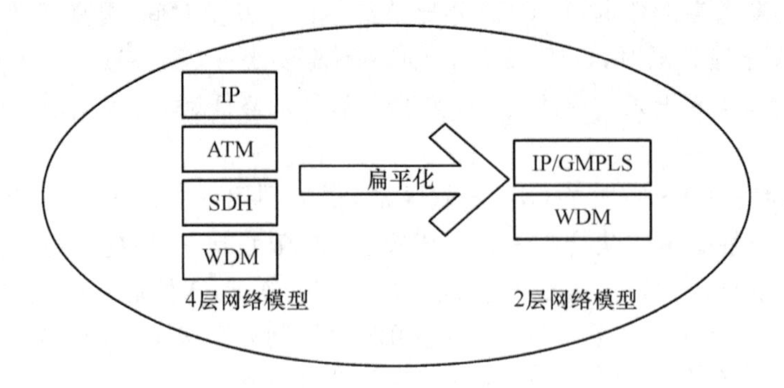

图 7.14　IP over WDM 网络发展趋势

GMPLS 的演进过程是一个循序渐进的过程,经历了 MPLS、MPλS 到最后的 GMPLS 的一系列过程。GMPLS 技术的提出,是 MPLS 向光网络扩展的必然产物。它是适应未来对智能光网络进行动态控制和传送信令的要求而对传统的 MPLS 进行的扩展和更新。

GMPLS 的提出，代表了人们对下一代网络的期待，也代表了未来网络向简化层次和广泛融合方向发展的趋势。

1. GMPLS 与 MPLS 的区别

GMPLS 是从 MPLS 演进而来，但又不拘泥于 MPLS。它继承了几乎所有 MPLS 的特性和协议，但两者又有本质的差异。二者的主要区别如下。

(1) 在 MPLS 中，网络由单纯的分组交换节点组成，传输网络只能被看做是一条预先配置好的物理线路，分组交换节点不能按照资源的需求情况调节传输网络内部的物理线路资源，传输网络内部的电路分配只能通过人工的方式进行配置。GMPLS 则可以彻底改变这种状态，实现快速的配置并能够实现按需分配。这种全新的光 Internet 能在数秒钟内分配带宽资源、提供新的增值业务和为业务提供商节约大量的运营费用。

(2) MPLS 通过在 IP 包头添加 32 bit 的"shim"标记，使原来面向无连接的 IP 传输具有了面向连接的特性，极大加快了 IP 包的转发速度。GMPLS 则对标记进行了更大的扩展，将 TDM 时隙、光波长、光纤等也用标记进行统一标记，使得 GMPLS 不但可以支持 IP 数据包和 ATM 信元，而且可以支持面向话音的 TDM 网络和提供大容量传输带宽的 WDM 光网络，从而实现了 IP 数据交换、TDM 电路交换(主要是 SDH)和 WDM 光交换的归一化标记。

(3) MPLS 需要在两端路由器之间建立 LSP，而 GMPLS 扩展了 LSP 的建立概念，可以在任何类型相似的两端标记交换路由器之间建立 LSP。

(4) MPLS 主要关注于数据平面，控制平面的功能则由 GMPLS 来完成。为了统一光控制平面，实现光网络的智能化，GMPLS 在 MPLS-TE 的基础上进行了相应的扩展和加强，为分组交换设备、时域交换设备、波长交换设备和光交换设备提供了一个基于 IP 的通用控制平面，从而使得各个层面的交换设备都可以使用同样的信令完成对用户平面的控制，但 GMPLS 统一的仅仅是控制平面，用户平面则仍然保持多样化特性。

(5) 为了充分利用 WDM 光网络的资源，满足未来一些新业务的开展(如 VPN、光波长租用等)，实现光网络的智能化，GMPLS 还对信令和路由协议进行了修改和补充。

(6) 为了解决光网络中各种链路的管理问题，GMPLS 设计了一个全新的链路管理协议。

(7) 为了保障光网络运营的可靠性，GMPLS 还对光网络的保护和恢复机制进行了改进。

2. 光标记分类

GMPLS 定义了分组交换标记(对应 PSC 和 L2SC)、电路交换标记(对应 ATM)和光交换标记(对应 LSC 和 FSC)。其中，分组交换标记与传统 MPLS 标记相同，这里不再复述。而电路交换标记和光交换标记则为 GMPLS 新定义，包括请求标记、通用标记、建议标记及设定标记。

(1) 请求标记

请求标记用于 LSP 通道的建立，由 LSP 上游节点发出，向下游节点申请建立 LSP 的资源。与 MPLS 相同，GMPLS 的 LSP 建立过程也是由上游节点向目的节点发出"标记请求消息"，目的节点返回"标记映射消息"。所不同的是"标记请求消息"中需要增加所要建立的

LSP 的说明。其格式如图 7.15 所示。

LSP 封装类型	保留	G-PID
8 bit	8 bit	16 bit

图 7.15 请求标记格式

LSP 封装类型:长度 8 bit,指示 LSP 的类型。例如,LSP=1,表示是 PSC 分组传输;LSP=5,表示是 TDMC 的 SDH;LSP=9 对应 FSC 的光纤。

保留:长度 8 bit,保留字节,必须设为全“0”,接收时忽略其数值。

G-PID:长度 16 bit,指示 LSP 对应的载荷类型。如 G-PID=14,表示字节同步映射的 SDH Ei 载荷;G-PID=17,表示比特同步映射的 SDH DS1/TI 载荷;G-PID=32,表示数字包封帧。

(2) 通用标记(电路交换)

通用标记是在 LSP 建立完成后,用于指示沿 LSP 传输的业务情况。通用标记的格式与传输所用的具体技术有关,电路交换和光交换所用的标记不同。SDH 电路交换标记格式如图 7.16 所示。

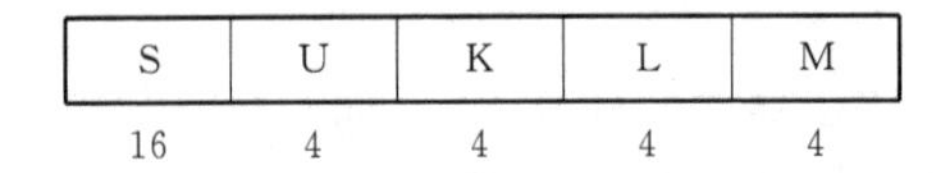

图 7.16 SDH 电路交换标记格式

S:长度 16 bit,指示 SDH/SONET 的信号速率等级。S=N 即表示 STM-N/STS-N 信号。

U:长度 4 bit,指示一个 STM-1 中的某个高阶虚容器 VC. U 只对 SDH 有效。

K:长度 4 bit,只对 SDH 有效,表示一个 VC-4 含有的 C-4 或 TUG-3 的数目。

L:长度 4 bit,指示 TUG-3,VC-3 或 STS-1 的 SPE 是否还含有低阶虚容器。

M:长度 4 bit,指示 TUG-2/VT 的低阶虚容器的数目。

(3) 通用标记(光交换)

光交换标记的格式如图 7.17 所示。当开始标记和结束标记相同时,表示单一波长,否则表示某一波段。

波段 ID	开始标记	结束标记
32	32	32

图 7.17 光交换标记格式

波段 ID:长度 32 bit,用于识别某个波段,其数值由发送端 OXC 设备设定。

开始标记:长度 32 bit,用于表示组成波段的最短波长的数值。

结束标记:长度 32 bit,用于表示组成波段的最长波长的数值。

(4) 建议标记

建议标记是一种优化标记,可采用与请求标记类似的格式,可以和请求标记同时发出。建议标记由准备建立 LSP 通道的上游节点发出,告知下游节点建立这个 LSP 通道所希望的标记类型。这就可以让上游节点无须获得下游节点反馈标记的确认，而先对硬件设备进行配置，从而大大减少建立 LSP 通道所需的时间和控制开销。

(5) 设定标记

设定标记是让下游节点能从大量可接受的通用标记中，快速选择出最符合本节点要求的标记，设定标记可以和请求标记同时发送，它可以将建立某个 LSP 所需的标记类型限制在一定范围内，下游节点根据设定标记的信息有选择地接受标记，否则下游节点就必须接收所有符合要求的标记。设定标记的格式如图 7.18 所示。

保留	标记类型	行为	子信道 1	…	子信道 N
16	8	8	32		32

图 7.18 设定标记的格式

保留：长度 16 bit，保留字节。

标记类型：长度 8 bit，希望下游节点接收的通用标记类型。

行为：长度 8 bit，"0"表示希望接收以下子信道定义的标记，"1"表示不希望接收以下子信道定义的标记。

子信道：长度 32 bit，用于表示某个子信道标记的类型。子信道标记的格式与通用标记的格式相同。

3. 光标记技术

光标记交换技术是 IP 寻址、控制技术与光交叉连接、波长交换等技术的结合，它不像空分、时分、波分光交换那样，对承载用户数据（光负载）的子信道进行交换，而是通过提取、更换光包头标记来实现用户光信息的路由选择或交换。即在 IP 数据包上再加入光标记包头构成光包，通过标准信令和标记分配协议转发和控制光包，通过各种路由协议建立和保持路由表；当光包到达节点时，通过识别、分析其包头标记信息，查询路由表，确定其交换路由，并通过交换路由器将光包传送到需要到达的输出端口。以上过程用来实现光包信息的交换。光 IP 包交换实质上是基于光标记的转发与交换，由光标记来确定光 IP 包通过网络的路径，而光数据包本身不进行交换，只是在建立的光路径上传输，因此这种技术被称为光标记交换技术。

光标记的产生、提取、识别与再生是光标记交换技术中的核心问题之一，通常以光调制（调幅、调频和调相）方式产生光标记，以光或电的方法处理光标记。至今研究了多种光标记技术方案，有副载波复用光标记、时分复用光标记、专用波长光标记、多波长光标记、高强度光脉冲标记、电光调制光标记、偏振复用光标记、光码分复用光标记等。光标记的提取，实质上是从光包中分离出光标记，这需要根据其产生机理、采取相应的分离办法，如基于调幅方式产生的光标记，多数利用非线性效应及器件来提取出光标记；基于调频方式产生的光标记，一般采用滤波、解复用方法；基于调相方式产生的光标记，则可利用光干涉原理提取光标记，利用光波解复用技术，相干检测解码技术等。

7.4 自动交换光网络

所谓的“光网络”不是一个严格意义上的技术术语,而是一个通俗用语。光网络(Optical Network)是一个简单通俗的名称,包含的内容非常广泛。仅从字面上理解,光网络兼顾“光”和“网络”两个层面的含义:前者代表光纤提供的大容量、长距离、高可靠的链路传输手段;后者则强调在上述媒介基础上,利用先进的交换技术,引入控制和管理机制,实现多节点间的联网,以及针对资源和业务的灵活配置。从历史上看,光网络可以分为三代:在第一代光网络中光仅仅是用来实现大容量传输,所有的交换、选路和其他智能化的操作都是在电层面上实现的,SDH就是第一代光网络中的典型代表。而光传送网(OTN)和全光网(AON)可以被认为是第二代光网络的代表。OTN在功能上类似于SDH,其出发点是在子网内实现透明的光传输,而在子网边界处采用光/电/光(O/E/O)的3R再生技术,从而构成一个完整的光网络。而全光网则不同,此时传送、复用、选路、监控等功能将在光层面上实现。从更广义的角度看,光网络还应该覆盖城域网和接入网领域,这两个领域的光网络不仅具有更加丰富多彩的技术选择,而且在技术特征上也有很大的不同。第三代光网络是以ASON/ASTN为代表的智能光网络。自动交换光网络(ASON)作为构建新一代光网络的核心技术,以兼容性、扩展性良好的硬件系统为支撑,配备先进的软件系统,把光传输媒体层由静态变成了一种动态的、智能的光交换网络结构,并可以直接通过光域快速提供各种灵活的高速增值业务,形成一个以数据为中心的基础平台,可全面提升通信网络的传送效能。

7.4.1 ASON概述

1. ASON的提出

ITU-T最先提出的自动交换传送网络(ASTN)是一种通用意义上的网络概念,它与具体的技术无关,并且能提供一系列支持在传送网络上自动建立和释放连接的控制功能。而ASON实际上是ASTN技术在光网络中的一种实际应用。

ITU-T为ASTN制定了标准建议G.807。该建议描述了ASTN控制平面的网络级需求,规范了ASTN的体系结构和与连接相关的一组控制功能。ASTN由3个平面组成:传送平面、控制平面和管理平面。控制平面的基本功能包括在传送平面建立和释放多种形式的连接、维护端到端的连接、连接接纳允许控制、路由选择、连接和资源管理等。这些功能结构在ASON网络中也有相应的体现。ASON网络在ITU-T的文献中定义为:“通过能提供自动发现和动态连接建立功能的分布式(或部分分布式)控制平面,在OTN或SDH网络之上,实现动态的、基于信令和策略驱动控制的一种网络。”

ASON的提出,使原来复杂的多层网络结构可以变得简单化和扁平化,从光网络层开始直接承载业务,避免了在传统网络中业务升级时受到的多重限制。在这种网络结构中最核心的特点就是支持电子交换设备(如IP路由器等)动态地向光网络申请带宽资源。电子交换设备可以根据网络中业务分布模式动态变化的需求,通过信令系统或者管理平面自主地去建立或者拆除光通道,不需要人工干预。

自动交换光网络直接在光纤网络之上引入了以IP为核心的智能控制技术,可以有效地支持连接的动态建立与拆除，可基于流量工程按需合理分配网络资源，并能提供良好的网络保护/恢复功能。因此，可以说自动交换光网络代表了光通信网络技术新的发展阶段和未来的前进方向。

2. ASON 的特点和优势

(1) ASON 的特点

与传统的光传输网络相比，ASON 具有以下特点。

- 控制为主的工作方式：ASON 最大的特点就是从传统的传输节点设备和管理系统中抽象分离出了控制平面。自动控制取代管理成为 ASON 最主要的工作方式。
- 分布式智能：ASON 的重要标志是实现了网络的分布式智能，即网元的智能化，具体体现为依靠网元实现网络拓扑发现、路由计算、链路自动配置、路径的管理和控制、业务的保护和恢复等。
- 多层统一与协调：在 ASON 中，网络层次细化，体现了多种粒度，但多层的控制却是统一的，通过公共的控制平面来协调各层的工作。多层控制时涉及层间信令、层间路由和层发现，还有多层生存机制。
- 面向业务：ASON 业务提供能力强大，业务种类丰富，能在光层直接实现动态业务分配，提高了网络资源的利用率。更重要的是，ASON 支持客户和网络间的服务水平协议(SLA)，可根据业务需要提供带宽，也可根据客户信号的业务等级来决定需要的保护等级，是面向业务的网络。

(2) ASON 的优势

ASON 的优势在所提供的业务和经济收益上有充分的体现。例如，ASON 可从光域提供多种新型的高速、增值业务；基于波长的业务可扩展性好，格式透明，能随新应用的产生不断推陈出新；以波长业务为基础，业务提供商构思了多种增强业务，这些业务都是以现有的和将来的以数据为中心的组网应用而扩展，如波长批发、波长出租、带宽运营、光虚拟专用网(OVPN)等。ASON 将以往的技术不能实现的设想变为现实，如：

- 超宽宽带业务和非标准宽带业务；
- 按需带宽业务；
- 动态虚拟环配置和端到端电路配置业务；
- 虚拟光网络业务。

7.4.2 ASON 体系结构

1. ASON 网络体系结构

传统的光传送网络只是由网管层面和传输层面组成的，而自动交换光网络与传统的光传送网络相比，突破性地引入了更加智能化的控制平面，从而使得光网络能够在信令的控制下完成网络连接的自动建立、资源的自动发现等过程。也就是说，ASON 由控制平面、管理平面和传送平面组成，其体系结构如图 7.19 所示。ASON 的体系结构主要表现在具有 ASON 特色的 3 个平面、3 个接口以及所支持的 3 种连接类型上。

控制平面用于实现对传送平面的灵活控制，完成信令转发、资源管理、呼叫控制、连接控制和传送控制等功能。它基于通用标签交换协议(GMPLS)族，该协议族包括信令协议、路由协议和链路资源管理协议等。控制平面提供网络节点接口(I-NNI 和 E-NNI)以及用户网络接口(UNI)。

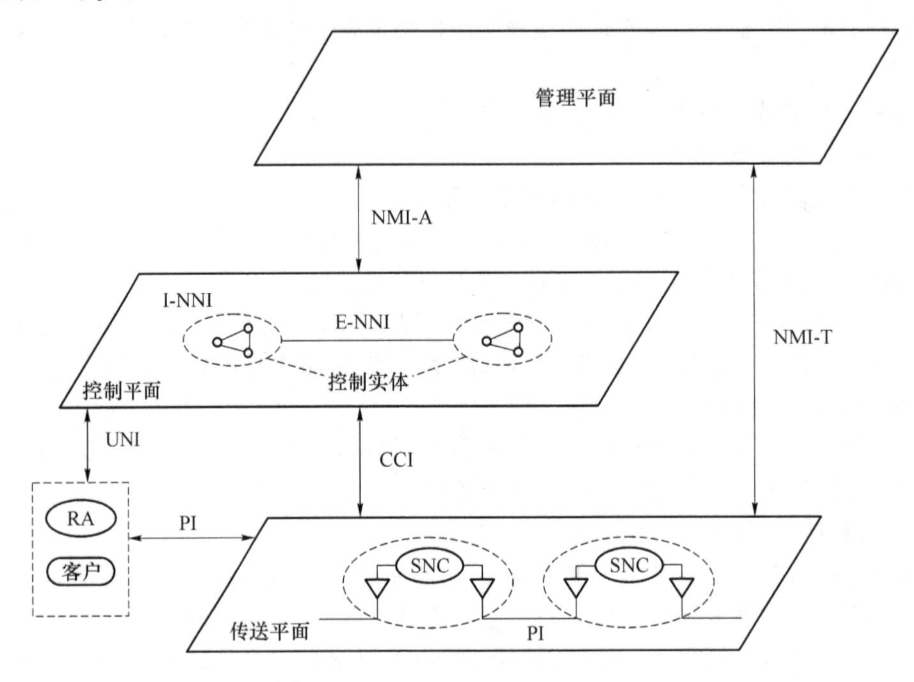

图 7.19 ASON 的体系结构

传送平面由一系列的传送实体组成,包括提供子网络连接(SNC)和网元(NE)。它是业务传送的通道,可提供端到端用户信息的单向或双向传输。ASON 传输网络基于网状网结构,也支持环网保护,具有如 SDH(STM-N)接口、以太网接口、ATM 接口以及一些特殊的接口,同时也具有与控制平面交互连接的控制接口(CCI)。节点可使用智能化的光交叉连接(OXC)或光分插复用(OADM)等光交换设备。

管理平面可分别通过 NMI-T 和 NMI-A 网络管理接口,同时对传送平面和控制平面进行管理。

3 个平面之间通过 3 个接口实现信息的交互。控制平面和传送平面之间通过 CCI 相连,交互的信息主要为从控制节点到传送平面网元的交换控制命令和从网元到控制节点资源状态信息。管理平面通过 NMI-T 和 NMI-A 分别与控制平面和传送平面相连,实现管理,接口中的信息主要是网络管理信息。控制平面上还有用户与网络间的接口(UNI)、内部网络之间的接口(I-NNI)和外部网络之间的接口(E-NNI)。UNI 是客户网络和光层设备之间的信令接口。客户设备通过这个接口动态地请求获取、撤销、修改具有一定特性的光带宽连接资源。I-NNI 是一个自治域内部或有信任关系的多个自治域中的控制实体间的双向信令接口。E-NNI 是不同自治域中控制实体之间的双向信令接口。

ASON 支持 3 种连接类型,以适应当前复杂异构网络条件下端到端连接管理的需要。这 3 种连接类型分别为永久连接(Permanent Connection ,PC)、交换连接(Switched Connection ,SC)和软永久连接(Soft Permanent Connection ,SPC)。

永久连接如图 7.20 所示,是在没有控制平台参与的前提下由管理平面支配的连接类型,它沿袭了传统光网络的连接建立形式。管理平面根据连接要求以及网络资源利用情况预先计算和确定连接路径，然后沿着连接路径通过网络管理接口(NMI-T)向网元发送交叉连接命令，进行统一支配，完成 PC 的创建、调整、释放等操作过程。

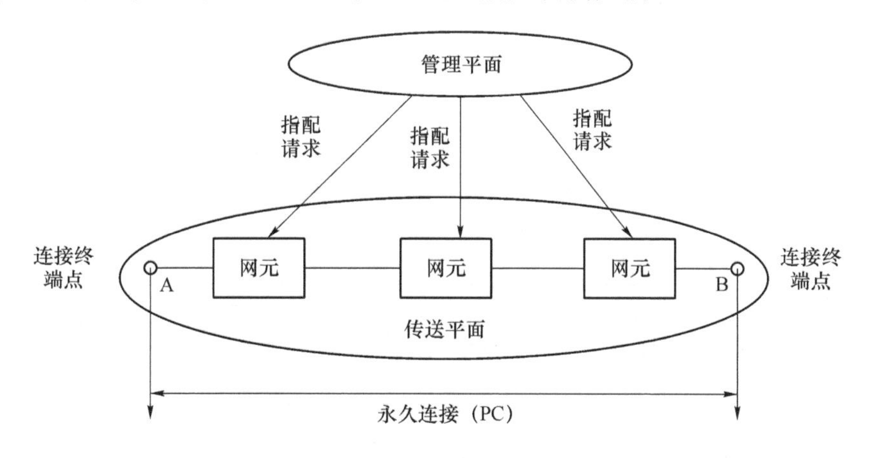

图 7.20　ASON 中的永久连接

交换连接的创立过程由控制平面独立完成，先由端点用户发起呼叫请求，通过控制平面内信令实体间的信令交互建立连接，是一种全新的动态连接类型。管理平面需要对 SC 的发起者进行身份认证，完成对 SC 的资源管理。交换连接实现了连接的自动化，满足快速性、动态性要求，并符合流量工程的要求，也体现了 ASON 的最终实现目标，如图 7.21 所示。

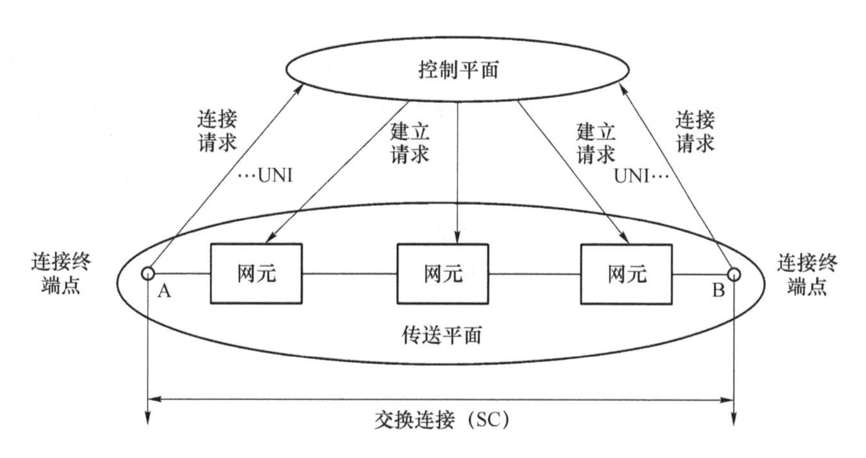

图 7.21　ASON 中的交换连接

软永久连接由管理平面和控制平面共同完成，是一种分段的混合连接方式。软永久连接中用户到网络的部分由管理平面直接配置，而网络到网络部分的连接由控制平面完成。其过程为：先由管理平面配置用户到网络的连接，然后向控制平面发送请求(该请求信息中包含管理平面中已配置完成的用户到网络连接的有关信息等)，控制平面根据该请求信息建立网络到网络之间的连接，并将连接建立的结果报告给管理平面。SPC 可以看成是从永久连接到交换连接的过渡类型的连接方式，如图 7.22 所示。

正是由于 ASON 这 3 种各具特色的连接类型的存在，使它具有连接建立的灵活性，能满足用户连接的各种需求。这 3 种连接类型支持 ASON 与现存光网络的“无缝”连接，也有利于现存传输网络向ASON的过渡和演变。

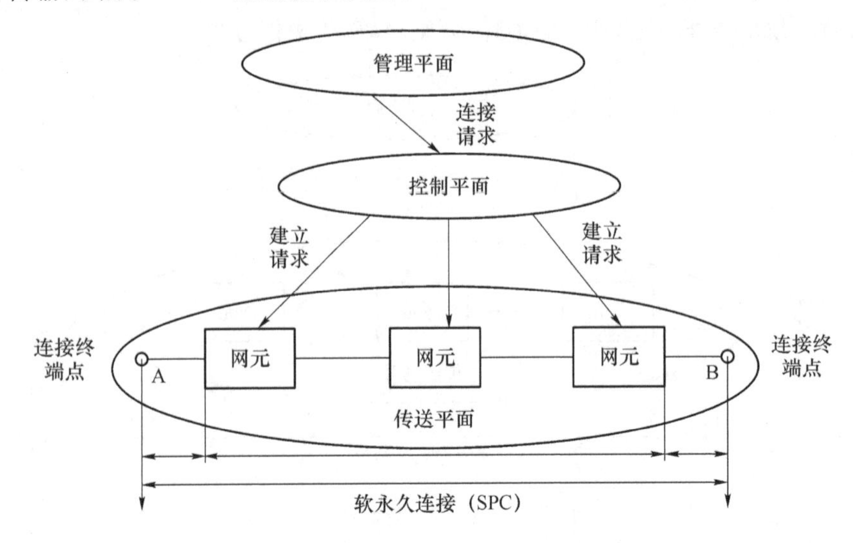

图7.22　ASON中的软交换连接

2. ASON协议

ASON体系结构的核心技术包括信令协议、路由协议和链路资源管理等。其中,信令协议用于分布式连接的建立、维护和拆除等管理;路由协议为连接的建立提供选路服务;链路资源管理用于链路管理,包括控制信道和传送链路的验证和维护。ITU-T关于ASON的建议体系结构如图7.23所示。最初,由于自动交换传输网络(ASTN)的出现,ITU-T提出的G.807/Y.1301定义了自动交换传输网的要求,描述了ASTN控制平台的网络级要求。ASTN提供了一套控制功能,并且可以在光通路层上实现自动交换光网络。在此基础上,ITU-T接着又提出了以下建议。

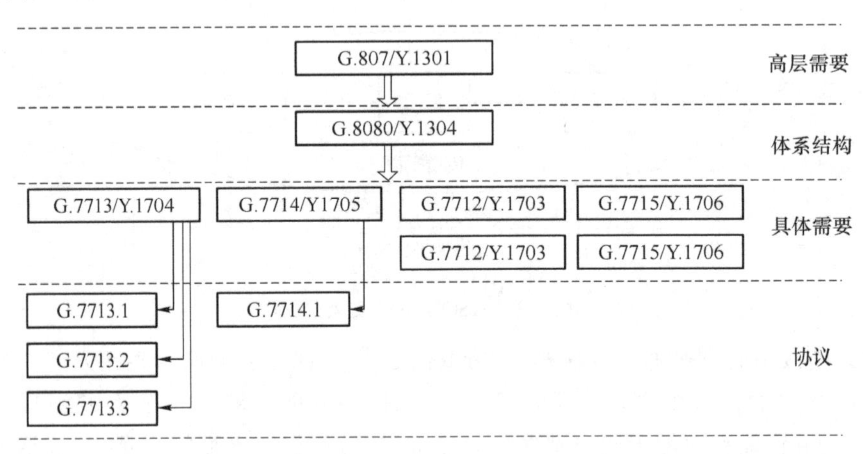

图7.23　ITU-T关于ASON的建议体系结构

(1) G.807/Y.1304建议:定义了自动交换光网络(ASON)的结构特征和要求,不仅适用于G.803定义的SDH,也适用于G.872定义的光传输网。所以,G.8080/Y.1304建议主要为ASON控制平面提出了解决方案。

(2) G.7713/Y.1704建议:定义了分布式呼叫和连接管理。该建议确立了ASON控制层面中协议方式的信令进程的具体要求，定义了 ASTN 的信令方面，适用于用户网络接口 UNI 和网络节点接口 NNI 之间的连接管理。

(3) G. 7714/Y. 1705 建议：定义了 ASTN、ASON 中的自动发现网络拓扑和资源技术，其目的在于帮助进行网络资源管理和选路。

(4) G. 7715/Y. 1706 建议：定义了在 ASON 中建立连接选路功能的结构和要求，主要内容包括 ASON 选路结构、路径选择、路由属性、抽象信息和状态图移等功能组成单元，其目的是提供一种与协议无关的方法，用来描述用于 ASON 的路由技术。

(5) G. 7717/Y. 1708 建议：分别定义了 ASON 链路管理和连接许可控制。目前，它们正处在研究开发过程之中。

3. ASON 呼叫的建立过程

在 ASON 中，呼叫的建立可分为呼叫建立请求(Call Setup Request)、呼叫建立指示(Call Setup Indication)和呼叫建立证实(Call Setup Confirmed)。ASON 呼叫的建立过程如图 7.24 所示。源用户发起“呼叫建立请求”，经过各个 ASON 节点转接后到达宿用户，然后宿用户回应“呼叫建立指示”，经过各个 ASON 节点转接后到达源用户。源用户再发送确认指令(即“呼叫建立证实”)给宿用户，“呼叫建立证实”是可选的。

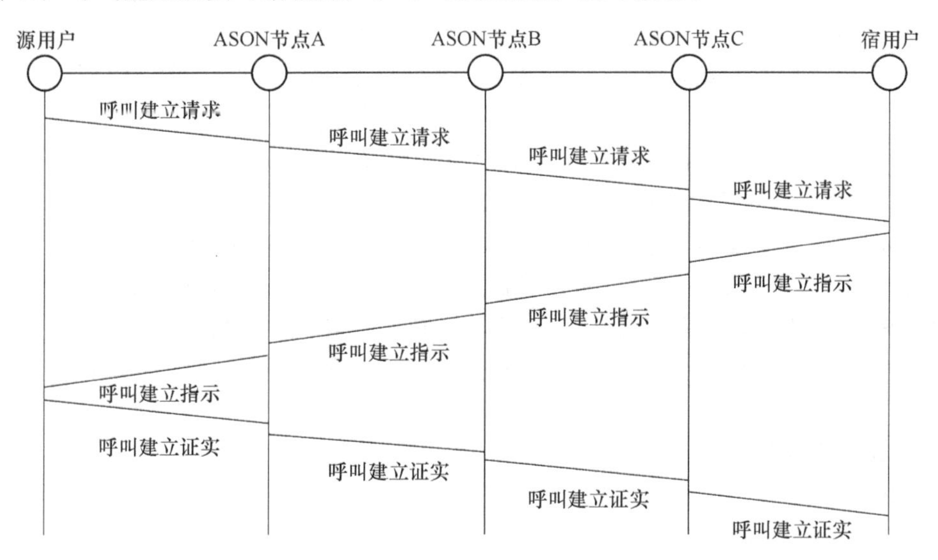

图 7.24　ASON 呼叫的建立过程

G. 808 建议提到：“在一个呼叫中可以包含一个或多个连接，呼叫和连接可以分离，也可以合并。”G. 808 建议也规范了呼叫和连接控制之间的 3 种共存关系：在呼叫/连接的协议中，通过参数的不同分离出呼叫控制信息；呼叫和连接控制的信令信息在同一个实现呼叫/连接的协议中，通过设备分离出呼叫控制和连接控制信息；呼叫控制和连接控制采用不同的信令协议，以分离出不同的呼叫控制和连接控制信息。

7.4.3　ASON 功能层面

ASON 的功能层面由三大平面组成，也为 ASON 组网带来了较大的方便。

1. ASON 控制平面

ASON 与传统传输网络的不同之处在于它有独立的控制平面。控制平面的实现与具体采用的控制协议无关,即 ASON 控制平面对各种协议应该是透明的;针对传送平面网络资源分成子网管理这一情况,控制平面应支持分域管理;控制平面的具体实现与连接管理方式无关,连接方式可以是集中的、分散的或混合的。

控制平面由独立的或具体分布于网元设备中、通过信令通道连接起来的多个控制节点组成。G.8080 标准对控制平面的各功能以及对各个组件要实现的功能和提供的接口进行了规范,但未对具体细节进行规定,在符合 ASON 协议的范围内由各个制造商、运营商自由发挥,如在实现过程中添加自己的增值业务等。目前,最适合在 ASON 中应用的协议是 IETF 的 GMPLS 协议族和 OIF 的 UNI、NNI 规范。

从功能上讲,控制平面的功能分为基本功能和核心功能两种。其中基本功能包括路由功能、信令功能、链路管理功能和一些接口部分;核心功能包括连接控制功能、保护恢复功能以及业务处理功能等。有些公司先后推出了一系列 GMPLS 协议族应用的产品和满足 OIF 的 UNI、NNI 接口规范的软件。其中,网络至用户接口(UNI)的用户端可以是各种路由器、交换机、服务器或终端等,都需要设备能够提供 UNI 接口的用户代理(RA);网络至网络的接口(NNI)是连接同一网络体系结构中不同节点的接口,在控制平面上进行连接。控制平面至传送平面的接口(CCI),可直接与传统设备相连,如 SDH(STM-N)、ATM 接口等。

ASON 的基本功能是最基础的基本平台,其中路由功能主要完成路径的计算、路由表的维护、资源信息的散发和管理;信令功能主要完成 LSP(标记交换路径)的建立、释放和维护;链路功能主要完成数据通道连通性的验证、控制通道的维护、链路的维护及故障信息处理等功能。在 ASON 的核心功能中,连接控制功能用于实现 ASON 所规定的 3 种连接的控制和管理;保护/恢复功能用于实现 ASON 的生存性功能;业务处理功能用于实现 ASON 所提供的新型智能增值业务;策略管理功能主要用于呼叫处理过程,以保证资源的合理利用。

2. ASON 管理平面

ASON 管理平面用于实现对控制平面和传送平面的管理。它的管理系统采用 MTN(媒体电信网)层管理架构,如图 7.25 所示。集成化管理与分布式智能相结合,是面向维护管理需求与面向客户动态服务要求相结合的综合化光网络管理方案。

在图 7.25 中,SMS 用于对各种服务功能的管理,如完成对按需带宽(BOD)的分配,对光虚拟专网进行管理等;NMS 是基于底层的设备,用于完成对其区域内部底层网络资源的管理和控制;EMS(网元管理系统)用于完成对不同网络设备的网元管理,对应于控制层网元和传送层网元有不同的 EMS 管理;NE 是指底层的控制平面和传送平面的网元设备,针对网元层的管理组件支持管理通信功能。

ASON 的网络管理接口主要包括用于多区域网络管理的网络层管理接口、用于传出网络资源管理的 T 接口和用于控制平面资源管理的 A 接口。其中,多区域网络管理的网络层管理接口设计要满足多区域网络管理的需要,ITU-T X.780 就是针对不同网络管理系统之间的接口定义的;传输网络资源管理的 T 接口采用 SNMP、CMIP 等协议,也可以采用厂商自定义的接口协议,以完成管理系统与传送平面的信息交互,实现管理平面对传输网络的配置管理、性能管理及故障管理等功能；控制平面资源管理的 A 接口采用 SNMP 协议或厂商自定义的协议，以完成管理系统对控制平面的资源进行管理等。管理系统还用于对光网络、IP 网络的路由和信令协议进行监视和管理。

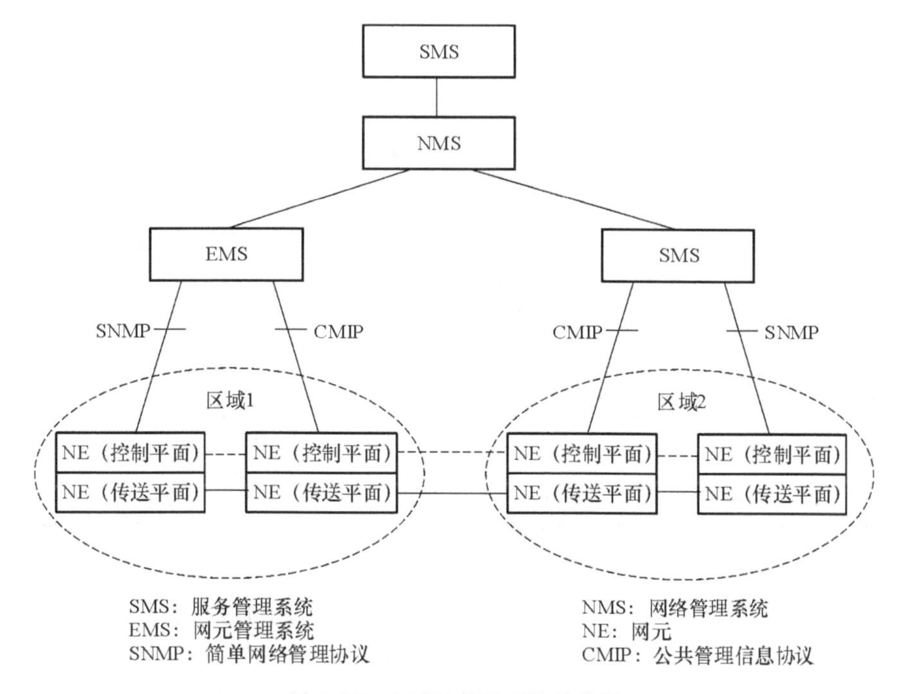

图 7.25　ASON 管理系统结构图

7.4.4　ASON 的路由与组网

在 ITU-T 的 G.7715 建议中对 ASON 网络中建立交换连接和软永久连接选路的功能结构和要求进行了描述，提出了 ASON 网络的路由体系结构。ASON 的路由功能结构支持 G.8080 建议定义的不同路由方式。

1. 路由功能结构

ASON 的路由功能结构中各个功能组件之间的关系如图 7.26 所示。ASON 的路由功能结构中各个功能组件的作用如下。

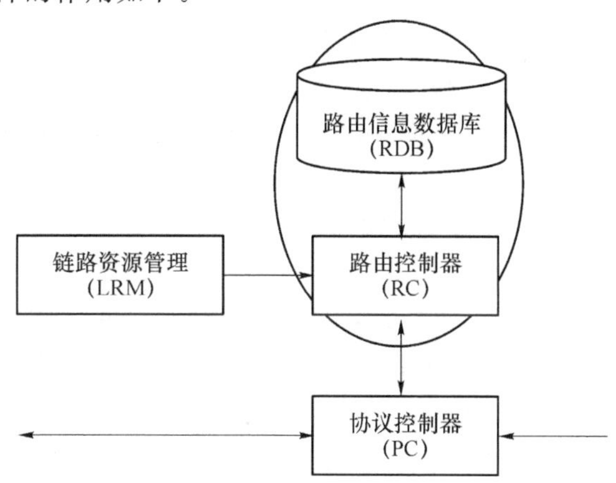

图 7.26　路由功能组件之间关系图

(1) 路由控制器

路由控制器(RC)的功能主要包括与对等端的RC交换路由信息,并通过对路由信息数据库的操作来回复路由查询(路由选择)信息。RC是与具体的协议无关的。

(2) 路由信息数据库

路由信息数据库(RDB)主要负责存储本地拓扑、网络拓扑、可达性和其他通过路由信息交换获得的信息,还可以包括配置的信息。RDB可以包含多个路由域的路由信息,因此接入RDB的RC可共享路由信息。RC可以接入RDB的一个视图,并获得相应的信息。

(3) 链路资源管理器

链路资源管理器(LRM)负责向RC提供所有子网端点池(SNPP)链路信息,并将其控制的链路资源的任何状态的改变情况告知RC。

(4) 协议控制器

协议控制器(PC)将原路由的原语转换成特定路由协议的协议信息,因此,PC是与协议相关的。PC还处理用于路由信息交换的并与协议相关的控制信息。

2. 3种路由方式

为达到控制一个连接建立的目的,ASON控制平面需要在多个组件之间进行交互信息。与连接过程相关的组件主要包括连接控制器(CC)、路由控制器(RC)和链路资源管理器(LRM)。

针对多域网络环境中动态光通道的建立,ASON智能光网络提出来3种路由模式:层次路由(Hierarchical Routing)、源路由(Source Routing)和逐跳路由(Step-by-step Routing)。不同的模式导致了节点之间控制功能模块的不同分布和连接控制器之间的不同关系。

(1) 层次路由模式

在ASON网络中,从水平方向说,一般可以划分成不同的路由域,每个路由域又可以划分为不同的子网。每个子网都知道自身的拓扑结构并能进行动态连接控制,但对层次结构中的上层或者下层子网的拓扑结构不了解。在层次路由中,子网层次的每一级都有一个包含路由控制器、连接控制器和链路资源管理器的主节点,负责本级子网的选路,每级主节点都按照层次结构的关系相互作用来选择路由。

(2) 源路由模式

对于源路由模式而言,它与层次路由有很多相似之处。但在源路由模式中,连接过程是通过分布在节点中的RC和CC联合完成的。由于一条连接可能经过多个路由域,在源路由模式中,从源节点开始连接所经过的每一个路由域,则其入口节点要负责本路由域中的路由选择,并负责判断连接所需要进入的下一个路由域的入口节点,这样逐个路由域进行选路,直到最终到达目的节点所在的路由域。

(3) 逐跳路由模式

在逐跳路由模式中,节点进一步减少路由的信息量。这也给跨越子网络路径的确定增加了限制条件。逐跳路由模式同源路由模式大致相同,不同之处在于:在逐跳路由模式下,路由选择是以节点为单位逐跳选择的,与IP网中数据分组的转发方式类似;而源路由模式是以经过的路由域为单位逐跳选择路由的。关于路由域如何划分的问题可参阅参考文献[8]。

3. ASON 组网

ASON 的出现是传输网络的重大变革。ASON 方便和丰富了网络运营商的业务扩展，符合 NGN 以业务驱动为特征的网络要求。目前 ASON 的组网方案较多，下面分析其中的两种。

(1) ASON 和 SDH 混合组网

按照地理位置和运营商的策略，ASON 可以分成不同的路由域(RA)。因为 ASON 既可以通过基于 G.803 规范的 SDH 传输网实现，也可以通过基于 G.872 的光传输网实现，所以 ASON 可以与现有的网络组成混合网。在组网的过程中，先将所有的 SDH 网络形成一个个 ASON 小岛，然后逐步形成整个的 ASON。

一般可以将每个 ASON 小岛或路由域看成是由边缘路由器和核心路由器构成的。边缘路由器一边与业务网(如 IP 网)相连，另一边与一个核心路由器相连。而核心路由器可以与一个或多个边缘路由器相连，同时与其他核心路由器构成网状网。在入口节点处，边缘路由器可根据流量控制分组的特性来决定数据突发的大小、偏置时间等。控制分组包含出口地址、偏置时间、数据突发大小和 QoS 等信息，提前于相应的突发数据分组在分离的控制波长上发送。它对应的突发数据分组经过一个给定的偏置时间后跟随控制分组传送。

在核心节点处，带宽预留时间为突发数据的传输持续时间。在出口节点处，数据突发将被拆分成多个 IP 包。如果需要，在出口节点处可进行重排序和出错重发处理。而偏置时间、突发大小和 QoS 值等参数需在网络的入口节点处进行赋值。

ASON 与现行电信网络融合是一个渐进的过程。针对 ASON 目前的发展情况和下一步的发展策略，在不同厂商无法很快实现接口互联互通的情况下，建设 ASON 有两种选择。第一是继续等待标准化，待 NNI 等一系列接口标准化完全完成后再建设网络，这样风险性比较小，也很容易实现多厂商设备的互联互通。第二种选择是在有些区域现在就可建设 ASON，不同区域采用不同控制层面和路由算法，区域间先采用固定连接，等到域间路由成熟后再将其引入网络中，但要求设备厂商必须保证自己的 NNI 接口可以升级到符合互联互通的标准接口，这样做会存在一定风险。智能光网络设备是一种具有高灵活性、高可扩展性的基础光网络设施，它能在光层上直接提供服务，快速满足用户的需求，有效解决网络可扩展性、可管理性、快速配置用户带宽、对用户带宽提供端到端保护等问题，方便开展波长批发、波长出租、带宽贸易、按使用量付费、光 VPN、动态路由分配等波长业务。实时变化的业务流量，特别是以 IP 为主导的网络业务仍然是不可预知的，需要传输网络具有更强的自适应能力。这种适应能力不仅是指网络接口或网络容量的适应能力，更包含网络连接的自适应能力。

(2) ASON＋DWDM 组网

由于 ASON 节点有足够的带宽容量和灵活的调度能力，DWDM 系统有大容量的传输能力，这样 ASON＋DWDM(密集波分复用)就完全可以组成一个功能强大的网络。例如，在骨干网中 ASON 节点除可以完成 SDH 设备具有的全部功能外，还能提供更大的节点带宽容量以及灵活快捷的调度能力，并能缓解网络节点瓶颈问题。这种组网方式建网快、成本低、运营费用也低。

智能型自动交换光设备应具有的功能主要有：在一个平台上实现从吉比特到多个太比特的带宽处理，灵活地支持 155 Mbit/s、622 Mbit/s、2.5 GMbit/s、10 GMbit/s、40 GMbit/s

等业务，提供各种混合业务，包括IP、ATM、TDM传送及通过的业务处理；能提供STM-1～STM-256的处理能力，支持端到端的透明传输服务；支持各种现行保护、2/4纤环网保护和网状网保护及恢复；可以完全自动、迅速地提供通道的配置，支持自动光交换，具有端到端波长的智能链接，并能自动配置光层的管理(波长识别和提供)；具有灵活的网络升级能力；基于路由和信令的多协议标签交换(GMPLS)，使得IP网与智能光网络可以无缝地连接到多运营商的网络层；ASON能够实现智能传输网络协议，在传输网络中引入了动态交换，使得动态分配带宽成为可能。

(3) ASON的演进

在区域范围内，光传输网在完全采用WDW的基础上，首先在长途节点使用OXC设备，采用ASON的信令、路由协议和NNI接口，在本区域内实现ASON的功能。

在城域网范围内，采用具有UNI接口的多业务传输平台(MSTP)或OXC设备，以便使MSTP或OXC设备可以通过UNI接口，实现端到端的智能管理。

在全网范围内，全面采用ASON的信令、路由协议，不同运营商可使用NNI或UNI接口互通。

本章小结

光交换技术是全光网络的核心技术之一，是指不经过任何光/电转换，在光域直接将输入光信号交换到不同的输出端的技术。光交换基本器件包括光开关、波长转换器、光存储器等。光交换技术可分为光电路交换(OCS)、光分组交换(OPS)和光突发交换(OBS)3种方式。根据光信号传输和交换时对通道或信道的复用方式，光交换技术又可分为空分光交换、时分光交换和波分光交换。

OCS系统所涉及的技术有空分光交换技术、时分光交换技术、波分光交换技术、复合型交换技术。OPS以光分组作为最小的交换颗粒，数据分组的格式分为固定长度的光分组头、光分组净荷和保护时间3部分。在交换系统的输入接口完成光分组读取和同步功能，同时用光纤分束器将一小部分分出送入控制单元，用于完成光分组头识别、恢复和净荷定位等功能。OBS采用单向资源预留机制，以光突发作为基本交换单元，分为突发控制分组(BCP)与突发分组(BP)两部分。BCP和BP在时间上和信道上都是分离的，分别进行独立传送，每个BCP对应一个BP。BCP在节点内经过O/E/O的变换和电处理，而BP从源节点到目的节点始终在光域内传输。OBS结合了OCS和OPS的优势，同时避免了它们的缺点。OBS的关键技术主要包括组装算法、信令协议、冲突处理、波长分配和生存性等。

GMPLS是用于光层的通用多协议标签交换技术。GMPLS从MPLS演进而来，它继承了几乎所有MPLS的特性和协议。GMPLS可以按需分配带宽资源，对MPLS的标记、LSP、信令和路由协议等进行了扩展，对光网络的保护和恢复机制进行了改进。

ASON是自动交换光网络，在光传送网中引入控制平面，将传令和选路引入传送网，把交换功能引入光层，通过智能的控制层面建立呼叫和连接，对网络资源进行实时按需分配，完成真正意义上的路由设置、端到端业务调度和网络自动恢复。ASON由控制平面、传送平面和管理平面组成，其相关的关键技术也分为控制平面技术、传送平面技术和管理平面技术。GMPLS是实现ASON网络控制平面的最佳核心协议。

复习思考题

7-1　光交换的定义和特点分别是什么？简述光交换的必要性。

7-2　按照不同的交换对象和参照依据，对光交换技术可以分为哪几种类型？

7-3　光交换基本器件有哪几类？它们各自的特点是什么？

7-4　空分光交换、时分光交换、波分光交换各自的基本概念、特点和工作原理是什么？

7-5　什么是OPS？有什么优缺点？应用范围是什么？

7-6　什么是OBS？它的特点以及原理分别是什么？

7-7　OCS与普通电路交换的异同点是什么？OPS与普通分组交换的异同点是什么？

7-8　试比较分析OCS、OPS和OBS三者的优缺点。

7-9　GMPLS的基本概念是什么？简要叙述GMPLS与MPLS的区别。

7-10　根据ASON的体系结构，简述各个平面的功能。

7-11　什么是ASON？由哪几部分组成？ASON与GMPLS有何关系？

7-12　什么是永久连接（PC）？什么是交换连接（SC）？什么是软永久连接（SPC）？

第8章 NGN与软交换

从20世纪80年代开始，随着计算机技术的普及、多媒体业务的出现，人们对于数据通信的要求不断提高，以IP技术为核心的因特网得到了广泛的应用和发展。因此，以话音通信为目的的电话交换网PSTN和以数据通信为目的的因特网是用户经常使用的两种网络。但是，随着用户要求的不断提高，无论是PSTN还是因特网都难以满足人们对话音、数据和多媒体通信业务融合的要求，不能实现人们在任何时间、任何地点、以任何方式与任何人的通信愿望；而对于电信运营商来说，这种根据业务网络分离的情况使得整个网络的运营成本非常高，另外随着通信行业垄断的逐步打破，电信运营商的竞争加剧。在竞争中，业务提供成为竞争的关键，谁能根据用户要求灵活的提供便宜、灵活和个性化的业务，谁就能在竞争中取得优势。PSTN由于技术的局限性，无法支持数据通信的要求，因特网增加新的业务相对容易，但是IP网络无法提供满足用户需求的服务质量。总之，由于科技的进步、企业的竞争和用户的需求，下一代网络(Next Generation Network，NGN)的概念应运而生，并且不断地改进和完善。

本章首先介绍软交换的基本概念，进一步介绍了软交换的网络体系结构、基本业务、软交换组网技术以及软交换网络中的主要协议。

8.1 NGN概述

8.1.1 NGN出现的背景和需求

下一代网络NGN是20世纪90年代末期提出的一个概念，广义上的下一代网络NGN是一个非常宽泛的概念，涉及的内容十分广泛，涵盖了现代电信新技术和新思想的方方面面，从传输网络层面看，NGN是下一代智能光传输网络ASON；从承载网层面看，NGN是下一代因特网NGI；从接入网层面看，NGN是各种宽带接入网；从移动通信网络层面看，NGN是3G与后3G；从网络控制层面看，NGN是软交换网络；从业务层面看，NGN是支持话音、数据和多媒体业务，满足移动和固定通信，具有开放性和智能化的多业务网络。总之，下一代网络包容了所有的新一代网络技术，是通信新技术的集大成。

8.1.2　NGN的定义和特征

1. NGN的定义

2004年2月，ITU-T SG13会议给出的NGN的基本定义：

- NGN是基于分组技术的网络；
- 能够提供包括电信业务在内的多种业务；
- 能够利用多种宽带和具有QoS支持能力的传输技术；
- 业务相关功能与底层传送技术相互独立；
- 能够使用户自由接入不同的业务提供商；
- 能够支持通用移动性，从而向用户提供一致和漫游的业务。

我国信息产业部电信传输研究所给出的软交换定义是："软交换是网络演进以及下一代分组交换网络的核心设备之一，它独立于传输网络，主要完成呼叫控制、资源分配、协议处理、路由、认证、宽带管理、计费功能等，同时可以向用户提供现有电信交换机所能提供的所有业务，并向第三方提供可编程能力。

2. NGN的特征

NGN的基本特征包括：

- 分组传送；
- 控制功能从承载、呼叫/会话及应用/业务中分离；
- 业务提供与网络分离，提供开放接口；
- 利用各种基本的业务组成模块，提供广泛的业务和应用(包括实时、非实时、流媒体和多媒体业务)；
- 具有端到端的QoS和透明传输能力；
- 通过开放接口与传统网络相连，具有通用移动性；
- 允许用户自由接入不同业务提供商；
- 支持多样标识方案，并能够将其解析为IP地址以用于IP网络路由；
- 同一业务具有统一的业务特性，融合了固定与移动业务，业务功能独立于底层传输技术；
- 适应所有管理要求，如应急通信、安全性和私密性等。

8.1.3　NGN体系结构

NGN采用分层体系结构，将网络分为业务层、控制层、承载层和接入层等几个相对独立的层面，如图8.1所示。业务提供采用开放的API接口，从而实现了业务与呼叫控制分离、呼叫控制与承载分离，这样各个层可以独立发展，新业务的开发可以不受底层技术变化的影响。

1. 各层的主要功能

接入层：为各类终端和网络提供访问NGN网络资源的入口功能，这些功能主要通过网关或智能接入设备完成。

承载层：主要完成信息传输，目前的共识是采用分组交换技术(包括IP技术和ATM技术)作为承载层的主要传输技术。

控制层:完成呼叫控制功能,对网络中的交换资源进行分配和管理,并为业务层设备提供业务能力或特殊资源。控制层的核心设备就是软交换,软交换是NGN的核心设备之一,它独立于传送网络,主要完成呼叫控制、资源分配、协议处理、路由、认证和计费等功能。

业务层:主要功能是创建、执行和管理NGN的各项业务,包括多媒体业务、增值业务和第三方业务等。主要设备是应用服务器和功能服务器,如媒体服务器、AAA服务器、目录服务器等,用于提供各类业务控制逻辑,完成增值业务处理等。

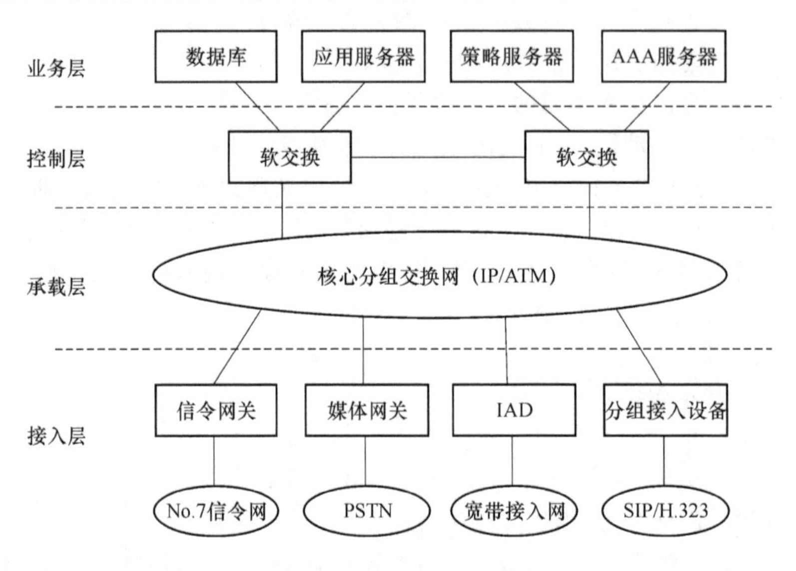

图8.1 软交换网络分层结构

2. 软交换网络主要设备

(1) 媒体网关

媒体网关(Media Gateway,MG)是现有各种网络(PSTN/ISDN)与NGN网络连接的接口设备,主要完成将一种网络中的媒体格式转换为另一种网络所要求的媒体格式。软交换通过MGCP/Magaco协议对媒体网关进行控制。

媒体网关完成的主要功能是语音处理功能、呼叫处理与控制功能、资源管理功能、维护和管理功能、统计信息的收集和汇报功能,以及完成H.248协议功能等。根据实际应用,媒体网关有中继网关、接入网关和用户驻地网关等类型。

(2) 信令网关

信令网关(Signaling Gateway,SG)的主要功能是完成No.7信令系统和NGN网络之间消息的互通,主要完成信令格式的转换。信令网关的协议包含两部分:信令网侧协议和IP网络侧协议。信令网关可以是独立的通信设备,也可以嵌入到其他设备(软交换机或媒体网关)之中。

(3) 综合接入设备

综合接入设备(Integrated Access Device,IDA)是小容量的综合接入网关,提供语音、数据和视频的综合接入能力。IDA支持以太网接入、ADSL接入、HFC接入等多种接入方式,满足用户的不同需求,主要面向小区用户、商业楼宇等。

(4) 无线接入网关

无线接入网关负责无线用户的接入,完成无线用户的接入、语音编解码和媒体流的传送。

(5) 应用服务器

应用服务器(Application Server,AS)提供业务逻辑执行环境,负责业务逻辑的生成和管理。

(6) 媒体服务器

媒体服务器(Media Server,MS)用于提供专用媒体资源功能,包括音频和视频信号的播放、混合和格式转换等处理功能,同时还完成通信功能和管理维护功能;在软交换实现多方多媒体会议呼叫时,媒体服务器还提供多点处理功能。

(7) 路由服务器

路由服务器(Routing Server,RS)为软交换提供路由消息查询功能。路由服务器可以支持相互之间的信息交互,可以支持 E.164、IP 地址和 URI 等多种路由信息。

(8) AAA 服务器

AAA 服务器(Authentication,Authorization and Accounting Server)主要完成用户的认证、授权和鉴权等功能。

3. NGN 接口协议

NGN 采用了开放式的网络框架结构,功能模块相对独立,成为独立的网络部件,各个部件可以由不同的厂商独立开发。运营商可以根据用户需求,将各个功能模块自由组合组建成网络,这就要求功能模块的接口必须采用开放协议,部件间的接口协议必须标准化以实现各种异构网的互通。

(1) 软交换与媒体服务器之间的接口协议

用于软交换对媒体网关进行承载控制、资源控制和管理,主要采用媒体控制协议 H.248 协议作为首选协议,MGCP 作为可选协议。

(2) 软交换与应用服务器之间的接口协议

用于对各种增值业务的支持,主要采用 SIP 协议。

(3) 软交换和 AAA 服务器之间的接口协议

软交换将用户名和账号等信息发送到 AAA 服务器进行认证、鉴权和计费,采用 Radius 协议。

(4) 软交换与策略服务器之间的接口协议

实现对网络设备工作的动态调整,采用 COPS 协议。

(5) 软交换与信令网关之间的接口协议

完成软交换与信令网关之间各种信令信息的传送,使用信令传送协议(SIGTRAN)。

(6) 软交换与接入网关之间的接口协议

软交换与接入网关之间的接口采用 H.248 和 MGCP 协议。

(7) 软交换与中继网关之间的接口协议

软交换与中继网关之间主要完成媒体网关的控制、资源控制和管理功能,采用 H.248 协议或 MGCP 协议。

(8) 软交换和软交换之间的接口协议

实现不同软交换设备之间的交互，使用 SIP-T 协议、H.323 协议或 BICC 协议。

(9) 软交换和应用网关之间的接口协议

用于对各种第三方应用的访问，采用 SIP 协议。

(10) 软交换与 IAD 之间的接口协议

软交换和 IAD 之间的接口可以采用 H.248 协议和 MGCP 协议。

(11) 软交换和智能网的 SCP 之间的接口协议

实现对现有智能网业务的支持，使用智能网应用协议 INAP。

(12) 软交换与 SIP 终端之间的接口协议

软交换与 SIP 终端之间的接口采用 SIP 协议。

(13) 软交换与网关中心之间的接口协议

为了实现网络管理，采用简单网络管理协议 SNMP。

4. 软交换网络的业务

(1) 软交换网络业务的特点

① 多媒体业务

随着网络技术的不断发展，人们已经不满足通信时仅仅通过单一媒体方式，例如话音、数据等，而希望在一种媒体通信的同时，其他媒体可以同时进行通信，例如电视电话，在话音通信的同时，通信双方可以通过视频通信，看到对方的相貌和表情。多媒体业务通信是软交换网络中最基本和最受欢迎的特性之一。

② 日益完善的开放性

开放性是软交换网络的基本特征，软交换是将业务层和承载层分开，网络运营商提供基本业务，越来越多的专业化业务提供商可以利用自身优势为客户提供特殊业务，形成对网络运营商在业务运营上的有力补充，从而构建一个良好的软交换网络价值链。而这一切有赖于网络具备标准、开放的接口(OPEN API)，为用户快速提供多元化的定制业务。

③ 业务提供个性化

软交换网络的开放性为个性化业务提供了有力的支持，个性化业务是根据某个特定群体或个体业务的需求，有针对性地开展业务。个性化业务的提供将为客户提供更优质的访问，同时也给业务运营商带来了更大的利润空间。

④ 虚拟业务逐步发展

虚拟业务是将个人身份、联系方式和住所等都虚拟化，用户可以使用用户号码及号码可携带等虚拟业务，实现任何时间、任何地点的通信。

⑤ 业务智能化

软交换网络的通信终端具有多样化、智能化的特点，网络业务和终端特性相结合可以提供更加智能化的业务；用户也可以根据需要将多种业务组合起来，形成新的业务；用户也可以通过业务门户进行简单的配置生成个性化业务；用户还可以通过网络修改业务特性。业务智能化的特性使通信与人们的生活更加紧密相关。

(2) 软交换业务分类

按照软交换的业务特点和业务的实现方式，可以分为3类：基本业务、补充业务和增强业务。

① 基本业务

基本业务是软交换网络提供的最普通的业务，包括基本的话音、传真和点到点的视频多媒体业务。

(a) 话音业务

话音业务是指在软交换网络中，各个终端之间的实时通话业务，语音编码协议包括G.711，G.723.1和G.729等协议，通信终端包括SIP终端、H.323终端、H.248终端等。

(b) 传真业务

传真业务是指在软交换网络中，各个终端之间发送和接收传真。采用T.30和T.38两种工作方式，通信终端包括SIP终端、H.323终端、H.248终端等。

(c) 点对点多媒体业务

点对点多媒体业务是指通信终端之间进行音频和视频交互。包括SIP终端、H.323终端等。

② 补充业务

补充业务是在基本业务的基础上增加用户的业务数据和业务特征并由软交换进行控制的业务。软交换除了提供PSTN/ISDN网络提供的各种补充业务外，还可以为用户提供其他类型的补充业务。

补充业务可以分为号码显示类、呼叫前转类、多方通话类、多方视频类和姓名显示类等。

(a) 号码显示类包括主叫号码显示业务、主叫号码限制业务、被连接号码显示业务和被连接号码限制业务。

(b) 呼叫前转类业务包括无条件呼叫前转业务、遇忙呼叫前转业务、无应答呼叫前转业务、用户不在线呼叫前转业务、按时间段前转业务、按主叫号码前转业务、有选择的无条件呼叫前转业务、有选择的遇忙呼叫前转业务和有选择的无应答呼叫前转业务。

(c) 多方通话类业务包括三方通话业务和会议呼叫业务。

(d) 多方视频类业务包括视频会议业务。

(e) 姓名显示类业务包括主叫姓名显示业务、主叫姓名显示限制业务、被连接姓名显示业务、被连接姓名显示限制业务等。

另外补充业务还包括有群振业务、依次振铃业务、个人用户号码业务、一线多号业务、一号多线业务、区别振铃业务等。

③ 增强业务

在软交换网络中，软交换可以访问应用服务器和Web服务器等各种服务器，或者通过API访问第三方应用，为用户提供各种业务，这些业务的控制和数据功能通常由各种服务器或第三方提供，软交换仅作为呼叫控制实体。这类业务统称为增强业务。

(a) 点击拨号类业务

点击拨号类业务是用户通过计算机网络页面点击或输入被叫的电话号码，并且输入主叫号码，从而启动两个用户的连接。

(b) 统一消息业务

统一消息业务是所有消息(语音、邮件、传真和文本等数据)由一个收信箱统一管理，用户根据需要在任何地方可以通过电话、计算机等终端设备接收和发送消息，消息的存储和管理与用户终端无关。

(c) IP Centrex 业务

IP Centrex 业务是在继承PSTN网中Centrex业务的基础上，构建在软交换基础上的基于 IP 的 Centrex,能够支持所有传统的 Centrex 业务特性,包括:基本业务类、呼叫指示类、呼叫限制类、呼叫完成类和 Centrex 组网类等几大类业务性能,并且根据 IP 终端的特点,软交换还能够提供移动性、语音数据融合和多媒体等业务,具有更加灵活的特性。

在 NGN 环境中,软交换直接控制 IP Centrex 业务用户和提供业务用户性能。用户可以以任何方式接入,包括模拟电话、ISDN 用户,以太网接入、IP 终端、支持 H.323 的终端等,软交换将这些用户组成广域的商业组,并且能够和传统的 Centrex 互通,组成更广域的 Centrex 网。

(d) VPN 业务

VPN 业务是利用公共通信网资源为某些机关或企业提供一个逻辑上的专用网,以供这些单位在逻辑专用网中开展各类通信业务。

(e) 网络会议

网络会议(Web Conference)业务是通过 Web 方式发起多方会议的业务,会议参与方通过预先分配的会议号码登录并参加会议,在会议中可以同步浏览、更新会议内容;会议管理员可以增加或删除会议参与方。

(f) 个人助理业务

个人助理业务是用户通过网页管理通信业务,实现个人数据的维护、业务定制、业务查询、话费查询、修改业务特征等操作。

(g) 即时消息业务

即时消息业务是指用户之间可以进行语音、文本和图像等信息交流,实现在线语音聊天、即时消息传送,用户状态显示,网页推送、文件传送和协同工作等实时工作。

(h) 记账卡类业务

记账卡类业务允许用户在任意一部终端上进行通信,并把费用记在规定的账号上。

(i) 被叫集中付费业务

被叫集中付费业务是使用该业务的用户由被叫支付使用费用,而主叫不付费用。

5. 软交换网络业务提供方式

软交换具有强大的业务开发和业务提供能力,因此软交换网络业务的开发、提供、修改能够更加快速、灵活和有效。软交换网络提供业务的方式主要有以下几种。

(1) 直接由软交换提供基本业务及 PSTN、ISDN 补充业务、CENTREX 业务,以及数据业务。

1) 通过 AG 接入 POTS、ISDN 终端来实现。AG 对 V5、ISDN BRI、PRI 功能的支持是可选的。

2) 通过 IAD 接入 POTS 终端来实现。

3) 智能终端实现,包括软、硬终端。

4) 通过 AG 或 IAD 接入 xDSL 实现宽带数据业务。

(2) 软交换系统和现有智能网的 SCP 进行互通,充当 SSP,从而实现现有 PSTN 网络的传统智能网业务。要求软交换必须支持 CINAP。

(3) 利用应用服务器 AS,实现现有的智能业务及未来的各项新型增值业务。

AS 与软交换连接方式有两种,直接连接和通过 PARLAY 网关连接。

1) 直接连接方式:使用厂家内部协议实现。

2) PARLAY 网关连接方式：PARLAY 网关与软交换连接采用 INAP 协议，有的厂家设备还支持 SIP 和 CAMEL 协议。基于 PARLAY 的业务平台采用了国际标准的 PARLAYAPI 接口，便于业务生成和移植。

(4) 由基于开放业务平台为第三方提供业务。即基于 PARLAY API 接口允许提供第三方 AS 接入。

(5) 与 ISP/ICP 或专用平台互连，提供 ISP/ICP 和专用平台所具有的业务，例如使用 SIP 协议互通或 PARLAY 接口接入。

前三类业务为软交换体系本身提供，后两类业务为第三方提供。

8.2　软交换组网技术

软交换不但是一个全新的网络结构，而且在推广过程中必然要和现存的各类网络进行互通。这些网络主要包括 PSTN、No. 7 信令网、智能网和 H. 323 网络等。

8.2.1　软交换与 PSTN 的互通

软交换与 PSTN 互通根据软交换网络所处的位置分为两种情况，一种是软交换位于 PSNT 本地网中的端局，另一种软交换作为汇接局或长途局，两种网络的互通协议包括 H. 248，MGCP 和 SIGTRAN 协议等。

1. 软交换与本地网端局的互通框架结构

当软交换作为 PSTN 本地网的端局时，软交换网络需要与 PSTN 中的其他端局互通，连接关系如图 8.2 所示。

图 8.2 中的综合接入媒体网关用于为各种用户提供多种类型的业务接入，如：模拟用户接入、ISDN 接入、V5 接入，综合媒体网关接入到 IP 网或 ATM 网。中继网关兼容 SG 功能，也可以是独立的实体。

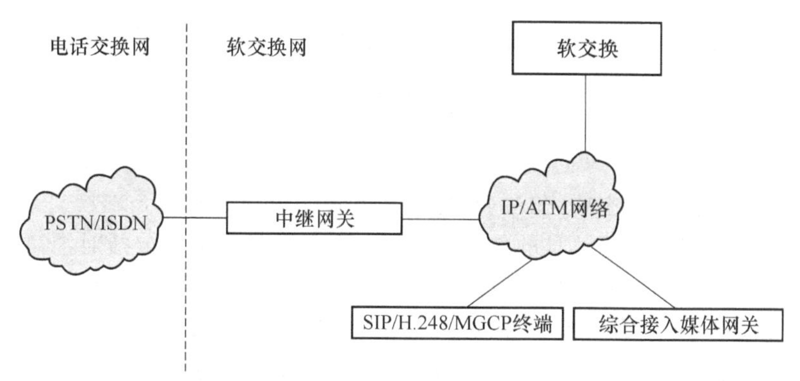

图 8.2　软交换作为端局与 PSTN 互通连接图

2. 软交换位于汇接局或长途局时的互通框架结构

当软交换位于汇接局或长途局时，连接了不同的 PSTN 本地网，互通结构如图 8.3 所示。图中中继网关位于电路交换网和分组网之间，用来终结大量的数字电路。中继网关兼容 SG 的功能,也可以是独立的实体。

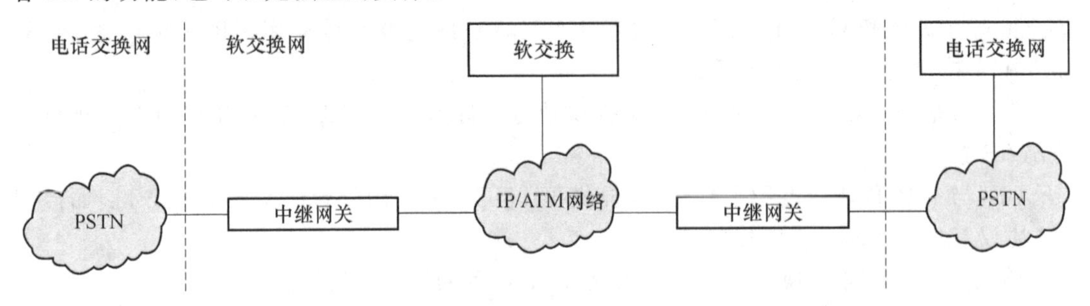

图 8.3 软交换作为长途局或汇接局与 PSTN 互通

8.2.2 软交换网络和 H.323 网络的互通

基于 H.323 协议的 IP 电话网络已经被广泛使用,因此在组建以软交换为中心的网络时,要充分考虑与现有网络 H.323 的互联互通,它们的互通主要采用 H.323 协议,如图 8.4 所示。

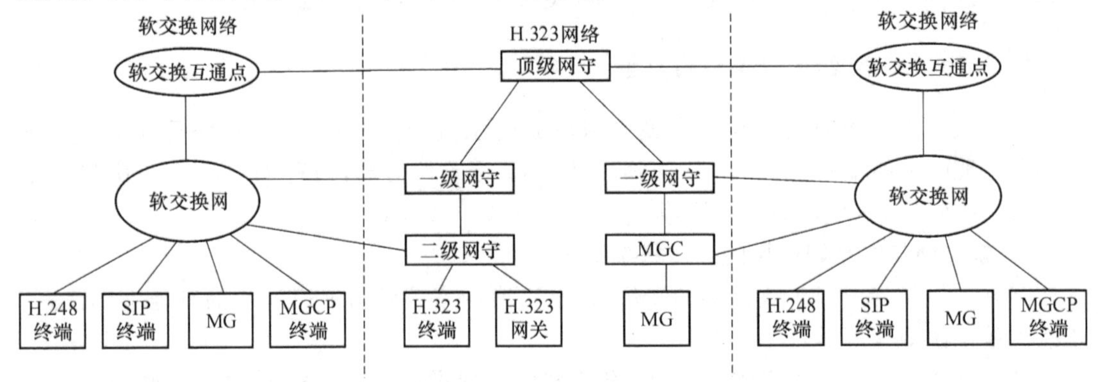

图 8.4 软交换与 IP 电话网的互通

当软交换设备与 H.323 网络互通时,其交换连接设置在软交换设备与最低级网守之间,即通过软交换与 H.323 体系中的二级或一级网守完成这两个网络体系之间的互通。

8.2.3 软交换网络与 No.7 信令网的互通

软交换网络和长途 PSTN 必须互通,因而要求 No.7 信令与软交换网络的各种信令协议能够互通,信令网关设备主要完成的功能就是实现信令互通和信令转换。

当在 IP 网络中传送基于消息的信令协议时,其基本框架体系包括对消息的封装分发、端到端的协议机制,以及如何使用 IP 已有的能力来满足信令传送的功能和性能要求。

No.7 信令网与 IP 互通支持两种方式:信令网关设备作为信令转接点(STP)方式和信令网关设备作为代理信令方式,每种组网方式都有其特定的功能要求。

1. 信令转接点方式的组网结构

信令转接点的组网方式如图 8.5 所示,在信令转接点方式中,信令网关相当于 No.7 信令网上的一个信令转接点,其功能是根据 DPC 或 DPC/CIC 为分组网和 No.7 信令网的 SP 之间通过信令转接和信令媒体流转换。在这种方式下,信令网关和分组网上的节点均需要分配信令点编码。在信令网关的 No.7 信令网侧支持 MTP-1,MTP-2 和 MTP-3 的功能,并能同时与多个信令点/信令转接点互通，在软交换网络侧，信令网关必须具备 M3UA，M2PA 和 SCTP 功能，并能与多个软交换设备互通。

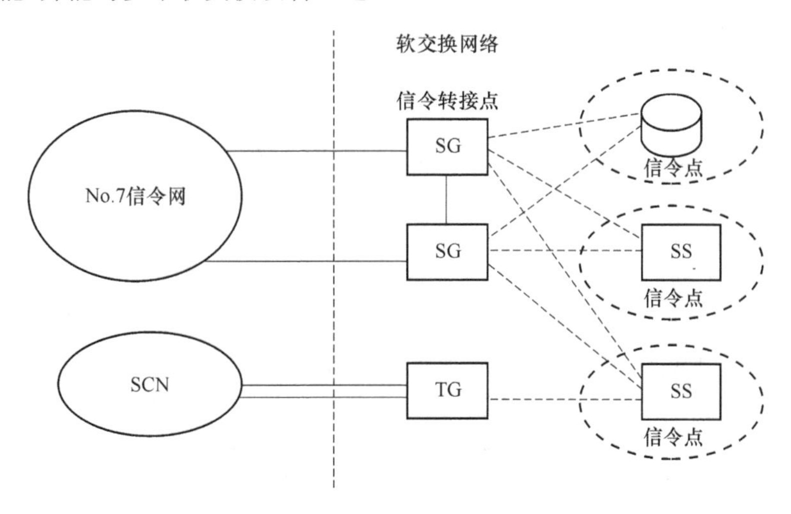

图 8.5　信令转接点的组网示意图

2. 代理信令点方式的组网结构

代理信令点的组网结构如图 8.6 所示，在代理信令点方式中，所有软交换网络上的节点共享一个 No. 7 信令点编码，信令网关的功能是根据 OPC 或 OPC/CIC 为软交换网和信令网上的 SP 之间提供信令转接。在信令网关的 No. 7 信令网侧支持 MTP-1，MTP-2 和 MTP-3 的功能，并能同时与多个信令点/信令转接点互通，在软交换网络侧，信令网关必须具备 M3UA，M2PA 和 SCTP 功能，并能与多个软交换设备互通。

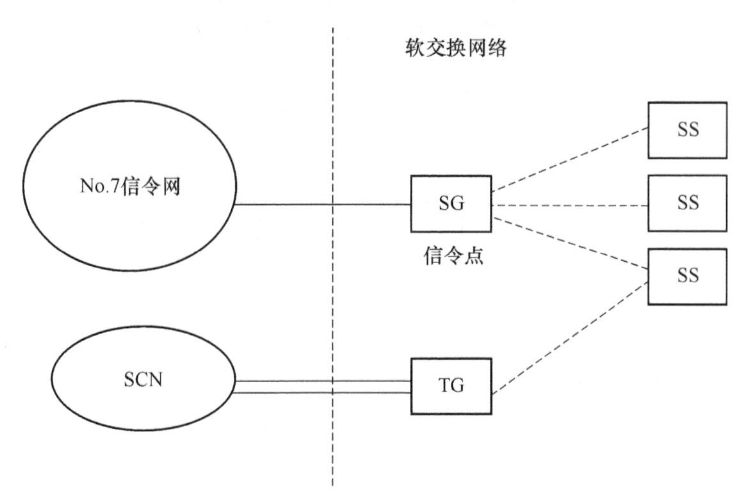

图 8.6　代理信令点的组网示意图

8.2.4　软交换网络与 SIP 网络的互通

当一组 SIP 服务器组成一个独立的采用 SIP 协议的多媒体宽带网络时，软交换网络必须能够与 SIP 网络之间互通，主要是完成软交换设备与 SIP 网络中的接口 SIP 服务器互通。

为完成软交换与 SIP 网络之间的互通，软交换设备必须具有如下功能：

(1) SIP 用户代理功能：包括 SIP 用户代理服务器和用户代理客户机。主要完成将 PSTN/ISDN 侧的非 SIP 终端向 IP 侧发起 SIP 呼叫请求和对来自 IP 侧的 SIP 呼叫做出响应。

(2) SIP 代理功能：转发 SIP 请求和响应消息。

(3) 支持 SIP-T 协议：实现 PSTN/ISDN 侧的 No.7 信令和 IP 侧的 SIP 信令的映射和转换。

软交换网络与 SIP 网络的互通方式有以下 3 种。

(1) PSTN/ISDN—软交换网络— SIP 网络

该方式表示呼叫在 PSTN/ISDN 网络发起，终结于 IP 网，如图 8.7 所示。发端的软交换接收来自发端的 PSTN/ISDN 网中的 No.7 信令消息，使用 SIP-T 协议将 No.7 信令消息转换为 SIP 消息，通过中间的 SIP 网络直接传送给接收端的 SIP 终端。

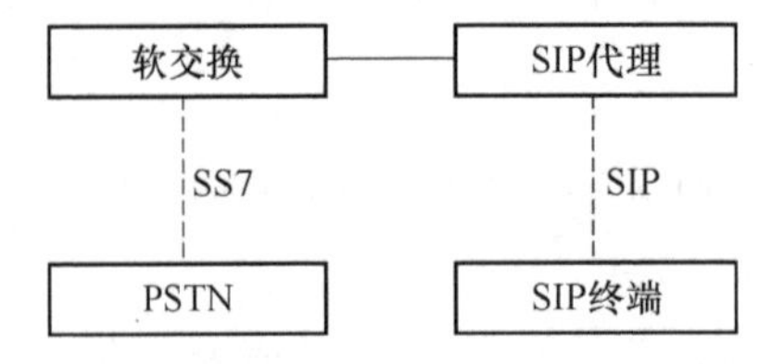

图 8.7　PSTN/ISDN-SIP 互通

(2) SIP 网络—软交换网络—PSTN/ISDN

该方式表示呼叫自 IP 网络发起，终结于 PSTN/ISDN 网络，如图 8.8 所示。发端的 SIP 终端发出 SIP 消息，经过 SIP 网络将消息发送至接收端的软交换设备，软交换将 SIP 消息转换为 No.7 信令消息，并发送到接收端的 PSTN/ISDN 网络。

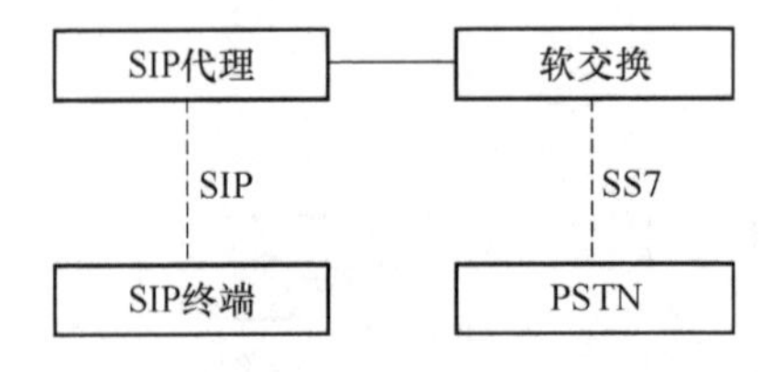

图 8.8　SIP- PSTN/ISDN 互通

(3) SIP 网—软交换网络—SIP 网络

该方式表示呼叫自 IP 网络发起，终结于 IP 网络，如图 8.9 所示。这种形式是完全 SIP 网络的情形，软交换设备完成 SIP 服务器的功能，发端的 SIP 终端发起 SIP 消息，软交换网络完成将消息送至接收端的 SIP 终端。

图 8.9　SIP-SIP 互通

8.2.5　软交换网络的组网路由技术

软交换与软交换之间的组网有 3 种结构：软交换平面路由结构、软交换分级路由结构和定位服务器分级路由结构。平面路由结构相对于分级路由结构，路由结构简单，建设成本低，在网络规模较小时采用；当网络规模扩大后，应该采用分级的路由结构。

1. 软交换平面路由结构

所有的软交换处于同一逻辑平面，网络采用了全互连结构，每一台软交换机均掌握全网的路由设置数据，主叫交换机通过一次地址解析就可以定位到目的端软交换机。在这种结构中，网络拓扑一旦发生变化，相应对所有的交换机的路由数据做出更改。软交换平面路由方式如图8.10所示。

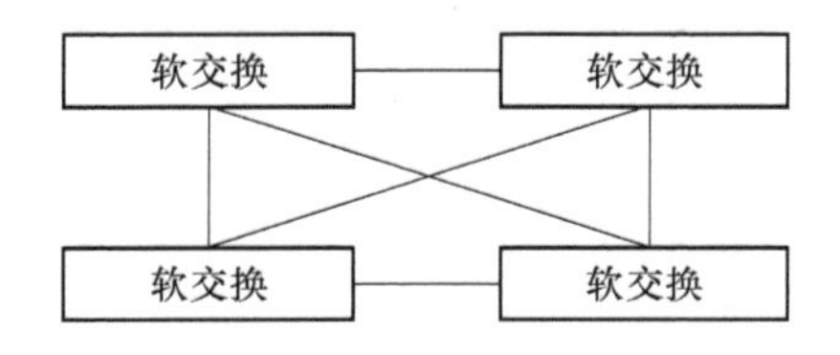

图8.10　软交换平面路由结构

软交换平面路由结构可以通过局号或区号配置出对端的软交换机，这种结构适合应用于初期规模较小的软交换网络。

2. 软交换分级路由结构

随着软交换网络规模的扩大，将软交换机划分为不同层次，实现分级路由。如图8.11所示，将软交换网络分为两级，端局软交换和转接软交换，端局软交换提供完整的业务提供功能，而转接软交换只需要提供地址解析和呼叫转接功能。

为实现转接软交换的路由功能，需要为其配置相应的路由信息，一般情况下，路由是静态配置的。

在这种结构中，每个软交换的路由信息简单，组网结构清晰，转接软交换通常只具备呼叫控制功能，不具备承载控制功能。但存在的问题是软交换网络本身是IP网络，IP网络是平面网络结构，因而，软交换分级方式是否符合网络的长期发展有待于进一步验证。

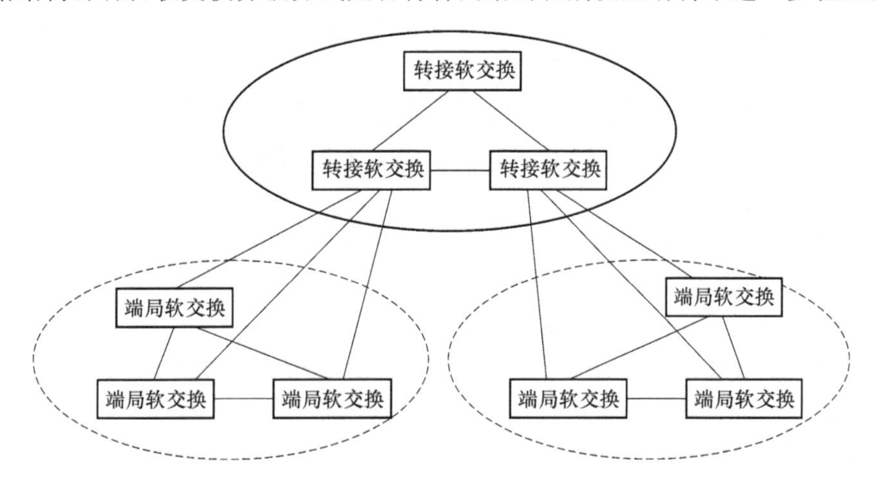

图8.11　软交换分级路由结构

3. 定位服务器分级路由

这种方式将软交换网络分为不同的区域，每个区域内的软交换只需要了解本区域内的路由信息,而不同区域之间路由则通过设置定位服务器(Location Server,LS)来实现,在呼叫建立过程中,主叫软交换首先在本地登记中查找被叫软交换,如果不存在,则向定位服务器发出地址解析请求,由LS完成对地址解析后即可以直接定位到被叫软交换。随着网络规模的扩大,LS可以进一步分级部署,如图8.12所示。

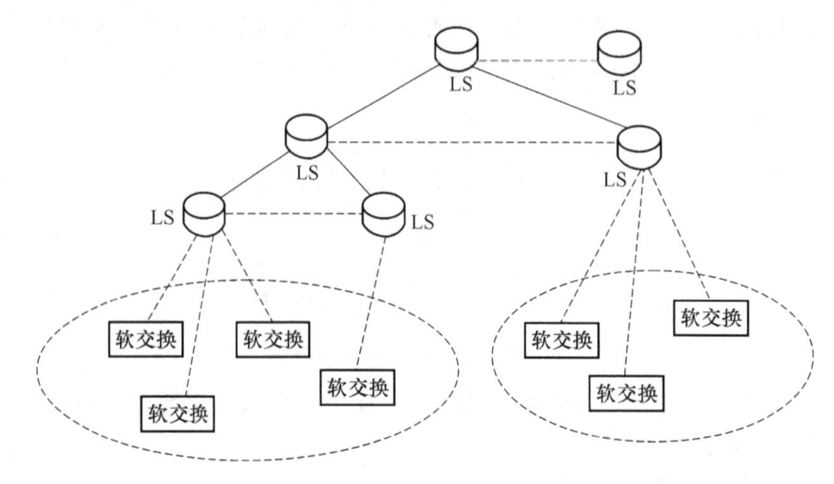

图8.12 定位服务器分级路由结构

采用这种结构LS不进行呼叫信令的转接,只进行地址查询和路由。网络中任何一个软交换均可直接定位到目的端软交换。不存在呼叫信令的逐跳转发。

8.2.6 软交换网络中的用户编号技术

用户编址是路由与交换的基础,是组网的前提,目前在网络上有两种常用的编址体制:ITU-T的E.164编号体制和IETF的IPv4/IPv6编号体制。

ITU-T的E.164是"国际公众电信编号计划",是电信网组网所用的编址体制,采用十进制的编号体制,长度可变,这种编址方式已经成功地应用于PSTN、ISDN及移动网络中,现在的IP电话采用的也是这种体制。

目前在软交换中,采用的是ITU-T的E.164,有局号和网号两种编号方式。

局号。$X_1X_2X_3$-PQRABCD,其中$X_1X_2X_3$为区号,PQR为局号,这种方式与现有的PSTN编号方式相同。

网号。$1X_1X_2$-$X_3X_4X_5$-ABCD,其中$1X_1X_2$为网号,$X_3X_4X_5$为区号,这种方式与现有的移动通信网络编号方式相同。

网号方式相对于局号方式有一定的优势,如号码分析简单,容易实现与号码相关的增值服务,容易实现全程全网NGN增值业务,软交换网络中倾向于使用网号方式。软交换网络是基于IP的网络,所有终端都有相应的IP地址,采用统一资源标识(Universal Resource Identifier,URI)地址格式。

软交换网络实现了PSTN与IP网络在业务层面和网络层面的融合。为了实现固定终端、移动终端、软交换网络终端之间的通信,需要在软交换网络中实现E.164号码和URI地址之间的相互转换,这种转换是通过ENUM技术解决的。

ENUM是IETF的电话号码映射工作组(Telephone Number Mapping Working

Group，ENUM）制定的一个协议，它定义了将 E.164 转换为域名形式放在 DNS 服务器数据库中的方法，每个由 E.164 号码转换成的域名可以对应一系列的统一的资源标识 URI，从而使国际统一的 E.164 电话号码成为可以在互联网中的使用的网络地址资源。通过使用 ENMU 机制，接入的 E.164 可以映射成传统的电话号码、移动电话号码、电子邮件地址、IP 电话号码或个人网页等多种信息，这样，用户可以方便实现号码携带，在不改变接入号码的基础上，通过改变 DNS 中的记录实现更换运营商、变换地域和改变业务种类。

ENMU 定义采用了如下过程将电话号码映射为 DNS 系统中的记录（以北京的一个电话号码 34245678 为例）：

- 第一步，将电话号码处理为标准的 E.164 号码格式（＋86－10－34245679）；
- 第二步，去掉所有连接符（861034245679）；
- 第三步，将号码反转（976542430168）；
- 第四步，在每个数字之间加域名分隔符（9.7.6.5.4.2.4.3.0.1.6.8）；
- 第五步，在数字串后末尾加上.e164.tld（9.7.6.5.4.2.4.3.0.1.6.8.e164.tld）。

通过上述步骤，一个电话号码转换为 DNS 的域名形式，每个 E.164 号码形成的域名可以对应多条网络资源记录，称为统一资源标识 URI，它采用另一个 IETF 建议 RFC 2915 定义的格式，称为“名称权威指针”（Naming Authority Pointer，NAPTR）。

ENUM 技术可以实现电信网络和 IP 网络业务编号的统一，E.164 是电信网络使用的重要资源，DNS 系统是 IP 网络的重要基础，ENUM 技术将两者结合起来，有益于传统电信网络向基于 IP 交换的网络发展，ENUM 对促进两种网络最终融合具有重要意义。

8.3　软交换网络协议

软交换网络是一个开放的体系结构，各个功能模块之间采用标准的协议进行互通，因此软交换涉及很多的协议，本节重点介绍 MGCP 协议、H.248/MEGACO 协议、SIGTRAN 协议、SIP 协议、H.323 协议。

8.3.1　媒体网关控制协议 MGCP

1. MGCP 协议模型

媒体网关控制协议（Media Gateway Control Protocol，MGCP）是由 IETF 的 MEGACO 工作组制定的媒体网关控制协议，是网关分解的产物。RFC2719 把传统网关分解为媒体网关（MG）、信令网关（SG）和媒体控制器（Media Gateway Control，MGC）3 部分，由此产生了媒体网关控制协议。

MGCP 协议是软交换机和媒体网关之间或软交换与 MGCP 终端之间的通信协议或软交换与 MGCP 终端之间的通信协议，用于完成软交换对 MG 的控制，处理软交换与媒体网关的交互，软交换通过此协议来控制媒体网关或 MGCP 终端上的媒体/控制流的连接、建立和释放。

MGCP 的连接模型包括端点（Endpoint）和连接（Connection）两个构件。端点发送或接收数据，分为网络端点和虚拟端点两类。连接表示的是端点之间的关系，连接由软交换在呼叫涉及的端点之间建立,可以是点对点的连接,也可以是点到多点之间的连接,一个端点可以建立多个连接,而不同的连接可以作用于同一个端点上。

在MGCP的呼叫控制中有两个重要概念:事件(Event)和信号(Signal),事件是网关能够侦测出的状态,如电话摘机挂机等。信号是由网关产生的,如拨号音。MGCP通过检测和判断端点和连接上事件对呼叫过程进行控制,指示端点应该向用户发送或终止何种信号。例如,当端点检测到用户摘机时,向用户发出拨号音信号。

2. MGCP协议栈

MGCP采用UDP进行传送。为防止未经授权的实体利用MGCP协议建立非法呼叫,要求MGCP的连接建立在安全连接的基础上。当在IP网络上传输MGCP协议时,需要使用IP Authentication Header或IP Encapsulating Security Payload协议建立安全连接。MGCP协议栈如图8.13所示。

MGCP
UDP
IP Security
IP
接入层

图8.13　MGCP协议栈

3. MGCP命令

MGCP命令包括端点处理和连接处理两类共9条命令,分别是端点配置(EndpointConfiguration)、通报请求(NotificationRequest)、通报(Notify)、创建连接(CreatConnection)、修改连接(ModifyConnection)、删除连接(DeleteConnection)、审核端点(AuditEndpoint)、审核连接(AuditConnection)和重启进程(RestartProgress)。MGCP采用文本协议,协议分为命令和响应两类。采用三次握手协议进行证实,每个命令都需要对方响应。命令由命令行和若干参数组成,证实消息带三位数字响应码。

(1) 命令

① EndpointConfiguration(EPCF)

由软交换发送到媒体网关,用来规定端点接收信号的编码格式。

② NotificationRequest(RQNT)

由软交换向终端设备发送,用于规定终端设备所要监视/报告的在端点上发生的事件。

③ Notify(NTFY)

由终端向软交换发送,用于终端设备通知软交换所检测到的发生的事件。

④ CreatConnection(CRCX)

用于软交换在终端之间建立一个连接。

⑤ ModifyConnection(MDCX)

用于改变连接特征,包括改变连接的本地特征和远端特征。

⑥ DeleteConnection(DLCX)

此命令可以由终端发出，也可以由软交换发出，用于删除连接，软交换可以同时删除多个连接。

⑦ AuditEndpoint(AUEP)

用于软交换查看端点状态。

⑧ AuditConnection(AUCX)

用于软交换查看与连接相关的参数。

⑨ RestartInProgress(PSIP)

用于通知软交换端点退出服务或进入服务。

(2) 证实消息

所有 MGCP 命令都需要接收方进行证实，证实消息中包含了 Return Code；Return Code 通过一个整数表明命令的执行状态，包括响应证实、暂时响应、成功完成、短暂出错和持久出错等。

8.3.2　H.248/MEGACO 协议

MEGACO 和 H.248 协议是 IETF MEGACO 工作组和 ITU-T 16 研究组在 MGCP 协议的基础上分别提出的，是对于 MGCP 协议的扩展。H.248 和 MGCACO 在协议文本上相同，只是在协议消息传输语法上有所区别。H.248/MEGACO 协议概念灵活、业务能力强，而且可以有新的附件补充其能力，是目前媒体网关和软交换之间的主流协议。

1. H.248/MEGACO 协议连接模型

H.248/MEGACO 协议模型主要用于描述媒体网关中的相关实体，其中使用的两个主要抽象概念是终节点(Termination)和关联(Context)。如图 8.14 所示。

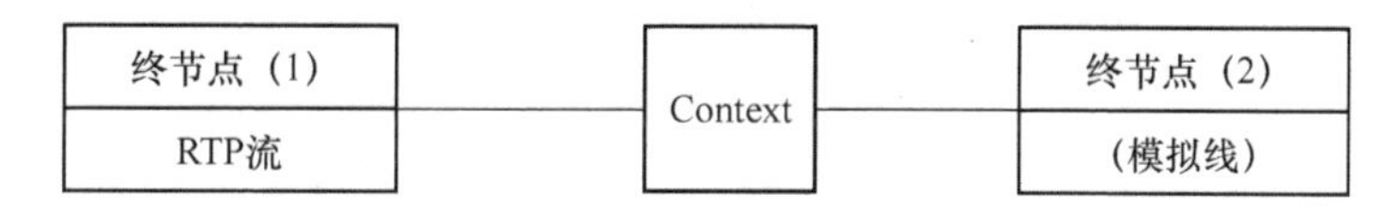

图 8.14　H.248 连接示意图

(1) 终节点

终节点位于 MG 中，可以是 MG 的一个物理实体，也可以是一个逻辑实体。终节点用于发送或接收一个或者多个数据流。终节点特性可以由媒体流参数、调制和承载能力等参数进行描述。

终节点分为半永久性终节点和临时性终节点两种。半永久性终节点通常代表一些物理实体，例如一个 TDM 信道；临时性终节点通常代表临时性的消息流，如 RTP 流。只有当媒体网关需要传输信息流时，相应的终端才被创建和赋予一个唯一的终节点标识 Termination ID。临时性终节点由 Add 命令和 Subtract 命令来创建和删除。对于半永久性终节点，使用 Add 命令和 Subtract 命令只是将其加入到一个特定的关联或者从一个特定的关联中删除，其本身是不能用命令来创建和删除的。

(2) 关联

关联为一组终节点之间的联系，描述的是终节点之间的拓扑结构、媒体混合和交换的实时。有一种特殊的关联称为空关联(Null Context)，它是不与任何其他终节点相联系的所有终节点的集合。

一个终节点一次只能存在于一个关联之中,一般使用 Add 命令向一个关联中增添终节点,使用 Subtract 命令将一个终节点从一个关联中删除,也可以使用 Move 命令将一个终节点从一个关联转移到另一个关联。

终节点可以用特性来进行描述,不同类型的终节点,其特性也不同。因此,H. 248 使用了 19 个终节点描述符对于终节点的特性进行描述,描述符由描述符名称和一些参数组成,参数可以有取值,描述符可以作为命令的参数,也可以作为命令的传输结果返回。

2. H. 248/MEGACO 命令

H. 248 定义了 8 个命令,分别是 Add,Modify,Subtract,Move,AuditValue,AuditCapability,Notify 和 ServiceChange。

(1) Add

Add 命令用来向一个关联添加终节点。

(2) Modify

Modify 命令用来修改一个终节点的特性、事件和信号。

(3) Subtract

Subtract 命令用来解除一个终节点和它所处的关联之间的联系,同时返回。

(4) Move

Move 命令用来将一个终节点从一个关联转移到另一个关联。

(5) AuditValue

AuditValue 命令用来获取终节点的当前特性、事件、信号和统计有关的信息。

(6) AuditCapability

AuditCapability 命令用来获取媒体网关所允许的终节点的特性、事件和信号的所有可能的信息。

(7) Notify

媒体网关使用 Notify 命令向软交换设备报告媒体网关所发生的事件。

(8) ServiceChange

媒体网关使用该命令向软交换报告一个终节点或者一组终节点将要退出服务,或者刚刚返回服务,也可以使用该命令向软交换进行注册,并且向软交换设备报告媒体网关将要开始或者已经完成了重新启动工作。

3. 事务交互

媒体网关和软交换设备之间的一组命令组成了事务交互,一个事务交互可以由一个 TransactionID 来标识。事务交互由一个或多个动作组成,而一个动作又由在关联中使用的一系列命令组成;因此动作可以用一个 ContextID 来标识。

事务交互使用 TransactionRequests、TransactionReply 和 TransactionPending 完成。事务交互由 TransactionRequests 发起,由发送方发出,每发起一个请求后,就进行一个事务交互。TransactionReply 由接收方发送,包含了执行 TransactionRequests 中所有命令所得到的结果,即包含了所有成功执行的命令的返回值和所有执行失败的命令的命令名和错误描述符。TransactionPending 由接收方发出,周期性地报告这个事务处理正在进行,但是没有结束。

4. 传输机制

H.248 协议的传输机制应当能够支持在媒体网关和软交换之间的所有事务处理的可靠传输。如果是在 IP 上传输本协议,软交换应当能够实现 TCP 和 UDP/ALE,媒体网关应当能够实现 TCP 或者 UDP/ALE 或者同时支持两者。无论是 TCP 还是 UDP,当使用文本方式进行编码时,协议消息所使用的缺省端口为 2944,当使用二进制方式编码时,协议消息所使用的默认端口为 2945。

8.3.3 SIGTRAN 协议栈

SIGTRAN 协议栈主要应用于信令网关与软交换设备之间,是在 IP 网络中传送电路交换网络信令协议的堆栈。SIGTRAN 的功能包括:在可靠的 IP 传输的基础上,承载高层的信令协议;提供与 PSTN 接口上相同级别的业务;提供透明传输。

SIGTRAN 协议栈分为 3 个层次:信令应用层,信令适配层和信令传送层。它的体系结构如图 8.15 所示。信令传送层完成信令的可靠和高效的传输功能,采用的标准是基于 IP 协议的流控制传输协议(Stream Control Transfer Protocol,SCTP)。信令适配层是针对电路交换网络中使用的各种信令协议制定的适配协议,包括:针对七号信令的适配协议 M3UA、M2UA、M2PA、SUA,针对 ISDN 信令的适配协议 IUA,针对 V5 协议的适配协议 V5UA 等。

1. SCTP 协议

SCTP 是由 IETF 的 SIGTRAN 工作组开发的应用层数据传输协议,可以在 UDP 或 IP 等提供的不可靠传输服务的基础上提供可靠的面向连接的传输服务。该传输协议针对 IP 网络上的 TCP 协议的缺陷进行了修改和补充,能够按照目前七号信令网对可靠性和误码率等的要求生成数据包,并实现透明传输。STCP 通过协议的证实和重发机制,保证用户数据在两个 SCTP 端点之间无差错、无重复的可靠传输,同时 SCTP 还具有避免拥塞和避免遭受泛播和匿名攻击的特点。SCTP 比 TCP 更加强壮、可靠,被认为是下一代网络可以取代 TCP 和 UDP 协议的传输协议。

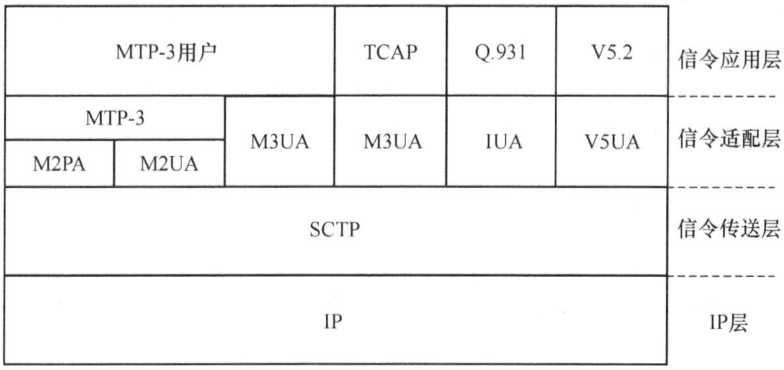

MTP-3用户			TCAP	Q.931	V5.2	信令应用层
MTP-3		M3UA	M3UA	IUA	V5UA	信令适配层
M2PA	M2UA					
SCTP						信令传送层
IP						IP层

图 8.15　SIGTRAN 协议参考模型

2. SCTP 功能描述

SCTP 传送功能可以分解为几个功能块。

(1) 偶联的建立和释放

偶联是由 SCTP 用户发起请求来启动的,为了避免遭受攻击,在偶联的启动过程中采取了 Cookie 机制。SCTP 提供了完善的偶联关闭程序,它必须根据 SCTP 用户的请求来执行,当一个端点执行了关闭后,在偶联的两端停止接收用户发送的新数据。

(2) 流内数据的顺序递交

SCTP 中的流用来指示需要按照顺序递交到高层协议的用户消息的序列,在同一个流中消息要按照其顺序进行递交。偶联中流的数目是可以协商的。用户可以通过流号来进行关联。

(3) 用户数据分段

根据网络的情况,SCTP 可以对用户消息进行分段,以确保发送的 SCTP 分组长度能够符合通路的要求,对应地在接收端 SCTP 将分段的消息重组成完整的用户消息。

(4) 数据接收确认和避免拥塞

SCTP 为每个用户数据分段或者未分段的消息分配一个传输顺序号码(TSN),TSN 独立于在流一级分配的任何流的顺序号码。因此在接收方需要确认所有收到的 TSN,采用这种方法可以把可靠的递交功能与流内的顺序递交功能相分离。

该功能可以在定时的接收确认没有收到时,负责对分组数据的重发。

(5) 块复用

SCTP 分组中包含一个 SCTP 分组头,之后的数据中可以包含一个或多个用户数据块,每个数据块可以包含用户数据,可以包含 SCTP 的控制信息。这种功能称为块复用。用户可以根据需要选择此项功能。

(6) 分组的有效性

每个 SCTP 分组头中包含一个必备的 32 比特的验证标签字段,验证标签的值由偶联的两端在偶联启动时选择,由发送方设置。如果接收的 SCTP 分组中不包含期望的验证标签,则丢弃该分组。

(7) 通路关联

发送方的 SCTP 用户可以使用一组传送地址作为 SCTP 分组的目的地,SCTP 通路管理功能根据 SCTP 用户的指令和当前合理的目的地的可达性状态,为每个发送的 SCTP 分组选择一个目的传送地址。当偶联建立后,通路管理功能为每个 SCTP 端点定义一个首先通路,用来在正常情况下发送 SCTP 分组。在接收端,在处理 SCTP 分组前,通路管理功能用来验证输入的 SCTP 分组是否属于存在的有效偶联。

3. SIGTRAN 协议栈适配层协议

SIGTRAN 协议栈定义了 6 个适配层协议。

(1) MTP-2 用户适配协议(MTP2-User Adaptation Layer,M2UA),该协议允许信令网关向对等的 IPSP 传送 MTP3 消息,对 No. 7 信令网和 IP 网络提供无缝的网管互通功能。

(2) MTP-2 用户对等适配协议(MTP-2-User Peer-to-Peer Adaptation Layer,M2PA) M2PA 的用户是 MTP-3,以对等实体模式提供 MTP-2 的业务,比如 SG 到 SG 的连接。

(3) MTP-3 用户适配协议(MTP3-User Adaptation Layer,M3UA)。M3UA 的用户是 SCCP和 ISUP,该协议允许信令网关向媒体网关控制器或 IP 数据库传送 MTP3 的用户信息。

(4) No. 7 信令网 SCCP 用户适配协议(SS7 SCCP-User Adaptation Layer,SUA)。SUA 的用户是 TCAP,主要功能是适配传送 SCCP 的用户信息给 IP 数据库,提供 SCCP 的

网管互通功能。

(5) ISDN Q. 921 用户适配层协议(ISDN Q. 921-User Adaptation Layer,IUA)。它的用户是 ISDN 的第三层(Q. 931)实体,提供 ISDN 数据链路层业务。

(6) V5 用户适配层协议(V5. 2-User Adaption Layer,V5UA)。提供 V5. 2 的业务。

8.3.4 SIP 协议

会话初始化协议(Session Initiation Protocol,SIP)是由 IETF 开发的在 IP 网络上进行多媒体通信的应用层控制协议。该协议是基于 IP 的一个文本型应用层控制协议,独立于底层协议,用于建立、修改和终止 IP 网上的双方或多方的多媒体会话。会话可以是终端设备之间任何类型的通信,如视频会晤、即时信息处理或协作会话。该协议不会定义或限制可使用的业务,传输、服务质量、计费、安全性等问题都由基本核心网络和其他协议处理。

1. SIP 技术特点

SIP 的主要技术特点在于简单,它只包括 7 个主要请求,6 类响应,成功建立一个基本呼叫只需要两个请求消息和一个响应消息;基于文本格式,易实现和调试,便于跟踪和处理。

从协议角度上看,易于扩展和伸缩的特性使 SIP 能够支持许多新业务,对不支持业务信令的透明封装,可以继承多种已有的业务。

从网络架构角度上看,分布式体系结构赋予系统极好的灵活性和高可靠性,终端智能化,网络构成清晰简单,从而将网络设备的复杂性推向边缘,简化网络核心部分。

(1) 独立于接入:SIP 可用于建立与任何类型的接入网络的会晤,同时还使运营商能够使用其他协议。

(2) 会话和业务独立:SIP 不限制或定义可以建立的会晤类型,使多种媒体类型的多个会晤可以在终端设备之间进行交换。

(3) 协议融合:SIP 可以在无线分组交换域中提供所有业务的融合协议。

2. SIP 协议的基本功能

(1) 名字翻译和用户定位:确保呼叫到达位于网络中的被叫方,执行描述信息到定位信息的映射。

(2) 特征协商:允许与呼叫有关的组在支持的特征上达成一致。

(3) 呼叫参与者管理:在通话中引入或取消其他用户的连接,转移或保持其他用户的呼叫。

(4) 呼叫特征改变:用户能在呼叫过程中改变特征。

3. SIP 的体系结构

SIP 结构包括以下 4 个主要部件。

(1) 用户代理(User Agent):就是 SIP 终端。按功能分为两类:用户代理客户端 (User Agent Client,UAC),负责发起呼叫;用户代理服务器(User Agent Server,UAS),负责接受呼叫并做出响应。

(2) 代理服务器(Proxy Server):可以当作一个客户端或者是一个服务器。具有解析能力,负责接收用户代理发来的请求,根据网络策略将请求发给相应的服务器,并根据应答对用户做出响应,也可以将收到的消息改写后再发出。

(3) 重定向服务器(Redirect Server):负责规划 SIP 呼叫路由。它将获得的呼叫的下一跳地址信息告诉呼叫方,呼叫方由此地址直接向下一跳发出申请,而重定向服务器则退出这个呼叫控制过程。

(4) 注册服务器(Registar Server):用来完成 UAS 的登录。在 SIP 系统中所有的 UAS 都要在网络上注册、登录,以便 UAC 通过服务器能找到。它的作用就是接收用户端的请求,完成用户地址的注册。如图 8.16 所示。

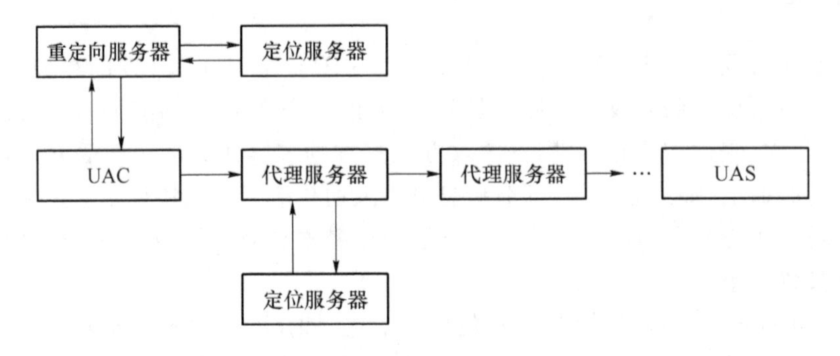

图 8.16 SIP 系统示意图

这几种服务器可共存于一个设备,也可以分别存在。UAC 和 UAS,Proxy Server 和 Redirect Server 在一个呼叫过程中的作用可能分别发生改变。例如,一个用户终端在会话建立时扮演 UAS,而在主动发起拆除连接时,则扮演 UAC。

一个服务器在正常呼叫时作为 Proxy Server,而如果其所管理的用户移动到了别处,或者网络对被呼叫地址有特别策略,则它就成了 Redirect Server,告知呼叫发起者该用户新的位置。

4. SIP 的呼叫建立

(1) SIP 信令

SIP 协议使用 6 种信令。

① INVITE:用于邀请用户或服务参加一个会话;

② ACK:是对于 INVIT 请求的响应消息的确认。ACK 只和 INVITE 请求一起使用;

③ BYE:用于结束会话;

④ OPTIONS:用于查询服务器的相关信息和功能;

⑤ CANCEL:用于取消正在进行的请求,但不取消已经完成的请求;

⑥ REGISTER:用于客户向注册服务器注册用户位置等消息。

⑦ INFO:是对 SIP 协议的扩展,用于传递会话中产生的与会话相关的控制信息。

(2) 3 种呼叫方式

SIP 支持 3 种呼叫方式:由 UAC 向 UAS 直接呼叫;由 UAC 进行重定向呼叫;由代理服务器代表 UAC 向被叫发起呼叫。

SIP 通信采用客户机和服务器的方式进行。客户机和服务器是建有信令关系的两个逻辑实体(应用程序)。前者向后者构建、发送 SIP 请求,后者处理请求,提供服务并回送应答。例如:SIP IP 电话系统的呼叫路由过程是先由用户代理发起和接收呼叫,再由代理服务器对呼叫请求和响应消息进行转发,然后注册服务器接受注册请求并更新定位服务器中用户的地址映射信息。

(3) 软交换网络中的 SIP 地址和路由

SIP URI(Uniform Resource Identifiers)地址为 SIP:user@domain 形式。如果 user 是 E.164 号码,也就是说,为 SIP 终端分配一个类似 PSTN 的号码,则主叫软交换机可以根据一般电话号码的规则很容易地得出被叫软交换机的地址。如果 domain 只是简单的 IP 地址,则可直接根据该地址将信令消息发至被叫软交换机。对于一般的 SIP URI 地址,建议利用 DNS 系统,解析该地址得到该域中 SIP 代理服务器地址,信令到达该服务器后,再查询该域中的位置登记服务器,即可定位到被叫用户当前所在地址。

(4) SIP 事务操作实例

图 8.17 是 SIP 呼叫建立和释放流程。一般情况下,SIP 使用 RTP(实时传输协议)传送音频和视频流,使用会话描述协议(Session Description Protocol,SDP)进行媒体描述。SDP 规定了对描述会话的必要信息,怎样进行编码,它不包括任何传输机制,也不包括任何种类的协商参数。一个 SDP 描述仅仅能够被系统用于在一个多媒体会话中加入大量信息。SDP 描述包括两个部分:一是会话总体信息,包括会话名、联系地址和时间等;二是会话媒体信息,包括媒体类型、传送协议、编码格式和传送地址等。它们分别称为会话级描述和媒体级描述。

5. SIP-T 和 SIP-I

关于软交换 SIP 域和传统 PSTN 的互通问题目前有两个标准体系,即 IETF 的 SIP-T 协议族和 ITU-T 的 SIP-I 协议族。

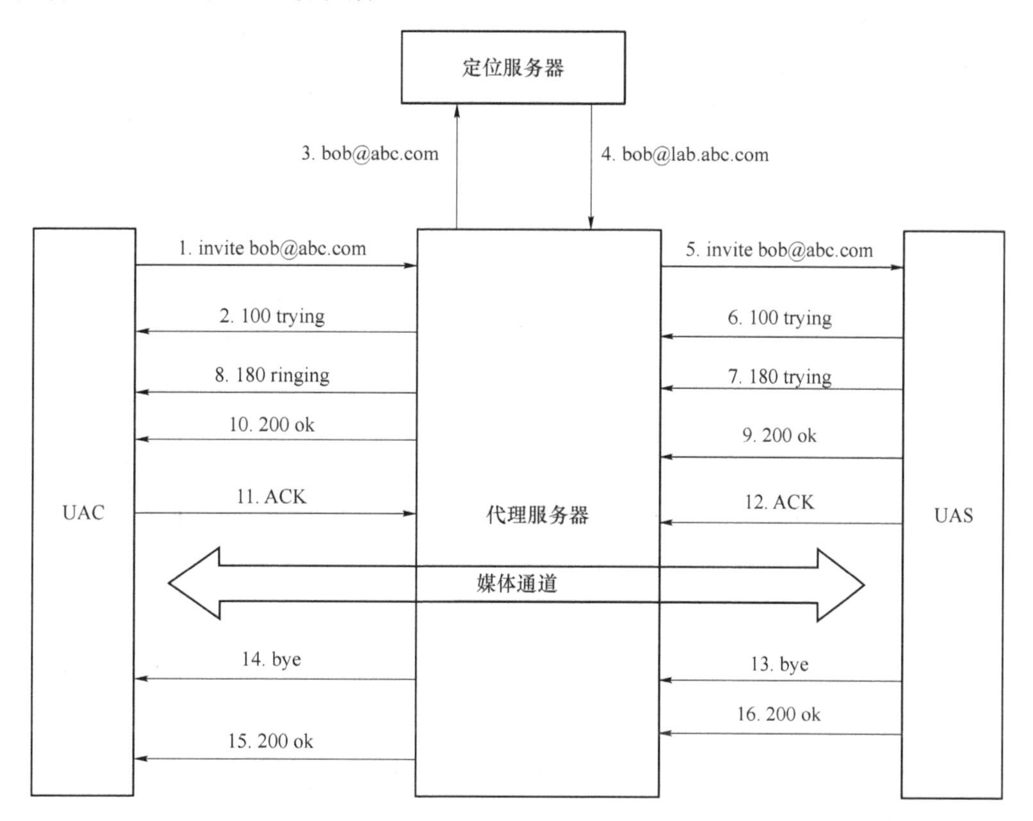

图 8.17 SIP 建立和拆除呼叫实例

SIP-T 协议族:采用端到端的方式建立互通模型,为 SIP 与 ISUP 的互通提供封装和映射两种方式,但它只关注于基本呼叫的互通,而没有包括补充业务。

SIP-I协议族:包括TRQ.2815和Q.1912.5,它采用了许多IETF的标准和草案,同时继承了ITU-T标准清晰准确和详细具体的特点,内容不仅涵盖了基本呼叫的互通,还包括了BICC/ISUP、CLIP、CLIR等补充业务的互通,此外还有资源预留、媒体信息的转换等。这使得它的内容比SIP-T更丰富,可操作性更强,是许多国内外电信运营商的选择。

8.3.5　H.323协议

1. H.323体系结构

ITU-T的H.323系列建议定义了在无服务质量保证的因特网或其他分组网络上进行多媒体通信的协议及其规程。H.323是ITU-T的一个标准簇,它于1996年由ITU-T的第15研究组通过,1997年底通过了H.323V2,改名为“基于分组交换网络的多媒体通信终端系统”,1999年5月ITU-T又提出了H.323的第三个版本,H.323标准为LAN、MAN、Intranet、Internet上的多媒体通信应用提供了技术基础和保障。

图8.18表示了H.323体系结构,在H.323标准中,网络层采用IP协议,负责两个终端之间的数据传输。由于采用无连接的数据包,路由器根据IP地址把数据送到对方,但不保证传输的正确性。传输层采用了TCP和UDP。TCP支持实时性要求不高,而对误码要求高的数据传送,诸如H.245通信协议及H.225呼叫信令的传送等。UDP采取无连接传输方式,用于视音频实时信息流。在应用层中语音编码采用G系列建议,视频编码采用H.260系列建议,视频和音频数据传输采用RTP协议进行封装,RTP在每个从信源离开的数据包上留下了时间标记以便在接收端正确重放,实时控制协议RTCP主要用于监视带宽和延时,数据应用采用T.120系列协议,H.225.0协议和H.245协议是H.323中的控制管理协议。H.225.0协议用于控制呼叫流程,H.245用于控制媒体信道的占用、释放、参数设定、收发双方的能力协商等。

<table>
<tr><td colspan="2">音/视频应用</td><td colspan="4">终端控制和管理</td><td>数据应用</td></tr>
<tr><td>G.7XX</td><td>H.26X</td><td rowspan="3">RTP/
RTCP</td><td rowspan="3">H.255.0
终端至
网闸信令
(RAS)</td><td rowspan="3">H.225.0
呼叫信令</td><td rowspan="3">H.245
媒体信道
控制</td><td rowspan="3">T.120系列</td></tr>
<tr><td colspan="2">加密</td></tr>
<tr><td colspan="2">RTP</td></tr>
<tr><td colspan="4">UDP</td><td colspan="3">TCP</td></tr>
<tr><td colspan="7">IP层</td></tr>
<tr><td colspan="7">接入层</td></tr>
</table>

图8.18　H.323体系结构

2. H.323系统组成

H.323协议的基本框架定义了4种基本功能单元:用户终端、网关(Gateway)、网守(Gatekeeper)和多点控制单元(MCU)。如图8.19所示。

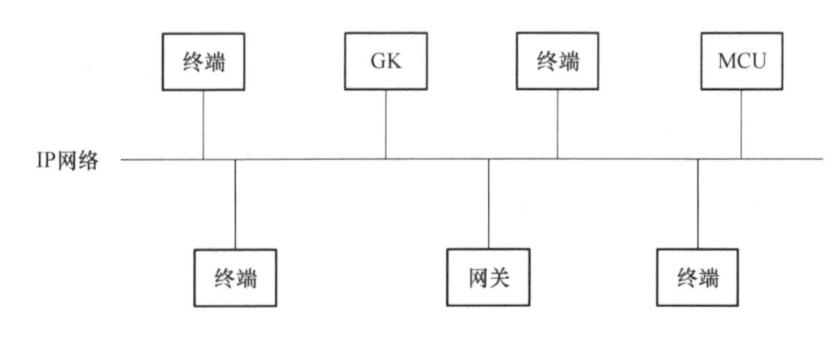

图 8.19　H.323 系统组成

(1) 用户终端能

用户终端能和其他的 H.323 实体进行实时的、双向的语音和视频通信，它能够实现以下的功能。

① 信令和控制：支持 H.245 协议，能够实现通道建立和能力协商；支持 Q.931 协议，能够实现呼叫信令通道；支持 RAS 协议，能够实现与网守的通信。

② 实时通信：支持 RTP/RTCP 协议。

③ 编解码：支持各种主流音频和视频的编解码功能。

(2) 网关

网关提供了一种电路交换网络(SCN)和分组交换网络的连接途径，它在不同的网络上完成呼叫的建立和控制功能。

(3) 网守

网守向 H.323 终端提供呼叫控制服务，完成以下的功能：地址翻译，许可接入会议的控制和管理，带宽控制和管理，呼出管理，域管理等。

(4) 多点控制单元

多点控制单元 MCU 完成会议的控制和管理功能，它由多点控制器 MC 和多点处理器 MP 组成。多点控制器提供多点会议的控制功能，在多点会议中，多点控制器和每个 H.323 终端建立一条 H.245 控制连接来协商媒体通信类型；多点处理器则提供媒体切换和混合功能。H.323 支持集中和分散的多点控制和管理工作方式。在集中工作方式中，多点处理器 MP 和会议中的每个 H.323 终端建立媒体通道，把接收到的音频流和视频流进行统一的处理，然后再送回到各个终端。而在分散工作方式中，每个终端都要支持多点处理的功能，并能够实现媒体流的多点传送。

3. 系统控制功能

系统控制功能是 H.323 终端的核心，它提供了 H.323 终端正确操作的信令。这些功能包括呼叫控制、能力切换、命令和指示信令以及用于开放和描述逻辑信道内容的报文等。整个系统的控制由 H.245 控制通道、H.225.0 呼叫信令信道以及 RAS 信道提供。

H.245 控制功能通过 H.245 控制通道，承担管理 H.323 系统操作的端到端的控制信息，包括通信能力交换、逻辑信道的开和关、模式优先权请求、流量控制信息及通用命令的指示。H.245 信令在两个终端之间、一个终端和 MCU 之间建立呼叫。运用 H.225 呼叫控制信令来建立两个 H.323 终端间的连接，首先是呼叫通道的开启，然后才是 H.245 信道和其他逻辑信道的建立。

H.225.0 标准描述了无 QoS 保证的 LAN 上媒体流的打包分组与同步传输机制。H.225.0对传输的视频、音频、数据与控制流进行格式化,以便输出到网络接口,同时从网络接口输入报文中补偿接收到的视频、音频、数据与控制流。另外,它还具有逻辑成帧、顺序编号、纠错与检错功能。

在 H.323 协议中,呼叫信令流程分为 5 个阶段,如图 8.20所示。

- 阶段 A,呼叫建立;
- 阶段 B:通信初始化和能力交换;
- 阶段 C:音频、视频通信的建立;
- 阶段 D:呼叫服务;
- 阶段 E:呼叫结束。

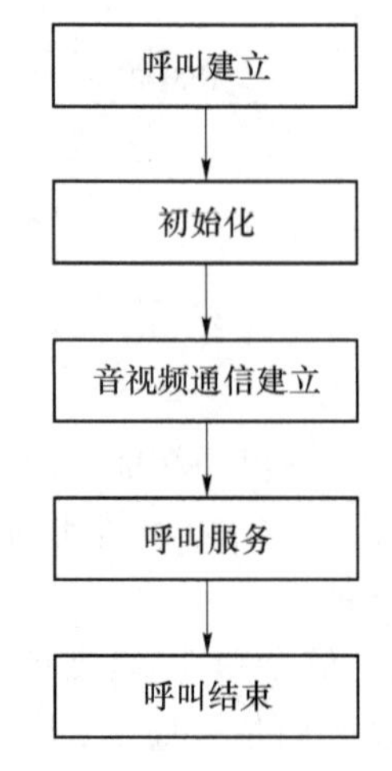

图 8.20　H.323 呼叫信令流程

8.3.6　BICC 协议

BICC(Bearer Independent Call Control protocol)协议属于应用层控制协议,用于建立、修改和终结呼叫。BICC 协议的主要目的是解决呼叫控制和承载控制分离的问题,使呼叫控制信令可以在各种网络上承载,包括 No.7 信令网络、ATM 网络和 IP 网络。呼叫控制协议基于 N-ISUP 信令,使用 ISUP 中的相关消息,可以全方位地承载 PSTN/ISDN 业务,是传统电信网络向综合多业务网络演进的一个重要协议。

BICC 信令节点包括具有承载功能的节点和不具有承载功能的节点,其中具有承载功能的节点称为服务节点,不具有承载功能的节点称为媒介节点。软交换支持服务节点功能。

1. BICC 协议模型

BICC 模型如图 8.21 所示,其中:BICC 程序框包括功能模型中的 CSF 元素功能,功能模型的 BCF 的协议功能分布在图中的映射功能和承载控制框中,包括 BCF 的功能。

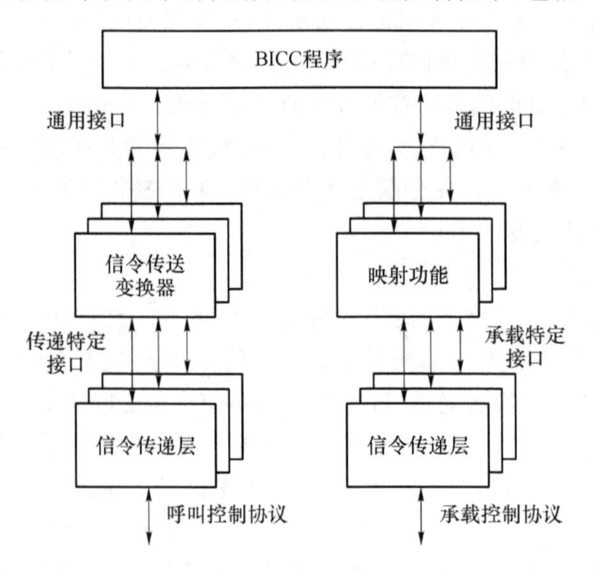

图 8.21　BICC 协议模型

2. BICC支持的能力

BICC支持基本呼叫的信令能力包括:语音3.1 kHz音频,64 kbit/s不受限、多速率连接类型、$N\times64$ kbit/s连接类型等。BICC是一个成熟的标准协议,技术成熟,能够实现可靠的、实时的、有序的信令传递。

8.3.7 Parlay API

软交换的技术特点之一就是向第三方提供标准的开放的API,使得业务提供商能够独立的开发新的业务。Parlay API就是目前最有影响的API。

Parlay API是由Parlay工作组最先制定和发布的。该组织成立于1988年,目的是制定符合工业标准的应用编程接口(API),屏蔽底层网络的实现细节,提供安全、开放的接入网络能力,促使业务提供商基于这一接口平台,采用不同技术开发通信产品、提供通信业务。

1. Parlay API的特性

(1) API支持不同媒体类型的服务,包括音频、视频和数据等,这依赖于终端能力。

(2) API支持可管理性,如果网络运营商准备发布API,API的可管理性是最基本的特性。

(3) API具有安全性。

(4) API支持业务的发现,发现是客户应用程序在事先不知道服务地址的条件下,获得Parlay网关所能提供服务的方法。

(5) API完成对呼叫的控制。

2. Parlay API体系结构

Parlay API是定义在应用层和控制层之间的标准化接口。它在NGN中的位置如图8.22所示。Parlay API的主要功能由Parlay网关完成,该网关位于底层网络和应用服务器之间,应用服务器要通过Parlay网关才能和底层网络进行交互,从而提供第三方业务,Parlay网关由Parlay框架和Parlay服务两部分组成,如图8.23所示,其中框架提供了保证业务接口开放、安全及可管理所必需的能力,服务负责为高层应用提供访问底层网络资源和信息的能力。

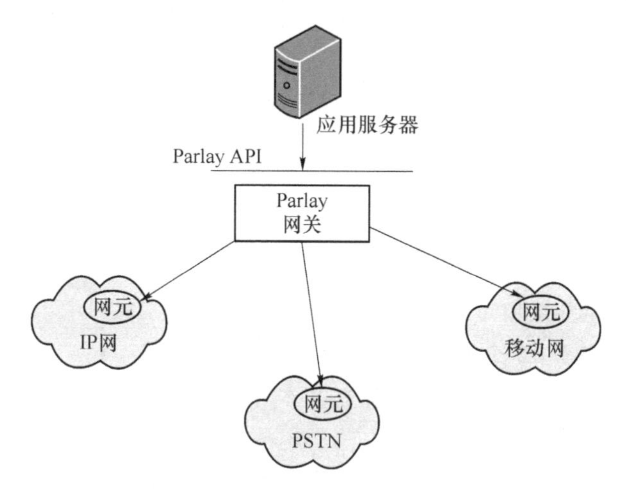

图8.22 Parlay API在网络中的位置

Parlay API技术规范共定义了5种接口,如图8.24所示。

- 客户应用和框架之间的接口(接口1);

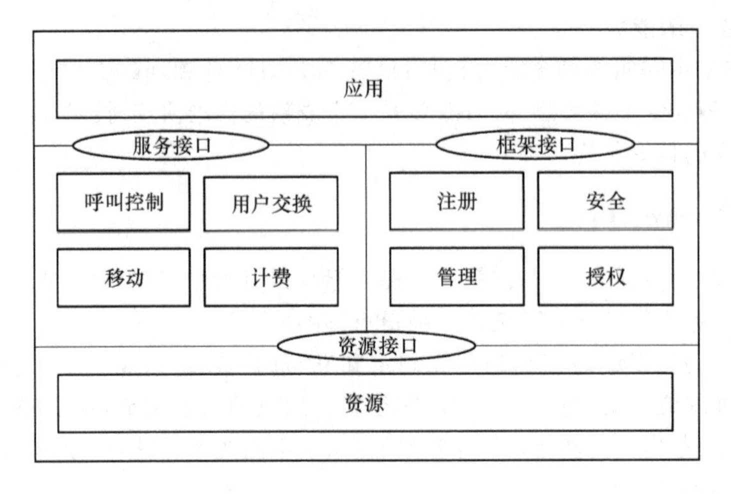

图 8.23 Parlay 体系结构

- 客户应用与业务能力特征之间的接口(接口 2);
- 框架和业务能力特性之间的接口(接口 3);
- 框架和企业经营者之间的接口(接口 4);
- 框架与第三方业务提供商之间的接口(接口 5)。

这 5 种接口可以分为两部分,框架接口和业务接口。

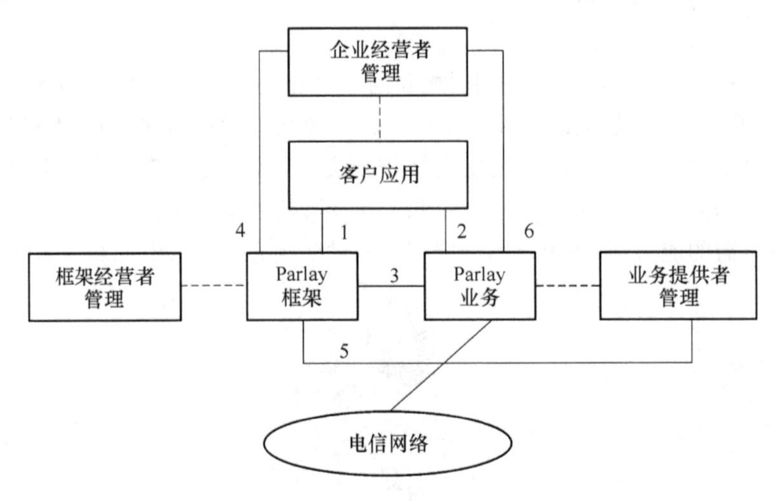

图 8.24 Parlay 接口

(1) Parlay API 业务接口

Parlay API 共定义了 12 个业务能力特征。

① 呼叫控制(Call Control):定义从建立基本呼叫、多方呼叫到建立多媒体会议的能力。该能力是 Parlay API 最重要的能力特征。

② 用户交互(User Interaction):用于智能业务与终端用户之间的信息交互。

③ 移动(Mobility):用来实现与移动相关的应用。

④ 终端能力(terminal Capability):获取终端用户的属性参数。

⑤ 数据会话控制(Data Session Control):定义了数据业务的控制功能,包括对数据会

话的建立、释放，服务质量监控，设置数据业务的计费策略等。

⑥ 通用消息(Generic Messaging)：发送、接收和存储信息，类似于电子信箱功能。

⑦ 连接性管理(Connectivity Management)：提供QoS保证。

⑧ 账户管理(Account Management)：运用此功能使用或取消计费的相关通知，也可以用来查询账户余额。

⑨ 计费(Charging)：对应用的使用进行计费。

⑩ 策略管理(Policy Management)：用来管理策略信息，可以用来创建、更新或查看策略信息。

⑪ 在席与可用性管理(Presence and Availability Management)：为在多网络环境下创造互操作服务带来方便。

⑫ 多媒体消息(Multi-Media Messaging)：可发送、接收和处理的消息可以是各种丰富的多媒体格式。

(2) Parlay API框架接口

Parlay API框架接口包括：应用服务器与框架之间的接口、网络业务能力服务器与框架之间的接口、企业经营者与框架之间的接口。

① 应用与框架之间的接口基本机制

(a) 鉴权，在被允许使用任何OSA接口之前，必须通过鉴权；

(b) 授权，鉴权后，应用被授权加入确定的业务；

(c) 框架和网络业务能力特征发现：鉴权成功后，应用可以获得可用的框架接口，并使用开发接口获得被授权的网络业务能力特征的信息。鉴权成功后，发现接口可以在任何时间使用。

(d) 业务协议的建立，在任何应用与网络业务特征交互之前，必须建立业务协议，

(e) 接入网络业务能力特征：框架通过指定的安全级、上下文、域等为应用的API方法提供批准接入业务能力特征或业务数据的接入控制能力。

② 框架与业务能力服务器之间的基本机制

网络业务能力特征的注册：由业务能力服务器提供的SCF可以在框架上注册。

③ 框架与企业经营者之间接口的基本机制

业务订购功能代表企业经营者和框架之间的合同。在订购商业模型中，企业经营者代表业务的订购者、客户应用代表业务使用者和框架代表业务的销售者。

3. Parlay API提供的业务

Parlay API是一个标准接口，因而能使得第三方通过此接口利用运营商的基础网络提供丰富多彩的业务，包括通信类业务、消息类业务、信息类业务、支付类业务和娱乐类业务等，各类业务可以相对独立，也可以有机的结合。

8.4 NGN网络解决方案

由于NGN技术的快速发展和巨大的使用空间，使得世界上主要的电信产品公司均提出了自己公司的技术解决方案。下面简单介绍中兴公司的NGN解决方案：ZTE Softswitch。

ZTE Softswitch是一个开放的、标准化的软件系统，能够在开放计算机平台上执行分

布式通信功能,能够合成语音、数据和视频,并在此基础上提供综合网络业务,支持传统的交换协议。ZTE Softswitch 体系架构如图 8.25 所示。

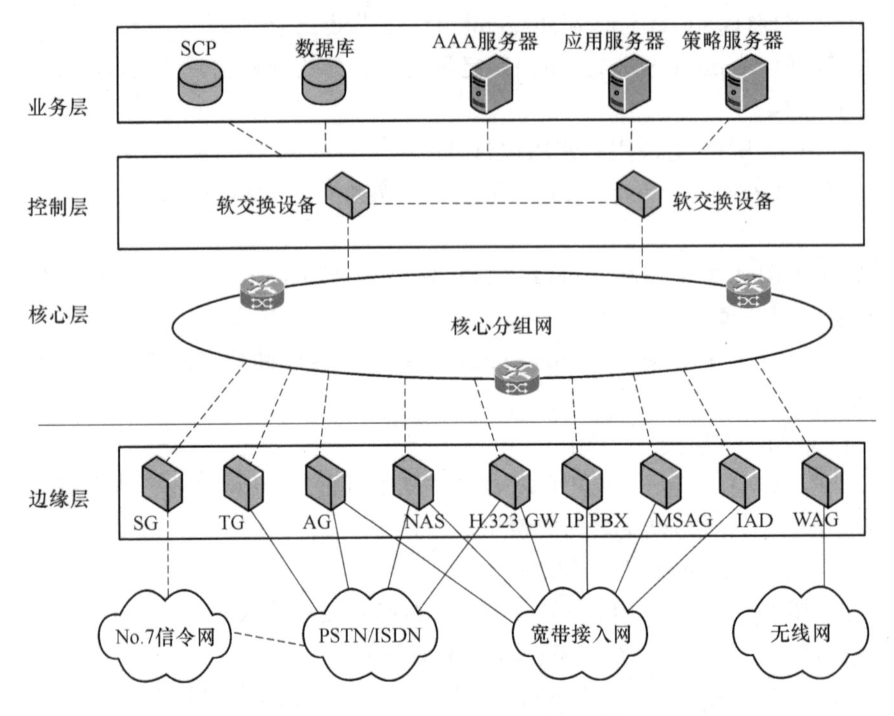

图 8.25　ZTE Softswitch 体系结构

ZTE Softswitch 体系结构是面向网络融合的新一代多媒体业务整体解决方案,在继承的基础上实现了对目前在各个业务网络(如 PSTN/ISDN、PLMN、IN 和 Internet 等)之间进行互通的思想的突破。它通过优化网络结构不但实现了网络的融合,更重要的是实现了业务的融合,使得包交换网络能够继承原有电路交换网中丰富的业务功能,同时可以在全网范围内快速提供原有网络难以提供的新型业务。

ZTE Softswitch 网络采用了 4 层结构,分别是边缘层、核心层、控制层和业务层。

① 边缘层:将各种不同的网络和终端设备接入,主要设备包括与现有网络相关的各种网关或终端设备。

② 核心层,采用分组交换技术,主要由 IP 路由器和 ATM 交换机构成,为 NGN 提供一个高可靠性、具有服务质量保证、高带宽的统一综合传送平台。

③ 控制层:即 Softswitch 控制设备,主要完成呼叫和业务控制、连接、路由、计费、认证、业务提供等功能。

④ 业务层:向用户提供各种应用和业务。采用了开发、综合业务接入平台,为 NGN 提供各种增值业务、多媒体业务和第三方业务。

中兴公司为下一代网络的电信级解决方案提供完整产品系列,实现了端到端的网络解决方案。ZTE Softswitch 网络采用的主要设备包括:

① Softswitch:作为系统的控制核心,完成协议适配、呼叫处理、资源管理、业务代理等,并作为系统的对外接口完成和其他系统的互联互通功能。采用的设备有 ZXSS10 SS1。

② Signaling Gateway(SG):采用的设备有 ZXSS10 S100。完成电路交换网(基于

MTP)和包交换网(基于IP)之间的SS7信令的转换功能。

③ Trunk Gateway(TG):采用的设备有ZXSS10 M100。在Softswitch的控制下,完成媒体流转换等功能,主要用于中继(SS7信令)接入。

④ Access Gateway(AG):采用的设备有ZXSS10 A200。在Softswitch的控制下,完成媒体流转换和非SS7信令处理等功能,主要用于终端用户/PBX接入、无线基站接入和中继(非SS7信令)接入。

⑤ Integrated Access Device(IAD):完成用户端数据、语音、图像等多媒体业务的综合接入功能。采用的设备有ZXSS10 I500系列、ZXSS10 I600系列、ZXSS10 I700。

⑥ Media Server(MS):作为一种资源平台,为全网提供包括IVR、Conference等资源。

⑦ Application Server(AS):采用的设备有AXSS10 APP。利用Softswitch提供的应用编程接口(API),通过提供业务生成环境,完成业务创建和维护功能。

⑧ Router Server(RS):为Softswitch互通提供路由功能。

⑨ Broadband Gateway(BGW):宽带网关,实现异构网之间媒体的互通。

本章小结

下一代网络(NGN)是一种开放、综合的网络架构,提供语音、数据和多媒体等业务,NGN通过优化网络结构,既实现了网络融合,又实现了业务的融合,使得分组交换网络可以实现原有电话网络中的各种业务功能,并且可以在NGN内快速提供各种新的业务类型,以满足用户需求。软交换是NGN中的关键技术,NGN采用分层体系结构,将网络分为业务层、控制层、承载层和接入层等四层结构,软交换设备位于控制层。它独立于传送网络,主要完成呼叫控制、资源分配、协议处理、路由、认证和计费等功能。

软交换网络可以通过多种网关设备与其他现有网络相连,包括有PSTN、No.7信令网、智能网和H.323网络等,保证了软交换网络的兼容性。软交换网络是一个开放的体系结构,各个功能模块之间采用标准的协议进行互通,包括MGCP协议、H.248/MEGACO协议、SIGTRAN协议、SIP协议、H.323协议。

复习思考题

8-1　什么是下一代网络?它的基本特征是什么?

8-2　画出NGN网络的网络体系结构,并说明每层完成的功能。

8-3　软交换网络的主要设备有哪些?分别完成什么功能。

8-4　软交换网络的接口有哪些?分别采用什么协议?

8-5　简述软交换网络的业务分类及特点。

8-6　简述软交换设备的组网方式。

8-7　简述软交换与PSTN的互通方式。

8-8　软交换网络使用了哪些主要协议?分别具有什么功能?

8-9　简述 H.248/MEGACO 协议连接模型。

8-10　画出 SIGTRAN 协议参考模型并简要说明。

8-11　Parlay API 协议的作用是什么？它具有哪几种接口。

8-12　画出 H.323 体系结构并简要说明。

缩　略　语

A

AAA	AAA 服务器	Authentication,Authorization and Accounting Server
AAL	ATM 适配层	ATM Adaptation Layer
ABR	可用比特速率	Available Bit Rate
ADPCM	自适应差分 PCM	Adaptive Difference PCM
ADSL	非对称数字用户线	Asymmetric Digital Subscriber Line
AL	对准字段	Alignment
AMI	ATM 管理接口	ATM Management Interface
ANS	高级网络与服务	Advanced Networks and Services
ANSI	美国国家标准协会	American National Standard Institute
AON	有源光网络	Active Optical Network
APON	ATM 无源光纤网络	ATM Passive Optical Network
ARP	地址解析协议	Address Resolut1on Protocol
ARQ	自动重发请求	Automatic Repeat Request
AS	自治系统	Autonomous System
AS	应用服务器	Application Server
ASIC	专用集成电路	Application Specific Integrated Circuit
ASON	自动交换光网络	Automatic Switch Optical Network
ASTN	自动交换传送网	Automatic Switch Transport Network
ATD	异步时分复用	Asynchronous Time Division
ATM	异步传递模式	Asynchronous Transfer Mode
AUU	ATM 用户到用户指示	ATM User to User Indication

B

BASize	缓存区分配容量	Buffer Allocation Size
BBS	电子公告板	Bulletin Board System
BECN	显式后向拥塞通知	Backward Explicit Congestion Notification
BER	误比特率	Bit Error Rate
BGP	边界网关协议	Border Gateway Protocol
BHCA	最大忙时试呼次数	Maximum Number of Busy Hour Call Attempts
B-ISDN	宽带综合业务数字网	Broadband Integrated Services Digital Network
BISUP	宽带 ISDN 用户部分	Broadband ISDN UserPart
BRI	基本速率接口	Basic Rate Interface
Btag	开始标记	Beginning Tag

C

CAC	连接接纳控制	Connection Admission Control
CATV	有线电视	Cable TeleVision
CBR	连续比特速率	Continuous Bit Rate
CBR	恒定比特速率	Constant Bit Rate
CCITT	国际电话电报咨询委员会	Consultative Committee on International Telegraph and Telephone and Telegraph
CD	载波检测	Carrier Detect
CDMA	码分多址	Code Division Multiple Access
CDPD	蜂窝数字分组数据	Cellular Digital Packet Data
CDV	信元延时变化	Cell Delay Variation
CI	拥塞指示位	Congestion Identification
CIDR	无类型域间路由	Classless InterDomain Routing
CIR	承诺信息速率	Committed Information Rate
CLP	信元丢失优先级	Cell Loss Priority
CM	控制存储器	Control Memory
CMI	码标记反转	Coded Mark Inversion
CMOS	互补型金属氧化物半导体	Complementary Metal Oxide Semiconductor
CNOM	网络营运与管理专业委员会	Committee of Network Operation and Management
CORBA	公共对象请求代理体系结构	Common Object Request Broker Architecture
CoS	业务分类	Class of Service
CPCS	公共部分汇聚子层	Common Part Convergence Sublayer
CPI	公共部分指示	Common Part Indicator
CRC	循环冗余校验	Cyclic Redundancy Check
CS	汇聚子层	Convergence Sublayer
CSI	汇聚子层指示域	Convergeuce Sublayer Indentifier
CSDN	电路交换数字网	Circuit Switch Digital Network
CSMA/CD	载波侦听多路访问/冲突检测	Carrier Sense Multi-Access/Collision Detection

D

DCE	数据电路端接设备	Digital Circuit-terminating Equipment
DDN	数字数据网	Digital Data Network
DMT	离散多音频(调制)	Discrete Multi-Tone
DNS	域名系统	Domain Name System
DQDB	分布式队列双总线	Distributed Queue Dual Bus
DTMF	双音多频	Dual Tone Multi-Frequency

DSMA	数字侦听多路访问	Digital Sense Multiple Access
DSP	数字信号处理	Digital Signal Processing
DTE	数据终端设备	Data Terminal Equipment
DTU	数据终端单元	Data Terminal Unit
DWDM	密集波分复用	Dense Wave Division Multiplexer
DXC	数字交叉连接设备	Digital Cross Connect
DXI	数据交换接口	Data Exchange Interface
E		
ECN	显式拥塞通知	Explicit Congestion Notification
EFCI	显式前向拥塞指示	Explicit Forward Congestion Identification
EGP	外部网关协议	Exterior Gateway Protocol
ELAN	仿真局域网	Emulated LAN
EMA	以太网卡	Ethernet Media Adapter
E-mail	电子邮件	Electronic Mail
Etag	结束标记	End Tag
F		
FCS	快速电路交换	Fast Circuit Switching
FDDI	光纤分布式数据接口	Fiber Distributed Data Interface
FDM	频分复用	Frequency Division Multiplexing
FEC	前向差错纠正	Forward Error Correction
FEC	转发等价类	Forwarding Equivalence Class
FITL	光纤环路	Fiber In The Loop
FCS	快速电路交换	Fast Circuit Switching
FR	帧中继	Frame Relay
FTP	文件传输协议	File Transfer Protocol
FTTB	光纤到大楼	Fiber To the Building
FTTC	光纤到路边	Fiber To the Curb
FTTF	光纤到楼层	Fiber To the Floor
FTTH	光纤到户	Fiber To the Home
FTTO	光纤到办公室	Fiber To the Office
FTTZ	光纤到小区	Fiber To the Zone
G		
GCRA	通用信元速率算法	Generic Cell Rate Algorithm
GFC	一般流量控制	Generic Flow Control
GGP	网关-网关协议	Gateway-Gateway Protocol
GMPLS	通用多协议标签交换	Generalized Multi-Protocol Label Switching
GPRS	通用分组无线业务	General Packet Radio Service
GSM	移动通信全球系统	Global Systems for Mobile communications

H

HEC	信元头错误控制	Header Error Control
HCS	头校验序列	Header Check Sequence
HDLC	高级数据链路控制规程	High-Level Data Link Control
HDSL	高速数字用户线	High-Speed Digital Subscriber Line
HDTV	数字高清晰度电视	High Definition TeleVision
HFC	混合光纤同轴	Hybrid Fiber Coax
HIPPI	高性能并行接口	High Performance Parallel Interface
HTTP	超文本传输协议	Hyper Text Transfer Protocol

I

IAD	综合接入设备	Integrated Access Device
IAP	因特网接入提供商	Internet Access Provider
ICCB	因特网控制与配置委员会	Internet Control and Configuration Board
ICMP	因特网控制信息协议	Internet Control Message Protocol
ICP	因特网内容提供商	Internet Content Provider
IDC	因特网数据中心	Internet Data Center
IDN	综合数字网	Integrated Digital Network
IDU	接口数据单元	Interface Data Unit
IEEE	电子和电气工程师协会	Institute of Electrical and Electronics Engineers
IETF	因特网工程特别任务组	Internet Engineering Task Force
IGMP	因特网组管理协议	Internet Group Management Protocol
IGP	内部网关协议	Interior Gateway Protocol
IMP	接口信息处理机	Interface Message Processor
IN	智能网	Intelligent Network
IP	互联网协议	Internet Protocol
IPOA	基于 ATM 的 IP 传输	IP over ATM
IRTF	因特网研究特别任务组	Internet Research Task Force
ISDN	综合业务数字网	Integrated Services Digital Network
ISO	国际标准化组织	International Organization for Standardization
ISP	因特网服务提供商	Internet Service Provider
ISUP	ISDN 用户部分	ISDN User Part
IT	信息技术	Information Technology
ITU	国际电信联盟	International Telecommunications Union
IUA	ISDN Q.921 用户适配层协议	ISDN Q.921-User Adaptation Layer

J

JPEG	图像专家联合小组	Joint Photographic Experts Group

L

L2TP	第二层隧道协议	L2 Tune Protocol
LAN	局域网	Local Area Network
LANE	局域网仿真	LAN Emulation
LAP	链路访问规程	Link Access Procedure
LAPB	平衡链路访问规程	Link Access Procedure Balanced
LAPD	基于 D 信道的链路访问规程	Link Access Procedure on the D-channel
LCP	链路控制协议	Link Control Protocol
LDP	标记分发协议	Label Distribution Protocol
LCN	逻辑信道号	Logical Channel Number
LI	长度指示	Length Indicator
LLC	逻辑链路控制	Logical Link Control
LS	定位服务器	Location Server
LSP	标记交换路径	Label Switching Path
LSR	标记交换路由器	Label Switching Router
LSSU	链路状态信号单元	Line Status Signal Unit

M

M2PA	MPT-2 用户对等适配协议	MTP-2-User Peer-to-Peer Adaptation Layer
M2UA	MTP-2 用户适配协议	MTP2-User Adaptation Layer
M3UA	MTP-3 用户适配协议	MTP3-User Adaptation Layer
MAC	媒质访问控制	Media Access Control
MAN	城域网	Metropolitan Area Network
MACA	避免冲突的多路访问协议	Multiple Access with Access Avoidance
MAU	媒体接入单元	Medium Access Unit
MCU	多点控制器	Multipoint Control Unit
MFC	多频互控	Multi Frequency Compelled
MG	媒体网关	Media Gateway
MGC	媒体网关控制器	Media Gateway Control
MGCP	媒体网关控制协议	Media Gateway Control Protocol
MIB	管理信息库	Management Information Base
MID	复用标志	Multiplexing Edentifier
MIN	多级互连网	Multistage Interconnection Network
Modem	调制解调器	Modulate and Demodulate
MPLS	多协议标签交换	Multi-Protocol Label Switching
MPEG	移动图像专家组	Motion Picture Experts Group
MRFCS	多速率快速电路交换	Multimate Fast Circuit Switching

MPOA	基于 ATM 的多协议传送	Multi-Protocol Over ATM
MPS	MPOA 服务器	MPOA Server
MRCS	多速率电路交换	Multirate Circuit Switching
MS	媒体服务器	Media Server
MSC	移动交换中心	Mobile Switching Center
MSU	消息信号单元	Message Signal Unit
MTBF	两次故障间的平均时间	Media Time Between Faults
MTOR	故障修复所需平均时间	Media Time of Repair
MTP	邮件传输协议	Mail Transfer Protocol
MTSO	移动电话交换站	Mobile Telephone Switching Office
MTTD	故障诊断所需平均时间	Media Time to Diagnose
MTU	最大传输单元	Maximum Transfer Unit
N		
NAP	网络接入点	Network Access Point
NCA	网络计算结构	Network Computing Architecture
NCP	网络控制协议	Network Control Protocol
NCP	网络核心协议	Network Core Protocol
NFS	网络文件系统	Network File System
NGI	下一代因特网	Next Generation Internet
NGN	下一代网络	Next Generation Network
NHRP	下一跳解析协议	Next Hopping Resolution Protocol
NHS	NHRP 服务器	NHRP Server
NIC	网卡	Network Interface Card
NIC	网络信息中心	Network Information Centers
N-ISDN	窄带 ISDN	Narrowband Integrated Services Digital Network
NNI	网络-网络接口	Network-Network Interface
NRZ	不归零码	Non-Return to Zero
NSAP	网络服务接入点	Network Service Access Point
NVT	网络虚拟终端	Network Virtual Terminal
O		
OADM	光分插复用器	Optical Add-Drop Multiplexer
OAM	操作、管理与维护	Operation,Administrate and Maintenance
OAN	光纤接入网	Optical Access Network
OCDM	光码分复用	Optical Code Division Multiplexing
OCS	光电路交换	Optical Circuit Switching
ODBC	开放数据库互连	Open Database Connection
OFDM	光频分复用	Optical Frequency Division Multiplexing
OPS	光分组交换	Optical Packet Switching
OSI	开放系统互连	Open System Interconnection

OSI/RM	开放系统互连参考模型	Open Systems Interconnection Reference Model
OTDM	光时分复用	Optical Time Division Multiplexing
OSPF	开放最短路径优先协议	Open Shortest Path First
OWDM	光波分复用	Optical WaveLength Division Multiplexing
OXC	光交叉连接设备	Optical Cross Connect
P		
PAD	分组装配和拆卸设备	Packet Assembler/Disassembler
PBX	用户交换机	Private Branch eXchange
PC	永久连接	Permanent Connection
PCM	脉冲编码调制	Pulse Code Modulation
PCN	个人通信网络	Personal Communications Network
PCI	协议控制信息	Protocol Control Information
PCR	峰值信元速率	Peak Cell Rate
PCS	个人通信系统	Personal Communications System
PDH	准同步数字系列	Plesiochronous Digital Hierarchy
PDA	个人数字助理	Personal Digital Assistant
PDN	公用数据网	Public Data Network
PDU	协议数据单元	Protocol Data Unit
PER	分组差错率	Packet Error Rate
PLCP	物理层汇聚协议	Physical Layer Convergence Protocol
PLR	分组丢失率	Packet Loss Rate
PM	物理媒体子层	Physical Media
PMD	物理媒体关联(子层)	Physical Medium Dependent
POH	通道开销	Path Overhead
PON	无源光纤网	Passive Optical Network
POTS	普通老式电话业务	Plain Old Telephone Service
PPD	部分舍弃分组数据包	Partial Packet Discard
PPP	点到点协议	Point to Point Protocol
PPTP	点对点隧道协议	Point to Point Tune Protocol
PRI	基群速率接口	Primary Rate Interface
PRM	协议参考模型	Protocol Reference Model
PRN	分组无线网	Packet Radio Network
PSN	分组交换节点	Packet Switch Node
PSDN	分组交换数据网	Packet Switch Digital Network
PSTN	公用电话交换网	Public Switched Telephone Network
PTI	信息类型指示符	Payload Type Identifier
PUNI	专用用户-网络接口	Private User-Network Interface
PVC	永久虚电路	Permanent Virtual Circuit
PVPC	永久虚通路连接	Permanent Virtual Path Connection

PVCC	永久虚信道连接	Permanent Virtual Channel Connection
PVP	永久虚路径	Permanent Virtual Path
Q		
QoS	服务质量	Quality of Service
QAM	正交调幅	Quadrature Amplitude Modulation
R		
RARP	反向地址解析协议	Reverse Address Resolution Protocol
RAS	远程访问服务器	Remote Access Server
RFC	需求评定	Request For Comments
RFT	技术请求	Request For Technology
RIP	路由信息协议	Routing Information Protocol
RMON	远程网络管理	Remote Monitoring
RS	路由服务器	Routing Server
RSVP	资源预留协议	Resource Reservation Protocol
RTP	实时传输协议	Real-time Transport Protocol
RTCP	实时传输控制协议	Real-time Transport Control Protocol
RT-VBR	实时可变比特速率	Real Time Variable Bit Rate
S		
SAAL	信令 ATM 适配层	Signaling ATM Adaptation Layer
SAP	业务接入点	Service Access Point
SAP	服务公共协议	Service Advertising Protocol
SAR	分段和重组(子层)	Segmentation and Reassembly
SC	交换连接	Switched Connection
SCCP	信令连接控制部分	Signaling Connection and Control Part
SCD	选择性信元丢弃	Selective Cell Discard
S-CDMA	同步码分多址	Synchronous Code Division Multiple Access
SCM	副载波复用	SubCarrier Multiplexing
SCR	信号串扰比	Signal to Carrier Ratio
SCR	持续信元速率	Sustained Cell Rate
SCTP	流控制传输协议	Stream Control Transfer Protocol
SDH	同步数字系列	Synchronous Digital Hierarchy
SDLC	同步数据链路控制(协议)	Synchronous Data Link Control
SDP	会话描述协议	Session Description Protocol
SDSL	对称数字用户线	Asymmetric Digital Subscriber Line
SDT	结构化数据信息传递	Structure Data Tranfer
SDTV	标准数字电视	Standard Digital Television
SDU	服务数据单元	Service Data Unit
SEAL	简单有效 ATM 适配层	Simple and Efficient Adaptation Layer
SG	信令网关	Signaling Gateway

SIP	会话初始化协议	Session Initiation Protocol
SIPP	增强的简单网际协议	Simple Internet Protocol Plus
SL	信令链路	Signaling Link
SLIP	串行线接口协议	Serial Line Interface Protocol
SM	话音存储器	Speech Memory
SMDS	交换式多兆比特数据业务	Switched Multimegabit Data Services
SMF	单模光纤	Single-mode Fiber
SMH	信令消息处理	Signaling Message Handing
SMI	管理信息结构	Structure of Management Information
SMT	站点管理	Station Management
SMTP	简单邮件传输协议	Simple Mail Transfer Protocol
SN	序号	Sequence Number
SNA	系统网络体系结构	System Network Architecture
SNM	信令网管理	Signaling Network Management
SNMP	简单网络管理协议	Simple Network Management Protocol
SNR	信噪比	Signal-Noise ratio
SOH	端开销	Section Overhead
SONET	同步光纤网络	Synchronous Optical Network
SP	信令点	Signaling Point
SPC	软永久连接	Soft Permanent Connection
SPE	同步净荷包	Synchronous Payload Envelope
SPF	最短路径优先	Shortest Path First
SSCF	业务特定协调功能	Service Specific Coordination Function
SSCOP	业务特定面向接续功能	Service Specific Connection Oriented Protocol
SSCS	业务特定部分汇聚子层	Service Specific Convergence Sub-layer
STM	同步传输模式	Synchronous Transfer Mode
STP	屏蔽双绞线	Shielded Twisted Pair
STP	信令转接点	Signaling Transfer Point
STS	同步传输信号	Synchronous Transport Signal
SUA	No. 7 信令网 SCCP 用户适配协议	SS7 SCCP-User Adaptation Layer
SVC	交换虚电路	Switched Virtual Circuit
SVC	交换虚信道	Switched Virtual Channel
T		
TC	传输汇聚子层	Transmission Convergence
TCAP	事务处理能力应用部分	Transaction Capabilities Application Part
TCP	传输控制协议	Transmission Control Protocol
TDM	时分复用	Time Division Multiplexing
TDMA	时分多址	Time Division Multiple Access

TDP	标记分配协议	Tag Distribution Protocol
TER	标记边缘路由器	Tag Edge Router
TP	双绞线	Twisted Pair
TS	业务量成形	Traffic Shaping
TSI	时隙交换器	Time Slot Interchange
TSAP	传输层服务访问点	Transport Service Access Point
TSR	标记交换路由器	Tag Switching Router
TTL	生存时间	Time To Live
U		
UAC	用户代理客户端	User Agent Client
UAS	用户代理服务器	User Agent Server
UBR	非特定比特速率	Unspecified Bit Rate
UEM	通用以太网模块	Universal Ethernet Module
UDP	用户数据报协议	User Datagram Protocol
UDSL	超高速数字用户线	Ultrahigh-data-rate Digital Subscriber Line
UNI	用户-网络接口	User-Network Interface
UP	用户部分	User Part
UPC/NPC	用法/网络参数控制	Usage Parameter Control/Network Parameter Control
URL	统一资源定位	Universal Resource Locator
USB	通用串行总线	Universal Serial Bus
UTP	非屏蔽双绞线	Unshielded twisted Pair
V		
V5UA	V5 用户适配层协议	V5. 2-User Adaption Layer
VAN	增值网	Value Added Network
VBR	可变比特速率	Variable Bit Rate
VCI	虚信道标识符	Virtual Channel Identifier
VPI	虚通路标识符	Virtual Path Identifier
VCC	虚信道连接	Virtual Channel Connection
VPC	虚通路连接	Virtual Path Connection
W		
WLL	无线本地线路	Wirless Local Line
WWW	万维网	World Wide Web

参考文献

[1] 谢希仁.计算机网络.北京:电子工业出版社,2005.

[2] 唐雄燕,庞韶敏.软交换网络——技术与应用实践.北京:电子工业出版社,2005.

[3] Andrew S. Tanenbaum.计算机网络.潘爱民,译.北京:清华大学出版社,2004.

[4] 张继荣,屈军锁,杨武军.现代交换技术. 西安:西安电子科技大学出版社,2004.

[5] 钱渊,刘振霞,马志强.宽带交换技术. 西安:西安电子科技大学出版社,2007.

[6] 蔡康,李洪.下一代网络(NGN)业务及运营. 北京:人民邮电出版社,2004.

[7] 陈建亚,余浩,王振凯.现代交换原理. 北京:北京邮电大学出版社,2006.

[8] 刘振霞,马志强,钱渊.程控数字交换技术. 西安:西安电子科技大学出版社,2007.

[9] 叶敏.程控数字交换与交换网.北京:北京邮电大学出版社,2003.

[10] 罗国庆.软交换的工程实现. 北京:人民邮电出版社,2004.

[11] 万晓榆.下一代网络技术及应用. 北京:人民邮电出版社,2003.

[12] 穆维新.现代通信交换. 北京:电子工业出版社,2008.

[13] 张毅,胡庆,余翔.电信交换原理. 北京:电子工业出版社,2007.

[14] 翟禹,唐宝民,彭木根.宽带通信网与组网技术.北京:人民邮电出版社,2004.

[15] 马丁·德·普瑞克.异步传递方式宽带 ISDN 技术.程时瑞,刘斌,译.北京:人民邮电出版社,1999.

[16] 沈鑫剡.IP 交换网原理、技术及实现.北京:北京邮电大学出版社,2003.

[17] Alberto Leon-Garcia,Indra Widjaja.通信网.王海涛,李建华,译. 北京:清华大学出版社,2005.

[18] 张仲文.电信网最新控制技术.北京:电子工业出版社,1995.

[19] 朱世华.程控数字交换原理与应用.西安:西安交通大学出版社,1993.